危险废物鉴别及土壤监测技术

肖 文　何群华　向运荣　主 编

华南理工大学出版社
SOUTH CHINA UNIVERSITY OF TECHNOLOGY PRESS
·广州·

图书在版编目（CIP）数据

危险废物鉴别及土壤监测技术/肖文，何群华，向运荣主编. —广州：华南理工大学出版社，2019.6（2021.3重印）

ISBN 978-7-5623-5979-1

Ⅰ. ①危… Ⅱ. ①肖… ②何… ③向… Ⅲ. ①危险物品管理-废物管理 ②土壤监测 Ⅳ. ①X7 ②X833

中国版本图书馆CIP数据核字（2019）第082323号

WEIXIAN FEIWU JIANBIE JI TURANG JIANCE JISHU

危险废物鉴别及土壤监测技术

肖 文 何群华 向运荣 主编

出 版 人：卢家明

出版发行：华南理工大学出版社

（广州五山华南理工大学17号楼，邮编510640）

http://www.scutpress.com.cn E-mail：scutc13@scut.edu.cn

营销部电话：020-87113487 87111048（传真）

责任编辑：王昱靖

印 刷 者：广东虎彩云印刷有限公司

开 本：787mm×960mm 1/16 **印张**：25 **字数**：521千

版 次：2019年6月第1版 2021年3月第2次印刷

定 价：78.00元

编委会

前 言

固体废物污染防治是生态环境保护工作的重要领域，是改善生态环境质量的重要环节，是保障人民群众环境权益的重要举措。加强固体废物处置是当前和今后一个时期需要着力解决的突出环境问题之一，对于决胜全面建成小康社会、打好污染防治攻坚战具有重要意义。

虽然2013年《最高人民法院 最高人民检察院关于办理环境污染刑事案件适用法律若干问题的解释》（法释〔2013〕15号）已将“非法排放、倾倒、处置危险废物三吨以上的”认定为“严重污染环境”，但近年来，固体废物非法转移、倾倒、处置事件仍呈高发态势，尤其是危险废物非法转移和倾倒频发、非法利用处置活动猖獗，成为突发环境事件的重要诱因，严重威胁生态环境安全。根据环保部通报，2014年、2015年各级环保部门向公安机关移送涉嫌环境污染犯罪案件共3865件，其中40%涉及危险废物环境违法。近期在广西、安徽、河南等地发生了多起非法转移和倾倒固体废物案件，2016年以来，发生多起从广东惠州、佛山、茂名、东莞、中山等地非法运送危险废物至广西来宾、钦州、贺州等地倾倒的环境违法犯罪案件。为严厉打击固体废物非法转移倾倒违法犯罪行为，2018年生态环境部专门印发《关于坚决遏制固体废物非法转移和倾倒 进一步加强危险废物全过程监管的通知》（环办土壤函〔2018〕266号）。

危险废物鉴别是固体废物污染防治的重要技术支撑，鉴别结果也是环境污染刑事案件的重要评判依据，但由于起步晚、基础差，各地环保系统危险废物鉴别能力普遍薄弱，严重制约了危险废物的日常监管和“两高”司法解释的顺利实施。因此，近年来针对危险废物的鉴别需求激增。为此，2015年，广东省环境监测中心依托广东省环境保护厅划拨的300万元专项资金，建立了“广东省危险废物鉴别实验室”，开展了大量的固体废物监测方法实验，建立了危险废物腐蚀性、浸出毒性和毒性物质含量鉴别机制，并完成了大量的危险废物鉴别工作，为全省危险废物管理提供了充分、有效的技术支撑。

“十三五”以来，国家高度重视土壤污染防治，尤其是土壤环境质量调查监测工作，把保护土壤环境质量作为推进生态文明建设的重要内容。2016年国务院印发《土壤污染防治行动计划》，该行动计划第一条即要求深入开展土壤环境质量调查，建设土壤环境质量监测网络，掌握土壤环境质量状况。环境保护部每年组织开展国家网土壤环境质量监测，2017年印发《“十三五”土壤环境监测总体方案》（环办监测［2017］1943号），并与国土资源部、农业部等部门联合启动全国土壤污染状况详查工作。该工作也成为近几年广东省环境监测中心重点任务之一，每年投入近半年的时间开展土壤污染详查监测，完成数百个各类土壤样品污染物的分析任务，为土壤污染防治提供了有力的技术支撑。

开展固体废物和土壤监测，为打赢土壤污染防治攻坚战提供技术支撑，已成为各级环境监测部门的重点工作。“十三五”以来，环境保护部针对固体废物和土壤监测方法，陆续发布一系列的新方法或更新旧方法，其目的是更好地适应复杂基质的固体废物和土壤监测。广东省环境监测中心在开展固体废物和土壤监测新方法验证，以及完成大量危险废物鉴别和土壤质量监测任务的过程中，积累了比较丰富的理论和实践经验，也吸取了不少教训。为系统梳理和总结这些经验和教训，形成中心优势监测方法，我们从事环境监测实验室分析和现场采样的同事，经过一年半的努力，共同编写了本书，希望提升危险废物鉴别、固体废物和土壤质量监测能力，更希望对同行能有较强的实用性和较高的参考价值。

本书共10章，由肖文制定编写大纲，统筹全书的编写和总审稿。

第一章　危险废物鉴别及土壤监测概述。编写人：肖文、何群华、向运荣。

第二章　固体废物与土壤采样技术。编写人：解光武、张旭、潘燕华、肖文。

第三章　固体废物　半挥发性有机物分析技术，包括11个固体废物半挥发性有机物测定方法。编写人：吴建刚、林玉君、赵金平、徐小静、钟英立、郑丽敏、刘紫怡、黄嘉诚、贾静、陈蓉。

第四章　固体废物　挥发性有机物分析技术，包括固体废物挥发性有机物等2个项目的测定方法。编写人：林玉君、肖文、张琤。

第五章　固体废物和土壤　无机元素分析技术，包括固体废物和土壤无机元素从前处理到测定共24个测定方法。编写人：何群华、赵志南、陈泽智、郑萍萍、廖莜欢、周智、苏易欣。

第六章　固体废物　其他项目分析技术，包括固体废物腐蚀性等4个项目的测定方法。编写人：黄博珠、樊丽妃、张贵刚、杜彬仰、郑洋、温伟红、唐跃城。

第七章　土壤、沉积物　半挥发性有机物分析技术，包括土壤和沉积物有机氯农药等7个项目的测定方法。编写人：林玉君、吴建刚、赵金平、徐小静、钟英立、刘紫怡、黄嘉诚。

第八章　土壤、沉积物　挥发性有机物分析技术，包括土壤和沉积物36种挥发性有机物等4个项目的测定方法。编写人：林玉君、吴建刚、肖文、张琤。

第九章　土壤　其他项目分析技术，包括土壤电导率等9个项目的测定方法。编写人：黄博珠、郑洋、张琤、黎文豪、樊丽妃、张贵刚、杜彬仰、唐跃城、阮翔、龙强。

第十章　危险废物鉴别案例分析，涵盖鉴定程序、实验室分析和鉴定报告。编写人：张琤、肖文、黄博珠、温伟红、邱祖楠。

各章节审稿人如下：肖文负责第一、二、十章；林玉君、赵金平负责有机分析第三、四、七、八章；何群华负责元素分析第五章；张琤负责第六、九章。

由于编者水平有限，错误和疏漏在所难免，恳请读者批评指正。

编　者
2019 年 5 月

目　录

第一章 危险废物鉴别及土壤监测概述

固体废物污染防治是生态环境保护工作的重要领域，是改善生态环境质量的重要环节，是保障人民群众环境权益的重要举措。加强固体废物和垃圾处置是当前和今后一个时期需要着力解决的突出环境问题之一，对于决胜全面建成小康社会、打好污染防治攻坚战具有重要意义。

土壤是人类生息之本，土壤环境质量关系人民群众身体健康，关系美丽中国建设；保护土壤环境质量是推进生态文明建设的重要内容。2016 年 5 月 28 日，国务院印发《土壤污染防治行动计划》，对今后一个时期我国土壤污染防治工作做出了全面战略部署，该行动计划第一条即要求深入开展土壤环境质量调查，建设土壤环境质量监测网络，掌握土壤环境质量状况。

危险废物鉴别是固体废物污染防治的重要技术支撑，土壤监测是打赢土壤污染防治攻坚战的重要基础。本章主要介绍危险废物鉴别有关法律和标准、工作程序和开展情况，以及“十三五”以来土壤环境质量监测的开展情况及监测分析方法。

第一节 危险废物鉴别有关法律和标准

《中华人民共和国固体废物污染环境防治法》（2016 年修正版）第八十八条第四项明确规定：“危险废物，是指列入国家危险废物名录或者根据国家规定的危险废物鉴别标准和鉴别方法认定的具有危险特性的固体废物。”

《最高人民法院 最高人民检察院关于办理环境污染刑事案件适用法律若干问题的解释》（法释〔2013〕15 号）第十条第一项明确规定：“危险废物，包括列入国家危险废物名录的废物，以及根据国家规定的危险废物鉴别标准和鉴别方法认定的具有危险特性的废物。”

《危险废物鉴别标准 通则》（GB 5085.7—2007）对危险废物的定义是：列入国家危险废物名录或者根据国家规定的危险废物鉴别标准和鉴别方法认定的具有腐蚀性、毒性、易燃性、反应性和感染性等一种或一种以上危险特性，以及不排除具有以上危险特性的固体废物。

一、有关法律和标准体系

危险废物有关法律包括《中华人民共和国固体废物污染环境防治法》（2016

年修正版)、《国家危险废物名录》(2016 年版)、《最高人民法院　最高人民检察院关于办理环境污染刑事案件适用法律若干问题的解释》(法释〔2013〕15 号)。

《危险废物鉴别标准》《固体废物鉴别标准　通则》《危险废物鉴别技术规范》《工业固体废物采样制样技术规范》及固体废物测试分析方法标准构成目前鉴别标准体系，见图 1 – 1。

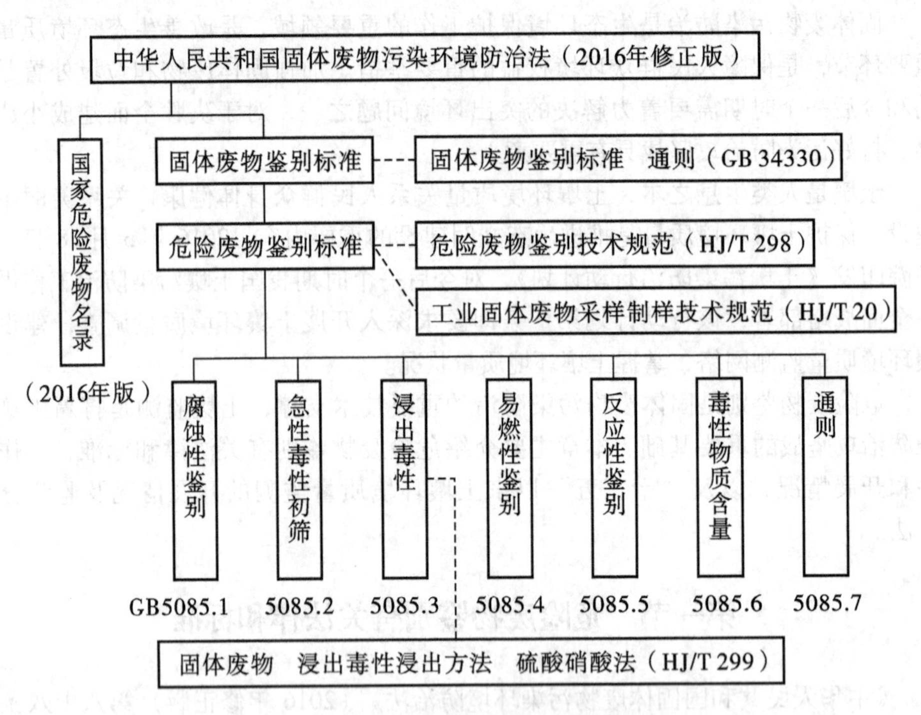

图 1 – 1　危险废物鉴别有关法律和标准

2006 年，国家环保总局、国家发改委、商务部、海关总署、国家质检总局联合发布《固体废物鉴别导则（试行）》，用于鉴别固体废物和非固体废物。2017 年，在该导则的基础上，环境保护部与国家质量监督检验总局联合发布《固体废物鉴别标准　通则》(GB 34330—2017)，取代《固体废物鉴别导则（试行）》，进一步明确了固体废物的判定原则、程序和方法。该标准是我国首次制定的关于固体废物的鉴别标准，具有强制执行的效力。

2018 年 5 月 30 日，生态环境部发布《危险废物鉴别标准　通则（征求意见稿）》(修订 GB 5085. 7—2007)、《危险废物鉴别技术规范（征求意见稿）》(环办标征函〔2018〕19 号，修订 HJ/T 298 – 2007)，该标准明确规定了“不适用于突发性环境污染事故产生的危险废物的应急鉴别”。

二、危险废物鉴别标准

《危险废物鉴别标准》（GB 5085①）包括《危险废物鉴别标准　通则》（GB 5085.7—2017）及腐蚀性鉴别、急性毒性初筛、浸出毒性鉴别、易燃性鉴别、反应性鉴别、毒性物质含量鉴别6个标准，各标准项目数量见表1-1。

表1-1　危险废物鉴别各标准项目数量

编号	危险废物鉴别标准	项目数量		
GB 5085.1—2007	腐蚀性鉴别	1项		
GB 5085.2—2007	急性毒性初筛	3类		
GB 5085.3—2007	浸出毒性鉴别	50项		
GB 5085.4—2007	易燃性鉴别	3类		
GB 5085.5—2007	反应性鉴别	3类		
GB 5085.6—2007	毒性物质含量鉴别	6类274种	剧毒物质	39种
			有毒物质	143种
			致癌物质	63种
			致突变物质	7种
			生殖毒性物质	11种
			POPs	11种

各鉴别标准用到的主要仪器设备见表1-2～表1-5。

表1-2　腐蚀性、易燃性、反应性测定主要仪器设备

危险特性	主要仪器设备
腐蚀性	pH计
易燃性	闪电试验仪、自动易燃固体筛分仪、金属燃料速率仪、非金属燃料速率仪、易燃气体试验装置
反应性	固体氧化性试验仪、液体氧化性试验仪、隔板试验装置、时间/压力试验仪、克南试验仪、BAM落锤仪、BAM摩擦仪、遇水放气试验仪、热稳定性测试仪

① 本书所引用标准文件，凡未注明日期，均以截稿时的（2018年12月）版本为准。

表1-3　浸出毒性和毒性物质含量测定前处理仪器设备

功能用途	仪器设备名称
浸出液提取	翻转振荡器、水平振荡仪、零顶空提取器
浸出液过滤	正压过滤器、真空过滤器
样品干燥破碎	冷冻干燥仪、球磨仪、破碎仪
样品萃取	索氏提取仪、加速溶剂萃取仪、超声波萃取仪
样品净化	凝胶色谱净化仪
样品浓缩	氮吹仪、K-D浓缩仪、旋转蒸发仪
样品消解	石墨消解仪、微波消解仪

表1-4　浸出毒性测定主要仪器

危险特性	主要仪器
元素及其他化合物	ICP、ICP-MS、AAS、AFS、IC、烷基汞测定仪
有机农药类	GC
半挥发性有机物	GC、GC-MS、HPLC
挥发性有机物	GC、GC-MS

表1-5　毒性物质含量测定主要仪器

危险特性	主要仪器
剧毒物质	ICP、ICP-MS、AAS、AFS、GC、GC-MS、HPLC、HPLC-MS
有毒物质	ICP、ICP-MS、AAS、AFS、GC、GC-MS、HPLC、HPLC-MS、IC
致癌性物质	ICP、ICP-MS、AAS、AFS、GC、GC-MS、HPLC
致突变物质	ICP、ICP-MS、AAS、GC、GC-MS
生殖毒性物质	ICP、ICP-MS、AAS、GC-MS
POPs	GC、HRGC-HRMS

《危险废物鉴别标准　浸出毒性鉴别》（GB 5085.3—2007）是结合我国危险废物产生特性和污染特征、贮存和处理处置方式，以地下水作为保护目标出台的鉴别标准。方法模拟工业固体废物堆置或不规范处置，在酸雨影响条件下，有毒物质浸出向地下渗滤造成地下水污染的浸出情况。参照《固体废物　浸出毒性浸出方法　硫酸硝酸法》（HJ/T 299-2007）。

《危险废物鉴别标准　浸出毒性鉴别》仅规定了50种污染物的质量浓度限制，

还有很多污染物没有做出规定，比如 PCBs、PAHs、拟除虫菊酯类等。笔者将这 50 种浸出毒性污染物质量浓度限值标准与广东省《水污染物排放限值》（DB 44/26—2001）排放限值（见表1－6）比较发现，大多数浸出毒性污染物质量浓度限值是地方标准水污染排放限值的 10 倍，但铜浸出液质量浓度限值是地方标准排放限值的 20 倍，铅为 5 倍，锌为 50 倍，汞为 2 倍，铍为 4 倍，氰化物是 17 倍。

表 1－6　浸出毒性质量浓度限制及与广东省《水污染物排放限值》中排放限值的比较

序号	项目	浸出液质量浓度限值（$mg \cdot L^{-1}$）	DB 44/26 排放限值（$mg \cdot L^{-1}$）
1	铜	100	0.5
2	铅	5	1
3	锌	100	2
4	镉	1	0.1
5	总铬	15	1.5
6	铬（六价）	5	0.5
7	烷基汞	不得检出	不得检出
8	汞	0.1	0.05
9	铍	0.02	0.005
10	钡	100	—
11	镍	5	1
12	总银	5	—
13	砷	5	0.5
14	硒	1	0.1
15	无机氟化物	100	10
16	氰化物	5	0.3
17	滴滴涕	0.1	—
18	六六六	0.5	—
19	乐果	8	—
20	对硫磷	0.3	—
21	甲基对硫磷	0.2	—
22	马拉硫磷	5	—
23	氯丹	2	—
24	六氯苯	5	—

续上表

序号	项目	浸出液质量浓度限值（mg·L^{-1}）	DB 44/26 排放限值（mg·L^{-1}）
25	毒杀芬	3	—
26	灭蚁灵	0.05	—
27	硝基苯	20	—
28	二硝基苯	20	—
29	对硝基氯苯	5	0.5
30	2,4-二硝基氯苯	5	0.5
31	五氯酚及五氯酚钠	50	5
32	苯酚	3	0.3
33	2,4-二氯苯酚	6	0.6
34	2,4,6-三氯苯酚	6	0.6
35	苯并(a)芘	0.0003	0.00003
36	邻苯二甲酸二丁酯	2	0.2
37	邻苯二甲酸二辛酯	3	0.3
38	多氯联苯	0.002	—
39	苯	1	0.1
40	甲苯	1	0.1
41	乙苯	4	0.4
42	二甲苯	4	0.4
43	氯苯	2	0.2
44	1,2-二氯苯	4	0.4
45	1,4-二氯苯	4	0.4
46	丙烯腈	20	2
47	三氯甲烷	3	0.3
48	四氯化碳	0.3	0.03
49	三氯乙烯	3	0.3
50	四氯乙烯	1	0.1

GB 5085.3—2007 规定的浸出毒性鉴别分析方法见表1-7。

表1-7　浸出毒性鉴别分析方法

序号	项目	国家标准规定方法	新增环境保护标准方法（晚于GB 5085.3发布）
1～5	铜、铅、锌镉、总铬	固体废物　元素的测定　电感耦合等离子体发射光谱法（GB 5085.3附录A） 固体废物　元素的测定　电感耦合等离子体质谱法（GB 5085.3附录B） 固体废物　金属元素的测定　石墨炉原子吸收光谱法（GB 5085.3附录C） 固体废物　金属元素的测定　火焰原子吸收光谱法（GB 5085.3附录D）	ICP方法：固体废物　22种金属元素的测定　电感耦合等离子体发射光谱法（HJ 781-2016） ICP/MS法：固体废物　金属元素的测定　电感耦合等离子体质谱法（HJ 766-2015） AAS法：固体废物　总铬的测定　火焰原子吸收分光光度法（HJ 749-2015）、固体废物　总铬的测定　石墨炉原子吸收分光光度法（HJ 750-2015）、固体废物　镍和铜的测定　火焰原子吸收分光光度法（HJ 751-2015）、固体废物　铍镍铜和钼的测定　石墨炉原子吸收分光光度法（HJ 752-2015）、固体废物　铅、锌和镉的测定　火焰原子吸收分光光度法（HJ 786-2016）、固体废物　铅和镉的测定　石墨炉原子吸收分光光度法（HJ 787-2016）
6	铬（六价）	固体废物　六价铬的测定　二苯碳酰二肼分光光度法（GB/T 15555.4—1995）	固体废物　六价铬的测定　碱消解/火焰原子吸收分光光度法（HJ 687-2014）
7	烷基汞	水质　烷基汞的测定　气相色谱法（GB/T 14204-93）	水质　烷基汞的测定　吹扫捕集/气相色谱-冷原子荧光光谱法（HJ 977-2018）
8	汞	GB 5085.3附录B	固体废物　汞、砷、硒、铋、锑的测定　微波消解/原子荧光法（HJ 702-2014）
9	铍	GB 5085.3附录A	HJ 752-2015、HJ 766-2015、HJ 781-2016

续上表

序号	项目	国家标准规定方法	新增环境保护标准方法（晚于 GB 5085.3 发布）
10	钡	GB 5085.3 附录 B	—
11	镍	GB 5085.3 附录 C	HJ 751－2015、HJ 752－2015、HJ 766－2015、HJ 781－2016
12	总银	GB 5085.3 附录 D	HJ 766－2015、HJ 781－2016
13	砷	固体废物 砷、锑、铋、硒的测定 原子荧光法（GB 5085.3 附录 E）、附录 C	HJ 766－2015、HJ 702－2014
14	硒	GB 5085.3 附录 B、C、E	HJ 766－2015、HJ 702－2014
15	无机氟化物	固体废物 氟离子 溴酸根 氯离子 亚硝酸根 氰酸根 溴离子 硝酸根 磷酸根 硫酸根的测定 离子色谱法（GB 5085.3 附录 F）	—
16	氰化物	固体废物 氰根离子和硫离子的测定 离子色谱法（GB 5085.3 附录 G）	—
17	滴滴涕	固体废物 有机氯农药的测定 气相色谱法（GB 5085.3 附录 H）	—
18	六六六		—
19	乐果	固体废物 有机磷化合物的测定 气相色谱法（GB 5085.3 附录 I）	HJ 768－2015 固体废物 有机磷农药的测定 气相色谱法
20	对硫磷		
21	甲基对硫磷		
22	马拉硫磷		

续上表

序号	项目	国家标准规定方法	新增环境保护标准方法（晚于 GB 5085.3 发布）
23	氯丹	GB 5085.3 附录 H	—
24	六氯苯		
25	毒杀芬		
26	灭蚁灵		
27	硝基苯	固体废物　硝基芳烃和硝基胺的测定　高效液相色谱法（GB 5085.3 附录 J）	—
28	二硝基苯	固体废物　半挥发性有机化合物的测定　气相色谱/质谱法（GB 5085.3 附录 K）	—
29	对硝基氯苯	固体废物　非挥发性化合物的测定　高效液相色谱/热喷雾/质谱或紫外法（GB 5085.3 附录 L）	—
30	2,4 －二硝基氯苯		—
31	五氯酚及五氯酚钠		—
32 ～ 34	苯酚、2,4 －二氯苯酚、2,4,6 －三氯苯酚	GB 5085.3 附录 K	固体废物　酚类化合物的测定　气相色谱法（HJ 711 －2014）
35	苯并(a)芘	固体废物　半挥发性有机化合物（PAHs 和 PCBs）的测定　热提取气相色谱质谱法（GB 5085.3 附录 M）、附录 K	—

续上表

序号	项目	国家标准规定方法	新增环境保护标准方法（晚于 GB 5085.3 发布）
36	邻苯二甲酸二丁酯	GB 5085.3 附录 K	—
37	邻苯二甲酸二辛酯	GB 5085.3 附录 L	—
38	多氯联苯	固体废物　多氯联苯的测定（PCBs）　气相色谱法（GB 5085.3 附录 N）	—
39	苯	固体废物　挥发性有机化合物的测定　气相色谱/质谱法（GB 5085.3 附录 O） 固体废物　芳香族及含卤挥发物的测定　气相色谱法（GB 5085.3 附录 P） 固体废物　含氯烃类化合物的测定　气相色谱法（GB 5085.3 附录 R）	固体废物　挥发性有机物的测定　顶空/气相色谱－质谱法（HJ 643－2013）、固体废物　挥发性有机物的测定　顶空－气相色谱法（HJ 760－2015）
40	甲苯		
41	乙苯	GB 5085.3 附录 P	
42	二甲苯	GB 5085.3 附录 O、P	
43	氯苯		
44	1,2－二氯苯	GB 5085.3 附录 K、O、P、R	
45	1,4－二氯苯		
46	丙烯腈	GB 5085.3 附录 O	—
47	三氯甲烷	固体废物　挥发性有机物的测定　平衡顶空法（GB 5085.3 附录 Q）	HJ 643－2013、固体废物　挥发性卤代烃的测定　吹扫捕集/气相色谱－质谱法（HJ 713－2014）、固体废物　挥发性卤代烃的测定　顶空/气相色谱－质谱法（HJ 714－2014）、HJ 760－2015
48	四氯化碳		
49	三氯乙烯		
50	四氯乙烯		

续上表

序号	项目	国家标准规定方法	新增环境保护标准方法（晚于 GB 5085.3 发布）
前处理方法	无机元素及其化合物	固体废物　重金属样品分析的样品前处理　微波辅助酸消解法（GB 5085.3 附录 S）	—
	六价铬及其化合物	固体废物　六价铬分析的样品前处理　碱消解法（GB 5085.3 附录 T）	—
	有机物	固体废物　有机物分析的样品前处理　索氏提取法（GB 5085.3 附录 U） 固体废物　有机物分析的样品前处理　分液漏斗液－液萃取法（GB 5085.3 附录 V） 固体废物　有机物分析的样品前处理　Florisil（硅酸镁载体）柱净化法（GB 5085.3 附录 W）	—
采样方法		危险废物鉴别技术规范（HJ/T 298－2007）	—

2014 年以来，环保部发布了 20 多个固体废物测定的分析方法标准，参考如下：

①HJ 643－2013 固体废物　挥发性有机物的测定　顶空/气相色谱－质谱法

②HJ 687－2014 固体废物　六价铬的测定　碱消解/火焰原子吸收分光光度法

③HJ 702－2014 固体废物　汞、砷、硒、铋、锑的测定　微波消解/原子荧光法

④HJ 711－2014 固体废物　酚类化合物的测定　气相色谱法

⑤HJ 712－2014 固体废物　总磷的测定　偏钼酸铵分光光度法

⑥HJ 713－2014 固体废物　挥发性卤代烃的测定　吹扫捕集/气相色谱－质谱法

⑦HJ 714－2014 固体废物　挥发性卤代烃的测定　顶空/气相色谱－质谱法

⑧HJ 749－2015 固体废物　总铬的测定　火焰原子吸收分光光度法

⑨HJ 750－2015 固体废物　总铬的测定　石墨炉原子吸收分光光度法

⑩HJ 751－2015 固体废物　镍和铜的测定　火焰原子吸收分光光度法

⑪HJ 752－2015 固体废物　铍镍铜和钼的测定　石墨炉原子吸收分光光度法

⑫HJ 760－2015 固体废物　挥发性有机物的测定　顶空－气相色谱法

⑬HJ 761－2015 固体废物　有机质的测定　灼烧减量法

⑭HJ 765－2015 固体废物　有机物的提取　微波萃取法

⑮HJ 766－2015 固体废物　金属元素的测定　电感耦合等离子体质谱法

⑯HJ 767－2015 固体废物　钡的测定　石墨炉原子吸收分光光度法

⑰HJ 768－2015 固体废物　有机磷农药的测定　气相色谱法

⑱HJ 781－2016 固体废物　22 种金属元素的测定　电感耦合等离子体发射光谱法

⑲HJ 782－2016 固体废物　有机物的提取　加压流体萃取法

⑳HJ 786－2016 固体废物　铅、锌和镉的测定　火焰原子吸收分光光度法

㉑HJ 787－2016 固体废物　铅和镉的测定　石墨炉原子吸收分光光度法

根据 GB 5085.3—2007 规定：各危险成分项目的测定，除执行规定的标准分析方法外，暂按附录中规定的方法执行；待适用于测定特定危害成分项目的国家环境保护标准发布后，按标准的规定执行。因此上述方法都可用于危险废物鉴别。

《危险废物鉴别标准　通则》对危险废物的判定进行了细化，明确了危险废物鉴别程序以及危险废物处理后、混合后的判定规则。

《危险废物鉴别技术规范》（HJ/T 298－2007）规定了样品采集、制样、样品的保存和预处理、样品的检测及检测结果判断等操作的技术要求。

（1）样品采集。规定了采样对象、份样数、份样量和采样方法。其中份样数规定了不同产生特征固体废物的最小份样数，采样方法规定了不同形态固体废物的采样方法。

（2）制样、样品的保存和预处理。采集的固体废物应按照 HJ/T 20 中的要求进行制样和样品的保存，并按照 GB 5085.1～5085.6 中分析方法的要求进行样品的预处理。

（3）样品的检测。依据固体废物的产生源特性确定。根据固体废物的产生过程可以确定不存在的特性项目或者不存在、不产生的毒性物质，不进行检测；规定了危险特性的检测顺序；规定了固体废物产生源不明确时应采取的措施。

（4）检测结果判断。规定了不同份样数时的超标份样数限值。

参考文献

[1] 陈蓓蓓．危险废物鉴别实验室能力建设浅析［J］．环境保护科学，2014，40（3）：64－67.

第二节　危险废物鉴别工作程序

《危险废物鉴别标准　通则》规定危险废物鉴别程序按照固体废物判定、名录鉴别、鉴别标准鉴别法和专家认定法的顺序进行，如图1－2所示。

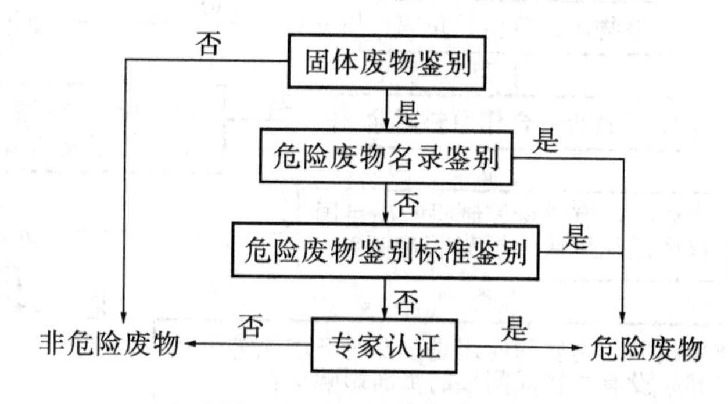

图1－2　危险废物鉴别程序

专家认定法作为名录鉴定和标准鉴定的补充，用以弥补名录鉴定和标准鉴定手段的不足，是只在无法通过名录和标准鉴别时才使用的非常规鉴定途径。专家认定法难以及时解决单个企业固体废物属性认定问题时，可通过环保部复函文件及时了解某类固体废物的属性认定，且随着危险废物产生工艺的改变、认识水平及管理水平不断提高，固体废物属性认定可能会发生变化。

一、鉴别工作程序

目前国家尚未发布统一的工作程序，参照环保部发布的《危险废物鉴别工作指南（试行）（征求意见稿）》（环办土壤函〔2016〕2297号）及《危险废物鉴别工作程序与管理规定（征求意见稿）》，危险废物鉴别工作程序可分为五个步骤。

（一）鉴别委托

委托方以书面形式委托鉴别单位开展鉴别工作，同时提供与待鉴别固体废物相关的原辅材料、工艺过程、理化特性及环评中涉及的相关内容等技术资料。

（二）属性初筛

1．固体废物属性判定标准

根据《固体废物鉴别标准　通则》的规定，对被鉴别物的固体废物属性进行判别的步骤如图1－3所示。经判别，不属于固体废物的，则被鉴别物亦不属于危险废物；经判别属于固体废物的，需作进一步鉴别。

比如，2006年针对山东省环保局《关于界定含氧化铜废物是否属于危险废物的请示》（鲁环函〔2006〕262号），国家环保总局函复如下：“根据该企业含水量

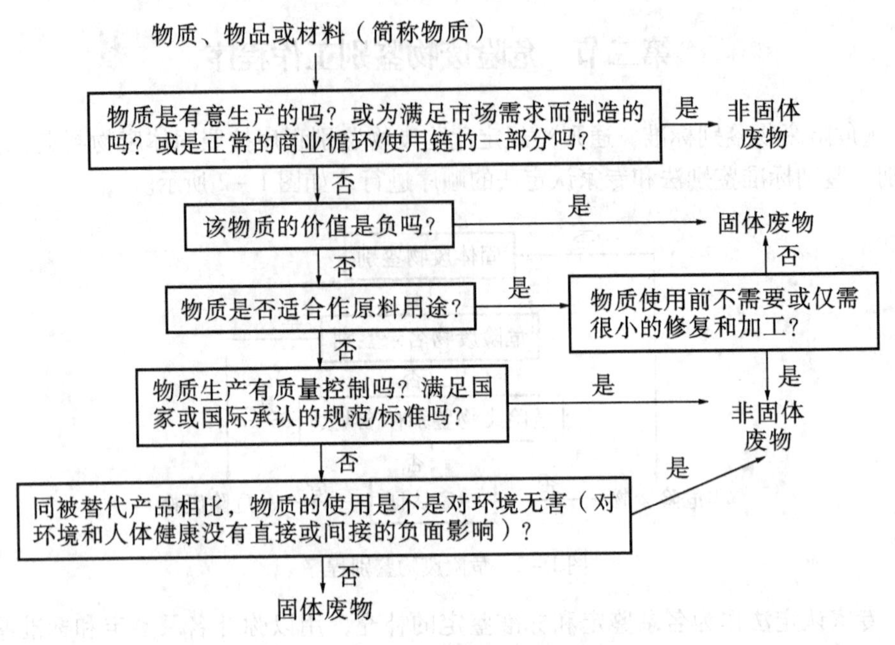

图1－3　固体废物鉴别程序

65%的氧化铜污泥的产生过程，可以认定该氧化铜污泥属于固体废物范畴”“鉴于该氧化铜污泥未列入《国家危险废物名录》，请你局按照《危险废物鉴别标准》对其进行鉴定。如果具有危险特性，则属于危险废物。”

2010年，针对山东省环境保护厅《关于如何界定危险废物与产品的请示》(鲁环函〔2010〕402号)，环保部函复如下：“你厅应依据《固废法》《固体废物鉴别导则（试行）》（原国家环保总局、国家发展改革委、商务部、海关总署、质检总局公告2006年第11号），首先对需界定的物质是否属于固体废物进行鉴别。经鉴别属于固体废物的，则应依据《国家危险废物名录》（环境保护部、国家发展改革委令第1号）① 和《危险废物鉴别标准》（GB 5085.1 ～7—2007）对该物质进行进一步鉴别。凡列入《国家危险废物名录》或经鉴别认定具有危险特性的，则属于危险废物。”

2. 危险特性属性初筛

被鉴别物属固体废物的，鉴别机构应确定被鉴别物是否列入现行《国家危险废物名录》。根据废物的成分和来源、危险特性来进行分类，名录将危险废物分为46个类别。名录所列的危险废物主要是各行业不同生产工序产生的具有危险特性的各种废物，但废物中有害物质的成分、含量并不确定。由于名录中危险废物产

① 已废止，现行为《国家危险废物名录》（环境保护部令　部令　第39号）。

生环节缺乏相应的补充说明，易造成危险废物产生源、工艺流程、有害成分不明确，经常出现废物类别、代码套用错误的情况。

经对照名录，被鉴别物列入名录的，则属于危险废物，不需要进行危险特性鉴别；

被鉴别物虽未列入名录，但可能具有危险特性的，需通过危险废物标准鉴别法，经过采样和检测分析确定其危险特性；

被鉴别物未列入名录，经综合分析原辅材料、生产工艺、产生环节和主要成分，认为不可能具有危险特性的，不属于危险废物，应终止鉴别并向委托方出具鉴别结论。

3. 鉴别方案编制和论证

鉴别单位根据待鉴别固体废物的产生特性和污染特性，依据《危险废物鉴别技术规范》（HJ/T 298）编制鉴别工作方案。工作方案包括以下主要内容：

（1）待鉴别固体废物产生工艺流程、涉及原辅材料和产生情况描述。

（2）与待鉴别固体废物有关的生产能力和生产现状。

（3）危险特性鉴别项目的识别。通常情况下，检测项目应当根据被鉴别废物的性质，结合其产生源特性，根据《危险废物鉴别标准》筛选确定，需逐项说明检测项目筛选和排除依据。

当无法确定固体废物是否存在《危险废物鉴别标准》规定的危险特性或毒性物质时，按照以下顺序进行检测。

①反应性、易燃性、腐蚀性检测；

②浸出毒性中无机物质项目的检测；

③浸出毒性中有机物质项目的检测；

④毒性物质含量鉴别项目中无机物质项目的检测；

⑤毒性物质含量鉴别项目中有机物质项目的检测；

⑥急性毒性鉴别项目的检测。

如果确认其中某项特性不存在时，不进行该项目检测，按照上述顺序进行下一项特性检测。

（4）采样工作方案。包括采样技术方案和组织方案。

（5）检测工作方案。包括检测技术方案和组织方案。环境污染案件危险废物鉴别的检测工作应以溯源分析为重点，对样品的物理、化学性质等进行分析检测，以确定固体废物的名称、产生源和危险特性。

（6）方案专家论证。对鉴别工作方案进行技术论证，参与人员包括环境管理、分析测试和行业工艺等方面的专家和人员。根据论证意见，将完善后的方案作为最终鉴别工作方案。

4. 采样和检测

鉴别单位、检测单位按照鉴别工作方案，依据《工业固体废物采样制样技术规范》（HJ/T 20－1998）和《危险废物鉴别标准》（GB 5085.1 ～7—2007）开展采样和检测工作，并出具检测报告。

（1）环境污染案件危险废物鉴别的样品应是从导致污染的固体废物中提取并能代表全部固体废物特性的典型样品，每种典型样品的数量宜控制在10个以内；固体废物产生单位的危险废物鉴别的采样工作按《危险废物鉴别技术规范》要求执行，采样过程应记录和核实委托方生产情况，如发现委托方生产工艺发生重大变动，对鉴别结论可能产生重大影响的，应终止采样，视情况重新编制鉴别方案或重新采样。样品的采集、制样和封装至少由2名技术人员共同完成，并保留被鉴样品，以供发生异议、争议等情况时进行鉴别结论复核。

（2）在进行浸出毒性和毒性物质含量的检测时，可根据固体废物的产生特性首先对可能的主要毒性成分进行相应项目的检测。在检测过程中，如果一项检测的结果超过标准限值，即可判定该固体废物为具有该种危险特性的危险废物。是否进行其他特性或其余成分的检测，应根据实际需要确定。如鉴别结果不足以判断危险废物代码，可进一步对其他危险特性进行检测。在进行毒性物质含量的检测时，当同一种毒性成分在一种以上毒性物质中存在时，以相对分子质量最高的毒性物质进行计算和结果判断。

（3）如检测过程需采用非标准方法，需按检测单位质量认证文件相关程序开展非标准方法制定和验证。

（4）检测报告应按照中国计量认证的要求进行编写，至少包括任务范围、采样与检测时间、采样及检测使用的主要仪器、采样方法、采样工作情况、样品保存情况、样品预处理方法、检测分析方法、检测结果、质量控制等信息。

5. 属性判断

（1）检测结果中超过GB 5085.1 ～6中相应标准限值的份样数大于或者等于《危险废物鉴别技术规范》（HJ/T 298－2007）中表3（见表1－8）中的超标份样下限，即可判定该固体废物具有该种危险特性。

表1－8　超标份样下限值

份样数	超标份样下限	份样数	超标份样下限
5	1	50	11
8	3	80	15
13	4	100	22
20	6	大于100	$N \times 22/100$
32	8		

（2）如果采取的固体废物份样数与上表中的份样数不符，按照表1－9中与实际份样数最接近的较小份样数进行结果的判断。

（3）如果固体废物份样数大于100，应按照表中公式确定超标份样数限值。

（4）如样品为含多种材料的报废产品类固体废物，检测结果需根据分解后各材料的比例和检测结果计算样品的危险特性，并按上述要求对固体废物是否属于危险废物做出判断。

（5）如样品为混合固体废物，检测结果需根据理论分析和物料平衡计算不同固体废物的危险特性，并按上述要求做出判断。如无法根据理论分析和物料平衡计算不同固体废物的危险特性，可假设所有检出的危险特性来自其中一种固体废物，计算该固体废物的危险特性，并按上述要求做出判断。

（6）若鉴别属于危险废物，应根据《国家危险废物名录》的有关规定给出其危险废物归类代码。

6. 出具鉴别报告

鉴别报告包含以下主要内容：

（1）鉴别委托情况。

（2）固体废物产生源的详细描述。

（3）待鉴别固体废物是否属于危险废物的结论及相关判断依据。

（4）开展采样检测的，还应包含鉴别方案、采样情况记录和检测报告等相关材料。

二、鉴别单位

依据《关于征求〈危险废物鉴别工作指南（试行）（征求意见稿）〉意见的函》（环办土壤函〔2016〕2297号），危险废物鉴别单位需具备以下条件：

（1）具有法人资格，能够独立、客观、公正、科学地开展鉴别工作。对鉴别结论的科学性、准确性负责，并能够承担相应的法律责任。

（2）具有8名以上环境工程、分析化学、环境监测、化学工程等相关专业中级以上技术职称，并有3年以上危险废物管理或研究经历的技术人员，其中技术负责人应具有高级技术职称。

（3）具有危险废物管理或研究经历和相应的技术基础，熟悉危险废物特性鉴别程序。

（4）具有健全的组织结构和完备的实验室质量管理体系，包括组织体系、工作程序、质量管理、操作规范等相关内容，并有效运行。

（5）具有良好的综合信用，能做到廉洁自律。

2008年，环保总局、海关总署、质检总局联合发布《关于发布固体废物属性鉴别机构名单及鉴别程序的通知》（环发〔2008〕18号），规范进口固体废物属性鉴别工作，明确鉴别机构和程序。鉴别机构为中国环境科学研究院固体废物污染控制技术研究所、中国海关化验室、深圳出入境检验检疫局工业品检测技术中心再生原料检验鉴定实验室。

2017 年 12 月 29 日，为加强进口固体废物环境管理，规范固体废物属性鉴别工作，环境保护部、海关总署、质检总局联合印发《关于推荐固体废物属性鉴别机构的通知》（环土壤函〔2017〕287 号），推荐了一批固体废物属性鉴别机构，具体为：

①中国环境科学研究院固体废物污染控制技术研究所；

②环境保护部南京环境科学研究所；

③环境保护部华南环境科学研究所；

④亚洲太平洋地区危险废物管理培训与技术转让中心；

⑤广州海关化验中心；

⑥天津海关化验中心；

⑦大连海关化验中心；

⑧上海海关化验中心；

⑨深圳出入境检验检疫局工业品检测技术中心再生原料检验鉴定实验室；

⑩山东出入境检验检疫局检验检疫技术中心；

⑪广东出入境检验检疫局检验检疫技术中心；

⑫宁波出入境检验检疫技术中心；

⑬天津检验检疫局化矿金属材料检测中心；

⑭江苏出入境检验检疫局工业产品检测中心；

⑮广西防城港出入境检验检疫局综合技术服务中心；

⑯厦门出入境检验检疫局检验检疫技术中心；

⑰上海出入境检验检疫局工业品和原材料检测技术中心；

⑱浙江出入境检验检疫局检验检疫技术中心；

⑲新疆出入境检验检疫局检验检疫技术中心；

⑳辽宁出入境检验检疫局技术中心。

目前广东省内开展危险废物鉴别的单位有：环保部华南环境科学研究所、中科院广州化学研究所分析测试中心（广州中科检测技术服务有限公司）、广东省工业分析检测中心、中国有色金属工业华南产品质量监督检验中心等。

根据危险废物鉴别标准，凡经鉴别具有腐蚀性、反应性、毒性、易燃性等一种或一种以上危险特性的固体废物为危险废物，因此，鉴别固体废物属于危险废物是相对比较容易的，只需检测出其具有某种危险特性便可定性。但要判定固体废物不属于危险废物则很不容易，需按照鉴别标准逐项排除腐蚀性、反应性、毒性、易燃性，并且毒性物质含量不能超过标准的规定。

参考文献

[1] 环境保护部办公厅. 关于征求〈危险废物鉴别工作指南（试行）（征求意见稿）〉意见的函：环办土壤函〔2016〕2297 号，2016－12－19.
[2] 汪帅马，刘永轩. 浅谈环境影响评价工作中危险废物的判定［J］. 江西化工，2016（4）：149－151.

第三节　危险废物鉴别工作开展情况

目前，我国尚未建立统一的危险废物鉴别管理体系。由于危险废物来源复杂，成分多变，《国家危险废物名录》无法涵盖所有的危险废物，因此有必要建立危险废物鉴别标准体系作为有效补充，形成较完善的危险废物鉴别体系。目前危险废物鉴别工作程序不够完善，缺乏相应的监督机制，危险废物标准鉴别工作由各省根据实际情况开展，危险废物鉴别过程监管成为目前工作的难点。

我国危险废物鉴别工作存在三个主要问题（参考环保部《危险废物鉴别工作程序与管理规定（征求意见稿）编制说明》）：

其一，危险废物鉴别缺少统一管理。目前，全国普遍没有明确负责组织危险废物鉴别的机构以及鉴别程序等事宜，导致废物产生单位不知道去哪里进行危险废物鉴别，鉴别的程序是什么，哪些实验室可以开展危险废物鉴别测试，什么样的鉴别结果符合环保部门的要求。这些问题严重影响危险废物鉴别工作的开展。

其二，危险废物鉴别和检测秩序混乱。随着危险废物鉴别和检测需求的增加，部分第三方检测机构（社会机构）介入危险废物鉴别和检测市场，在一定程度上影响了鉴别结果的可靠性和真实性。一些非正规检测机构，技术人员的采样和分析等专业水平不高、分析测试设备简易，出具的鉴别结果可信度低。在经济利益的驱使下，也有少数检测机构为迎合部分企业降低废物处置成本的需求，将危险废物定性为一般工业固体废物。

其三，固体废物的危险特性检测能力不强。危险废物种类繁多、性质复杂，鉴别专业性较强，技术难度大，目前我国无专门从事危险废物鉴别实验的机构和分析技术人员，在实践中缺乏采样和分析测试经验，尤其难以保证采样时的代表性。此外，整个鉴别工作量大、流程长、费用高，现有的环保部门监测机构已难以承担所有的固体废物危险特性检测工作。

很多时候，我们无法确认固体废物产生源，因此首先需要溯源，对固体废物进行全成分元素分析及物相、水分、有机分、灰分等成分分析。例如采用 X 射线荧光光谱无标样分析法、等离子体发生光谱法等方法开展全谱段元素分析；采用 X 射线衍射法、扫描电镜能谱法等方法开展物相分析；采用红外光谱法等手段开展有机成分分析。这些方法技术性强，大多没有标准方法，很少有环境监测站能够开展。在全国范围内，同时具备腐蚀性、急性毒性初筛、浸出毒性、易燃性、反应性、毒性物质含量等6种危险特性鉴别技术的全能型检测机构屈指可数。

根据危险废物管理工作实际需要，河北、江苏、浙江、福建、江西、广东、重庆、甘肃、青海、宁夏等省市环保部门已试行开展了危险废物鉴别工作。

一、河北

河北省环保厅2014年发布《关于进一步明确危险废物鉴别工作有关问题的通知》（冀环办〔2014〕263号），明确了危险废物鉴别的总体要求、相关部门和单位的职责、各级环保部门及企业委托的日常产生危险废物特性鉴别要求、突发固体废物倾倒案件的危险废物特性鉴别工作程序，提出了危险废物特性鉴别机构名单（第一批）以及危险废物鉴别申请书、危险废物鉴别方案和报告编制指南。

二、江苏

2013年江苏省环保厅印发《江苏省危险废物鉴定工作程序（试行）》（苏环办〔2013〕279号），规定江苏省危险废物鉴定工作程序。明确以江苏省固管中心作为鉴定机构，负责受理并组织开展各级环保部门及企业委托的危险废物特性鉴定和突发固体废物倾倒案件的危险废物特性鉴定。具有相关危险废物特性检测资质的机构作为检测机构，负责采样和检测工作。具体流程如图1－4所示。

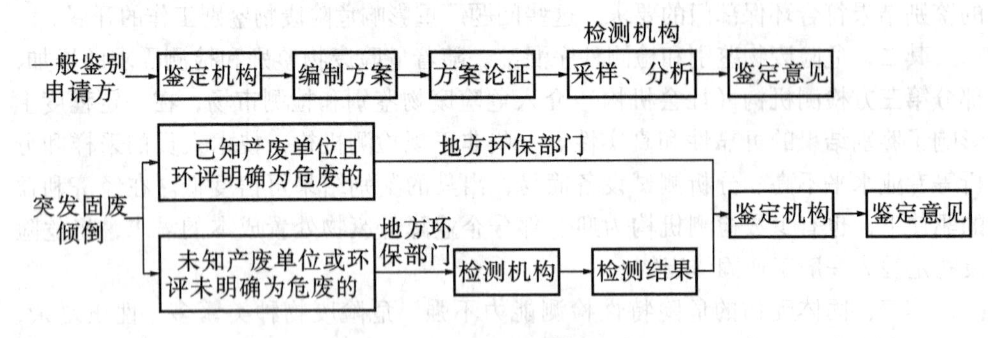

图1－4 江苏省危险废物鉴别流程

2016年《江苏省关于规范全省环境污染犯罪案件检测鉴定等有关事项的通知》进一步规范了危险废物鉴别认定，做了如下规定：

对已列入《国家危险废物名录》的，县级以上环保部门结合以下情形进行鉴别并出具危险废物类别认定意见，作为环境污染刑事案件的证据使用：

（1）对已确认废物产生单位，且产废单位环评中明确为危险废物的，县级以上环保部门根据产废单位环评报告和批复、验收意见、案件笔录等材料及有关文件规定进行鉴别并出具认定意见。

（2）对已确认废物产生单位，但产废单位环评中未明确为危险废物的，县级以上环保部门应当组织进一步分析废物产生工艺，根据有关材料及规定进行鉴别并出具认定意见。

（3）对未确认废物产生单位的，环保部门应当商请公安机关提前介入，公安机关应当依法开展废物来源调查、犯罪嫌疑人控制、关键物证保全等工作。涉案地县级以上环保部门根据调查情况及时出具认定意见。

（4）对危险废物与其他固体废物混合的，按照《危险废物鉴别标准　通则》进行鉴别。具有毒性（包括浸出毒性、急性毒性及其他毒性）和感染性等一种或一种以上危险特性的危险废物与其他固体废物混合，混合后的废物应当明确为危险废物；仅具有腐蚀性、易燃性或反应性的危险废物与其他固体废物混合，混合后的废物经鉴别具有腐蚀性、易燃性、反应性等一种或一种以上危险特性的，应当明确为危险废物。县级以上环保部门根据鉴别情况出具认定意见。

（5）对跨地区非法倾倒、处置危险废物的，由危险废物倾倒地县级以上环保部门予以认定。倾倒地不明的，由最先发现地县级以上环保部门予以认定。

对未列入《国家危险废物名录》的，环保部门按照以下程序开展委托鉴定工作：

（1）固体废物属性鉴别。结合案件笔录、环评报告等材料，依据《固体废物污染环境防治法》《固体废物鉴别导则》及《关于加强建设项目环评文件固体废物内容编制的通知》（苏环办〔2013〕283号）要求，对需界定的物质是否属于固体废物进行鉴别。经鉴别不属于《固体废物污染环境防治法》第八十八条、第八十九条规定的固体废物的，则不属于危险废物，无须进行鉴定。

（2）委托鉴定机构鉴定。经鉴别属于固体废物但未列入《国家危险废物名录》的，由县级以上环保部门或公安机关委托有相关资质的鉴定机构进行鉴定。

委托鉴定前，环保部门应当在省环保厅公示的检测机构名录中就近选取机构开展相关特性检测。疑似危险废物的采样检测，应当按照《危险废物鉴别标准》《危险废物鉴别技术规范》等相关标准、规范开展。检测机构应当通过计量认证，并具备固体废物相关危险特性检测能力。

三、福建

2016年《福建省危险废物鉴别管理办法（试行）》发布，规定了危险废物鉴别的程序和内容，出台了《危险废物鉴别报告编制指南》《危险废物鉴别报告备案申请书编制指南》。

四、浙江

浙江省危险废物鉴别工作主要遵照“以第三方鉴别和评估为主、环境保护主管部门监督管理”的原则，体现了社会化鉴别的原则。环保部门仅对过程实施监管，便于推动鉴别工作的快速开展。其主要流程见图1－5。

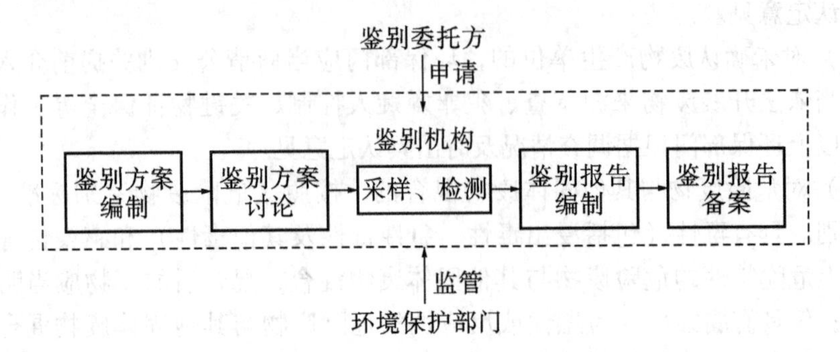

图1－5 浙江省危险废物鉴别流程

五、江西

江西省环保厅2016年发布《江西省固体废物属性鉴别工作程序（试行）》，明确固体废物属性鉴别工作程序。

六、重庆

重庆市环境保护局2012年发布《重庆市危险废物鉴别工作程序（试行）》。重庆市固管中心负责组织危险废物鉴别工作。鉴别机构负责编制鉴别方案、开展采样检测、出具检测报告等工作。具体流程见图1－6。

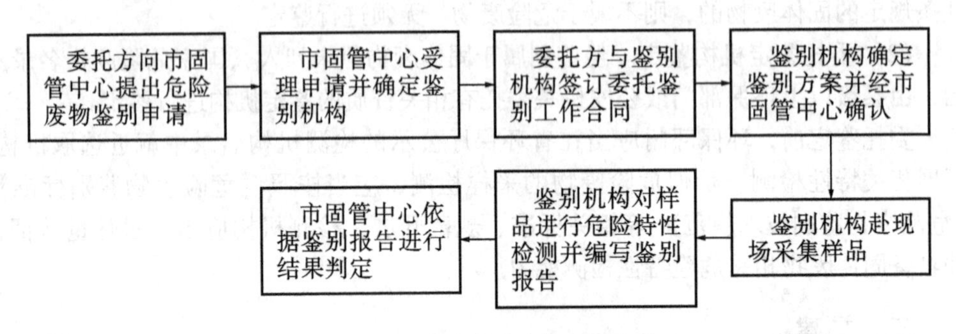

图1－6 重庆市危险废物鉴别流程

七、广东

广州市出台了《广州市环保局危险废物鉴别工作管理办法》（穗环办〔2014〕124号）及《广州市环境保护局危险废物鉴别办事指南》。该办事指南指出，广州市各类企业提出的危险废物鉴别申请，包括但不限于以下范围：

（1）环评报告及批复明确为危险废物，但通过优化生产工艺、改进污染治理设施等途径，使固体废物危险特性发生变化。

（2）环评报告及批复未明确为危险废物，但按照危险废物进行申报、管理，根据实际情况申请变更为一般工业固体废物。

具体办理程序流程图见图1－7。

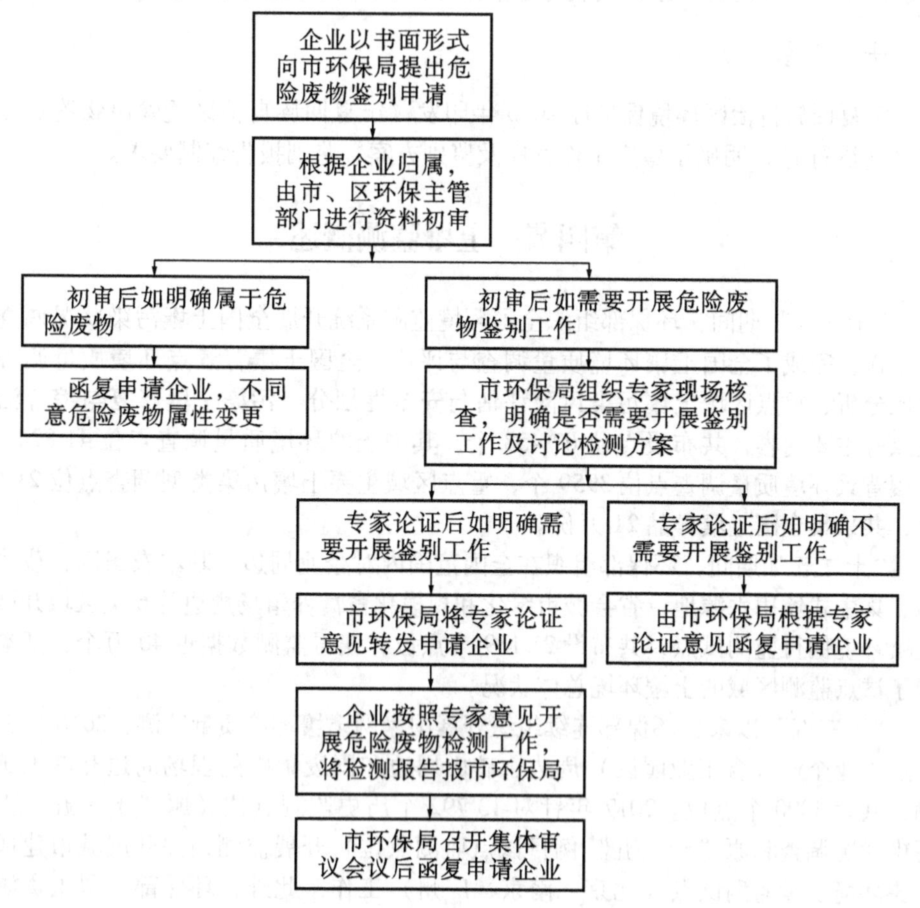

图1－7　广州市危险废物鉴别流程

八、甘肃

甘肃省在制定危险废物鉴别程序之前，先在省内开展了危险废物鉴别机构的申报工作，并最终确定符合条件的鉴别机构，其主要鉴别流程与浙江省类似，环保部门对鉴别机构发挥监督管理和指导作用。

九、青海

青海省环境保护厅2013年印发《青海省危险废物鉴别工作程序（试行）》，规范了青海省危险废物鉴别工作程序及危险废物属性鉴别方案、报告的编制等基本要求。该程序规定了强制鉴别的情形：全省排放铅、汞、镉、铬和类金属砷五种重金属污染物的企业，包括重有色金属冶炼企业、化学原料及化学品制造企业、重有色金属矿（含伴生矿）采选等企业的生产工艺、原辅材料发生重大变化时，对所产生的固体废物必须开展属性鉴别工作。

十、宁夏

宁夏回族自治区环境保护厅2015年印发《宁夏回族自治区危险废物鉴定工作程序（试行）》，明确了鉴定工作程序及鉴别方案、鉴别报告编制要求。

第四节　土壤监测概述

“十一五”期间，环保部组织全国环境监测系统开展全国土壤污染状况调查专项工作，完成了全国土壤环境质量调查与评价、全国土壤背景点环境质量调查与对比分析、重点区域土壤污染风险评估与安全性划分、污染土壤修复与综合治理试点等主要内容，共布设点位67 458个，其中土壤环境质量调查点位41 824个，土壤背景环境质量调查点位3959个，重点区域主要土壤污染类型调查点位21 675个，共采集全国土壤样品21万份。

“十二五”期间，环保部组织在全国范围内对企业周边、基本农田区、蔬菜基地、集中式饮用水源地、省会城市绿化和规模化畜禽养殖场周边等6类区域开展了土壤环境例行监测试点，共布设21 139个点位，获得监测数据近40万个，基本掌握了试点监测区域的土壤环境总体状况。

“十三五”以来，环保部连续组织开展国家网土壤环境质量监测，2016年针对重点工业企业（含工业园区）周边、矿山周边和固废集中处理场周边开展土壤监测，共设4000个点位。2017年针对13 792个历史监测点位（原“十一五”土壤污染状况调查和原“十二五”例行试点监测点位）开展监测，并开展城市建成区土壤环境质量监测试点（北京、南京、广州）工作；此外，环保部、国土资源部和农业部等部委启动了全国土壤污染状况详查工作。2017年12月14日，环境保护部印发《关于印发“十三五”土壤环境监测总体方案的通知》（环办监测〔2017〕1943号）；2018年针对2481个背景点开展监测。

一、“十二五”以来土壤环境质量监测情况

1. 2011年全国污染场地周边土壤环境质量监测

监测区域：30个省，138个地市（州）

监测对象：284个企业周边土壤，1964份土壤

监测指标：重金属13项：镉、汞、钾、铅、铬、铜、锌、镍、钒、锰、钴、铊、锑；苯并(a)芘

2. 2012 年全国基本农田土壤环境质量例行监测

监测区域：30 个省，314 个地市（州）

监测对象：969 个基本农田区土壤

监测指标：3 项理化指标：pH、阳离子交换量、有机质

8 项必测无机污染物：镉、汞、砷、铅、铬、铜、锌、镍

6 项选测重金属：钒、锰、钴、银、铊、锑

3 项有机物：六六六、滴滴涕、苯并(a) 芘

3. 2013 年全国蔬菜种植基地土壤环境质量监测

监测区域：30 个省，342 个地市（州）

监测对象：1007 个蔬菜种植区，4910 份土壤

监测指标：3 项理化指标：pH、阳离子交换量、土壤有机质

14 项无机污染物：镉、汞、砷、铅、铬、铜、锌、镍、钒、锰、钴、银、铊、锑

6 项有机物：六六六、滴滴涕、苯并(a) 芘 、氯丹、七氯、代森锌

4. 2014 年全国饮用水源地周边土壤环境质量监测

监测区域：31 个省（区、市）及新疆生产建设兵团所辖 333 个地级市（州）

监测对象：集中式饮用水源地周边土壤

监测指标：3 项理化指标：土壤 pH、有机质含量、阳离子交换量

8 项无机污染物：镉、汞、砷、铅、铬、铜、锌和镍

3 项有机污染物：六六六、滴滴涕和 苯并(a) 芘

选测无机污染物：钒、锰、钴、银、铊、锑等

5. 2015 年全国畜禽养殖场周边土壤环境质量监测

监测区域：31 个省（区、市）及新疆生产建设兵团

监测对象：每个地市选择 3 个具有一定规模的畜禽养殖场（常年猪存栏量 500 头以上、鸡 3 万羽以上和牛 100 头以上）

监测指标：3 项理化指标：pH、阳离子交换量、有机质

8 项无机污染物：镉、汞、砷、铅、铬、铜、锌、镍

选测无机污染物：钒、锰、钴、银、铊、锑等

6 项有机物：六六六、滴滴涕和 苯并(a) 芘

6. 2016 年国家网土壤环境质量监测

监测区域：31 个省，4000 个风险点（其中广东最多，346 个）

监测对象：重点工业企业、矿山、固废处理场周边土壤

监测指标见表 1 – 9。

7. 2017 年国家网土壤环境质量监测

监测区域：32 个省区，13 792 个风险点（其中广东省 509 个点位）

监测对象：耕地、林地

监测指标见表 1 – 9。

城市建成区土壤环境质量监测试点城市：北京、南京、广州

试点监测对象：居住区、交通干线、公园；城市森林、湿地

8．2017 年土壤污染状况详查

2016 年，由环保部、财政部、国土资源部、农业部、国家卫生与计划生育委员会联合印发《全国土壤污染状况详查总体方案》（环土壤〔2016〕188 号），要在 2018 年底前查明农用地土壤污染的面积、分布及其对农产品质量的影响，2020 年底前掌握重点行业企业用地中污染地块的分布及其环境风险。监测指标见表 1－9。

9．2018 年国家网土壤环境质量监测

监测区域：32 个省区，2481 个背景点（其中广东省 132 个点位）

监测指标见表 1－9。

表 1－9　2016—2018 年国家网土壤监测及土壤详查监测项目

指标类别	2016 年国家网土壤监测	2017 年国家网土壤监测	2018 年国家网土壤监测	2017 年土壤污染状况详查
理化指标	pH、阳离子交换量、有机质			pH、阳离子交换量、有机质、水分、机械组成
无机污染物	必测 8 项：镉、汞、砷、铬、铅、铜、镍、锌；选测 6 项：钒、锰、钴、银、铊、锑		砷、镉、钴、铬、铜、氟、汞、锰、镍、铅、硒、钒、锌、锂、钠、钾、铷、铯、银、铍、镁、钙、锶、钡、硼、铝、镓、铟、铊、钪、钇、镧、铈、镨、钕、钐、铕、钆、铽、镝、钬、铒、铥、镱、镥、钍、铀、锗、锡、钛、锆、铪、锑、铋、钽、碲、钼、钨、溴、碘、铁，共 61 种元素全量	镉、汞、砷、铬、铅、铜、镍、锌、钒、锰、钴、银、铊、锑、钼、铍、氟化物、氰化物
有机污染物	苯并(a)芘	有机氯农药（六六六和滴滴涕）；多环芳烃（15 项：苊烯、苊、芴、菲、蒽、荧蒽、芘、苯并(a)蒽、䓛、苯并(b)荧蒽、苯并(k)荧蒽、苯并(a)芘、茚苯(1,2,3－c,d)芘、二苯并(a,h)蒽和苯并(g,h,i)苝		有机氯农药、邻苯二甲酸酯类、石油烃、VOCs、酚类、硝基苯类、苯胺类、PCBs、二噁英类和呋喃

二、土壤监测分析方法

2017—2018 年国家网土壤监测分析方法见表 1－10。

表 1－10　2017—2018 年国家网土壤监测分析方法

<table>
<tr><th>项目</th><th>2017 年国家网土壤监测分析方法</th><th>2018 年国家土壤监测分析方法</th></tr>
<tr><td rowspan="3">pH</td><td colspan="2">土壤检测　第 2 部分：土壤 pH 的测定（NY/T 1121. 2—2006）</td></tr>
<tr><td colspan="2">土壤元素的近代分析测试方法</td></tr>
<tr><td>—</td><td>土壤 pH 的测定（NY/T 1377—2007）</td></tr>
<tr><td>水分</td><td colspan="2">土壤　干物质和水分的测定　重量法（HJ 613－2011）</td></tr>
<tr><td rowspan="2">有机质</td><td colspan="2">土壤检测　第 6 部分：土壤有机质的测定（NY/T 1121. 6—2006）</td></tr>
<tr><td colspan="2">土壤元素的近代分析测试方法</td></tr>
<tr><td rowspan="3">阳离子交换量</td><td colspan="2">森林土壤阳离子交换量的测定（LY/T 1243—1999）</td></tr>
<tr><td colspan="2">中性土壤阳离子交换量和交换性盐基的测定（NY/T 295—1995）</td></tr>
<tr><td>—</td><td>土壤检测　第 5 部分：石灰性土壤阳离子交换量的测定（NY/T 1121. 5—2006）</td></tr>
<tr><td>镉</td><td colspan="2">土壤质量　铅、镉的测定　石墨炉原子吸收分光光度法（GB/T 17141—1997）</td></tr>
<tr><td rowspan="4">汞</td><td colspan="2">土壤质量　总汞、总砷、总铅的测定　原子荧光法　第 2 部分：土壤中总汞的测定（GB/T 22105. 1—2008）</td></tr>
<tr><td rowspan="3">土壤和沉积物　汞、砷、硒、铋、锑的测定　微波消解/原子荧光法（HJ 680－2013）</td><td>土壤和沉积物　总汞的测定　催化热解－冷原子吸收分光光度法（HJ 923－2017）</td></tr>
<tr><td>土壤质量　总汞的测定　冷原子吸收分光光度法（GB 17316—1997）</td></tr>
<tr><td>HJ 680－2013</td></tr>
<tr><td rowspan="3">砷</td><td colspan="2">GB/T 22105. 2—2008</td></tr>
<tr><td colspan="2">HJ 680－2013</td></tr>
<tr><td colspan="2">土壤和沉积物　无机元素的测定　波长色散 X 射线荧光光谱法（HJ 780－2015）</td></tr>
</table>

续上表

<table>
<tr><th>项目</th><th>2017 年国家网土壤监测分析方法</th><th>2018 年国家土壤监测分析方法</th></tr>
<tr><td rowspan="2">铜、锌</td><td colspan="2">土壤质量　铜、锌的测定　火焰原子吸收分光光度法（GB/T 17138—1997）</td></tr>
<tr><td colspan="2">HJ 780－2015</td></tr>
<tr><td rowspan="2">铅</td><td colspan="2">土壤质量　铅、镉的测定　石墨炉原子吸收分光光度法（GB/T 17141—1997）</td></tr>
<tr><td colspan="2">HJ 780－2015</td></tr>
<tr><td rowspan="2">铬</td><td colspan="2">土壤　总铬的测定　火焰原子吸收分光光度法（HJ 491－2009）</td></tr>
<tr><td colspan="2">HJ 780－2015</td></tr>
<tr><td rowspan="2">镍</td><td colspan="2">土壤质量　镍的测定　火焰原子吸收分光光度法（GB/T 17139—1997）</td></tr>
<tr><td colspan="2">HJ 780－2015</td></tr>
<tr><td rowspan="3">六六六、滴滴涕</td><td colspan="2">土壤中六六六和滴滴涕测定　气相色谱法（GB/T 14550—2003）</td></tr>
<tr><td rowspan="2">气相色谱－质谱法</td><td>土壤和沉积物　有机氯农药的测定　气相色谱－质谱法（HJ 935－2017）</td></tr>
<tr><td>土壤和沉积物　有机氯农药的测定　气相色谱法（HJ 921－2018）</td></tr>
<tr><td rowspan="3">多环芳烃</td><td colspan="2">土壤和沉积物　多环芳烃的测定　高效液相色谱法（HJ 784－2016）</td></tr>
<tr><td colspan="2">土壤和沉积物　多环芳烃的测定　气相色谱－质谱法（HJ 805－2016）</td></tr>
<tr><td>高效液相色谱法（《全国土壤污染状况调查分析测试技术规定》）</td><td>—</td></tr>
<tr><td>钒、锰、钴</td><td>HJ 780－2015</td><td>—</td></tr>
<tr><td>银</td><td>石墨炉原子吸收法</td><td>—</td></tr>
<tr><td>铊</td><td>电感耦合等离子体质谱法（ICP－MS 法）</td><td>—</td></tr>
<tr><td>锑</td><td>HJ 680－2013</td><td>—</td></tr>
</table>

土壤污染状况详查理化指标、无机污染物、有机污染物分析方法分别见表 1－11～表 1－13。

表 1－11　土壤详查理化指标分析方法

检测项目	分析方法
水分	土壤　干物质和水分的测定　重量法（HJ 613－2011）
pH	土壤 pH 的测定（NY/T 1377—2007）
有机质	森林土壤有机质的测定及碳氮比的计算（LY/T 1237—1999）
机械组成	森林土壤颗粒组成（机械组成）的测定（LY/T 1225—1999）
阳离子交换量	中性土壤阳离子交换量和交换性盐基的测定（NY/T 295—1995）

表 1－12　土壤详查无机污染物分析方法

项目	分析方法	分析仪器
总镉	土壤质量　铅、镉的测定　石墨炉原子吸收分光光度法（GB/T 17141—1997）、固体废物金属元素的测定　电感耦合等离子体质谱法（HJ 766－2015）	GAAS、ICP－MS
总汞	土壤质量　总汞、总砷、总铅的测定　原子荧光法　第 2 部分：土壤中总汞的测定（GB/T 22105. 1—2008）、土壤质量　总汞的测定　冷原子吸收分光光度法（GB/T 17136—1997）、土壤和沉积物　汞、砷、硒、铋、锑的测定　微波消解/原子荧光法（HJ 680－2013）	AFS、AAS
总砷	土壤质量　总汞、总砷、总铅的测定　原子荧光法　第 2 部分：土壤中总砷的测定（GB/T 22105. 2—2008）、HJ 766－2015、HJ 680－2013	
总铅	固体废物　22 种金属元素的测定　电感耦合等离子体原子发射光谱法（HJ 781－2016）、土壤质量　铅、镉的测定　石墨炉原子吸收分光光度法（GB/T 17141—1997）、硅酸盐岩石化学分析方法　第 30 部分：44 个元素量测定（GB/T 14506. 30—2010）、HJ 766－2015	ICP－MS、ICP－AES、GAAS

续上表

项目	分析方法	分析仪器
总铬	土壤 总铬的测定 火焰原子吸收分光光度法（HJ 491－2009）、HJ 781－2016、HJ 766－2015	ICP－AES、ICP－MS、FAAS
总铜、总锌	土壤质量 铜、锌的测定 火焰原子吸收分光光度法（GB/T 17138—1997）、HJ 781－2016、HJ 766－2015	
总镍	土壤质量 镍的测定 火焰原子吸收分光光度法（GB/T 17139—1997）、HJ 781－2016、HJ 766－2015	
总钴、总钒、总锑、总铊、总锰、总铍	HJ 781－2016、HJ 766－2015	ICP－AES、ICP－MS
总钼	HJ 766－2015	ICP－MS
氟化物	土壤质量 氟化物的测定 离子选择电极法（GB/T 22104—2008）	电极法
氰化物	异烟酸－巴比妥酸光度法、异烟酸－吡唑啉酮光度法（HJ 745－2015）	光度计

表1－13 土壤详查有机污染物分析方法

项目	分析方法	分析仪器
多环芳烃	土壤和沉积物 多环芳烃的测定 气相色谱－质谱法（HJ 805－2016）	GC/MS
有机氯农药	土壤中六六六和滴滴涕的测定 气相色谱法（GB/T 14550—2003）	GC/MS
邻苯二甲酸酯类	土质 使用带有质谱检测的毛细管气相色谱法（GC/MS）对选定邻苯二甲酸盐的测定（ISO 13913—2014）	GC/MS
石油烃（C10—C40）	土壤中石油烃（C10—C40）含量的测定 气相色谱法（ISO 16703:2011）	GC
挥发性有机物	土壤和沉积物 挥发性有机物的测定 顶空/气相色谱－质谱法（HJ 642－2013）、土壤和沉积物 挥发性有机物的测定 吹扫捕集/气相色谱－质谱法（HJ 605－2011）	GC/MS
酚类	土壤和沉积物 酚类化合物的测定 气相色谱法（HJ 703－2014）	GC

续上表

项目	分析方法	分析仪器
硝基苯类、苯胺类	气相色谱质谱法分析半挥发性有机物（EPA 8270D）	GC/MS
多氯联苯	土壤和沉积物　多氯联苯的测定　气相色谱－质谱法（HJ 743－2015）	GC/MS
二噁英类和呋喃	土壤和沉积物　二噁英类的测定　同位素稀释高分辨气相色谱－高分辨质谱法（HJ 77.4－2008）	HRGC/HRMS

除上述标准外，其他分析方法标准还有：

土壤质量　总砷的测定　二乙基二硫代氨基甲酸银分光光度法（GB/T 17134—1997）

土壤质量　总砷的测定　硼氢化钾－硝酸银分光光度法（GB/T 17135—1997）

土壤　总铬的测定　火焰原子吸收分光光度法（HJ 491－2009 代替 GB/T 17137—1997）

土壤质量　铅、镉的测定　KI－MIBK 萃取火焰原子吸收分光光度法（GB/T 17140—1997）

土壤和沉积物　汞、砷、硒、铋、锑的测定　微波消解　原子荧光法（HJ 680－2013）

土壤和沉积物　铍的测定　石墨炉原子吸收分光光度法（HJ 737－2015）

土壤和沉积物　12 种金属元素的测定　王水提取－电感耦合等离子体质谱法（HJ 803－2016）

土壤全量钙、镁、钠的测定（NY/T 296—1995）

土壤中全硒的测定（NY/T 1104—2006）

土壤检测　第 10 部分：土壤总汞的测定（NY/T 1121.10—2006）

土壤检测　第 11 部分：土壤总砷的测定（NY/T 1121.11—2006）

土壤检测　第 12 部分：土壤总铬的测定（NY/T 1121.12—2006）

土壤质量　重金属测定　王水回流消解原子吸收法（NY/T 1613—2008）

三、土壤监测分析流程

土壤制样流程见图 1－8。

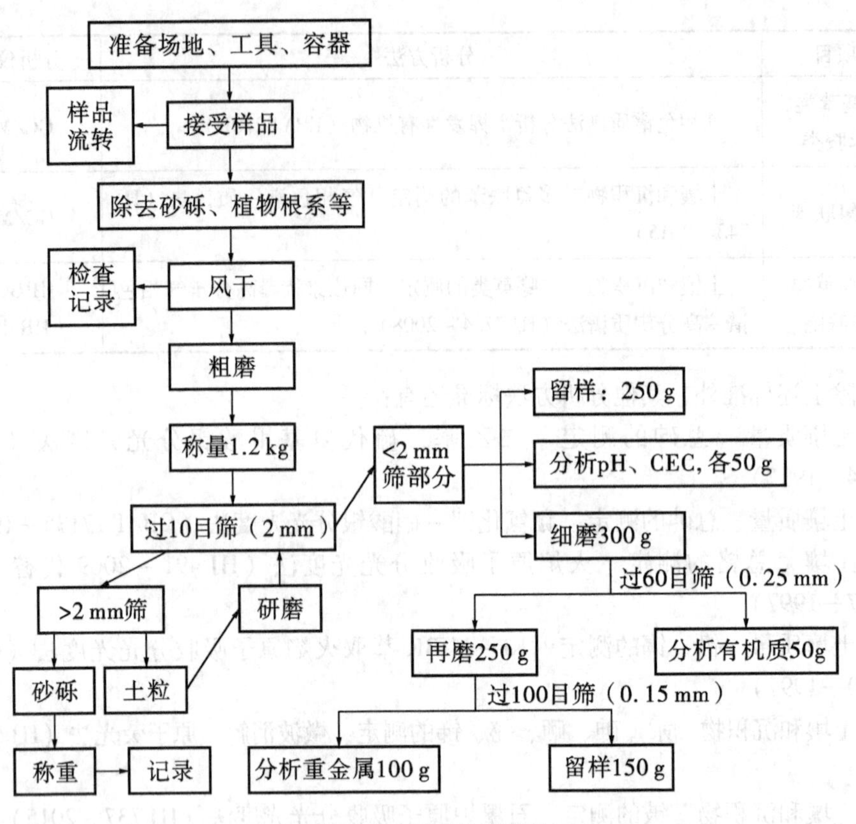

图1－8　土壤制样流程

土壤理化指标分析、元素分析、VOCs和半挥发性有机物分析流程分别见图1－9～图1－12。

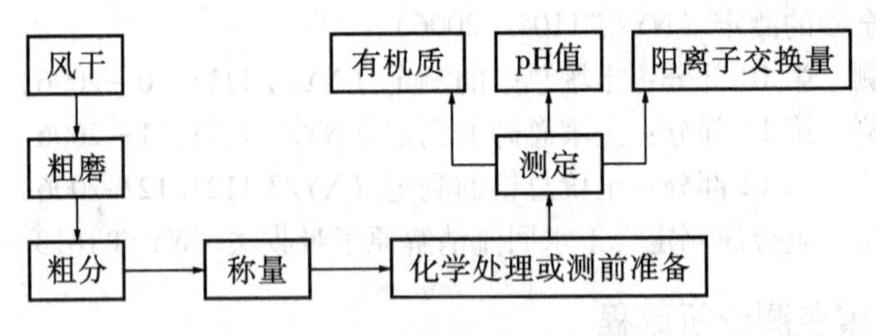

图1－9　土壤理化指标分析流程

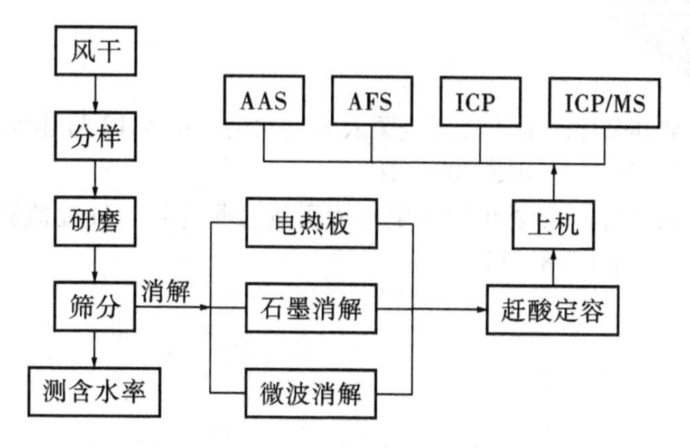

图 1－10　土壤元素分析流程

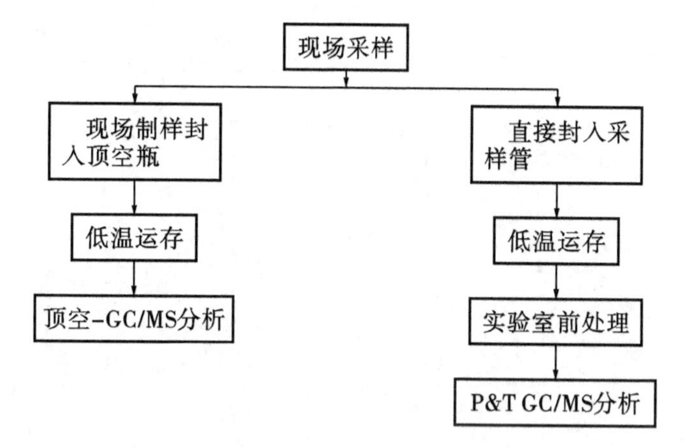

图 1－11　土壤 VOCs 分析流程

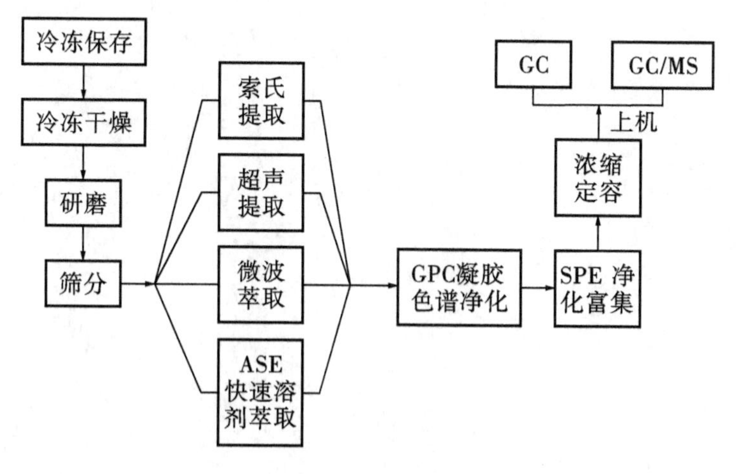

图 1－12　土壤半挥发性有机物分析流程

参考文献

[1] 环境保护部办公厅. 对十二届全国人大三次会议第 4812 号建议的答复：环建函〔2015〕121 号，2015 - 07 - 21.
[2] 陆泗进，何立环. 浅谈我国土壤环境质量监测［J］. 环境监测与管理技术，2013，25（3）：6 - 8，12.

第二章　固体废物与土壤采样技术

第一节　工业固体废物采样技术

一、适用范围

工业固体废物采样技术包括方案设计、样品采集、样品保存和质量控制，适用于工业固体废物的特性鉴别、环境污染监测、综合利用及处置等所需样品的采集，不适用于放射性指标监测的采样。

二、采样准备

为保证采集的样品具有代表性，应充分做好采样前的准备工作，在条件允许的情况下，应制定采样方案或采样计划。方案（计划）内容包括采样目的和要求、背景调查和现场踏勘、采样程序、安全措施、质量控制、采样记录等。

（一）采样目的

从一批工业固体废物中采集具有代表性的样品，通过实验和分析，获得在允许误差范围的数据。在设计采样方案或计划时，应明确具体目标和要求。采样目的和要求一般包括特性鉴别和分类、环境污染监测、综合利用或处理、污染环境事故调查分析或应急监测、科学研究、环境影响评价，法律调查、法律责任、仲裁等。

（二）背景调查和现场踏勘

背景调查和现场踏勘主要内容包括：工业固体废物的产生（处置）单位、产生时间、产生形式（间歇或连续）、贮存（处置）方式；工业固体废物的种类、形态、数量、特性（含物理性质和化学性质）；工业固体废物试验及分析的允许误差和要求；工业固体废物污染环境、监测分析的历史资料；工业固体废物产生、堆存、处置或综合利用现场踏勘，了解现场及周围环境等。

（三）采样程序

采样程序通常包括：确定采样对象、选派采样人员、背景调查和现场踏勘、采样方法、样品量、采样工具、现场安全措施、质量保证与控制、采样、组成小样或大样等内容。

(四) 采样工具和容器

1. 采样容器的材质要求

采样容器一般要求：

(1) 材质的化学稳定性好，保证样品的各组成成分在贮存期间不发生变化。

(2) 抗极端温度性能好，抗震性能好，其大小、形状和重量适宜。

(3) 能严密封口，且易于开启。

(4) 材料易得，成本较低。

(5) 容易清洗，并可反复使用。

2. 固态工业固废采样工具和容器

固态工业固体废物采样工具主要有：尖头钢锹、钢锤、采样探子、采样钻、气动和真空探针、取样铲（木铲、金属铲、塑料铲）、竹片以及适合特殊采样要求的工具等；样品容器主要有聚乙烯袋、聚乙烯瓶、玻璃瓶（棕色）等适合盛装样品的容器。

3. 液态工业固废采样工具和容器

液态工业固体废物采样工具主要有：采样勺、采样管、搅拌器及适合特殊采样要求的工具等；样品容器主要有聚乙烯瓶、玻璃瓶（棕色）等适合盛装样品的容器。

三、采样技术

(一) 份样数与采样量的确定

工业固体废物采集最少份样数与固体废物的批量质量关系可参考表 2-1。

表 2-1　批量大小与最少份样数

批量大小	最少份样数	批量大小	最少份样数
<1	5	≥100	30
≥1	10	≥500	40
≥5	15	≥1000	50
≥30	20	≥5000	60
≥50	25	≥10000	80

说明：固体废物的批量质量按 t 计，液体废物批量质量按 1000L 计。

一般来说，份样量取决于固体废物的粒度上限，粒径越大，均匀性越差，份样量就应越多。份样量可按切桥特公式（1）计算。同时，份样量也与采样目的、检测项目有关，采样量至少要满足分析、质控及留样的需要。

$$Q \geqslant K \cdot d^{a} \tag{1}$$

式中　Q——份样量应采的最低质量，kg；

d——废物中最大粒度的直径，mm；

K——缩分系数，代表废物的不均匀程度，废物越不均匀，K 值越大，可用统计误差法由实验测定，有时也可由主管部门根据经验指定；

a——经验常数，随废物的均匀程度和易破碎程度而定。

一般情况，推荐 $K=0.06$，$a=1$。

（二）采样方法

工业固体废物采样方法很多，采样人要结合方法要求，根据现场实际情况，因地制宜，采集到有代表性的样品。下面介绍几种常见的工业固体废物采样方法。

1. 权威采样法

由对被采集的工业固体废物非常熟悉的个人来采集样品，其有效性完全取决于采样人的知识和对被采样对象的认知。权威采样法有时能获得有效的数据，但对大多数采样情况不建议采用这种采样方法。

2. 简单随机采样法

适合较小堆存厚度、运输中的工业固体废物和深度较浅的池（坑、塘）中的液体工业废物，可采用对角线法、梅花点法、棋盘式法、蛇形法确定采样位置（图 2-1），按照确定的份样数，利用抽签法选取采样点。

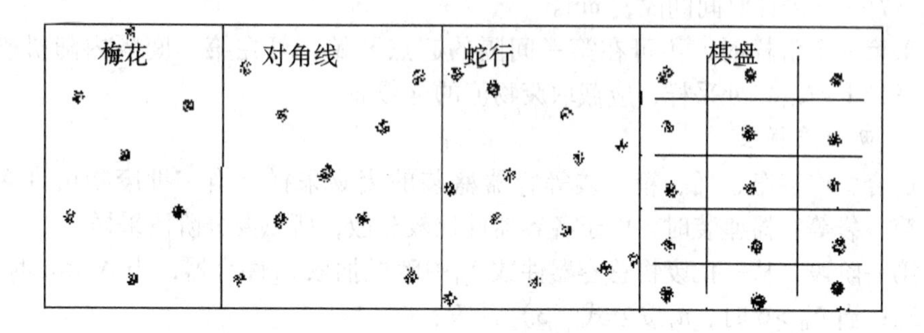

图 2-1　简单随机采样法示意

3. 网格分层采样法

适合堆存较高的固态工业固体废物和储存在较深的池（坑、塘）中的液体工业固体废物，根据对一批废物已有的认识，将其按照有关标志分成若干层，然后按照需要的份样数确定间距，在堆体或池子表面画网格，网格交点垂线与各层交点处即采样点（见图 2-2）。

4. 系统采样法

适合以运送带、管道等形式连续排出的工业固体废物。在一批废物以运送带、

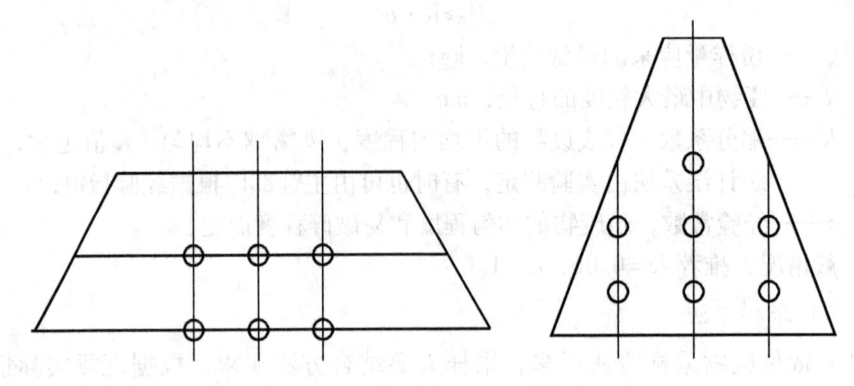

图2-2 网格分层采样法示意

管道等形式连续排出的移动过程中，按一定的质量或时间间隔采份样，份样间的间隔可根据表2-1规定的份样数和实际批量按公式（2）计算：

$$T \leqslant \frac{Q}{n} \text{ 或 } T' \leqslant \frac{60Q}{G \cdot n} \quad (2)$$

式中 T——采样质量间隔，t；

Q——批量，t；

n——表2-1中规定的份样数；

G——每小时排出量，t/h；

T'——采样时间间隔，min。

采第一个份样时，不可在第一间隔的起点开始，可在第一间隔内随机确定；在运送带上或落口处采样，应截取废物流的全截面。

5．两段采样法

适合由许多车、桶、箱、袋等容器盛装的废物采样。当一批废物由许多车、桶、箱、袋等容器盛装时，由于各容器件比较分散，所以要分阶段采样。

第一阶段，从一批废物总容器件数 N_0 中随机抽取 n_1 件容器，当 $N_0 \leqslant 6$ 时，取 $n_1 = N_0$；当 $N_0 > 6$ 时，n_1 按公式（3）计算：

$$n_1 = 3 \cdot \sqrt[3]{N_0} \text{（小数进整数）} \quad (3)$$

第二阶段：从 n_1 件容器中的每一件采 n_2 个份样，推荐 $n_2 \geqslant 3$（每个容器随机采上、中、下最少3个份样），上部——表面下相当于总深度的1/6处，中部——表面下相当于总深度的1/2处，下部——表面下相当于总深度的5/6处（见图2-3）。

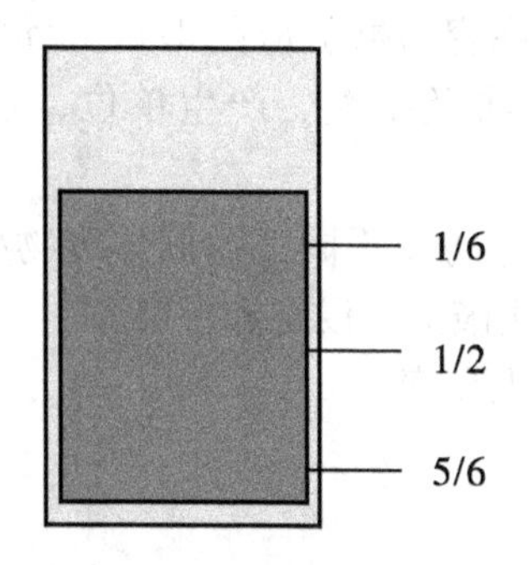

图2-3　容器分层采样示意

除了上述几种采样布点方法外，其他能够采集到有代表性的样品的采样方法同样适用于工业固体废物的采样。

四、采样记录和报告

采样时应记录的内容包括工业固体废物的名称、来源、数量、性状、包装、贮存、处置、环境、编号、份样量、份样数、采样点、采样法、采样日期、采样人等。必要时根据记录填写采样报告。

五、质量控制与保证

为保证在允许误差范围内获得具有代表性的工业固体废物样品，应对采样的全程进行质量控制。

（1）采样前，应设计详细的采样方案（采样计划）；在采样过程中，认真按采样方案进行操作。

（2）对采样人员进行培训。工业固体废物采样是一项技术性很强的工作，应由受过专门培训、有经验的人员承担。采样人员应熟悉工业固体废物的性状，掌握采样技术，懂得安全操作。采样时，应有2人以上在场进行操作。

（3）采样工具、设备所用材质不能和待采固废有任何反应，不能使待采工业固体废物污染、分层和损失。采样工具应干燥、清洁，便于使用、清洗、保养、检查和维修。任何采样装置（特别是自动采样器）在正式使用前均应做可行性实验。

（4）采样过程中要防止待采工业固体废物受到污染和发生变质。与水、酸、碱有反应的工业固体废物应在隔绝水、酸、碱的条件下采样。组成随温度变化的工业固体废物，应在其正常组成所要求的温度下采样。

（5）盛样容器材质与样品物质不起作用，没有渗透性，具有符合要求的盖、塞或阀门，使用前应洗净、干燥。对光敏性工业废物样品，盛样容器应是不透光的（使用深色材质容器或容器外罩深色外套）。

(6) 样品盛入容器后，在容器壁上应随即贴上标签，标签内容包括：样品名称及编号、工业固体废物批次及批量、产生单位、采样部位、采样日期、采样人等。

(7) 样品运输过程中，应防止不同工业固体废物样品之间的交叉污染，盛样容器不可倒置、倒放，应防止破损、浸湿和污染。

(8) 采样全过程应由专人负责。

六、样品保存

(1) 每份样品保存量至少应为试验和分析需用量的3倍。

(2) 对光敏废物，样品应装入深色容器中并置避光处。

(3) 对易挥发废物，采取无顶空存样，并采取冷冻方式保存。

(4) 样品保存应防止受潮或受灰尘等污染。

(5) 对与水、酸、碱等易发生反应的废物应在隔绝水、酸、碱等条件下贮存。

(6) 样品保存期为1个月，易变质的不受此限制。

(7) 样品应在特定场所由专人保管。

(8) 撤销的样品不许随意丢弃，应送回原采样处或处置场所。

七、注意事项

从一批工业固体废物中采集的份样，可以根据工业固体废物的性质、监测目的要求，制成小样或大样，用于实验室分析。

引用标准

[1] 国家环境保护局. 工业固体废物采样制样技术规范：HJ/T 20 - 1998 [S]. 北京：中国环境科学出版社，1988：1 - 9.

[2] 国家质量监督检验检疫总局. 固体化工产品采样通则：GB/T 6679 - 2003 [S]. 北京：中国标准出版社，2004：2 - 10.

[3] 国家质量监督检验检疫总局. 液体化工产品采样通则：GB/T 6680 - 2003 [S]. 北京：中国标准出版社，2004：2 - 12.

第二节　危险废物采样技术

近年来，在危险废物鉴别实践中发现《危险废物鉴别技术规范》（HJ/T 298 - 2007）主要存在以下三方面问题：①份样数未考虑固体废物的产生特征；②部分鉴别项目采样对象不明确；③缺乏环境污染事件涉及的固体废物危险特性鉴别的技术要求。鉴于目前《危险废物鉴别技术规范》（HJ/T 298 - 2007）在实践中存在的问题，为尽快明确鉴别技术要求，规范危险废物鉴别工作，保证鉴别结论的科学性、合理性、准确性，中国环境科学研究院对《危险废物鉴别技术规范》（HJ/T 298－2007）进行了修订。目前，新规范已进入征求意见阶段。本节主要以《危险废物鉴别技术规范（征求意见稿）》为依据，对危险废物采样进行讲述。

一、适用范围

《危险废物鉴别技术规范（征求意见稿）》规定了固体废物的危险特性鉴别中样品的采集，以及检测结果判断过程的技术要求。固体废物包括固体、半固态和液体废物。适用于固体废物的危险特性鉴别样品采集。

二、样品采集

（一）采样对象的确定

（1）采样过程应明确固体废物分类，禁止将不同类别的固体废物混合。

（2）生产工艺过程中产生的固体废物，应在固体废物离开生产工艺的环节采集样品。

（3）应在设备、原辅材料、生产负荷基本稳定的生产期采样。

（4）如存在平行生产线，且生产原辅材料和生产能力不影响固体废物的危险特性，可采集单条生产线产生的固体废物。

（5）固体废物为工业生产和生活过程中丧失原有使用价值的物质，应在该物质不能满足正常生产和生活需求时采样。

（6）废水和废气污染控制设施产生的固体废物，应根据废水和废气处理工艺流程，对不同工艺流程产生的固体废物分别进行采样。应在生产设施和污染控制设施基本稳定的生产期采样。

（7）历史遗留固体废物，应优先采集可类比生产工艺产生的固体废物；如无可类比生产工艺，则采集时间最近的固体废物。

（8）固体废物为含有多种材料的废弃产品且危险特性来源于材料本身，应根据材料成分进行分解后采集样品。

（二）份样数的确定

1. 涉及非法排放、倾倒、处置固体废物环境污染案件的司法鉴定采样

（1）应采集造成该环境污染案件的固体废物样品。

（2）产生来源、工艺明确的固体废物，若固体废物仍在产生，对产生环节的固体废物进行采集。若固体废物不再产生，优先对可类比工艺项目的固体废物进行采样；如无可类比工艺项目，根据工艺分析无法排除可能具有危险特性的，属于危险废物。

（3）产生来源、工艺不明确的固体废物，采集环境污染事件现场能够代表固体废物污染特征的样品，每类样品的份样数一般为5～10个。

2. 环境污染事件次生固体废物鉴别采样

（1）应首先依据《国家危险废物名录》进行鉴别。

（2）污染事件产生的污染土壤、水体沉积物等，应按照GB 34330确定是否属于固体废物，如属于固体废物，以废物总量为依据，按照表2－1确定需要采集的最小份样数。

（3）历史遗留固体废物，按涉及非法排放、倾倒、处置固体废物环境污染案件的司法鉴定采样。

3. 产生单位固体废物鉴别采样

（1）危险废物鉴别需根据待鉴别固体废物的产生量确定采样份样数，下文第（4）条所列情形除外，表2－2为需要采集的固体废物的最小份样数。

表2－2　固体废物采集最小份样数

固体废物生产量（以 q 表示）（t）	最小份样数（以 N 表示）（个）
$q \leq 5$	5
$5 < q \leq 25$	8
$25 < q \leq 50$	13
$50 < q \leq 90$	20
$90 < q \leq 150$	32
$150 < q \leq 500$	50
$500 < q \leq 1000$	80
$q > 1000$	100

（2）固体废物为历史遗留固体废物时，若采集可类比工艺产生的固体废物，则依据可类比工艺的固体废物产生量按照表2－2确定需要采集的最小份样数；若采集历史遗留固体废物，应以遗留的固体废物总量为依据，按照表2－2确定需要采集的最小份样数。

（3）生产工艺过程中产生的固体废物，以生产设施稳定运行时的实际产生量为固体废物产生量，按照表2－2确定需要采集的最小份样数。固体废物产生量根据以下方法确定：

①连续产生固体废物时，以确定的工艺环节一个月内的固体废物产生量为依据，按照表2－2确定需要采集的最小份样数。如果连续产生时段小于一个月，则以一个产生时段内的固体废物产生量为依据。

②间歇产生固体废物时，如固体废物产生的时间间隔小于一个月，应以确定

的工艺环节一个月内的固体废物最大产生量为依据，按照表2－2确定需要采集的最小份样数。如固体废物产生的时间间隔大于一个月，以每次产生的固体废物总量为依据，按照表2－2确定需要采集的最小份样数。

③如存在平行生产线，且生产原辅材料和生产能力不影响固体废物的危险特性，可以单条生产线固体废物产生量为依据，按照表2－2确定需要采集的最小份样数。

（4）以下情形固体废物的危险特性鉴别可不根据固体废物的产生量确定采样份样数：

①固体废物为工业生产和生活过程中丧失原有使用价值的物质，根据丧失原有使用价值的原因判断使用过程对固体废物危险特性的影响，如无影响，可适当减少采样份样数，但不得少于5份。

②固体废物为废水处理污泥，如有证据表明废水的来源、类别、排放量、污染物含量稳定，可适当减少采样份样数，但不得少于5份。如污泥为间歇产生，可根据浓缩池污泥脱水频率确定份样数，每次脱水采集2个样品。

③固体废物来源于连续生产工艺，且设施长期运行稳定、原辅材料固定，可适当减少采样份样数，但不得少于5份。

④贮存于贮存池、不可移动大型敞口容器、槽罐车内的液态废物，可适当减少采样份样数，但不得少于5份。

⑤贮存于可移动的小型容器中的固体废物，当容器数量少于所需份样数量时，可减少采样份样数。

（三）份样量的确定

（1）固态废物样品采集的份样量应同时满足下列要求：

①满足分析操作的需要；

②依据固态废物的原始最大粒径，不小于表2－3中规定的质量。

表2－3　不同颗粒直径的固态废物的一个份样所需采集的最小份样量

原始颗粒最大粒径（以 d 表示，mm）	最小份样量（g）
$d \leq 0.50$	500
$0.50 < d \leq 1.00$	1000
$d > 1.0$	2000

（2）半固态和液态废物样品采集的份样量应满足分析操作及留样的需要。

（四）采样时间和频次

（1）连续产生。样品采集应分次在一个月（或一个产生时段）内间隔完成；每次采样在设备稳定运行的8小时（或一个生产班次）内完成。每采取一次，作为一个份样。

（2）间歇产生。根据确定的工艺环节一个月内的固体废物的产生次数进行采样，如固体废物产生的时间间隔大于一个月，仅需要采集一次。

（3）涉及非法排放、倾倒、处置固体废物环境污染案件的司法鉴定或环境污染事件次生固体废物鉴别采样，仅需要采集一次。

（五）采样方法

（1）固体废物采样工具、采样程序、采样记录和盛样容器参照 HJ/T 20 的要求进行。

（2）在采样过程中应采取必要的个人安全防护措施，同时应采取措施防止造成二次污染。

（3）生产工艺过程产生的固体废物应在固体废物排（卸）料口按照下列方法采集：

①由卸料口排出的固体废物。采样过程应预先清洁卸料口，并排出适量废物后再采取样品。采样时，用布袋（桶）接住料口，按所需份样量等时间间隔放出废物。每接取一次废物，作为一个份样。

②由板框压滤机脱水的固体废物。将压滤机各板框顺序编号，用 HJ/T 20 中的随机数表法抽取 N 个板框作为采样单元采取样品。采样时，在压滤脱水后取下板框，刮下废物。每个板框内采取的废物，作为一个份样。

（4）堆存状态固体废物采样。

①散状堆积固态、半固态废物。对于堆积高度小于或者等于 0.5m 的散状堆积固态、半固态废物，将废物堆平铺为厚度为 10 ～15 cm 的矩形，划分为 $5N$ 个（N 为份样数，下同）面积相等的网格，顺序编号；用 HJ/T 20 中的随机数表法抽取 N 个网格作为采样单元，在网格中心位置处用采样铲或锹垂直采取全层厚度的废物。每个网格采取的废物，作为一个份样，例如图 2－4。

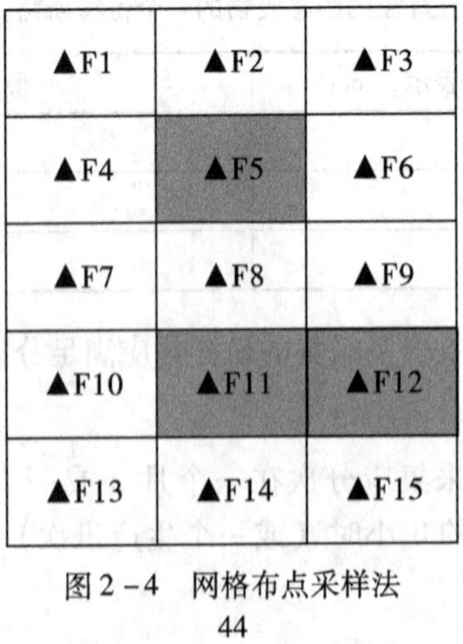

▲F1	▲F2	▲F3
▲F4	▲F5	▲F6
▲F7	▲F8	▲F9
▲F10	▲F11	▲F12
▲F13	▲F14	▲F15

图 2－4　网格布点采样法

对于堆积高度大于0.5 m的散状堆积固态、半固态废物，应分层采取样品；采样层数应不小于2层，按照固态、半固态废物堆积高度等间隔布置；每层采取的份样数应相等。分层采样可以用采样钻或者机械钻探的方式进行，见图2－5。

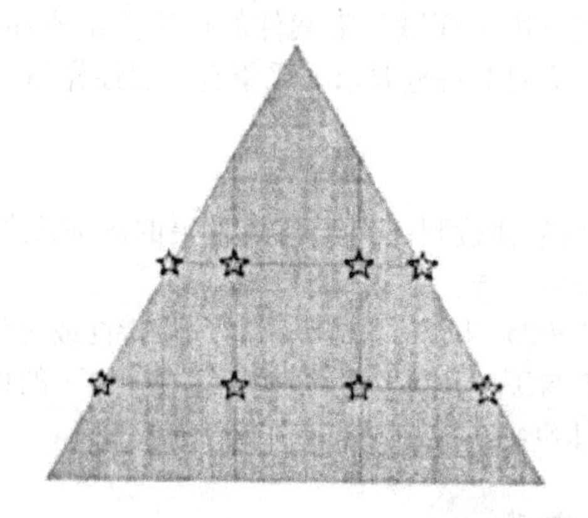

图2－5　堆体布点采样法

②贮存池或不可移动大型敞口容器。将容器（包括建筑于地上、地下、半地下的）划分为5*N*个面积相等的网格，顺序编号；用HJ/T 20中的随机数表法抽取*N*个网格作为采样单元采取样品。采样时，在网格的中心处用土壤采样器或长铲式采样器垂直插入废物底部，旋转90°后抽出。每采取一次废物，作为一个份样。

如样品为液态废物，则采用玻璃采样管或者重瓶采样器进行采样。将玻璃采样管或者重瓶采样器从网格的中心处垂直缓慢插入液面至容器底；待采样管/采样器内装满液态废物后，缓缓提出，将样品注入采样容器。每采取一次，作为一个份样。

池内废物厚度大于或等于2 m时，应分为上部（深度为0.3 m处）、中部（1/2深度处）、下部（5/6深度处）三层分别采取样品。每采取一次，作为一个份样。

③小型可移动袋、桶或其他容器。将各容器顺序编号，用HJ/T 20中的随机数字表法抽取（*N*+1）/3（四舍五入取整数）个袋作为采样单元采取样品。根据固体废物性状分别使用长铲式采样器、套筒式采样器或者探针进行采样。每个采样单元采取一个份样。当容器最大边长或高度大于0.5 m时，应分层采取样品，采样层数应不小于2层，各层样品混合作为一个份样。

如样品为液态废物，将容器内液态废物混匀（含易挥发组分的液态废物除外）后打开容器，将玻璃采样管或者重瓶采样器从容器口中心处垂直缓缓插入液面至容器底；待采样管/采样器内装满液体后，缓缓提出，将样品注入采样容器。

④贮存于槽罐车中的固体废物。贮存于槽罐车中的固体废物应尽可能在卸除废物过程中按上述“由卸料口排出的固体废物”方法采取样品。如不能在卸除废

物过程中采样，按“板框压滤机”方法，从容器上部开口取样。

除上述采样方法外，HJ/T 20 中讲述的采样方法同样可用于固废产生单位固体废物危险特性鉴别样品的采集，但在具体应用过程中须注意其不同之处。涉及非法排放、倾倒、处置固体废物环境污染案件的司法鉴定或环境污染事件次生固体废物鉴别的采样方法，应对照规范要求，采集有代表性样品。

三、注意事项

（1）采集的份样须单独检测，用于判断采集的固体废物是否属于危险废物，份样不能混合制成小样或大样。

（2）如未按照 GB 5085 规定对固体废物的危险特性或毒性物质进行全面检测，在编写检测报告时，不得下“固体废物不属于危险废物”的检测结论。

（3）不同类型固体废物，应单独布点采样。

引用标准、参考文献

[1] 生态环境部办公厅. 关于征求《危险废物鉴别标准　通则（征求意见稿）》（修订 GB 5085.7）等两项国家环境保护标准意见的函：环办标征函〔2018〕19 号，2018 - 5 - 30.

[2] 国家环境保护局. 工业固体废物采样制样技术规范：HJ/T 20 - 1998 [S]. 北京：中国环境科学出版社，1998：1 - 9.

[3] 国家质量监督检验检疫总局. 危险废物鉴别标准　通则：GB 5085.7 - 2007 [S]. 北京：中国环境科学出版社，2007：1 - 2.

第三节　土壤采样技术

土壤样品采集是土壤环境质量诊断重要的环节，通过样品采集化验，可了解土壤中的污染物类型、含量及其污染程度，为土壤管理提供科学依据。因此规范采集土壤样品和采集具有代表性的土壤样品，有重要的意义。

本节包括了常见土壤环境监测布点采样、样品保存及质量控制等技术内容。

一、采样准备

对土壤进行环境监测时，在正式采样前，一般需要进行前期采样，采集一定数量的样品分析测定，为制订监测方案提供依据。正式采样测试后，发现布设的样点没有满足总体设计需要的，则要进行补充采样。

按照采样任务的要求，制订详细采样计划，内容包括：任务部署、人员分工、时间节点、采样准备、采样量和份数、样品交接和注意事项等。

采样准备主要包括组织/人员准备、技术准备和物资准备。

（一）组织/人员准备

由经过一定培训，具有野外调查经验且掌握土壤采样技术规程的专业技术人员组成采样组，采样前组织学习有关技术文件，了解监测技术规范。

（二）技术准备

收集监测区域的交通图、土壤图、地质图、大比例尺地形图等资料，供制作采样工作图和标注采样点位用。

收集监测区域土类、成土母质等土壤信息资料。

收集土壤历史资料和相应的法律（法规）资料。

收集监测区域气候资料（温度、降水量和蒸发量）、水文资料。

收集监测区域遥感与土壤利用及其演变过程方面的资料等。

农田样品采集，需要收集监测区域工农业生产及排污、污灌、化肥农药施用情况资料。

建设项目采样，需要收集工程建设或生产过程对土壤造成影响的环境研究资料。

土壤污染事故采样，需要收集造成土壤污染事故的主要污染物的毒性、稳定性以及如何消除等资料。

为了使准备工作更加充分，通过现场踏勘，将调查得到的信息进行整理和利用，丰富采样工作图的内容。

（三）采样器具准备

土壤样品采集所涉及的器具主要包括：通用采样器具、点位确定设备，以及现场记录、样品保存、样品采集、样品交接、采样防护与运输所必需的工具和容器。样品采集通用器具清单见表2－4。

表2－4　样品采集通用器具清单

<table>
<tr><th>物品名称</th><th>用途</th><th>数量</th></tr>
<tr><td>GPS、罗盘（或其他测量工具）</td><td>点位确定</td><td rowspan="2">每个采样小组至少1套</td></tr>
<tr><td>数码相机</td><td>现场情况记录</td></tr>
<tr><td>样品箱（具冷藏功能）</td><td>样品保存</td><td rowspan="3">依样品个数而定</td></tr>
<tr><td>铁锹、铁铲、圆形取土钻、螺旋取土钻、竹片以及适合特殊采样要求的工具等。样品标签、采样记录、剖面记录表、样品瓶、布袋、塑料袋、铅笔、资料夹等</td><td>样品采样</td></tr>
<tr><td>样品流转单</td><td>样品交接</td></tr>
</table>

续上表

物品名称	用途	数量
工作服、工作鞋、常用药品等	防护	依采样人数、样品量确定
采样车辆	运输	

按照无机类、农药类、挥发性有机物、半挥发性有机物的分类，土壤采样可选择不同类型的采样工具和容器。样品采集选用器具清单见表2－5。

表2－5　样品采集选用器具清单

物品名称	监测项目	采样工具与容器
采样用具	无机类	木铲、木片、竹片、剖面刀
	农药类	铁铲、木铲、取土钻
	挥发性有机物	铁铲、木铲
	半挥发性有机物	
样品容器	无机类	布袋
	农药类	250 mL棕色磨口瓶或带密封垫的螺口玻璃瓶
	挥发性有机物	40 mL吹扫捕集专用瓶或250 mL带聚四氟乙烯衬垫棕色磨口玻璃瓶或带密封垫的螺口玻璃瓶
	半挥发性有机物	250 mL带聚四氟乙烯衬垫棕色磨口玻璃瓶或带密封垫的螺口玻璃瓶
其他物品	挥发性有机物	在容器口用于围成漏斗状的硬纸板
	半挥发性有机物	在容器口用于围成漏斗状的硬纸板或一次性纸杯

二、布点数量

一般要求每个监测单元最少设3个点。

区域环境背景土壤采样：选择网距、网格布点，区域内的网格结点数即为土壤采样点（精度不同可从2.5 km、5 km、10 km、20 km、40 km中选择网距网格布点）。

城市土壤采样：以网距2 km的网格布设为主，功能区布点为辅，每个网格设一个采样点；对于专项研究和调查的采样点可适当加密。

农田土壤采样：根据调查目的、调查精度和调查区域环境状况等因素确定，采用对角线、梅花、棋盘、蛇形布点等方法设3～7个采样点（每个单元以200 m×200 m为宜）。

建设项目土壤环境评价监测：每100公顷占地不少于5个采样点，且总数不少于5个，其中小型建设项目设1个柱状采样点，大中型建设项目不少于3个柱状采样点，特大型建设项目或对土壤环境影响敏感的建设项目不少于5个柱状采样点。

污染事故监测土壤采样：固体污染物抛洒污染型采样点不少于3个。液体倾翻污染型采样点不少于5个。爆炸污染型采样点不少于5个。事故土壤监测要设定2～3个背景对照点。

三、样品种类

按照土壤污染类型及监测项目，样品种类分为单独样、混合样、剖面样、分层样等类型。

（一）单独样

适用于大气沉降污染型、固体废物污染型土壤监测，以及挥发性、半挥发性污染物测定。首先选择采样地块，在靠近地块中心位置选点采样。采样时首先清除土壤表层的植物残骸和其他杂物，有植物生长的点位首先松动土壤。如果用采样铲采样，挖取面积25 cm×25 cm、深度0～20 cm的土壤。无机样品直接采集至密实袋中（大于1 kg）；挥发性或半挥发性样品直接采集到带聚四氟乙烯衬垫棕色磨口玻璃瓶或带密封垫的螺口玻璃瓶中，装满容器。为防止样品沾污瓶口，采样时将干净硬纸板围成漏斗装衬在瓶口（见图2－6）。

图2－6　单独样采集示例

（二）混合样

适用于灌溉水污染型、农业化学物质污染型、宏观区域土壤环境监测（土壤普查），以及土壤无机类、农药类样品的测定。混合样的采集主要有四种方法。

①梅花点法。适用于面积较小，地势平坦，土壤组成和受污染程度相对比较均匀的地块，设5个分点。

②对角线法。适用于污灌农田土壤，设5～9个分点。

③蛇形法（S形）。适用于面积较大、土壤不够均匀且地势不平坦的地块，设10～30个分点，多用于农业污染型土壤。

④棋盘式法。适用于中等面积，地势平坦、土壤不够均匀的地块，设分点10个左右；受污泥、垃圾等固体废物污染的土壤，分点应在20个以上。

混合土壤采样点布设示意见图2-7。

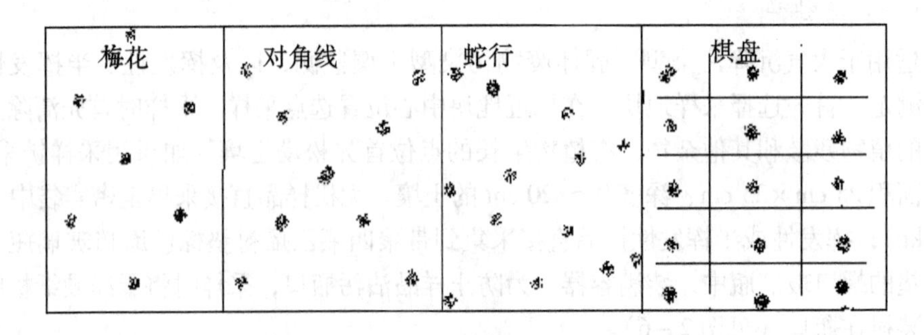

图2-7　混合土壤采样点布设示意

采样点位确定后，在采样区域内采集分点样品。采样时首先清除土壤表层杂物，在每个分点上，用不锈钢土钻采集1个样品，或用木铲挖取面积10 cm×5 cm、采样深度0～20 cm（耕地）或0～60 cm（园地）的样品。应严格预防土钻或采样铲对样品的污染，每次下钻或铲前要清洗采样工具，采集下层土壤时，应注意剥除采样工具带出的表层土壤。

将各分点样品等质量混匀后用四分法弃取，保留相当于风干土1.0 kg的土壤样品。无机样品装入密实袋中，农药类样品装入棕色磨口玻璃瓶，并装满（见图2-8）。

图2-8　混合样采集示例

（三）剖面样

特定的调查研究监测需了解污染物在土壤中的垂直分布情况时，采集土壤剖面样。

剖面的规格一般为长 1.5 m、宽 0.8 m、深 1.2 m。挖掘土壤剖面要使观察面向阳，表土和底土分两侧放置。

一般每个剖面采集 A、B、C 三层土样。地下水位较高时，剖面挖至地下水出露时为止；山地丘陵土层较薄时，剖面挖至风化层。

对 B 层发育不完整（不发育）的山地土壤，只采 A、C 两层；

干旱地区剖面发育不完善的土壤，在表层 5 ～20 cm、心土层 50 cm、底土层 100 cm左右采样。

对 A 层特别深厚，沉积层不甚发育，1 m 内见不到母质的土类剖面，按 A 层 5 ～20 cm、A/B 层 60 ～90 cm、B 层 100 ～200 cm 采集土壤。草甸土和潮土一般在 A 层 5 ～20 cm、C1 层（或 B 层）50 cm、C2 层 100 ～120 cm 处采样。

水稻土按照 A 耕作层、P 犁底层、C 母质层（或 W 潴育层、G 潜育层）分层采样，对 P 层太薄的剖面，只采 A、C 两层（或 A、G 层或 A、W 层）。水稻土剖面示意见图 2 -9。

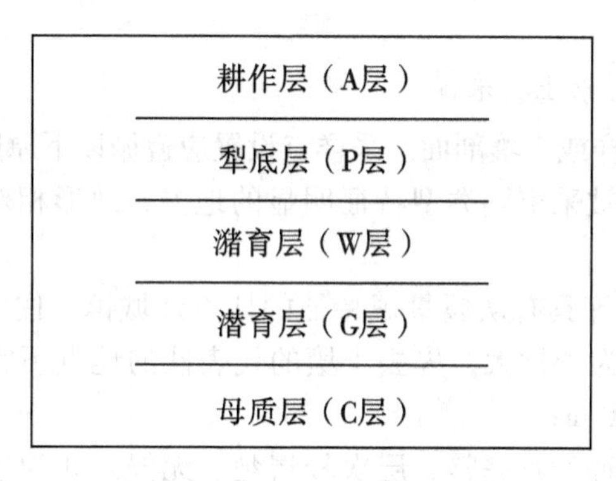

图 2 -9　水稻土剖面示意

采样次序自下而上，先采剖面的底层样品，再采中层样品，最后采上层样品。测量重金属的样品尽量用竹片或竹刀去除与金属采样器接触的部分土壤，再用其取样（图 2 -10）。

剖面每层样品采集 1 kg 左右，装入样品袋。样品袋一般由棉布缝制而成。如潮湿样品可内衬塑料袋（供无机化合物测定）或将样品置于玻璃瓶内（供有机化合物测定）。

（四）分层样

适用于重点区域土壤监测，采集的层数和深度根据污染类型和具体污染情况

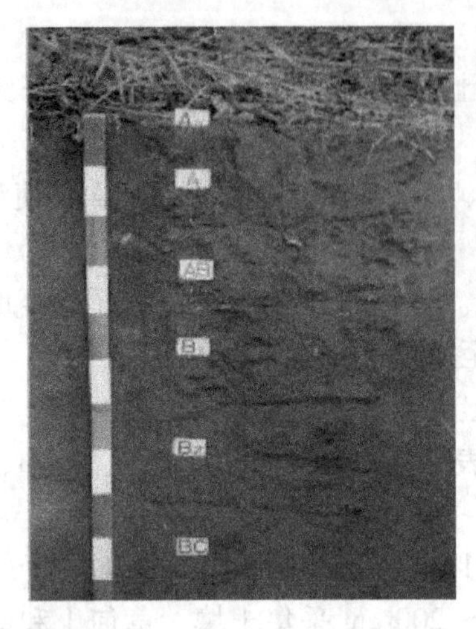

图 2－10　土壤剖面采集示例

确定。采样自下而上采集不同深度，每层按梅花布点法采集中部位置土壤，等混匀后用四分法弃取，保留相当于风干土 1 kg 的土样。样品按照分析要求分装。

四、样品采集

（一）区域环境背景土壤采样

采样点可采表层样或土壤剖面。采样点设置应遵循以下原则：

（1）采样点选在被采土壤类型特征明显的地方，地形相对平坦、稳定、植被良好的地点；

（2）坡脚、洼地等具有从属景观特征的地点及城镇、住宅、道路、沟渠、粪坑、坟墓附近等受人为干扰大、失去土壤的代表性的地点不宜设采样点，采样点离铁路、公路至少 300 m；

（3）采样点以剖面发育完整、层次较清楚、无侵入体为准，不在水土流失严重或表土被破坏处设采样点；

（4）选择不施或少施化肥、农药的地块作为采样点，以使样品点尽可能少受人为活动的影响；

（5）不在多种土类、多种母质母岩交错分布、面积较小的边缘地区布设采样点。

（二）农田土壤采样

大气污染型土壤监测单元和固体废物堆污染型土壤监测单元以污染源为中心放射状布点，在主导风向和地表水的径流方向适当增加采样点（离污染源的距离远于其他点）；灌溉水污染监测单元、农用固体废物污染型土壤监测单元和农用化学物质污染型土壤监测单元采用均匀布点；灌溉水污染监测单元按水流方向带状布点，采样点自纳污口起由密渐疏；综合污染型土壤监测单元布点采用综合放射状、均匀、带状布点法。

一般农田土壤环境监测采集耕作层土样，种植一般农作物采 0 ～ 20 cm，种植果林类农作物采 0 ～ 60 cm。为了保证样品的代表性，降低监测费用，采取采集混合样的方案。

农用地土壤污染状况详查范围重点关注已有调查发现的土壤点位超标区、土壤重点污染源影响区、土壤污染问题突出区域。综合考虑农用地的类型、地形地貌、污染源类型、农用地受污染规律和特点等；统筹考虑完成详查目标需要的人力物力财力和客观的限制条件，充分利用已有调查数据，避免重复工作。

（三）建设项目土壤环境评价监测采样

每 100 公顷占地不少于 5 个且总数不少于 5 个采样点，其中小型建设项目设 1 个柱状采样点，大中型建设项目不少于 3 个柱状采样点，特大型建设项目或对土壤环境影响敏感的建设项目不少于 5 个柱状采样点。

1. 非机械干扰土

如果建设工程或生产没有翻动土层，表层土受污染的可能性最大，但不排除对中下层土壤的影响。表层土样采集深度 0 ～ 20 cm；每个柱状样取样深度都为 100 cm，分取三个土样：表层样（0 ～ 20 cm），中层样（20 ～ 60 cm），深层样（60 ～ 100 cm）。

生产或者将要生产导致的污染物以工艺烟雾（尘）、污水、固体废物等形式污染周围土壤环境，采样点以污染源为中心放射状布设为主，在主导风向和地表水的径流方向适当增加采样点；以水污染型为主的土壤按水流方向带状布点，采样点自纳污口起由密渐疏；综合污染型土壤监测布点采用综合放射状、均匀、带状布点法。

2. 机械干扰土

由于建设工程或生产中，土层受到翻动影响，污染物在土壤中的纵向分布不同于机械干扰土。采样点布设同农田土壤采集。采样总深度由实际情况而定，一般同剖面样的采样深度。确定采样深度有随机深度采样、分层随机深度采样、规定深度采样 3 种方法可供参考。

（四）城市土壤采样

城市土壤主要是指栽植草木的部分，一般分两层采样，上层（0 ～ 30 cm）可能是回填土或受人为影响大的部分，另一层（30 ～ 60 cm）为人为影响相对较小部分。两层分别取样监测。

城市土壤监测点以网距 2 km 的网格布设为主，功能区布点为辅，每个网格设一个采样点。对于专项研究和调查的采样点可适当加密。

（五）污染事故监测土壤采样

根据污染物及其对土壤的影响确定监测项目，尤其是污染事故的特征污染物是监测的重点。据污染物的颜色、印渍和气味结合考虑地势、风向等因素初步界定污染事故对土壤的污染范围。

固体污染物抛洒污染型，等打扫后采集表层 5 cm 土样，采样点不少于 3 个。

液体倾翻污染型，污染物向低洼处流动的同时向深度方向渗透并向两侧横向方向扩散，每个点分层采样，事故发生点样品点较密，采样深度较深，离事故发生点相对较远处样品点较疏，采样深度较浅。采样点不少于 5 个。

如果是爆炸污染型，以放射性同心圆方式布点，采样点不少于 5 个，爆炸中心采分层样，周围采表层土（0 ～ 20 cm）。

事故土壤监测要设定 2 ～ 3 个背景对照点，各点（层）取 1 kg 土样装入样品袋，有腐蚀性或要测定挥发性化合物，改用广口瓶装样。含易分解有机物的待测定样品，采集后置于低温（冰箱）中，直至运送、移交到分析室。

五、采样注意事项

（1）采样时有明显障碍样点可在其附近采取，并做记录；

（2）农田土壤的采样点要避开田埂、地头及堆肥等明显缺乏代表性的地点，有垅的农田要在垅间采样；

（3）采样时首先清除土壤表层的植物残骸和其他杂物，有植物生长的点位要首先松动土壤，除去植物及其根系；

（4）采样现场要剔除土样中砾石等异物，同时避开通信设施、水土流失严重以及表层破坏严重的地方；

（5）注意及时清理采样工具，避免交叉污染；

（6）采样的同时，由专人填写样品标签、采样记录；

（7）标签一式两份，一份放入袋中，一份系在袋口，标签上标注采样时间、地点、样品编号、监测项目、采样深度和经纬度等；

（8）采样前记录坐标，拍摄相片；

（9）土壤样品保留 1 年以上供复测。

六、样品保存

（1）每份样品保存量至少应为试验和分析需用量的 3 倍；

（2）对光敏废物，样品应装入深色容器中并置避光处；

（3）对易挥发废物，采取无顶空存样，并采取冷冻方式保存；

（4）样品保存应防止受潮或受灰尘等污染；

（5）对与水、酸、碱等易反应的废物应在隔绝水、酸、碱等条件下贮存；

（6）样品应在特定场所由专人保管；

（7）撤销的样品不许随意丢弃，应送回原采样处或处置场所。

七、质量控制

土壤样品采集环节是土壤监测质量控制的重要环节，也是后期土壤监测样品实验室分析的前提和基础。所获取的样品是否满足其科学性、准确性、代表性和典型性，将会直接影响土壤监测样品分析和数据处理质量。

为保证在允许误差范围内获得具有代表性的样品，应在采样的全程进行质量控制，包括但不限于以下内容：

（1）点位设置：结合监测任务的具体要求、调查区域的范围大小，以及区域内环境状况和土壤的复杂程度决定具体的布设点位；根据土壤类型、成土母质、行政区划以及保护区类型等划分成若干监测采样单元，每个单元设置一定数量的点位。

（2）采样前，应设计详细的采样方案（采样计划）；在采样过程中，认真按采样方案进行操作。

（3）由受过专门培训、有经验的人员承担采样工作，采样时，应有 2 人以上在场进行操作。

（4）采样工具及盛样容器应清洁、干燥，不与样品物质起作用。

（5）样品采集后要及时与监测方案进行核对，防止有遗漏。通过采集记录与样品登记的逐一核对，做好样品的分类保存，分类装箱。

（6）样品运输过程中，应防止样品之间的交叉污染，盛样容器不可倒置、倒放，应防止破损、浸湿和污染；对光较为敏感的样品要采用避光器皿进行包装，易挥发、分解的样品应低温保存。

（7）样品交接：样品由专人负责送至实验室，样品接受人员与移送人员之间就样品的数量、种类进行逐一核对，并签字确认。

（8）采样全过程应由专人负责。

引用标准、参考文献

［1］国家环境保护总局科技标准局．土壤环境监测技术规范：HJ/T 166－2004．北京：中国环境出版社，2004：14－15.

［2］国家环境保护总局．全国土壤污染状况调查土壤样品采集（保存）技术规定：环发〔2006〕129 号.

［3］环境保护部办公厅．关于印发《农用地土壤污染状况详查点位布设技术规定》的通知　附件　农用地土壤污染状况详查点位布设技术规定：环办土壤函

〔2017〕1201 号.
[4] 中国环境监测总站. 关于印发《土壤样品采集技术规定》等四项技术规定的通知. 附件 1　土壤样品采集技术规定：总站土字〔2018〕407 号.
[5] 郭朝霞. 基于土壤监测质量控制问题探索与分析 [J]. 城市建设理论研究，2012 (30)：75.
[6] 赵丽杰. 土壤监测全过程质量控制研究 [J]. 环境与发展，2018 (4)：188.

第三章　固体废物　半挥发性有机物分析技术

第一节　浸出液制备　硫酸硝酸法

取两份样品，一份用于测定含水率，另一份用于进行毒性浸出实验。

1. 测定含水率

称取 50 ～100 g 样品于具盖容器中，于 105 ℃下烘干，恒重至两次称量值的误差小于 ±1%。

2. 配制浸提剂

取质量比为 2∶1 的浓硫酸和浓硝酸混合液适量加入超纯水中，并用 pH 计测定 pH，调节溶液，使 pH 为 3.20 ±0.05。

3. 翻转振荡

称取 150 ～200 g 样品（样品直径应小于 9.5 mm），置于 2 L 特氟隆（PTFE）提取瓶中，根据样品的含水率，按液固比为 10∶1（L/kg）计算出所需浸提剂的体积，加入浸提剂，盖紧瓶盖后固定在翻转式振荡装置上，调节转速为 30 ±2 r/min，于 23 ℃ ±2 ℃下振荡 18 h ±2 h。若振荡过程中有气体产生，应暂停振荡，并在通风橱中打开提取瓶，释放压力后继续振荡。

注：如果样品中含有初始液相，应先进行过滤。干固体百分率小于或等于 9% 的，所得到的初始液相即为浸出液，可直接进行分析；干固体百分率大于 9% 的，将滤渣按上述步骤浸出，初始液相与浸出液混合后进行分析。

4. 过滤

利用高压过滤器对浸出液进行过滤，滤膜材质为一次性玻璃纤维滤膜或微孔滤膜（孔径为 0.6 ～0.8 μm），得到浸出液过滤液。待下一步处理。

引用标准

［1］国家环境保护总局. 固体废物　浸出毒性浸出方法　硫酸硝酸法：HJ/T 299 -2007［S］. 北京：中国环境科学出版社，2007：1 -4.

第二节　固体废物浸出液　烷基汞的测定　吹扫捕集/气相色谱-冷原子荧光法

一、适用范围

本方法适用于固体废物浸出液中甲基汞和乙基汞含量的测定。

当浸出液取样量为45 mL时，甲基汞和乙基汞的检出限分别为0.01 ng/L和0.02 ng/L。

二、方法原理

用蒸馏仪对浸出液进行蒸馏，馏出液经四丙基硼化钠衍生后，经烷基汞测定仪测定。以保留时间定性，外标法定量。

三、试剂和材料

除非另有说明，分析时均使用符合国家标准的分析纯试剂，实验用水为新制备的超纯水或蒸馏水。

（1）盐酸：优级纯。

（2）硫酸铜：分析纯。

（3）醋酸：优级纯。

（4）醋酸钠：优级纯。

（5）四丙基硼化钠：分析纯。

将1.0 g四丙基硼化钠溶于100 mL 0 ℃质量分数为2%的KOH溶液中，摇匀后分装至4 mL的棕色玻璃瓶中，然后立即置于-18 ℃冰箱中冷冻保存，使用前临时解冻。

（6）标准溶液：甲基汞和乙基汞标准溶液，$\rho=1.00$ mg/L，溶剂为纯水。

（7）浓硫酸：优级纯。

（8）浓硝酸：优级纯。

（9）浸提剂：将质量比为2∶1的浓硫酸和浓硝酸混合液加入超纯水（1 L水约2滴混合液）中，使pH为3.20±0.05。

四、仪器和设备

（1）烷基汞测定仪：由吹扫捕集系统、气相色谱仪、热裂解系统、冷原子荧光光谱仪组成。

（2）蒸馏仪：带冰浴的馏分收集装置。

（3）翻转振荡器。

五、前处理

（一）浸出液的制备

参见本章第一节。

（二）蒸馏

准确量取45 mL纯水（或样品，需加入0.4% HCl）于蒸馏瓶中，加入100 mL饱和$CuSO_4$溶液，接收瓶中加入4.4 mL超纯水和0.6 mL pH为6.0的醋酸/醋酸钠缓冲溶液（2 mol/L），125 ℃下蒸馏3.5～4 h，蒸馏出80%左右的蒸馏液（35～36 mL），蒸馏液接收瓶需置于带有冰浴的水槽中。

（三）衍生

将蒸馏液全部倒入42 mL进样瓶中，然后加入50 μL四丙基硼化钠衍生化，20 min后上机分析。

六、分析测试

（一）仪器条件（仅供参考，可根据实际仪器适当调整）

所有的测定均在烷基汞测定仪上完成。

GC柱温箱温度：36 ℃；运行时间：10 min；加热时间：9.9 s；吹扫时间：9 min；干燥时间：4 min；吹扫（N_2）流量：50 mL/min（转子流量计，下同）；干燥气流量：50 mL/min；气相色谱流量：30 mL/min；炉温：33 ℃；PMT（光电倍增管）：669 V。

（二）校准曲线

配制符合仪器检测限、线性范围和实际样品质量浓度的5点以上标准系列（如2.00 pg/L、5.00 pg/L、10.0 pg/L、50.0 pg/L、100 pg/L），以外标法定量。

（三）测定

向42 mL配制好的系列标准溶液样品瓶中加入30 μL醋酸钠缓冲液、50 μL四丙基硼化钠试剂，然后以纯水补满瓶子，待测。

将制备好的试样按照上述仪器条件进行测定。

七、结果计算

（一）目标化合物定性

根据标准物质各组分的保留时间进行定性。

（二）定量计算

目标化合物用外标法定量，浸出液中的目标化合物质量浓度 ρ（ng/L）按照公式（1）进行计算。

$$\rho = \rho_x / V_i \quad (1)$$

式中 ρ_x——由校准曲线计算得到的目标化合物的质量浓度，pg/L；

V_i——进样体积，mL。

八、质量保证与质量控制

（一）校准曲线

用线性拟合曲线进行校准，其相关系数应大于或等于 0.99，否则应重新绘制校准曲线。

（二）空白

每批样品（最多 10 个样品）应做一个实验室空白，空白结果中目标化合物质量浓度应小于方法检出限。

（三）平行样测定

每批样品（最多 10 个样品）应至少进行 1 次平行测定，平行样品测定结果相对偏差应在 30% 以内。

（四）实际样品加标

每批样品（最多 10 个样品）应至少进行 1 次实际样品加标，加标回收率应在 60%～120% 之间。

九、注意事项

（1）实验中所使用的溶剂和试剂均有一定的毒性，因此样品的前处理过程应该在通风橱中进行，操作者应做好自身相关防护工作。

（2）对于有检出的样品应结合加标回收率情况判断结果的准确性。

（3）四丙基硼化钠溶液易分解，应保存于 -18 ℃的环境中，配置好后可分装于4 mL小瓶中，每次使用时取一瓶。

引用标准

[1] 国家环境保护总局. 固体废物　浸出毒性浸出方法　硫酸硝酸法：HJ/T 299-2007 [S]. 北京：中国环境科学出版社，2007：1-4.

[2] 国家环境保护总局. 国家质量监督检验检疫总局. 危险废物鉴别标准　浸出毒性鉴别：GB 5085.3—2007. 北京：中国环境科学出版社，2007：1.

［3］美国国家环境保护局．固体废物中甲基汞和乙基汞的测定 吹扫捕集/气相色谱 冷原子荧光光谱法：EPA1630－1998．美国，1998：1－50.

第三节 固体废物浸出液 有机氯农药的测定 气相色谱法

一、适用范围

本方法适用于固体废物浸出液中六六六、滴滴涕、六氯苯和灭蚁灵含量的测定。

当样品的取样量为 100 mL，检出限范围为 0.07 ～0.15 μg/L。

二、方法原理

用二氯甲烷萃取浸提液中的六六六、滴滴涕、六氯苯和灭蚁灵，然后将二氯甲烷萃取液转移至正己烷相中，净化、浓缩、定容后，用带有电子捕获检测器（ECD）的气相色谱仪分离和检测，根据保留时间定性，外标法定量。

三、试剂和材料

（1）二氯甲烷：农残级。

（2）正己烷：农残级。

（3）无水硫酸钠：优级纯。使用前在马弗炉中 400 ℃灼烧 4 h，冷却后装入磨口玻璃瓶中，置于干燥器中保存待用。

（4）氯化钠：优级纯。使用前在马弗炉中 400 ℃灼烧 4 h，冷却后装入磨口玻璃瓶中，置于干燥器中保存待用。

（5）浓硫酸：优级纯。

（6）浓硝酸：优级纯。

（7）浸提剂：将质量比为 2∶1 的浓硫酸和浓硝酸混合液加入超纯水（1L 水约 2 滴混合液）中，使 pH 为 3.20±0.05。

（8）有机氯混合标准溶液：ρ＝1000 μg/mL，溶剂为正己烷。

四、仪器和设备

（1）气相色谱仪：具电子捕获检测器（ECD）。

（2）色谱柱：

前柱：HP－17（30 m×0.25 mm×0.25 μm），或其他等效毛细管色谱柱；

后柱：HP－5（30 m×0.32 mm×0.25 μm），或其他等效毛细管色谱柱。

（3）浓缩装置：氮吹浓缩仪、旋转蒸发仪等性能相当的设备。

（4）提取瓶：2 L具旋盖和内盖的聚四氟乙烯广口瓶。

（5）分液漏斗：250 mL。

（6）翻转式振荡装置。

五、前处理

（一）浸出液的制备

参见本章第一节。

（二）萃取

取浸出液100 mL于分液漏斗中，加入5 g氯化钠，震荡、摇匀，再加入20 mL二氯甲烷充分振荡、静置，经过装有适量无水硫酸钠的漏斗除水，收集有机相。按上述步骤重复萃取二次，用二氯甲烷充分洗涤硫酸钠，合并有机相，收集于100 mL梨形瓶中，待浓缩。

注：萃取液出现乳化现象可增加盐的量或采用离心方法破乳。

（三）浓缩和净化

1. 浓缩

通过旋转蒸发仪浓缩样品，水浴温度为30 ℃，浓缩至4 mL，加入4 mL正己烷，继续浓缩至1.0 mL。

2. 净化

若萃取液颜色较深，可采用硅胶、氧化铝、弗罗里柱进行净化。浓硫酸净化法也适用于表3-1中的有机氯农药。

注：如果萃取液透明、颜色较浅，不影响色谱分离，可以省略分离净化步骤，将萃取液浓缩定容后直接进样分析。

六、分析测试

（一）气相色谱参考条件（仅供参考，可根据实际仪器适当调整）

进样口温度：250 ℃，进样方式：分流进样，分流比为10∶1，恒压控制，进样量为1 μL。

柱箱升温程序：100 ℃ $\xrightarrow{10\ ℃/min}$ 180 ℃（5 min）$\xrightarrow{3\ ℃/min}$ 220 ℃（5 min）$\xrightarrow{20\ ℃/min}$ 290 ℃（4 min）。

ECD检测器温度：300 ℃，尾吹：30 mL/min。

前进样口连接的色谱柱为辅助定性色谱柱，定性分析的其他条件与前进样口分析的条件一致。

（二）校准曲线

配制符合仪器检测限、线性范围和实际样品质量浓度的5点以上标准系列（如5.00 μg/L、10.0 μg/L、50.0 μg/L、150 μg/L、200 μg/L），以正己烷为稀释剂，以外标法定量。

以组分的峰面积为纵坐标、组分的质量浓度为横坐标绘制标准曲线。在参考仪器条件下得到的化合物在HP－5色谱柱上的保留时间见表3－1。

表3－1　保留时间

序号	化合物	保留时间（min）	序号	化合物	保留时间（min）
1	α－666	12.112	7	p，p′－DDE	25.263
2	六氯苯	12.211	8	o，p′－DDD	25.665
3	β－666	13.332	9	p，p′－DDD	27.889
4	γ－666	13.684	10	o，p′－DDT	27.975
5	δ－666	15.248	11	p，p′－DDT	30.66
6	op－DDE	23.338	12	灭蚁灵	34.853

七、结果计算

（一）目标化合物定性

根据标准物质各组分的保留时间进行定性。如对结果有疑问，可采用中等极性的色谱柱或气相色谱－质谱联用仪进一步定性确定。

（二）定量计算

目标化合物用外标法定量，浸出液中的目标化合物质量浓度ρ（μg/L）按照公式（1）进行计算。

$$\rho = \rho_x \times (V_x / V_i) \quad (1)$$

式中　ρ_x——由校准曲线计算得到的目标化合物的质量浓度，μg/L；

V_x——萃取液浓缩定容体积，mL；

V_i——浸出液取样体积，mL。

八、质量保证与质量控制

（一）校准曲线

用线性拟合曲线进行校准，其相关系数应大于或等于0.995，否则应重新绘制校准曲线。

（二）校准核查

每批样品（最多10个样品）分析前用校准曲线中间点质量浓度进行校准曲线核查，其测定结果相对偏差应控制在30%以内，否则应重新绘制校准曲线。

（三）空白

每批样品（最多10个样品）应做一个实验室空白，实验空白中目标化合物质量浓度应小于方法检出限。

（四）平行样测定

每批样品（最多10个样品）应至少进行1次平行测定，平行样品测定结果相对偏差应在30%以内。

九、注意事项

（1）实验中所使用的溶剂和试剂均有一定的毒性，因此样品的前处理过程应该在通风橱中进行，操作者应做好自身相关防护工作。

（2）旋转蒸发浓缩时不宜过快，真空度不宜过低，否则会影响有机氯的回收率。

（3）对于有检出的样品可采用双柱进行定性，并结合加标回收率情况判断结果的准确性。

（4）每天进样前，用滴滴涕标样做裂解检查，裂解率低于15%才可进行样品分析，否则，清洗衬管至裂解率低于15%。

引用标准

[1] 国家环境保护总局. 固体废物　浸出毒性浸出方法　硫酸硝酸法：HJ/T 299－2007 [S]. 北京：中国环境科学出版社，2007：1－4.

[2] 国家环境保护总局. 国家质量监督检验检疫总局. 危险废物鉴别标准　浸出毒性鉴别：GB 5085.3—2007. 北京：中国环境科学出版社，2007：48－56.

第四节　固体废物浸出液　氯丹的测定　气相色谱法

一、适用范围

本方法适用于固体废物浸出液中γ－氯丹和α－氯丹含量的测定。当浸出液取样量为100 mL时，方法检出限：γ－氯丹为0.002 μg/L，α－氯丹为0.004 μg/L。

二、方法原理

用二氯甲烷萃取浸提液中的氯丹，萃取液经无水硫酸钠脱水干燥、浓缩、净化、转换溶剂、定容后，用带有电子捕获检测器（ECD）的气相色谱仪分离和检测，根据保留时间定性，外标法定量。

三、试剂和材料

（1）超纯水：无实验干扰，外购或实验室制备均可。

（2）二氯甲烷：农残级。

（3）正己烷：农残级。

（4）无水硫酸钠：优级纯。使用前在马弗炉中 400 ℃灼烧 4 h，冷却后装入磨口玻璃瓶中，置于干燥器中保存待用。

（5）氯化钠：优级纯。使用前处理同无水硫酸钠。

（6）浓硫酸：优级纯。

（7）浓硝酸：优级纯。

（8）浸提剂：将质量比为 2 ∶ 1 的浓硫酸和浓硝酸混合液加入到超纯水（1L 水约 2 滴混合液）中，使 pH 为 3. 20 ±0. 05。

（9）标准溶液 γ - 氯丹：ρ = 100 μg/mL；α - 氯丹：ρ = 200 μg/mL。

四、仪器和设备

（1）气相色谱仪：具电子捕获检测器（ECD）。

（2）色谱柱：

前柱：HP - 17（30 m ×0. 25 mm ×0. 25 μm），或其他等效毛细管色谱柱；

后柱：HP - 5（30 m ×0. 32 mm ×0. 25 μm），或其他等效毛细管色谱柱。

（3）浓缩装置：氮吹浓缩仪、旋转蒸发仪等性能相当的设备。

（4）提取瓶：2 L 具旋盖和内盖的聚四氟乙烯广口瓶。

（5）分液漏斗：250 mL。

（6）翻转式振荡装置。

五、前处理

（一）制备固体废物浸出液

参见本章第一节。

（二）萃取

取固废浸出液 100 mL 于分液漏斗中，加入适量氯化钠、15 mL 二氯甲烷充分振荡、摇匀、静置，经过装有适量无水硫酸钠的漏斗除水，收集有机相。按上述步骤重复萃取2次，用二氯甲烷充分洗涤硫酸钠，合并有机相，收集于梨形瓶中，待浓缩。

（三）浓缩和净化

（1）浓缩：使用旋转蒸发仪浓缩时，水浴温度为30 ℃。浓缩至4 mL，加入4 mL正己烷，继续浓缩至1.0 mL进行GC－ECD分析测定。

（2）净化：若萃取液颜色较深，需要通过硫酸进行净化后方可上机分析。

六、分析测试

（一）气相色谱参考条件（仅供参考，可根据实际仪器适当调整）

进样口温度：280 ℃；进样量：1 μL；进样方式：分流进样，分流比：10∶1。

升温程序：140 ℃（2 min）$\xrightarrow{10\ ℃/min}$210 ℃$\xrightarrow{3\ ℃/min}$250 ℃$\xrightarrow{15\ ℃/min}$290 ℃（4 min）。

载气：氮气，纯度≥99.999%，恒压模式：流速为1.0 mL/min；检测器温度：300 ℃。

前进样口连接的色谱柱为辅助定性色谱柱，定性分析的其他条件与前进样口分析的条件一致。

（二）保留时间和标准曲线

稀释剂为正己烷，配制符合仪器检测限、线性范围和实际样品质量浓度的5点以上标准系列（如5.00 μg/L、10.0 μg/L、50.0 μg/L、150 μg/L、200 μg/L），经气相色谱测定后，以组分的峰面积为纵坐标、组分的质量浓度为横坐标绘制标准曲线。在参考仪器条件下得到的化合物保留时间见表3－2。

表3－2　保留时间

序号	名称	保留时间（min）
1	γ－氯丹	16.524
2	α－氯丹	17.060

七、结果计算

（一）目标化合物定性

根据标准物质各组分的保留时间进行定性。

（二）定量计算

目标化合物用外标法定量，浸出液中的目标化合物质量浓度ρ（μg/L）按照公式（1）进行计算。

$$\rho = \rho_x \times (V_x / V_i) \quad (1)$$

式中　ρ_x——由校准曲线计算得到的目标化合物的质量浓度，μg/L；

V_x——萃取液浓缩定容体积，mL；

V_i——浸出液取样体积，mL。

八、质量保证与质量控制

（1）用线性拟合曲线进行校准，其相关系数应大于或等于0.995，否则应重新绘制校准曲线。

（2）每批样品（最多10个样品）分析前用校准曲线中间点质量浓度进行校准曲线核查，其测定结果相对偏差应控制在30%以内，否则应重新绘制校准曲线。

（3）每批样品（最多10个样品）应做一个实验室空白，实验空白中目标化合物质量浓度应小于方法检出限。

（4）每批样品（最多10个样品）应至少进行1次平行测定，平行样品测定结果相对偏差应在30%以内。

（5）每批样品（最多10个样品）应至少进行1次实际样品加标。

九、注意事项

（1）实验中所使用的溶剂和试剂均有一定的毒性，因此样品的前处理过程应该在通风橱中进行，操作者应做好自身相关防护工作。

（2）旋转蒸发浓缩时不宜过快，真空度不宜过低，否则会影响有机氯的回收率。

（3）可根据目标物含量适当减少浸出液的取样量，浸出液应立即萃取，否则应零顶空于4 ℃冷藏保存。

（4）萃取液出现乳化现象可采用机械分离破乳或离心方法破乳。

（5）对于有检出的样品应采用双柱进行定性，并结合加标回收率情况判断结果的准确性。

引用标准

[1] 国家环境保护总局. 固体废物　浸出毒性浸出方法　硫酸硝酸法：HJ/T 299－2007 [S]. 北京：中国环境科学出版社，2007：1－4.

[2] 国家环境保护总局，国家质量监督检验检疫总局. 危险废物鉴别标准　浸出毒性鉴别：GB 5085. 3—2007. 北京：中国环境科学出版社，2007：48－56.

第五节　固体废物浸出液　毒杀芬的测定　气相色谱法

一、适用范围

本方法适用于固体废弃物浸出液中毒杀芬含量的测定，当浸出液取样量为100 mL时，方法检出限为1.16 μg/L。

二、方法原理

用二氯甲烷萃取浸提液中的毒杀芬，萃取液经无水硫酸钠脱水干燥、浓缩、净化、转换溶剂、定容后，用带有电子捕获检测器（ECD）的气相色谱仪分离和检测，根据保留时间定性，外标法定量。

三、试剂和材料

（1）超纯水：无实验干扰，外购或实验室制备均可。

（2）二氯甲烷：农残级。

（3）正己烷：农残级。

（4）无水硫酸钠：优级纯。使用前在马弗炉中400 ℃灼烧4 h，冷却后装入磨口玻璃瓶中，置于干燥器中保存待用。

（5）氯化钠：优级纯。使用前处理同无水硫酸钠。

（6）浓硫酸：优级纯。

（7）浓硝酸：优级纯。

（8）浸提剂：将质量比为2∶1的浓硫酸和浓硝酸混合液加入到超纯水（1L水约2滴混合液）中，使pH为3.20±0.05。

（9）有机氯标准溶液：根据需要购买不同含量的有证标准物质或标准溶液。开启后的标准溶液在冷冻、避光条件下密封保存，或参考生产厂商推荐的保存条件。标准溶液（正己烷溶剂）：ρ=1000 μg/mL，组分为毒杀芬。

四、仪器和设备

（1）气相色谱仪：具电子捕获检测器（ECD）。

（2）色谱柱：

前柱：HP-17（30 m×0.25 mm×0.25 μm），或其他等效毛细管色谱柱；

后柱：HP-5（30 m×0.32 mm×0.25 μm），或其他等效毛细管色谱柱。

（3）提取瓶：2 L具旋盖和内盖的聚四氟乙烯广口瓶。

（4）分液漏斗：250 mL。

（5）翻转式振荡装置。

（6）浓缩装置：氮吹浓缩仪、旋转蒸发仪等性能相当的设备。

五、前处理

（一）制备固体废物浸出液

参见本章第一节。

（二）萃取

取浸出液 100 mL 于分液漏斗中，加入适量氯化钠、15 mL 二氯甲烷充分振荡、摇匀、静置，有机相经过装有适量无水硫酸钠的漏斗除水，收集有机相。按上述步骤重复萃取 2 次，用二氯甲烷充分洗涤硫酸钠，合并有机相，收集于梨形瓶中，待浓缩。

（三）浓缩和净化

1. 浓缩

使用旋转蒸发仪浓缩时，水浴温度为 30 ℃。浓缩至 4 mL，加入 4 mL 正己烷，继续浓缩并定容至 1.0 mL 进行 GC－ECD 分析测定。

2. 净化

若萃取液颜色较深，需要通过硫酸进行净化后方可上机分析。硫酸净化方法如下：

将提取浓缩后的样品（约 5 mL，正己烷做溶剂）转移至 20 mL 小瓶中，然后加入 5 mL 浓硫酸，漩涡振荡 1 min 后静置，待其完全分层后，吸出有机相于分液漏斗中，然后加入 5 mL 正己烷（先后 2 次）洗涤硫酸层，并合并有机相于分液漏斗中；加入 10 mL 纯水洗涤正己烷层至中性（一般需洗涤约 3 次）。有机相经无水硫酸钠干燥浓缩后上机测定。

六、分析测试

（一）气相色谱参考条件（仅供参考，可根据实际仪器适当调整）

进样口温度：280 ℃。进样量：1 μL；进样方式：分流进样，分流比：10∶1。

升温程序：200 ℃（2 min）$\xrightarrow{6\ ℃/min}$ 290 ℃（2 min）。

载气：氮气，纯度≥99.999%；恒压模式：流速为 1.0 mL/min；检测器温度：300 ℃。

前进样口连接的色谱柱为辅助定性色谱柱，定性分析的其他条件与前进样口分析的条件一致。

（二）校准曲线

稀释溶剂为正己烷，配制符合仪器检测限、线性范围和实际样品质量浓度的 5 点以上标准系列（如 0.10 μg/L、0.50 μg/L、1.00 μg/L、2.00 μg/L、5.00 μg/L）。毒杀芬为多组分混合物质，是莰烯的氯化产物，依据 GB 5085.3—2007 附录 H，其定量方法为“使用包含4～6个峰的一组毒杀芬的色谱峰进行定量”，经气相色谱测定后，以目标物峰组的面积为纵坐标、毒杀芬的质量浓度为横坐标绘制标准曲线。在参考仪器条件下得到的毒杀芬定量峰值保留时间见表3-3。

表3-3　毒杀芬定量峰值保留时间

序号	保留时间（min）	序号	保留时间（min）
1	9.492	4	11.752
2	10.936	5	11.946
3	11.091	6	12.118

七、结果计算

（一）目标化合物定性

根据标准物质各组分的保留时间进行定性。

（二）定量计算

目标化合物用外标法定量，浸出液中的目标化合物质量浓度 ρ（μg/L）按照公式（1）进行计算。

$$\rho = \rho_x \times (V_x / V_i) \tag{1}$$

式中　ρ_x——由校准曲线计算得到的目标化合物的质量浓度，μg/L；

V_x——萃取液浓缩定容体积，mL；

V_i——浸出液取样体积，mL。

八、质量保证与质量控制

（1）用线性拟合曲线进行校准，其相关系数应大于或等于0.995，否则应重新绘制校准曲线。

（2）每批样品（最多10个样品）分析前用校准曲线中间点质量浓度进行校准曲线核查，其测定结果相对偏差应控制在30%以内，否则应重新绘制校准曲线。

（3）每批样品（最多10个样品）应做一个实验室空白，实验空白中目标化合物质量浓度应小于方法检出限。

（4）每批样品（最多10个样品）应至少进行1次平行测定，平行样品测定结果相对偏差应在30%以内。

（5）每批样品（最多10个样品）应至少进行1次实际样品加标。

九、注意事项

（1）实验中所使用的溶剂和试剂均有一定的毒性，因此样品的前处理过程应该在通风橱中进行，操作者应做好自身相关防护工作。

（2）旋转蒸发浓缩时不宜过快，真空度不宜过低，否则会影响毒杀芬的回收率。

（3）可根据目标物含量适当减少浸出液的取样量，浸出液应立即萃取，否则应于 4 ℃冷藏保存。

（4）萃取液出现乳化现象可采用机械分离或离心方法破乳。

（5）对于有检出的样品应采用双柱进行定性，并结合加标回收率情况判断结果的准确性。

引用标准

[1] 国家环境保护总局. 固体废物　浸出毒性浸出方法　硫酸硝酸法：HJ/T 299－2007［S］. 北京：中国环境科学出版社，2007：1－4.

[2] 国家环境保护总局，国家质量监督检验检疫总局. 危险废物鉴别标准　浸出毒性鉴别：GB 5085.3—2007. 北京：中国环境科学出版社，2007：48－56.

第六节　固体废物　有机磷农药的测定　气相色谱法

一、适用范围

本方法适用于固体废物或固体废物浸出液中 10 种有机磷农药的测定。10 种有机磷化合物为二嗪农、异稻瘟净、毒死蜱、乐果、甲基对硫磷、马拉硫磷、对硫磷、稻丰散、丙溴磷和乙硫磷。

测定固体废物，当取样量为 10.0 g 时，方法检出限为 0.6 ～1.2 μg/kg。测定固体废物浸出液，当取样体积为 100 mL 时，方法检出限为 0.2 ～0.7 μg/L。

二、方法原理

固体废物或固体废物浸出液中的有机磷农药经二氯甲烷萃取，萃取液经浓缩定容后用气相色谱分离、火焰光度检测器测定，以保留时间定性，外标法定量。

三、试剂和材料

（1）二氯甲烷：农残级。

（2）正己烷：农残级。

（3）乙酸乙酯：农残级。

（4）丙酮：农残级。

（5）无水硫酸钠：优级纯。使用前在马弗炉中 400 ℃灼烧 4 h，冷却后装入磨口玻璃瓶中，置于干燥器中保存待用。

（6）氯化钠：优级纯。使用前处理同无水硫酸钠。

（7）浓硫酸：优级纯。

（8）浓硝酸：优级纯。

（9）硅藻土：60目。若空白实验结果显示有干扰，应将其放于马弗炉中400 ℃灼烧4 h，冷却后装入磨口玻璃瓶中，备用。

（10）浸提剂：将质量比为2∶1的浓硫酸和浓硝酸混合液加入超纯水（1 L水约2滴混合液）中，使pH为3.20±0.05。

（11）有机磷混合标准溶液：ρ=200 μg/mL，溶剂为正己烷。

四、仪器和设备

（1）气相色谱仪：具分流/不分流进样口，可程序升温，带火焰光度检测器（FPD）。

（2）色谱柱：DB-1701（30 m×0.32 mm×1.0 μm），或其他等效毛细管色谱柱。

（3）浓缩装置：氮吹浓缩仪、旋转蒸发仪等性能相当的设备。

（4）净化柱：硅胶型吸附柱，1 g/6 mL。

（5）分液漏斗：250 mL。

（6）翻转式振荡仪。

（7）加压流体萃取装置。

（8）零顶空装置。

（9）溶液输送泵。

五、前处理

（一）固体废物浸出液

1. 制备浸出液

参见本章第一节。

2. 萃取

取浸出液100 mL于分液漏斗中，加入5 g氯化钠，溶解后加入50 mL丙酮摇匀，加入50 mL二氯甲烷充分振荡、静置，经过装有适量无水硫酸钠的漏斗除水，收集有机相。按上述步骤重复萃取2次，用二氯甲烷充分洗涤硫酸钠，合并有机相，待浓缩。

3. 浓缩

使用旋转蒸发仪浓缩时，水浴温度为30 ℃。浓缩至4 mL，加入4 mL正己烷，继续浓缩至1.0 mL。

4. 净化

若萃取液颜色较深，可采用硅胶固相萃取小柱进行净化，用15 mL正己烷活化净化柱，弃去流出液。将浓缩后的萃取液移入净化柱，用 1 mL 正己烷清洗瓶子，洗液全部移入净化柱，用 2 mL 正己烷淋洗固相萃取柱，弃去流出液。用 15 mL 乙酸乙酯洗脱，收集洗脱液，浓缩至 1.0 mL，待测定。若通过验证，亦可采用其他合适的净化方法。

（二）固态和半固态废物

1. 萃取

称取 10.0 g 样品，加入适量硅藻土，将样品干燥拌匀，全部转入萃取池中，用压力流体萃取装置进行萃取，萃取溶剂为二氯甲烷 – 丙酮等体积混合溶剂，加热平衡温度为 100 ℃，平衡 5 min，淋洗体积为 60% 池体积，共进行两个循环的萃取。

2. 浓缩

使用旋转蒸发仪浓缩时，水浴温度为 30 ℃。浓缩至 4 mL，加入 4 mL 正己烷，继续浓缩至 1.0 mL。若无需净化处理，浓缩液待上机测试。

3. 净化

视样品脏污程度，选择性地进行净化处理，方法同固体废物浸出液。浓缩液待上机测试。

六、分析测试

（一）气相色谱参考条件（仅供参考，可根据实际仪器适当调整）

进样口温度：230 ℃；进样方式：分流进样，分流比：10∶1；恒压模式：流速为 1.0 mL/min。

柱箱升温程序：150 ℃ $\xrightarrow{5\ ℃/min}$ 220 ℃ $\xrightarrow{2\ ℃/min}$ 250 ℃（3 min）$\xrightarrow{10\ ℃/min}$ 260 ℃（7 min）。

FPD 检测器温度：260 ℃。

气体流量：氢气 80 mL/min；空气 120 mL/min。

（二）校准曲线

配制符合仪器检测限、线性范围和实际样品质量浓度的 5 点以上标准系列（如 100 μg/L、150 μg/L、250 μg/L、450 μg/L、900 μg/L），用正己烷稀释，外标法定量，参考仪器条件下得到的各化合物保留时间具体见表 3 – 4。

表 3 – 4　保留时间

序号	化合物	保留时间（min）
1	二嗪农	16.939

续上表

序号	化合物	保留时间（min）
2	异稻瘟净	19.655
3	乐果	20.900
4	毒死蜱	23.093
5	甲基对硫磷	24.061
6	马拉硫磷	24.355
7	对硫磷	26.532
8	稻丰散	27.928
9	丙溴磷	30.957
10	乙硫磷	35.374

七、结果计算

（一）目标化合物定性

根据标准物质各组分的保留时间进行定性。

（二）定量计算

1. 固体废物浸出液

目标化合物用外标法定量，浸出液中的目标化合物质量浓度 ρ（μg/L）按照公式（1）进行计算。

$$\rho = \rho_x \times (V_x/V_i) \tag{1}$$

式中 ρ_x——由校准曲线计算得到的目标化合物的质量浓度，μg/L；

V_x——萃取液浓缩定容体积，mL；

V_i——浸出液取样体积，mL。

2. 固态和半固态废物

目标化合物用外标法定量，固体废物中的目标化合物含量①ω（μg/kg）按照公式（2）进行计算。

$$\omega = \rho_x \times \frac{V_x}{m_x} \tag{2}$$

式中 ρ_x——由校准曲线计算得到的目标化合物的质量浓度，μg/L；

V_x——萃取液浓缩定容体积，mL；

m_x——固体废物样品质量（湿重），g。

---

① 此处准确的表达方式应为“质量比”，笔者采用行业习惯用词“含量”指代。全书同。

八、质量保证与质量控制

（一）校准曲线

用线性拟合曲线进行校准，其相关系数应大于或等于0.99，否则应重新绘制校准曲线。

（二）校准核查

每批样品（最多10个样品）分析前用校准曲线中间点质量浓度进行校准曲线核查，其测定结果相对偏差应控制在30%以内，否则应重新绘制校准曲线。

（三）空白

每批样品（最多10个样品）应做一个实验室空白，实验空白中目标化合物质量浓度应小于方法检出限。

（四）平行样测定

每批样品（最多10个样品）应至少进行1次平行测定，平行样品测定结果相对偏差应在30%以内。

（五）实际样品加标

每批样品（最多10个样品）应至少进行1次实际样品加标，加标回收率应在50%～140%之间。

九、注意事项

（1）可根据目标物含量适当减少浸出液的取样量，浸出液应立即萃取。

（2）萃取液出现乳化现象可采用机械分离或离心方法破乳。

（3）实验中所使用的溶剂和试剂均有一定的毒性，因此样品的前处理过程应该在通风橱中进行，操作者应做好自身相关防护工作。

（4）旋转蒸发浓缩时不宜过快，真空度不宜过低，否则会影响有机磷的回收率。

（5）对于有检出的样品应采用双柱进行定性，并结合加标回收率情况判断结果的准确性。

引用标准

[1] 国家环境保护总局. 固体废物　浸出毒性浸出方法　硫酸硝酸法：HJ/T 299－2007 [S]. 北京：中国环境科学出版社，2007：1－4.

[2] 国家环境保护总局，国家质量监督检验检疫总局. 危险废物鉴别标准　浸出毒性鉴别：GB 5085.3—2007. 北京：中国环境科学出版社，2007：48－56.

[3] 国家环境保护总局. 固体废物　有机磷农药的测定　气相色谱法：HJ 768 - 2015. 北京：中国环境科学出版社，2015：1 - 7.

第七节　固体废物浸出液　多氯联苯的测定　气相色谱法

一、适用范围

本方法适用于固体废物浸出液中19种多氯联苯（简称PCBs）含量的测定，当取样体积为100 mL时，19种多氯联苯方法检出限为0.002 μg/L ～0.05 μg/L，定量下限为0.008 μg/L ～0.2 μg/L。

二、方法原理

采用二氯甲烷萃取浸提液中的多氯联苯，浓硫酸净化，气相色谱电子捕获检测器法（GC - ECD）对样品中多氯联苯进行分析，采用保留时间或双柱进行定性分析，以内标法定量。

三、试剂和材料

（1）正己烷：农残级。

（2）二氯甲烷：农残级。

（3）氯化钠：优级纯。使用前在450 ℃下加热4 h，置于干燥器中冷却至室温，密封保存于干净的试剂瓶中待用。

（4）无水硫酸钠：优级纯。使用前处理同氯化钠。

（5）浓硫酸：ρ（H_2SO_4） =1.84 g/mL，优级纯。

（6）浓硝酸：优级纯。

（7）浸提剂：将质量比为2∶1的浓硫酸和浓硝酸混合液加入到超纯水（1 L水约2滴混合液）中，使pH为3.20 ±0.05。

（8）5%氯化钠溶液：ρ（NaCl） =0.05 g/mL。称取5 g氯化钠，用水稀释至100 mL，混匀。

（9）PCB混合标准溶液：ρ =100 μg/mL，溶剂为正己烷。

（10）替代物：PCB 209，ρ =100 μg/mL，溶剂为正己烷。

（11）实验用水为不含目标物的新制备的去离子水。

四、仪器和设备

（1）气相色谱仪：具有双分流/不分流进样口，配有双电子捕获检测器（ECD）。

（2）色谱柱：HP－5（30 m×0.32 mm×0.25 μm），或其他等效毛细管柱。
（3）提取设备：液液萃取振荡装置、翻转振荡器。
（4）浓缩装置：旋转蒸发仪或其他浓缩装置。
（5）分液漏斗：具聚四氟乙烯（PTFE）活塞。

五、前处理

（一）制备固体废物浸出液

参见本章第一节。

（二）样品提取

取 100 mL 的浸提液向其中加入替代物，5 g 氯化钠，以及 15 mL 的二氯甲烷，液液萃取后，有机相经过无水硫酸钠干燥，收集滤液，重复萃取 2 次，合并萃取液并浓缩至 4 mL 左右，加入 4 mL 的正己烷，继续浓缩至 1 mL 进行 GC－ECD 分析测定。如浸提后样品颜色较深，需要通过硫酸净化后方可上机分析。

（三）净化

将浓缩液用正己烷定容到 7 mL，转入 20 mL 玻璃管中，加入 8 mL 浓硫酸，漩涡振荡混匀，离心（转速 3000 r/min，时间 1 min），弃去下层硫酸。如果硫酸层中仍有颜色则重复上述操作至硫酸层无色为止。向玻璃管加入 8 mL 5% 氯化钠水溶液洗涤有机相，漩涡振荡混匀，离心（转速 3000 r/min，时间 1 min），弃去水相，重复上述操作至有机相呈中性为止。有机相经无水硫酸钠脱水后，氮吹浓缩至 1 mL。

六、分析测试

（一）仪器条件（仅供参考，可根据实际仪器适当调整）

进样口温度：280 ℃。进样量：1 μL。
进样方式：分流进样，分流比：10∶1。
色谱柱：HP－5（30 m×0.32 mm×0.25 μm）。

柱箱升温程序：140 ℃（2 min）$\xrightarrow{10\ ℃/min}$ 210 ℃ $\xrightarrow{3\ ℃/min}$ 250 ℃ $\xrightarrow{15\ ℃/min}$ 290 ℃（4 min）。

载气：氮气，纯度≥99.999%；恒压模式：流速为 1.0 mL/min。
检测器温度：300 ℃。

（二）校准

配制符合仪器检测限、线性范围和实际样品质量浓度的 5 点以上标准系列（如 5.00 μg/L、20.0 μg/L、50.0 μg/L、100 μg/L、200 μg/L、500 μg/L），添加同样品一样加入量的替代物（如 100 μg/L），用正己烷稀释，内标法定量，在参考仪器条件下得到的化合物保留时间具体见表3－5。

表3－5 保留时间

序号	化合物	IuPAC号码	保留时间(min)
1	2－Chlorobipenyl	1	7.946
2	2，3－Dichlorobipenyl	5	11.509
3	2，2′，5－Trichlorobipenyl	18	13.011
4	2，4′，5－Trichlorobipenyl	31	14.649
5	2，2′，3，5′－Tetrachlorobipenyl	52	15.951
6	2，2′，5，5′－Tetrachlorobipenyl	44	16.702
7	2，3′，4，4′－Tetrachlorobipenyl	60	18.240
8	2，2′，4，5，5′－Pentachlorobipenyl	101	19.109
9	2，2′，3，4，5′－Pentachlorobipenyl	87	20.128
10	2，3，3′，4′，6－Pentachlorobipenyl	110	20.517
11	2，2′，3，5，5′，6－Hexachlorobipenyl	151	21.001
12	2，2′，4，4′，5，5′－Hexachlorobipenyl	153	22.475
13	2，2′，3，4，4′，5′－Hexachlorobipenyl	138	23.012
14	2，2′，3，4，5，5′－Hexachlorobipenyl	141	23.308
15	2，2′，3，4′，5，5′，6－Heptachlorobipenyl	187	24.384
16	2，2′，3，4，4′，5′，6－Heptachlorobipenyl	183	24.604
17	2，2′，3，4，4′，5，5′－Heptachlorobipenyl	180	26.667
18	2，2′，3，3′，4，4′，5－Heptachlorobipenyl	170	28.025
19	2，2′，3，3′，4，4′，5，5′，6－Nonaachlorobipenyl	206	32.367
20	Decachlorobip henyl	209	33.559

七、结果计算

（一）目标化合物定性

根据标准物质各组分的保留时间进行定性。

（二）定量计算

目标化合物用内标法定量，浸出液中的目标化合物质量浓度ρ（μg/L）按照公式（1）进行计算。

$$\rho = \rho_x \times (V_x/V_i) \tag{1}$$

式中　ρ_x——由校准曲线计算得到的目标化合物的质量浓度，μg/L；

V_x——萃取液浓缩定容体积，mL；

V_i——浸出液取样体积，mL。

八、质量保证与质量控制

（一）校准曲线

用线性拟合曲线进行校准，其相关系数应大于或等于0.995，否则应重新绘制校准曲线。

（二）校准核查

每批样品（最多20个样品）分析前用校准曲线中间点质量浓度进行校准曲线核查，其测定结果相对偏差应控制在30%以内，否则应重新绘制校准曲线。

（三）空白

每批样品（最多20个样品）应做一个实验室空白，空白结果中目标化合物质量浓度应小于方法检出限。

（四）平行样测定

每批样品（最多20个样品）应至少进行1次平行测定，平行样品测定结果相对偏差应在30%以内。

（五）实际样品加标和加标平行

每批样品（最多20个样品）应至少进行1次实际样品加标和1次加标平行。实际样品加标回收率应在70%～130%之间，加标平行样的测定结果相对偏差应在30%以内。若加标回收率达不到要求，而加标平行符合要求，则说明样品存在基体效应，需在结果中注明。

九、注意事项

（1）实验中所使用的溶剂和试剂具有一定的毒性，特别是部分PCB具有致癌性，因此样品的前处理过程应该在通风橱中进行，操作者应做好自身相关防护工作。

（2）旋转蒸发浓缩时不宜过快，真空度不宜过低，否则低氯代联苯回收率较低。

（3）对于有检出的样品应采用双柱进行定性，并结合加标回收率情况判断结果的准确性。

引用标准

[1] 国家环境保护总局，国家质量监督检验检疫总局．危险废物鉴别标准　浸出毒性鉴别：GB 5085.3—2007．北京：中国环境科学出版社，2007：48－56.
[2] 国家环境保护总局．固体废物　浸出毒性浸出方法　硫酸硝酸法：HJ/T 299－2007 [S]．北京：中国环境科学出版社，2007：1－4.

第八节　固体废物浸出液　13 种半挥发性有机化合物的测定　气相色谱－质谱法

一、适用范围

本方法适用于固体废物浸出液中半挥发性有机物含量的测定。在选择离子模式下，取样量为 200 mL 时，方法检出限：苯并(a) 芘 为 0.03 μg/L，其余 12 种半挥发性有机物为 0.2 ～0.6 μg/L。

二、方法原理

通过液液萃取的方式，用二氯甲烷萃取浸出液中的半挥发性有机物，通过浓缩净化等处理后，进入气相色谱－质谱仪检测。通过与待测目标物标准质谱图相比较和保留时间进行定性，内标法定量。

三、试剂和材料

（1）二氯甲烷：农残级。

（2）浓硫酸：优级纯。

（3）浓硝酸：优级纯。

（4）超纯水：无目标物干扰，外购或实验室制备均可。

（5）氯化钠：优级纯。

（6）无水硫酸钠：优级纯。450 ℃灼烧 4 h 后自然冷却至常温后备用。

（7）浸提剂：将质量比为 2∶1 的浓硫酸和浓硝酸混合液加入到超纯水（1 L 水约 2 滴混合液）中，使 pH 为 3.20 ± 0.05。

（8）半挥发性有机物标准溶液：ρ = 1000 μg/mL，溶剂为正己烷。

（9）内标：萘－d_8、苊－d_{10}、䓛－d_{12}、苝－d_{12}、菲－d_{10}混合标准溶液，ρ = 1000 μg/mL，溶剂为正己烷。

（10）十氟三苯基磷：ρ = 10 μg/mL，溶剂为正己烷。

四、仪器和设备

（1）高压过滤器。

（2）翻转振荡器。

（3）分液漏斗：250 mL。

（4）EI 源单四极杆气质联用仪。

（5）色谱柱：DB－35MS（30 m×0.32 mm×0.25 μm），或其他等效毛细管柱。

（6）浓缩装置：氮吹浓缩仪、旋转蒸发仪等性能相当的设备。

五、前处理

（一）制备固体废物浸出液（参照 HJ/T 299）

参见本章第一节。

（二）提取

取 200 mL 浸出液于分液漏斗中，用 1∶1（体积比数）的硫酸水溶液调节 pH 至略小于 2，根据样品情况加入适量的氯化钠，溶解；再加入二氯甲烷和丙酮，剧烈振荡 10 min（注意放气），静置分层；再重复萃取两次，合并萃取液，三次萃取液的体积分别为 30 mL 二氯甲烷＋10 mL 丙酮、20 mL 二氯甲烷＋10 mL 丙酮、20 mL 二氯甲烷＋10 mL 丙酮，萃取液经无水硫酸钠脱水后，旋蒸浓缩至约 1 mL，加入一定量内标溶液（其上机质量浓度建议与标准系列中的内标质量浓度一致），待上机测试。

注：当浸出液的取样量为 100 mL 时，建议将二氯甲烷的用量改为每次 15 mL，丙酮改为每次 8 mL。

（三）净化

可用弗罗里硅土、硅胶、氧化铝等进行净化，对于表 3－7 中的化合物不适合用浓硫酸净化。

六、分析测试

（一）仪器条件（仅供参考，可根据实际仪器适当调整）

（1）气相色谱条件：进样口温度为 280 ℃，柱流量为 1.2 mL/min，不分流进样时间为 1 min，传输管线（接口）温度为 280 ℃。

炉温：60 ℃（1 min）$\xrightarrow{10\ ℃/min}$ 120 ℃ $\xrightarrow{17\ ℃/min}$ 290 ℃（10 min）。

（2）质谱条件：EI 离子源，温度 250 ℃，离子化能量 70 eV。SIM 扫描参数见表 3－6。

表 3-6 SIM 扫描参数表

组号	起始时间（min）	监测离子 m/z
1	5.0	39、66、94
2	6.0	51、77、123、162、164、98、126、63
3	8.5	75、111、127、157、196、97、132、160、136、108
4	10.8	75、76、168、92、122、63、64、50、164、80
5	12.8	63、75、110、202、266、264、155、165、188、80、230
6	14.7	149、150、76、104、279、43、57、240、120
7	20.0	252、250、126、264、132、113

根据仪器性能和相关的标准限值要求，也可用全扫描的方式对数据进行采集，全扫描参数为 50 ～550 amu。分组情况可视各峰分离情况和每个峰的描述点数（一般为 10 个以上）调整。

（二）保留时间和标准曲线

以二氯甲烷为稀释溶剂，配制符合仪器检测限、线性范围和实际样品质量浓度的 5 点以上标准系列（如 0.04 μg/mL、0.10 μg/mL、0.40 μg/mL、0.60 μg/mL、0.80μg/mL，内标质量浓度为 0.6 μg/mL），以内标法定量。参考仪器条件下的保留时间与定性、定量离子具体见表 3-7。

表 3-7 保留时间与定性、定量参考离子

编号	化合物	保留时间（min）	定量离子	定性离子	定量参考内标
1	苯酚	5.470	94	39、66	内标 1
2	硝基苯	7.793	77	51、123	内标 1
3	2，4-二氯苯酚	8.278	162	98、164	内标 1
4	萘-d_8（内标 1）	8.776	136	108	—
5	对硝基氯苯	9.743	111	75、157	内标 1
6	2，4，6-三氯苯酚	10.412	196	97、132	内标 2
7	苊-d_{10}（内标 2）	11.933	164	80	—
8	1，4-二硝基苯	12.102	75	92、122	内标 2
9	1，3-二硝基苯	12.169	76	92、122	内标 2

续上表

编号	化合物	保留时间（min）	定量离子	定性离子	定量参考内标
10	1，2－二硝基苯	12.447	63	76、168	内标2
11	2，4－二硝基氯苯	12.999	75	63、110	内标2
12	五氯酚	13.906	266	165	内标3
13	蒽－d_{10}（内标3）	14.427	188	80	—
14	邻苯二甲酸二丁酯	14.854	149	57、150	内标3
15	邻苯二甲酸二辛酯	18.808	149	57、150	内标4
16	䓛－d_{12}（内标4）	19.257	240	120	—
17	苯并(a)芘	25.217	252	253、126	内标5
18	苝－d_{12}（内标5）	25.793	264	132	—

七、结果计算

（一）目标化合物定性

根据标准物质各组分的保留时间以及和标准质谱图相比较等手段进行定性。

（二）定量计算

1. 用平均相对响应因子建立校准曲线

标准系列第 i 点中目标物的相对响应因子 RRF_i，按照公式（1）进行计算。

$$RRF_i = \frac{A_i}{A_{ISi}} \times \frac{\rho_{ISi}}{\rho_i} \tag{1}$$

式中　A_i——标准系列中第 i 点目标物定量离子的响应值；

A_{ISi}——标准系列中第 i 点目标物相对应内标定量离子的响应值；

ρ_{IS}——标准系列中内标的质量浓度；

ρ_i——标准系列中第 i 点目标物的质量浓度。

目标物的平均相对响应因子 $\overline{RRF}$，按照公式（2）进行计算。

$$\overline{RRF} = \frac{\sum_{i=1}^{n} RRF_i}{n} \tag{2}$$

2. 样品中目标物质量浓度 ρ_{ex} 的计算

当目标物采用平均响应因子进行校准时，样品中目标物的质量浓度 ρ_{ex}（μg/L）按公式（3）进行计算。

$$\rho_{ex} = \frac{A_x}{A_{IS}} \times \frac{\rho_{IS}}{\overline{RRF}} \tag{3}$$

式中 A_x——目标物定量离子的响应值；

A_{IS}——与目标物相对应内标定量离子的响应值；

ρ_{IS}——标准系列中内标物的质量浓度，μg/L；

$\overline{RRF}$——目标物的平均相对响应因子。

八、质量保证与质量控制

（1）每批样品至少分析一个空白样品、平行样品和浸出液加标样品，以确保分析过程的准确性，其中加标样品的回收率控制范围建议为70%～130%。

（2）标准系列的配置至少5点以上，配置质量浓度范围应涵盖待测样品的质量浓度。若使用平均相对响应因子进行定量，其相对响应因子的RSD应不超过20%；若使用最小二乘法进行定量，则曲线相关系数需不小于0.990。

（3）每批样品分析之前或24 h之内，需进行仪器性能检查，测定校准确认标准样品（十氟三苯基膦）和空白样品。

九、注意事项

（1）1,4－二硝基苯、1,3－二硝基苯两个同分异构体在5%二苯基－二甲基聚硅氧烷型号的柱子上不能分开，若有分开需要建议用35%苯基－甲基聚硅氧烷或其他能将其基线分离的色谱柱分析。

（2）分析邻苯二甲酸酯类物质时，应注意实验过程的背景空白污染，避免接触塑料制品，特别注意避免来自溶剂的污染。

（3）对于复杂基体样品，建议进行净化后，再进入仪器检测。

（4）单四极杆气质联用仪测定苯并(a)芘的仪器检出限受检测器性能影响，可能无法达到GC 5085.3—2007中的限值要求，可用液相色谱－荧光检测器法对苯并(a)芘进行检测。用该法分析时，应注意将二氯甲烷体系的样品溶液转移至乙腈体系后，再注入液相色谱进行分析。

GC－MS法测定苯并(a)芘时可考虑增大电子倍增管电压，提高信号响应，也可通过增大取样量或浓缩倍数等手段提高监测样品质量浓度范围，以达到《危险废物鉴别标准 浸出毒性鉴别》（GB 5085.3—2007）中苯并(a)芘的标准限值要求。

引用标准

[1] 国家环境保护总局，国家质量监督检验检疫总局. 危险废物鉴别标准 浸出毒性鉴别：GB 5085.3—2007. 北京：中国环境科学出版社，2007：72～97.

［2］国家环境保护总局．固体废物　浸出毒性浸出方法　硫酸硝酸法：HJ/T 299－2007．北京：中国环境科学出版社．

第九节　固体废物　多环芳烃类的测定　液相色谱法

一、适用范围

本方法适用于固体废物及其浸出液中萘、苊烯、苊、芴、菲、蒽、荧蒽、芘、苯并（a）蒽、䓛、苯并(b) 荧蒽 、苯并（k）荧蒽、苯并(a) 芘 、二苯并（a,h）蒽、苯并（g,h,i）苝、茚并（1,2,3－c,d）芘等16种多环芳烃含量的测定。当固体废物浸出液取样量100 mL时，方法检出限为0.005 ～0.024 μg/L；当固体废物（污泥）取样量为2 g时，方法检出限为0.390 ～3.15 μg/kg。

二、方法原理

用有机溶剂提取固体废物或其浸出液中的多环芳烃，提取液经浓缩、净化后用高效液相色谱仪分离，紫外/荧光检测器测定，以保留时间定性，外标法定量。

三、试剂和材料

（1）乙腈：农残级。

（2）正己烷：农残级。

（3）二氯甲烷：农残级。

（4）丙酮：农残级。

（5）氯化钠：优级纯。在400 ℃下烘烤4 h，置于干燥器中冷却至室温，密封保存于干净的试剂瓶中。

（6）无水硫酸钠：优级纯。使用前处理同氯化钠。

（7）硅藻土：溶剂清洗（清洗溶剂：正己烷－二氯甲烷等体积混合溶剂），清洗后取出置于通风橱处晾干密封保存备用。

（8）石英砂：40 ～100 目，用前先置于马弗炉中450 ℃灼烧4 h。

（9）硅胶（柱层析用）：层析级，70 ～230 目。前处理方法：ASE 抽提（正己烷－二氯甲烷等体积混合溶剂）→取出置于通风橱处晾干→170 ℃烘烤24 h以上→通风橱处晾凉→加入3%（质量比）超纯水去活化→充分振摇（半天振摇1次，每次30 min，共3次）→加入正己烷浸泡保存（平衡）。

（10）氧化铝：250 ℃灼烧4 h→通风橱处晾凉→加入3%（质量比）超纯水去活化→充分振摇（每半天振摇1次，每次30 min，共2次）→加入正己烷浸泡保存(平衡)。

(11) 浸提剂：将质量比为 2：1 的浓硫酸和浓硝酸混合液加入到超纯水中，调节 pH 为 3.20 ±0.05。

(12) 多环芳烃混合标准溶液：ρ = 200 μg/mL，溶剂为甲醇。

四、仪器和设备

(1) 溶液输送泵。

(2) 翻转振荡器。

(3) 压力流体萃取装置。

(4) 高效液相色谱仪，具有紫外检测器和二极管阵列检测器，色谱柱：PAH 专用柱（250 mm×4.6 mm×5 μm）。

(5) 浓缩装置：氮吹浓缩仪、旋转蒸发仪等性能相当的设备。

五、前处理

（一）固体废物浸出液

1. 制备浸出液

参见本章第一节。

2. 萃取

量取 100 mL 浸出液，于 500 mL 的分液漏斗中，依次加入适量氯化钠和 20 mL 二氯甲烷充分振摇、静置分层后，经装有适量无水硫酸钠的漏斗除水，收集有机相于浓缩瓶中，按上述步骤重复萃取两次，合并有机相，用少量二氯甲烷洗涤漏斗和硫酸钠层 2～3 次，合并有机相于 150 mL 梨形瓶中，35 ℃水浴旋转蒸发浓缩至少量后转溶于正己烷中，继续浓缩至约 1 mL 待净化。若样品不需净化，则将提取液浓缩至少量后加入约 3 mL 乙腈，继续浓缩至少于 1 mL，转入细胞瓶中，用乙腈准确定容到 1.0 mL，待上机分析。

3. 净化

将富集后的样品溶液（溶剂为正己烷，约 1 mL）转移至硅胶－氧化铝层析柱上［其中硅胶装 12 cm（层析柱下部），氧化铝装 6 cm（层析柱上部），在最上端加入少量无水硫酸钠］，分离纯化，用 10 mL 正己烷淋洗，弃去淋洗液，用 80 mL 体积比 3：7 的二氯甲烷－正己烷混合溶剂洗脱，接收洗脱液于 150 mL 梨形瓶中，35 ℃水浴旋转蒸发浓缩至 3～5 mL 后，加入 3 mL 乙腈，继续浓缩至少于 1 mL，转入细胞瓶中，用乙腈准确定容到 1.0 mL，待上机分析。

（二）固体废物

1. 提取（加压流体萃取法）

取固废样品，与硅藻土拌匀，使样品充分分散，装填到萃取池中，萃取池用硅藻土填满敲实。萃取条件如下：

萃取溶剂：正己烷－丙酮等体积混合溶剂。

萃取温度：100 ℃。

压力：1500 psi①。

静态萃取时间：8 min。

冲洗体积：60% 的萃取池的体积。

氮气吹扫：60 s，压力 150 psi。

静态萃取循环次数：2。

样品过无水硫酸钠漏斗脱水后，转入 150 mL 梨形瓶中，35 ℃水浴旋转蒸发浓缩至少量后转溶于正己烷中，继续浓缩至约 1 mL 待净化。

若样品不需净化，则将提取液浓缩至少量后加入约 3 mL 乙腈，继续浓缩至小于 1 mL，转入细胞瓶中，用乙腈准确定容到 1.0 mL，待上机分析。

2. 净化

方法同固体废物浸出液。

六、分析测试

（一）仪器参考条件（仅供参考，可根据实际仪器适当调整）

流动相：溶液 A 为乙腈，溶剂 B 为超纯水。

流速：1.2 mL/min。

进样量：10 μL。

柱温：30 ℃。

梯度变化见表 3－8。

表 3－8　PAH 专用柱流动相梯度变化

时间（min）	体积比（%）
0.00	35
14.00	35
21.00	0
32.50	0
32.60	35
36.00	35

① psi 为非法定单位，1 psi = 6.894×10^3 Pa。

检测器：二极管阵列检测器（PDA），检测波长：228 nm。

荧光检测器（RF），检测波长见表3-9。

表3-9 荧光检测器波长梯度变化

时间（min）	激发波长 λ_{ex}	发射波长 λ_{em}	时间（min）	激发波长 λ_{ex}	发射波长 λ_{em}
0.00～9.50	280	324	20.00～24.50	275	385
9.50～12.00	254	350	24.50～30.70	290	420
12.00～14.50	254	390	30.70～33.00	305	500
14.50～17.00	290	460	33.00～36.00	280	324
17.00～20.00	336	376			

（二）校准曲线

配制符合仪器检测限、线性范围和实际样品质量浓度的5点以上标准系列（如2.00 μg/L、10.0 μg/L、30.0 μg/L、50.0 μg/L、80.0 μg/L），以外标法定量、保留时间定性，在参考仪器条件下得到的化合物保留时间见表3-10。

表3-10 保留时间

序号	化合物名称	保留时间（min）	定量依据
1	萘	5.53	荧光
2	苊烯	6.27	PDA：228 nm
3	苊	8.39	荧光
4	芴	8.65	荧光
5	菲	10.33	荧光
6	蒽	12.48	荧光
7	荧蒽	15.20	荧光
8	芘	17.84	荧光
9	苯并（a）蒽	22.88	荧光
10	䓛	23.55	荧光
11	苯并(b)荧蒽	25.42	荧光
12	苯并（k）荧蒽	26.22	荧光
13	苯并(a)芘	27.19	荧光
14	二苯并（a,h）蒽	28.44	荧光
15	苯并（g,h,i）苝	29.97	荧光
16	茚并（1,2,3-c,d）芘	30.73	荧光

七、结果计算

（一）目标化合物定性

根据标准物质各组分的保留时间进行定性。

（二）定量计算

1．固体废物浸出液

参见本章第六节中固体废物浸出液部分的计算。

2．固体废物

参见本章第六节中固体和半固态废物部分的计算。

八、质量保证与质量控制

（1）空白试验分析结果应小于方法检出限。

（2）每批样品（每批不多于20个样品）至少一个全程序空白。其分析结果应满足空白试验的控制指标。

（3）每批样品分析需建立校准曲线，相关系数不小于0.995，每20个样品应测定一次校准曲线的中间质量浓度标准溶液，测定结果与标准值间相对误差的绝对值应不超过10%，否则需找出原因或重新绘制校准曲线。

（4）标准系列的配制至少5点以上，配制质量浓度范围应涵盖待测样品的质量浓度。

（5）每批样品（每批不多于20个样品）至少分别做一个平行分析和基体加标分析。两个平行样品测定结果相对偏差应在30%以内；加标样品中各组分回收率应在60%～120%之间。

九、注意事项

（1）固废样品取样量一般建议为2～10 g，具体取样量视目标物质量浓度和基质复杂程度而定；

（2）处理后的样品如不能及时分析，应于4 ℃下冷藏、避光、密封保存，30 d内完成分析；

（3）固体废物样品进行ASE提取时应加入适量硅藻土拌匀充分分散，否则会导致样品提取不完全；

（4）旋转蒸发浓缩时，注意压力和温度应适宜，压力过低或温度过高可能会导致挥发性的多环芳烃类回收率降低；

（5）旋转蒸发浓缩后转移，注意需用溶剂少量多次洗涤梨形瓶，一并转移，否则目标化合物会有损失；

（6）多环芳烃类化合物广泛分布于环境空气、水和土壤中，其中含量最高者为萘，实验中所使用的材料必须进行相应处理，控制好全程序空白。

（7）可参考二氟联苯作为替代物，但在上述色谱条件下某知名品牌二氟联苯标液有两个色谱峰，如选择 21 min 处色谱峰，回收率为 70% ～120% 。

引用标准

[1] 国家环境保护总局. 固体废物　浸出毒性浸出方法　硫酸硝酸法：HJ/T 299 - 2007 [S]. 北京：中国环境科学出版社，2007：1 - 4.

[2] 国家环境保护总局. 固体废物　多环芳烃的测定　高效液相色谱法：HJ 892 - 2017. 北京：国家标准科学出版社，2017：1 - 10.

[3] 国家环境保护总局. 土壤和沉积物　多环芳烃的测定　高效液相色谱法：HJ 784 - 2016. 北京：国家标准科学出版社，2016：1 - 8.

[4] 国家环境保护总局. 工业固体废物　采样制样技术规范：HJ/T 20 - 1998. 北京：国家标准科学出版社，1998：1 - 9.

第十节　固体废物　苯基脲类化合物的测定　液相色谱法

一、适用范围

本方法适用于固体废物中丁噻隆、赛苯隆、氟草隆、敌草隆、敌稗、环草隆 A、环草隆 B、利谷隆、除虫脲等 9 种苯基脲类化合物的测定。

当称样量为 2 g 时，9 种苯基脲的检出限范围为 0.003 ～0.01 mg/kg。

二、方法原理

将待测样品置于加压流体萃取装置中进行提取，提取后的样品经 C18 固相萃取柱净化，高效液相色谱 - 二极管阵列检测器检测。以保留时间定性、外标法定量分析。

三、试剂和材料

（1）乙腈：HPLC 级色谱纯。

（2）甲醇：HPLC 级色谱纯。

（3）丙酮：HPLC 级色谱纯。

（4）二氯甲烷：农残级。

（5）0.5 mol/L 的磷酸钾储备液：称取 68 g 磷酸钾，用 1 L 超纯水溶解，用 0.45μm 滤膜过滤。

（6）0.5 mol/L 的磷酸储备液：取 34.0 mL 磷酸（85%，HPLC 级色谱纯），用试剂水稀释至 1 L。

（7）25 mol/L 磷酸缓冲液：分别取磷酸钾储备液和磷酸储备液各 100 mL，两者混合后用水稀释至 4 L，溶液的 pH 约为 2.4，用 0.45 μm 尼龙膜过滤后用作 HPLC 流动相之一。

（8）8 种苯基脲标准储备液：ρ = 100 μg/mL，保存溶剂为甲醇，储存于 -10 ℃环境中。

（9）硅藻土：60 目。若空白实验结果显示有干扰，应将其放于马弗炉中 400 ℃灼烧 4 h，冷却后装入磨口玻璃瓶中，备用。

（10）无水硫酸钠：用前先置于马弗炉中 450 ℃灼烧 4 h。

（11）C18 固相萃取柱：500 mg/6mL。

（12）石英砂：40 ～100 目。使用前需进行检验，确认无目标化合物或目标化合物质量浓度低于方法检出限。

四、仪器和设备

（1）高效液相色谱仪：具有紫外检测器或二极管阵列检测器和梯度洗脱功能。配置的色谱柱：C18 柱，250 mm ×4.6 mm ×0.45 μm。

（2）压力流体萃取装置。

（3）天平：精度为 0.01g。

（4）浓缩装置：氮吹浓缩仪、旋转蒸发仪等性能相当的设备。

五、前处理

（一）样品的制备

取实际固废样品适量（固废样品取样量一般为 2 ～10g，具体取样量视样品中目标物含量情况而定），与硅藻土拌匀分散，装填到已经放有过滤膜和少量硅藻土的萃取池中，加入样品后萃取池用硅藻土填满敲实。

（二）加压流体萃取条件

萃取溶剂：用丙酮 - 二氯甲烷等体积混合溶剂；

萃取温度：100 ℃；

压力：1500 psi；

静态萃取时间：10 min；

冲洗体积：50% 的萃取池的体积；

萃取池：34 mL；

接收瓶：约 60 mL；

氮气吹扫：60 s，压力 150 psi；

静态萃取循环次数：2。

（三）提取后样品的第一次浓缩

样品过无水硫酸钠漏斗脱水后，转入 150 mL 梨形瓶中，30 ℃水浴旋转蒸发浓缩至约 2 mL 后，加入约 2 mL 的甲醇，继续浓缩至近干，加入 10.0 mL 超纯水振摇、溶解，待净化。

（四）净化

净化程序如下：

活化小柱（5 mL 甲醇）→平衡小柱（5 mL 超纯水）→上样（样品瓶用少量超纯水清洗，一并上样）→淋洗小柱（5 mL 体积比 2∶8 的甲醇 - 超纯水混合溶液）→抽干（真空泵抽干，不少于 10 min）→洗脱（5 mL 甲醇）→接收洗脱液于 10 mL 离心管。

（五）提取后样品的第二次浓缩

氮吹浓缩，水浴温度 30 ～35 ℃，浓缩至约 0.5 mL，转入 2 mL 进样瓶中，用甲醇定容至 1.0 mL，待测。

六、分析测试

（一）仪器条件（仅供参考，可根据实际仪器适当调整）

分析柱：C18 柱（250 mm ×4.6 mm ×5 μm）。

流动相：溶液 A 为乙腈，溶剂 B 为 25 mmol/L 磷酸缓冲液。

流速：1.4 mL/min。

梯度变化见表 3 - 11。

表 3 - 11　C18 柱流动相梯度变化

时间（min）	B%（体积比）	时间（min）	B%（体积比）
0.01	55	16.00	40
8.00	55	16.50	55
8.50	50	22.00	55
12.00	45		

检测器：二极管阵列检测器（PDA），检测波长：245 nm。

进样量：10 μL。

柱温：35 ℃。

在结果存疑的情况下，也可采用不同的色谱柱对结果进行确认，确认的色谱条件如下：

色谱柱：氰基柱（150 mm ×4.6 mm ×5 μm）。

流动相：A 相为乙腈；B 相为 25 mmol/L 磷酸缓冲液。

流速：1.5 mL/min。

梯度变化见表 3－12。

表 3－12 氰基柱流动相梯度变化

时间（min）	B%（体积比）	时间（min）	B%（体积比）
0.01	85	20.00	68
13.00	85	20.10	85
13.01	68	24.00	85

其他条件与上述分析柱分析的条件一致。

（二）标准曲线

配制符合仪器检测限、线性范围和实际样品质量浓度的 5 点以上标准系列（如 2.00 μg/L、10.0 μg/L、30.0 μg/L、50.0 μg/L、80.0 μg/L），以外标法定量（初始流动相为稀释剂）、保留时间定性。参考仪器条件下的保留时间见下表。

表 3－13 保留时间

序号	化合物	保留时间（min）	序号	化合物	保留时间（min）
1	丁噻隆	4.110	6	环草隆 A	12.344
2	赛苯隆	4.392	7	环草隆 B	13.030
3	氟草隆	7.166	8	利谷隆	13.903
4	敌草隆	8.108	9	除虫脲	17.731
5	敌稗	11.942			

七、结果计算

（一）目标化合物定性

根据标准物质各组分的保留时间进行定性。

（二）定量计算

参见本章第六节中固态和半固态废物部分的计算。

八、质量保证与质量控制

（一）校准曲线

用线性拟合曲线进行校准，其相关系数应不小于 0.99，否则应重新绘制校准曲线。

（二）空白

每批样品（最多 20 个样品）应做一个实验室空白，实验空白中目标化合物质量浓度应小于方法检出限。

（三）平行样测定

每批样品（最多 20 个样品）应至少进行 1 次平行测定，平行样品测定结果相对偏差应在 20% 以内。

（四）实际样品加标

每批样品（最多 10 个样品）应至少进行 1 次实际样品加标，加标回收率应在 30% ～ 140% 之间。

九、注意事项

（1）实验中所用到的高质量浓度试剂和标准溶液为有毒试剂，配置和使用建议在通风橱中进行。

（2）石英砂使用前应在 450 ℃的马弗炉中灼烧 4 h 以除去其他杂质。

（3）样品应用适量硅藻土拌匀分散，避免样品结块，不利于提取。

（4）蒸发浓缩时，注意压力应适宜，压力过大可能会导致回收率降低。

（5）用体积比 2∶8 的甲醇 - 水混合溶液淋洗固相 C18 小柱后，必须充分抽干水分再进行洗脱，若有水分残留，会导致氮吹浓缩时间延长，有可能导致回收率降低。

引用标准

[1] 国家环境保护总局，国家质量监督检验检疫总局．危险废物鉴别标准 浸出毒性鉴别：GB 5085.3—2007．北京：中国环境科学出版社，2007：40 - 41.

[2] 国家环境保护总局，国家质量监督检验检疫总局．危险废物鉴别标准 浸出毒性鉴别：GB 5085.3—2007．北京：中国环境科学出版社，2007：22 - 24.

第十一节　固体废物　二噁英类测定　同位素稀释高分辨气相色谱－高分辨质谱法

一、适用范围

本方法适用于固体废弃物二噁英全量的测定。取样量为 10 g（固态或半固态）时，方法检出限：2,3,7,8 －T_4CDD 为 0.4 ng/kg，其余化合物为 0.08 ～7 ng/kg；液态样品取样量为 1000 mL 时，方法检出限：2,3,7,8 －T_4CDD 为 0.2 pg/L，其余化合物为 0.2 ～2 pg/L。

二、方法原理

本方法采用同位素稀释高分辨气相色谱－高分辨质谱法测定固体废物中的二噁英类，规定了固体废物样品处理及仪器分析等过程的标准操作程序以及整个分析过程的质量管理措施。采集的样品加入提取内标，再经过索氏提取或液液萃取，净化和浓缩转化成最终分析的正己烷体系的分析试样。加入进样内标后使用高分辨气相色谱－高分辨质谱法（HRGC－HRMS）进行定性和定量分析。

三、试剂和材料

（1）100/200 ng/mL EPA－1613LCS。

（2）200 ng/mL EPA－1613ISS。

（3）校准曲线标准品：0.5/2.5/5.0 ng/mL EPA －1613CS1、2/10/20 ng/mL EPA － 1613CS2、10/50/100 ng/mL EPA － 1613CS3、40/200/400 ng/mL EPA －1613CS4、200/1000/2000 ng/mL EPA－1613CS5。

（4）甲苯：农残级。

（5）丙酮：农残级。

（6）二氯甲烷：农残级。

（7）正己烷：农残级。

（8）甲醇：农残级。

（9）环己烷：农残级。

（10）壬烷：色谱纯。

（11）浓硫酸：优级纯。

（12）无水硫酸钠：优级纯。

（13）中性硅胶：超纯中性硅胶 120 ～200 目，使用前用农残级二氯甲烷抽提 24 h，真空干燥后密封放置于干净玻璃瓶中备用。

（14）酸性活化氧化铝：进口酸性氧化铝，使用前在 170 ℃烘箱中活化24 h，自然冷却至常温后使用。

（15）Carbopack C 活性炭：120 ～400μm 进口石墨炭。

（16）Celite 545 硅藻土：进口硅藻土，使用前 450 ℃烘烧 5 h，冷却后放置于干净玻璃瓶中备用。

四、仪器和设备

（1）索氏提取器。

（2）旋转蒸发仪。

（3）氮吹仪。

（4）玻璃填充柱。

（5）高分辨气相色谱 - 高分辨质谱仪。

五、前处理

（一）固态样品的制备

固体废物的制样方法参照 HJ/T 20 - 1998 执行。工业固体废物和危险废物焚烧处理后的灰渣和飞灰，经风干，用机械粉碎处理以减小样品的粒度。用机械方法或人工方法破碎和研磨、筛分，使样品的 95% 达到 2 mm 以下的粒径度。样品经混合及缩分后制成分析用样品。

（二）半固体样品

半固体样品制样时，样品经自然风干后，用机械方法或人工方法破碎和研磨，筛分，使样品的 95% 达到 2 mm 以下的粒径度。样品经混合及缩分后制成分析用样品。半固态的样品在制样的同时应测定含水率。

（三）液态样品

液态样品制样时，充分混匀并缩分。样品的混合采用人工或机械搅拌方法进行。样品混匀后，采用二分法，每次减量一半，最终样品量为检测分析用样品量的 10 倍左右。

（四）含水率的测定

针对固态和半固体样品测定含水率。称取 5 g 以上的相应样品，105 ～110 ℃烘 4 h 后放在干燥器中冷却至室温，称重。使用公式（1）计算含水率 ω_{H_2O}（%）。

$$\omega_{H_2O} = （干燥前样品重量 - 干燥后样品重量）/干燥前样品重量 \times 100\% \quad (1)$$

（五）样品提取

1. 前处理间环境条件及专用设备

样品提取与前处理均在二噁英超净实验室进行。

专用设备：加热套、旋转蒸发仪、烘箱、超声波清洗仪、氮吹仪、试剂柜。

配套设施：超纯水专用容器、洗瓶碱液缸、全套前处理玻璃器皿、干燥器、晾瓶架、进样针。

2．样品提取

（1）固体样品和半固体样品提取：

称取一定量样品（经过冷冻干燥，10 g）放入索氏提取器中，加入 20 μL 100/200 ng/mL EPA－1613LCS 提取内标，用甲苯提取 18 h 以上。

（2）液体样品提取：

取一定量样品（1L）放入分液漏斗中，加入适量处理干净的 NaCl，摇匀，使 NaCl 全部溶解，加入 20 μL 100/200 ng/mL EPA－1613LCS 提取内标，用 100 mL 二氯甲烷提取，放在液液萃取仪上振荡 10 min（280 次/min），重复 3 次，3 次萃取液经无水硫酸钠脱水后合并作为样品的提取液。

（六）净化

1．浓缩

提取液近室温后（否则易倒吸）用旋转蒸发仪浓缩至近干（二氯甲烷提取的样品浓缩至 2 mL 左右即可），用 16 mL 二氯甲烷分多次润洗浓缩瓶，润洗液转移至样品瓶中，用氮吹仪吹干。

2．浓硫酸净化

加入 7 mL 正己烷于上述样品瓶中，超声振荡，再加入 8 mL 浓硫酸混匀、振荡、离心，取上层液。

注：如上层液颜色较深，可多次酸洗。

3．硅胶氧化铝柱净化

装柱：酸性硅胶柱和酸性氧化铝柱均采用干法填柱（填充重量为 3.5 g 和 4.5 g），硅胶柱和氧化铝柱串联，硅胶柱在上。

洗柱：用 15 ～20 mL 正己烷润湿清洗柱子。

过柱：把浓硫酸净化后的上层液加入硅胶柱中，再用 7 mL 正己烷清洗浓硫酸层两次，上层清洗液同样上柱，分别用 2 mL 正己烷清洗硅胶壁 3 次，撤掉硅胶柱，用 8 mL 体积比为 6∶94 的二氯甲烷－正己烷溶剂分多次清洗氧化铝柱，以上洗脱液均可以作为废液进行收集。再用 16 mL 体积比为 6∶4 的二氯甲烷－正己烷溶剂分多次清洗氧化铝柱，收集洗脱液到样品瓶中，该洗脱液氮吹近干。

4．炭柱净化

洗柱：先用 10 mL 甲苯洗炭柱（填 2 克），再用 6 mL 正己烷清洗，然后把柱子倒置。

过柱：分别用 6 mL 环己烷－二氯甲烷等体积混合溶剂多次润洗上述样品瓶，清洗液上柱，接着用 2 mL 环己烷－二氯甲烷等体积混合溶剂清洗柱壁，接着 2 mL

体积比 75：20：5 的二氯甲烷/甲醇/甲苯溶剂冲洗柱子（洗脱液为废液）。柱子倒置，用 30 mL 甲苯溶剂洗脱，用 100 mL 平底烧瓶收集洗脱液。

5. 浓缩

洗脱液用旋转蒸发仪浓缩至近干，用 16 mL 二氯甲烷分多次润洗浓缩瓶，润洗液转移至另外一个样品瓶中，用氮吹仪吹干。用 1.2 mL 二氯甲烷分多次润洗该样品瓶，润洗液转移到 1.5 mL 尖底瓶中，样品自然晾干，用 25 μL 进样针移取 20 μL 100 ng/mL EPA－1613ISS 进样内标（200 ng/mL EPA－1613ISS 用壬烷稀释两倍得到）到尖底样品瓶中，上机分析。

六、分析测试（仅供参考，可根据实际仪器适当调整）

（一）气相色谱条件

进样口：温度为 280 ℃，柱流量（恒流模式）为 1.00 mL/min，进样量 1 μL，不分流进样，色谱柱型号：HP－5MS（60 m × 0.25 mm × 0.25 μm），传输管线温度：280 ℃。

炉温：170 ℃（1.5 min）$\xrightarrow{20\ ℃/min}$ 220 ℃ $\xrightarrow{1\ ℃/min}$ 240 ℃（10 min）$\xrightarrow{5\ ℃/min}$ 300 ℃（9 min）。

（二）质谱条件

分辨率：大于 10 000（每次样品分析前，分辨率均需调谐至高于 10 000），溶剂延迟时间 20 min；电子轰击源：EI，EI 源温度：280 ℃；SIM 扫描模式；传输管线温度：280 ℃。

（三）定性定量离子及毒性当量

用 EI 源分析各化合物的保留时间，所使用的定量定性离子及毒性当量见表3－14。

表 3－14 各化合物保留时间、定量定性离子及毒性当量

类别	序号	化合物	保留时间（min）	定量离子	定性离子	毒性当量
目标化合物	1	2,3,7,8－TCDF	25.86	303.9016、305.8987	305.8987	0.1
	2	1,2,3,7,8－PCDF	33.57	339.8697、341.8567	339.8697	0.05
	3	2,3,4,7,8－PeCDF	36.10	339.8597、341.8567	339.8597	0.5
	4	1,2,3,4,7,8－HxCDF	44.21	373.8208、375.8178	373.8208	0.1
	5	1,2,3,6,7,8－HxCDF	44.84	373.8208、375.8178	373.8208	0.1

续上表

类别	序号	化合物	保留时间（min）	定量离子	定性离子	毒性当量
目标化合物	6	2,3,4,6,7,8 －HxCDF	45.73	373.8208、375.8178	373.8208	0.1
	7	1,2,3,7,8,9 －HxCDF	47.32	373.8208、375.8178	373.8208	0.1
	8	1,2,3,4,6,7,8 －HpCDF	49.96	407.7818、409.7788	407.7818	0.01
	9	1,2,3,4,7,8,9 －HpCDF	52.45	407.7818、409.7788	407.7818	0.01
	10	OCDF	57.01	441.7428、443.7399	443.7399	0.001
	11	2,3,7,8 －TCDD	27.02	319.8965、321.8936	321.8936	1
	12	1,2,3,7,8 －PeCDD	37.05	355.8546、357.8561	355.8546	0.5
	13	1,2,3,4,7,8 －HxCDD	46.09	389.8157、391.8127	391.8127	0.1
	14	1,2,3,6,7,8 －HxCDD	46.31	389.8157、391.8127	391.8127	0.1
	15	1,2,3,7,8,9 －HxCDD	46.80	389.8157、391.8127	391.8127	0.1
	16	1,2,3,4,6,7,8 －HpCDD	51.69	423.7767、425.7737	425.7737	0.01
	17	OCDD	56.72	457.7377、459.7348	459.7348	0.001
提取内标	18	^{13}C－2,3,7,8 －TCDF	25.84	315.9419、317.9389	317.9389	—
	19	^{13}C－1,2,3,7,8 －PeCDF	33.54	351.9000、353.8970	351.9000	—
	20	^{13}C－2,3,4,7,8 －PeCDF	36.07	351.9000、353.8970	351.9000	—
	21	^{13}C－1,2,3,4,7,8 －HxCDF	44.19	383.8639、385.8610	385.8610	—
	22	^{13}C－1,2,3,6,7,8 －HxCDF	44.47	383.8639、385.8610	385.8610	—
	23	^{13}C－2,3,4,6,7,8 －HxCDF	45.71	383.8639、385.8610	385.8610	—
	24	^{13}C－1,2,3,7,8,9 －HxCDF	47.30	383.8639、385.8610	385.8610	—
	25	^{13}C－1,2,3,4,6,7,8 －HpCDF	49.94	417.8253、419.8220	419.8220	—
	26	^{13}C－1,2,3,4,7,8,9 －HpCDF	52.44	417.8253、419.8220	419.8220	—
	27	^{13}C－2,3,7,8 －TCDD	26.97	331.9368、333.9339	333.9339	—
	28	^{13}C－1,2,3,7,8 －PeCDD	37.00	367.8949、369.8919	367.8949	—
	29	^{13}C－1,2,3,4,7,8 －HxCDD	46.08	401.8559、403.8530	401.8559	—
	30	^{13}C－1,2,3,6,7,8 －HxCDD	46.28	401.8559、403.8530	401.8559	—
	31	^{13}C－1,2,3,4,6,7,8 －HpCDD	51.67	435.8169、437.8140	435.8169	—
	32	^{13}C－OCDD	56.70	469.7780、471.7750	471.7750	—
进样内标	33	^{13}C－1,2,3,4 －TCDD	26.15	331.9368、333.9339	333.9339	—
	34	^{13}C－1,2,3,7,8,9 －HxCDD	46.76	401.8559、403.8530	401.8559	—

（四）校准曲线

取 EPA－1613CS1、EPA－1613CS2、EPA－1613CS3、EPA－1613CS4、EPA－1613CS5 五个标准溶液，直接进样分析，以内标相对响应因子法进行定量，以 $\frac{\text{目标化合物峰面积}}{\text{内标物峰面积}}$ ×内标化合物质量浓度为纵坐标，以目标化合物质量浓度为横坐标，制作校准曲线，计算目标化合物的相对响应因子。与各质量浓度点待测化合物相对应的提取内标的相对响应因子 RRF_{es} 按公式（2）算出，并计算其平均值和相对标准偏差。相对标准偏差应在 ±20% 以内，否则应重新制作校准曲线。

$$RRF_{es} = \frac{Q_{es}}{Q_s} \times \frac{A_s}{A_{es}} \tag{2}$$

式中 Q_{es}——标准溶液中提取内标物质的绝对量，pg；

Q_s——标准溶液中待测化合物的绝对量，pg；

A_s——标准溶液中待测化合物的监测离子峰面积之和；

A_{es}——标准溶液中提取内标物质的监测离子峰面积之和。

同样，分别用公式（3）和公式（4）计算进样内标相对于提取内标以及提取内标相对于采样内标的相对响应因子 RRF_{rs} 和 RRF_{ss}。

$$RRF_{rs} = \frac{Q_{rs}}{Q_{es}} \times \frac{A_{es}}{A_{rs}} \tag{3}$$

式中 Q_{rs}——标准溶液中进样内标物质的绝对量，pg；

Q_{es}——标准溶液中提取内标物质的绝对量，pg；

A_{es}——标准溶液中提取内标物质的监测离子峰面积之和；

A_{rs}——标准溶液中进样内标物质的监测离子峰面积之和。

$$RRF_{ss} = \frac{Q_{es}}{Q_{ss}} \times \frac{A_{ss}}{A_{es}} \tag{4}$$

式中 Q_{es}——标准溶液中提取内标物质的绝对量，pg；

Q_{ss}——标准溶液中采样内标物质的绝对量，pg；

A_{ss}——标准溶液中采样内标物质的监测离子峰面积之和；

A_{es}——标准溶液中提取内标物质的监测离子峰面积之和。

（五）样品测定

将预处理后的样品，按照与校准曲线相同的条件进行测定，根据峰面积进行定量。

七、结果计算

（一）定性

二噁英类同类物的两个监测离子在指定的保留时间窗口内同时存在，并且其离子丰度比与 HJ 77.3－2008 中表 4 所列理论离子丰度比一致，相对偏差小于 15%，同时满足 $s/N>3$ 的色谱峰可定性为二噁英类物质。

除满足上述要求外，针对 2,3,7,8－氯代二噁英类化合物还要满足以下条件：色谱峰的保留时间应与标准溶液一致（±3s 以内），同内标的相对保留时间也与标准溶液一致（±0.5% 以内）。

（二）定量

1. 二噁英类绝对量计算

采用内标法计算分析样品中被检出的二噁英化合物的绝对量 Q（ng），2,3,7,8－氯代二噁英类化合物的绝对量按公式（5）计算。对于非 2,3,7,8－氯代二噁英类，采用具有相同氯代原子数的 2,3,7,8－氯代二噁英类 RRF_{es} 均值计算。

$$Q=\frac{A}{A_{es}}\times\frac{Q_{es}}{RRF_{es}} \tag{5}$$

式中　A——色谱图待测化合物的监测离子峰面积之和；

A_{es}——提取内标的监测离子峰面积之和；

Q_{es}——提取内标的添加量，ng；

RRF_{es}——待测化合物相对提取内标的相对相应因子。

2. 样品待测物含量计算

用公式（6）计算样品中的待测化合物含量 ω（ng/kg），结果修约为 2 位有效数字。

$$\omega=\frac{Q}{m\ (1-\omega_{H_2O})} \tag{6}$$

式中　Q——分析样品中待测化合物的质量，ng；

m——样品质量，kg；

ω_{H_2O}——含水率，%。

3. 提取内标的回收率计算

根据提取内标峰面积与进样内标峰面积的比以及对应的相对相应因子（RRF_{rs}）均值，按公式（7）计算提取内标的回收率 R（%）并确定提取内标的回收率在 HJ 77.3－2008 中表 5 规定的范围之内。若提取内标的回收率不符合 HJ 77.3－2008 中表 5 规定的范围，应查找原因，重新进行提取和净化操作。

$$R=\frac{A_{es}}{A_{rs}}\times\frac{Q_{rs}}{RRF_{rs}}\times\frac{100\%}{Q_{es}} \tag{7}$$

式中　A_{es}——提取内标的监测离子峰面积之和；

A_{rs}——进样内标的监测离子峰面积之和；

Q_{rs}——进样内标的添加量，ng；

RRF_{rs}——提取内标相对进样内标的相对响应因子；

Q_{es}——提取内标的添加量，ng。

八、质量保证与质量控制

数据的可靠性

1. 内标回收率

应对所有样品提取内标的回收率进行确认。

2. 检出限确认

针对二噁英类分析的特殊性，除了明确仪器检出限外，应根据自身实验室条件和操作人员确认方法检出限。

3. 空白实验

空白实验包括试剂空白、操作空白。用于二噁英分析的所有有机试剂均需浓缩10 000倍以上，高分辨质谱不得有目标物检出或者低于方法检出限；操作空白用于检查样品处理过程中的污染程度，要求目标物不得有检出；实验耗材如硅胶、氧化铝等均要经过空白实验且高分辨质谱不得有目标物检出或低于方法检出限后方可使用。

4. 平行实验

平行实验取样品总数的10%，对于大于检出限3倍以上的平行实验结果取平均值，单次平行实验结果应在平均值的±30%以内。

5. 方法精密度和准确度

方法精密度和准确度应依据自身实验室条件和人员操作确认。

6. 标准溶液

标准溶液应在密封的玻璃容器中避光冷藏保存，以避免由于溶液挥发引起的质量浓度变化。每次使用前后称量并记录标准溶液的质量。上仪器分析时要及时更换密封盖。

7. 操作要求

样品前处理和仪器操作人员要经过培训，空白实验的提取内标回收率达到标准规定范围且操作稳定，方可进行样品前处理；仪器操作人员需要对仪器有全方面的了解并掌握熟练的手动调谐，对仪器的异常情况可以通过气相色谱和质谱进行判断。

样品分析24 h后或过夜分析后，要用TCDD和EPA－1613CS3分别对仪器的信噪比和稳定性进行测试确认。

分析过程要有全程记录，报告文件要经过三级审核方可提交。

九、注意事项

（1）在使用索氏提取器时，温度控制及循环冷凝水控制要得当，防止提取液蒸干。

（2）在旋转蒸发进行样品浓缩时，真空度应该慢慢降低，不能直接降到目标真空度，否则样品容易沸腾，致使目标化合物损失。

（3）二噁英类在进样口易残余，需要使用低吸附衬管且不放置玻璃棉。如果样品较脏，存在处理不干净的潜在威胁，需放置少量惰性玻璃棉以保护进样口。

（4）分析人员应了解二噁英类分析操作以及相关风险，并接受相关专业培训。建议实验室的分析人员定期进行日常体检。

（5）实验室应选用可直接使用的低质量浓度标准物质，减少或避免对高质量浓度标准物质的操作。

（6）样品分析前，仪器调谐分辨率必须高于 10 000，且质子数校正通过才可分析样品。同时每一批样品分析前均需用标准溶液（一般用 CS3）校准，且每 24 h 用标准溶液进行一次校准。

（7）实验室应配备手套、实验服、面具和通风橱等保护措施。

（8）玻璃仪器的清洗采用氢氧化钠和无水乙醇的混合溶液浸泡、超纯水超声冲洗的方式进行，自然晾干，使用之前用二氯甲烷冲洗 3 遍，避免烘烧玻璃仪器。

引用标准

[1] 美国国家环境保护局．同位素稀释高分辨气相色谱 - 高分辨质谱法分析四氯到八氯的二噁英和呋喃：EPA 1613—1994．美国，1994：1 - 80.

[2] 国家环境保护总局，国家质量监督检验检疫总局．危险废物鉴别标准　浸出毒性鉴别：GB 5085. 3—2007．北京：中国环境科学出版社，2007：66 - 75.

[3] 国家环境保护总局．固体废物　二噁英类的测定　同位素稀释高分辨气相色谱 - 高分辨质谱法：HJ 77. 3 - 2008．北京：中国环境科学出版社，2008：1 - 28.

[4] 中国人民共和国国家质量监督检验检疫总局．数值修约规则与极限数值的表示与判定：GB 8170—2008．北京：中国标准出版社：2008：1 - 5.

[5] 中国国家标准化管理委员会国家环境保护总局．工业固体废物采样制样技术规范：HJ/T 20 - 1998．北京：中国环境科学出版社，1998：1 - 9.

第四章　固体废物　挥发性有机物分析技术

第一节　固体废物　37 种挥发性有机物/35 种挥发性卤代烃的测定　顶空/气相色谱-质谱法

一、适用范围

本方法适用于固体废弃物和固废浸出液中挥发性有机物含量的测定，在选择离子扫描模式下，浸出液取样量为 10 mL 时，丙烯腈方法检出限为 5.4 μg/L，其他 36 种 VOC 方法检出限为 0.2 ～1.1 μg/L，35 种挥发性卤代烃方法检出限为 0.3 ～3.7 μg/L。固体废物取样量为 2 g 时，固废中 36 种 VOC 方法检出限为0.9 ～4.9 μg/kg，35 种挥发性卤代烃方法检出限为 1.3 ～6.7 μg/kg。

二、方法原理

在一定的温度条件下，顶空瓶内样品中挥发性组分向液上空间挥发，产生蒸气压，气液（固）三相达到热力学动态平衡。气相中的挥发性有机物进入气相色谱分离后，用质谱仪进行检测。通过与标准物质的保留时间和质谱图相比较进行定性，内标法定量。

三、试剂和材料

（1）甲醇：农残级。

（2）石英砂：40 ～100 目，在马弗炉中 400 ℃灼烧 4 h，置于干燥器中冷却至室温，转移至磨口玻璃瓶中保存。

（3）氯化钠：优级纯，使用前处理同石英砂。

（4）磷酸：优级纯或以上级别。

（5）浸提剂：超纯水；无 VOCs 干扰，外购或实验室制备均可。

（6）基体改性剂：量取 500 mL 超纯水，滴加几滴优级纯磷酸调节至 pH≤2，加入 180 g 氯化钠，溶解并混匀。于 4 ℃下保存，可保存 6 个月。

（7）挥发性有机物混合标准溶液：ρ = 1000 μg/mL，溶剂为甲醇。

（8）内标：氟苯、1,4 -二氯苯 - d_4、氯苯 - d_5混合标准溶液，ρ = 1000 μg/mL，溶剂为甲醇，也可选用其他性质相近的物质。

（9）替代物：甲苯－d_8、对溴氟苯混合标准溶液，$\rho = 1000\ \mu g/mL$，溶剂为甲醇，也可选用其他性质相近的物质。

（10）对溴氟苯：$\rho = 10\ \mu g/mL$，溶剂为甲醇。

四、仪器和设备

（1）溶液输送泵。

（2）零顶空装置（带0.6～0.8 μm滤膜）。

（3）翻转振荡器。

（4）往复式振荡器。

（5）顶空仪。

（6）EI源单四极杆气质联用仪。

五、前处理

（一）固体废物浸出液（参照HJ 299－2007）

取两份样品，一份用于测定含水率，另一份用于进行毒性浸出实验。

（1）测定含水率：称取50～100 g样品于具盖容器中，于105 ℃下烘干，恒重至两次称量值的相对偏差小于±1%。

（2）将样品密封并放置于冰箱中冷却至4 ℃，称取干基质量为40～50 g的样品（样品直径应小于9.5 mm，否则先进行破碎等处理），快速转入零顶空提取装置（ZHE）。安装好ZHE，用气泵或压缩气体缓慢加压排出空气。

（3）根据样品的含水率，按液固比为10∶1（L/kg）计算出所需浸提液的体积，用溶液输送泵将浸提液转移至ZHE，安装好ZHE，缓慢加压以排出空气，关闭ZHE阀门。

（4）将ZHE固定在翻转式振荡装置上，调节转速为30±2 r/min，于23 ℃±2 ℃下振荡18 h±2 h。振荡停止后取下ZHE，检查装置是否漏气（如果漏气，应重新取样浸出），用收集有初始液相的同一个浸出液采集装置（可用Tedlar气袋）收集浸出液，冷藏保存待分析。

注：如果样品中含有初始液相，应过滤。干固体百分率小于或等于总样品量9%的，所得到的初始液相即为浸出液，直接进行分析；干固体百分率大于总样品量9%的，继续进行以上浸出步骤，并将所得到的浸出液与初始液相混合后进行分析。

（5）过滤：利用压缩气体或压力泵，对ZHE中的浸出液进行加压过滤，4 ℃冷藏保存待处理。

（6）顶空分析准备：

移取10 mL提取液，加入一定量内标和替代物溶液（其上机质量浓度建议与标准系列中的替代物和内标质量浓度一致），放入顶空仪自动进样，再连入 GC - MS 进行分析。

（二）固体废物试样

1. 固体废物低含量试样（预测含量低于 100 μg/kg 的样品）

将样品从 4 ℃冷藏环境取出，恢复至室温后，称取 2 g 样品置于顶空瓶中，迅速加入基体改性剂 10 mL、内标溶液和替代物溶液（其上机质量浓度建议与标准系列中的替代物和内标质量浓度一致），立即密封，在振荡器上以 150 次/min 的频率 10 min，待顶空 - GC/MS 检测。

2. 固体废物高含量试样（预测含量高于 100 μg/kg 的样品）

取出用于高含量样品测试的样品瓶，使其恢复至室温。

称取 2 g 样品置于顶空瓶中，迅速加入 10 mL 甲醇，密封，在振荡器上以 150 次/min 的频率振荡 10 min。静置沉降后，用一次性巴斯德玻璃吸液管移取约 1 mL 提取液至 2 mL 棕色玻璃瓶中。在分析之前将提取液恢复到室温后，向空的顶空瓶中加入 2.0 g 石英砂、10 mL 基体改性剂和 10 ～ 100 μL 甲醇提取液。加入内标溶液和替代物溶液（同低含量试样步骤），立即密封，在振荡器上以 150 次/min 的频率振荡 10 min，待顶空 - GC/MS 检测。

六、分析测试

（一）仪器条件（仅供参考，可根据实际仪器适当调整）

1. 顶空仪

样品瓶待机流量：20 mL/min。

加热箱温度：75 ℃。

定量环温度：100 ℃。

传输线温度：110 ℃。

样品瓶平衡：20 min（固废浸出液）/30 min（固体废物）。

进样持续时间：0.50 min。

GC 循环时间：42 min。

样品瓶体积：20 mL。

样品瓶振摇：级别 5，71 次/min，按 260 cm/s^2 加速。

填充压力：15 psi。

2. 气相色谱条件

进样口：温度为 250 ℃，柱流量为 1.5 mL/min，分流比：30 ∶ 1；色谱柱型号：HP - VOC，30 m × 200 μm × 1.12 μm，色质传输管线温度：250 ℃；顶空连接线温度：150 ℃；炉温：40 ℃（5 min）$\xrightarrow{4\ ℃/min}$ 105 ℃ $\xrightarrow{10\ ℃/min}$ 220 ℃

3．质谱条件

EI 离子源，温度 250 ℃，离子化能量 70eV；SIM 扫描参数见表 4－1。

表 4－1 SIM 扫描参数

组号	起始时间（min）	监测离子
1	0	85、87、101
2	1.5	49、50、52、62、64
3	1.85	49、64、66、79、94、96
4	2.25	66、101、103
5	2.65	49、52、53、54、61、63、84、86、96
6	3.5	61、96、98
7	4.1	63、65、83
8	4.5	61、77、79、96、97、98
9	5.62	47、49、83、85、128、130
10	5.9	111、113、192
11	6.4	61、97、99
12	6.9	49、51、62、75、77、78、82、98、110、117、119
13	7.7	50、70、96
14	8.6	63、76、95、97、112、130
15	9.44	83、85、93、95、127、174
16	10.0	43、58、75、77、85、110
17	11.7	65、75、77、91、92、98、100、110
18	12.9	83、85、97
19	13.4	41、76、78
20	14.0	127、129、131
21	14.5	81、107、109、129、131、164
22	15.2	77、82、112、114、117、119、131、133
23	17.1	51、91、106
24	17.5	77、91、106
25	18.2	77、78、91、103、104、106、173、175、254
26	19.3	83、85、95、131

续上表

组号	起始时间（min）	监测离子
27	20.4	75、77、95、110、174、176
28	20.8	77、105、120
29	22.6	77、105、120
30	23.5	111、115、146、148、150、152
31	24.4	111、146、148
32	24.9	75、155、157
33	27.0	145、180、182
34	28.5	190、225、260

根据仪器性能和相关的标准限值要求，也可用全扫描的方式对数据进行采集，全扫描参数为 35 ～280 amu。分组情况可视各峰分离情况和每个峰的描述点数（一般为 10 个以上）调整。

上述 SIM 扫描参数也适用于 HJ 642－2013、HJ 643－2013、HJ 714－2014 和 HJ 736－2015 中所列因子的数据采集。

（二）保留时间和标准曲线

1. 浸出液

于顶空瓶中加入 10 mL 浸提液，配制符合仪器检测限、线性范围和实际样品质量浓度的 5 点以上标准系列（如 5.00 μg/L、10.0 μg/L、40.0 μg/L、70.0 μg/L、100 μg/L），添加同样品一样加入量的内标物和替代物（如 50 μg/L），以内标法定量，得到各化合物二元线性回归曲线或平均相对校正因子。参考仪器条件下各化合物保留时间、定性和定量参考离子见表 4－2。

表 4－2　37 种挥发性有机物保留时间与定性、定量参考离子

编号	化合物	保留时间（min）	定量离子	定性离子	定量参考内标
1	氯乙烯	1.695	62	64	内标 1
2	1,1－二氯乙烯	2.943	96	61、63	内标 1
3	丙烯腈	3.191	53	52、54	内标 1
4	二氯甲烷	3.292	84	86、49	内标 1
5	反式－1,2－二氯乙烯	3.911	96	61、98	内标 1
6	1,1－二氯乙烷	4.324	63	65、83	内标 1

续上表

编号	化合物	保留时间（min）	定量离子	定性离子	定量参考内标
7	顺式－1,2－二氯乙烯	5.318	96	61、98	内标 1
8	氯仿	5.734	83	85、47	内标 1
9	1,1,1－三氯乙烷	6.730	97	99、61	内标 1
10	1,2－二氯乙烷	7.146	62	98、49	内标 1
11	四氯化碳	7.391	117	119、82	内标 1
12	苯	7.457	78	77、51	内标 1
13	三氯乙烯	9.200	130	97、95	内标 1
14	1,2－二氯丙烷	9.314	63	76、112	内标 1
15	一溴二氯甲烷	9.752	83	85、127	内标 1
16	甲苯	12.554	91	92、65	内标 2
17	1,1,2－三氯乙烷	13.098	83	97、85	内标 2
18	二溴氯甲烷	14.321	129	127、131	内标 2
19	四氯乙烯	14.666	164	129、131	内标 2
20	1,2－二溴乙烷	14.936	107	109、81	内标 2
21	氯苯	16.694	112	77、114	内标 2
22	1,1,1,2－四氯乙烷	16.924	131	133、119	内标 2
23	乙苯	17.305	106	91、51	内标 2
24、25	对（间）二甲苯	17.692	106	91、77	内标 2
26	苯乙烯	18.833	104	78、103	内标 2
27	邻－二甲苯	18.902	106	91、77	内标 2
28	溴仿	18.937	173	175、254	内标 2
29	1,1,2,2－四氯乙烷	20.133	83	85、131	内标 3
30	1,2,3－三氯丙烷	20.514	110	77、75	内标 3
31	1,3,5－三甲基苯	22.288	105	120、77	内标 3
32	1,2,4－三甲基苯	23.249	105	120、77	内标 3
33	1,3－二氯苯	23.821	146	111、148	内标 3
34	1,4－二氯苯	24.069	146	111、148	内标 3
35	1,2－二氯苯	24.743	146	111、148	内标 3
36	1,2,4－三氯苯	28.138	180	182、145	内标 3

续上表

编号	化合物	保留时间（min）	定量离子	定性离子	定量参考内标
37	六氯丁二烯	28.696	225	190、260	内标3
替代物1	甲苯 - d_8	12.35	98	100	内标2
替代物2	4 - 溴氟苯	20.585	95	174、176	内标3
内标1	氟苯	8.064	96	70、50	—
内标2	氯苯 - d_5	16.600	117	82	—
内标3	1,4 - 二氯苯 - d_4	24.006	152	115、150	—

2. 固体废物

于顶空瓶中加入纯净的石英砂 2 g 和 10 mL 基体改性剂，再取适量的标准溶液于上述顶空瓶中，配制符合仪器检测限、线性范围和实际样品质量浓度的 5 点以上标准系列（如 5.00 μg/L、10.0 μg/L、40.0 μg/L、70.0 μg/L、100 μg/L），添加同样品一样加入量的内标物和替代物（如 50 μg/L），内标法定量。

在参考仪器条件下得到的化合物保留时间、定性和定量参考离子见表 4 - 3。

表 4 - 3　35 种挥发性卤代烃保留时间与定性、定量参考离子

编号	化合物	保留时间（min）	定量离子	定性离子	定量参考内标
1	二氟二氯甲烷	1.434	85	87、101	内标1
2	氯甲烷	1.586	50	52、49	内标1
3	氯乙烯	1.695	62	64	内标1
4	溴甲烷	1.995	94	96、79	内标1
5	氯乙烷	2.076	64	66、49	内标1
6	三氯氟甲烷	2.416	101	103、66	内标1
7	1,1 - 二氯乙烯	2.943	96	61、63	内标1
8	二氯甲烷	3.292	84	86、49	内标1
9	反式 - 1,2 - 二氯乙烯	3.911	96	61、98	内标1
10	1,1 - 二氯乙烷	4.324	63	65、83	内标1
11	顺式 - 1,2 - 二氯乙烯	5.318	96	61、98	内标1
12	2,2 - 二氯丙烷	5.485	77	97、79	内标1
13	氯仿	5.734	83	85、47	内标1

续上表

编号	化合物	保留时间（min）	定量离子	定性离子	定量参考内标
14	溴氯甲烷	5.767	130	49、128	内标 1
15	1,1,1 -三氯乙烷	6.730	63	65、83	内标 1
16	1,2 -二氯乙烷	7.146	62	98、49	内标 1
17	1,1 -二氯丙烯	7.170	75	110、77	内标 1
18	四氯化碳	7.391	117	119、82	内标 1
19	三氯乙烯	9.200	130	97、95	内标 1
20	1,2 -二氯丙烷	9.314	62	98、49	内标 1
21	二溴甲烷	9.557	113	111、192	内标 1
22	一溴二氯甲烷	9.752	83	85、127	内标 1
23	反式-1,3 -二氯丙烯	11.333	75	77、110	内标 2
24	顺式-1,3 -二氯丙烯	12.736	75	77、110	内标 2
25	1,1,2 -三氯乙烷	13.098	83	97、85	内标 2
26	1,3 -二氯丙烷	13.731	76	78、41	内标 2
27	二溴氯甲烷	14.321	129	127、131	内标 2
28	四氯乙烯	14.666	164	129、131	内标 2
29	1,2 -二溴乙烷	14.936	107	109、81	内标 2
30	1,1,1,2 -四氯乙烷	16.924	131	133、119	内标 2
31	溴仿	18.937	173	175、254	内标 2
32	1,1,2,2 -四氯乙烷	20.133	83	85、131	内标 3
33	1,2,3 -三氯丙烷	20.514	110	77、75	内标 3
34	1,2 -二溴-3-氯丙烷	26.151	157	155、75	内标 3
35	六氯丁二烯	28.696	225	190、260	内标 3
替代物 1	甲苯-d_8	12.35	98	100	内标 2
替代物 2	4-溴氟苯	20.585	95	174、176	内标 3
内标 1	氟苯	8.064	96	70、50	—
内标 2	氯苯-d_5	16.600	117	82	—
内标 3	1,4 -二氯苯-d_4	24.006	152	115、150	—

七、结果计算

（一）目标化合物定性

根据标准物质各组分的保留时间和与标准质谱图相比较等手段进行定性。

（二）定量计算

1. 用平均相对响应因子建立校准曲线

标准系列第 i 点中目标物（或替代物）的相对响应因子 RRF_i，按照公式（1）进行计算。

$$RRF_i = \frac{A_i}{A_{ISi}} \times \frac{\rho_{IS}}{\rho_i} \tag{1}$$

式中 A_i——标准系列中第 i 点目标物（或替代物）定量离子的响应值；

A_{ISi}——标准系列中第 i 点目标物（或替代物）相对应内标定量离子的响应值；

ρ_{IS}——标准系列中内标的质量浓度；

ρ_i——标准系列中第 i 点目标物（或替代物）的质量浓度。

目标物（或替代物）的平均相对响应因子 $\overline{RRF}$，按照公式（2）进行计算。

$$\overline{RRF} = \frac{\sum_{i=1}^{n} RRF_i}{n} \tag{2}$$

2. 样品中目标物（或替代物）质量浓度的计算

当目标物（或替代物）采用平均响应因子进行校准时，样品中目标物（或替代物）的质量浓度 ρ_{ex}（μg/L）按公式（3）进行计算。

$$\rho_{ex} = \frac{A_x}{A_{IS}} \times \frac{\rho_{IS}}{\overline{RRF}} \tag{3}$$

式中 A_x——目标物（或替代物）定量离子的响应值；

A_{IS}——与目标物（或替代物）相对应内标定量离子的响应值；

ρ_{IS}——内标物的质量浓度，μg/L。

八、质量保证与质量控制

（1）空白试验分析结果应满足以下任一条件的最大者：

①目标物质量浓度小于方法检出限；

②目标物质量浓度小于相关环保标准限值的 5%；

③目标物质量浓度小于样品分析结果的 5%。

（2）每批样品至少应采集一个运输空白和全程序空白。其分析结果应满足空白试验的控制指标。

（3）每批样品分析之前或 24 h 之内，需进行仪器性能检查，测定校准确认标准样品（4 - 溴氟苯）和空白样品，4 - 溴氟苯离子相对丰度标准要求参照 HJ 643 - 2013。

（4）标准系列的配置至少 5 点以上，配置质量浓度范围应涵盖待测样品的质量浓度。若使用平均相对响应因子进行定量，其相对响应因子的 RSD 应小于等于 30%；若使用最小二乘法进行定量，则曲线相关系数需不小于 0.990。

（5）每一批样品应进行平行分析或基体加标分析。所有样品中替代物加标回收率合格范围为 80%～140%。若重复测定替代物回收率仍不合格，说明样品存在基体效应，此时应分析一个空白加标样品，其中的目标物回收率应在 80%～120% 之间。

若初步判定样品中含有目标物，则需分析一个平行样，平行样品中替代物相对偏差应在 25% 以内；若初步判定样品中不含有目标物，则需分析该样品的加标样品，该样品及加标样品中替代物相对偏差应在 25% 以内。

九、注意事项

（1）浸出液处理步骤繁多，在浸出液制备、转移和储存过程中应严格把控各个环节，尽量避免外来干扰的引入。

（2）实验产生的固废样品、含挥发性有机物的废液等废物应集中保管，委托有资质的相关单位进行处理，避免对环境的污染。

引用标准

[1] 国家环境保护总局．固体废物　挥发性有机物的测定　顶空/气相色谱 - 质谱法：HJ 643 - 2013．北京：中国环境科学出版社，2013：1 - 11.

[2] 国家环境保护总局．固体废物　挥发性卤代烃的测定　顶空/气相色谱 - 质谱法：HJ 714 - 2014．北京：中国环境科学出版社，2014：1 - 9.

[3] 国家环境保护总局，国家质量监督检验检疫总局．危险废物鉴别标准　浸出毒性鉴别：GB 5085.3—2007．北京：中国环境科学出版社，2007：120 - 139.

[4] 中国国家标准化管理委员会国家环境保护总局．工业固体废物采样制样技术规范：HJ/T 20 - 1998．北京：中国环境科学出版社，1998：1 - 9.

[5] 国家环境保护总局．固体废物　浸出毒性浸出方法　硫酸硝酸法：HJ/T 299 - 2007 [S]．北京：中国环境科学出版社，2007：1 - 4.

第二节　固体废物　挥发性卤代烃的测定　35种VOCs 吹扫捕集/气相色谱-质谱法

一、适用范围

本方法适用于固体废弃物和固废浸出液中挥发性有机物含量的测定，在全扫描模式下，浸出液中35种挥发性卤代烃方法检出限为0.1～0.8 μg/L。取样量为5 g时，固废中35种挥发性卤代烃方法检出限为0.1～0.8 μg/kg。

二、方法原理

样品中的挥发性卤代烃用高纯氮气等惰性气体吹扫出来，吸附于捕集管中，加热捕集管并用惰性气体反吹，捕集管中的挥发性卤代烃被热脱附出来，进入气相色谱分离后，用质谱检测。根据保留时间、碎片离子质荷比及不同离子丰度比定性，内标法定量。

三、试剂和材料

（1）甲醇：农残级。

（2）石英砂：40～100目，在马弗炉400 ℃灼烧4 h，置于干燥器中冷却至室温，转移至磨口玻璃瓶中保存。

（3）浸提剂：超纯水；无VOCs干扰，外购或实验室制备均可。

（4）磁力搅拌子：甲醇洗净，超纯水浸泡后使用。

（5）挥发性有机物混合标准溶液：ρ=1000 μg/mL，溶剂为甲醇。

（6）内标：氟苯、1，4-二氯苯-d_4、氯苯-d_5混合标准溶液，ρ=1000 μg/mL，溶剂为甲醇，也可选用其他性质相近的物质。

（7）替代物：甲苯-d_8、对溴氟苯混合成标准溶液，ρ=1000 μg/mL，溶剂为甲醇，也可选用其他性质相近的物质。

（8）对溴氟苯：ρ=10 μg/mL，溶剂为甲醇。

四、仪器和设备

（1）溶液输送泵。

（2）零顶空装置（带0.6～0.8 μm滤膜）。

（3）翻转振荡器。

（4）吹扫捕集仪（带土壤样品进样功能）。

（5）EI源单四极杆气质联用仪。

五、前处理

（一）固体废物浸出液

1．浸出液制备

参见本章第一节前处理部分。

2．吹扫捕集分析准备

取5 mL提取液于干净的吹扫捕集瓶中，加入一定量内标和替代物溶液（其上机质量浓度建议与标准系列中的替代物和内标质量浓度一致），放入吹扫捕集仪进样，再连入GC－MS分析。

（二）固体废物试样

1．固体废物低含量试样（预测含量低于1000 μg/kg的样品）

实验室冷冻保存的样品取出，待恢复至室温后，于吹扫捕集瓶中放入一个磁力搅拌子，称取5 g样品置于该瓶中，迅速向瓶中加入5.0 mL超纯水、加入一定量内标和替代物溶液（其上机质量浓度建议与标准系列中的替代物和内标质量浓度一致），立即密封，在振荡器上以150次/min的频率振荡10 min，待吹扫捕集－GC/MS检测。

2．固体废物高含量试样（预测含量高于1000 μg/kg的样品）

称取5 g样品置于吹扫捕集瓶中，迅速加入10 mL甲醇，密封，在振荡器上以150次/min的频率振荡10 min。静置沉降后，移取约1 mL提取液至棕色玻璃瓶中密封，该提取液若不能及时分析应保存在4 ℃条件下。向干净的吹扫捕集瓶中加入5 g石英砂、5 mL超纯水和10～100 μL甲醇提取液（需放至室温）。加入一定量内标和替代物溶液（其上机质量浓度建议与标准系列中的替代物和内标质量浓度一致），立即密封，在振荡器上以150次/min的频率振荡10 min，待吹扫捕集/GC－MS检测。

六、分析测试

（一）仪器条件（仅供参考，可根据实际仪器适当调整）

1．吹扫捕集仪

吸附阱型号：用1/3Tenax、1/3硅胶、1/3活性炭混合吸附剂或其他等效吸附剂；炉阀温：140 ℃；传输管线：140 ℃；水加热温度：80 ℃；固体阀温度：100 ℃；吹扫时间：11 min；吹扫流量：40 mL/min；干吹时间：2 min；干吹流量：100 mL/min；洗针体积：7 mL；解吸温度：250 ℃；解吸时间：3 min；烘烤时间：5 min；烘烤温度：260 ℃；烘烤流速：200 mL/min。

2．气相色谱条件

进样口：温度为250 ℃，柱流量为2.0 mL/min，分流比20∶1；色谱柱型号：

HP-VOC，60 mm×0.32 mm×1.8 μm，传输管线温度：240 ℃；

炉温：40 ℃（5 min）$\xrightarrow{4\ ℃/min}$105 ℃$\xrightarrow{10\ ℃/min}$230 ℃（3 min）。

3. 质谱条件

离子源：EI，离子源温度230 ℃，离子化能量70 eV，扫描范围：35 ～270 amu。

该仪器条件也适用于HJ 605-2011《土壤和沉积物　挥发性有机物的测定　吹扫捕集　气相色谱-质谱法》。

（二）保留时间和标准曲线

1. 浸出液

于40 mL吹扫捕集瓶中加入5 mL超纯水，配制符合仪器检测限、线性范围和实际样品质量浓度的5点以上标准系列（如5.00 μg/L、10.0 μg/L、40.0 μg/L、70.0 μg/L、100 μg/L），添加同样品一样加入量的内标物和替代物（如50 μg/L），配制成标准系列。

以内标法定量，得到各化合物二元线性回归曲线或平均相对校正因子，定性和定量离子，具体见表4-4。

2. 固体废物

于40 mL吹扫捕集瓶中加入纯净的石英砂5 g和5 mL超纯水，配制符合仪器检测限、线性范围和实际样品质量浓度的5点以上标准系列（如5.00 μg/L、10.0 μg/L、40.0 μg/L、70.0 μg/L、100 μg/L），添加同样品一样加入量的内标物和替代物（如50 μg/L），配制成标准系列。

以内标法定量，得到各化合物二元线性回归曲线或平均相对校正因子，定性和定量离子，具体见表4-4。

表4-4　保留时间与定性、定量参考离子

编号	化合物	保留时间（min）	定量离子	定性离子	定量参考内标
1	二氟二氯甲烷	3.21	85	87、101	内标1
2	氯甲烷	3.55	50	52、49	内标1
3	氯乙烯	3.74	62	64	内标1
4	溴甲烷	4.38	94	96、79	内标1
5	氯乙烷	4.59	64	66、49	内标1
6	三氯氟甲烷	5.32	101	103、66	内标1
7	1,1-二氯乙烯	6.44	96	61、63	内标1
8	二氯甲烷	7.12	84	86、49	内标1
9	反式-1,2-二氯乙烯	8.19	96	61、98	内标1

续上表

编号	化合物	保留时间（min）	定量离子	定性离子	定量参考内标
10	1,1 －二氯乙烷	8.85	63	65、83	内标 1
11	顺式－1,2 －二氯乙烯	10.22	96	61、98	内标 1
12	2,2 －二氯丙烷	10.44	77	97、79	内标 1
13	氯仿	10.75	83	85、47	内标 1
14	溴氯甲烷	10.80	130	49、128	内标 1
15	1,1,1 －三氯乙烷	11.12	63	65、83	内标 1
16	1,2 －二氯乙烷	12.01	62	98、49	内标 1
17	1,1 －二氯丙烯	12.49	75	110、77	内标 1
18	四氯化碳	12.53	117	119、82	内标 1
19	三氯乙烯	12.81	130	97、95	内标 1
20	1,2 －二氯丙烷	14.86	62	98、49	内标 1
21	二溴甲烷	15.00	113	111、192	内标 1
22	一溴二氯甲烷	15.28	83	85、127	内标 1
23	反式－1,3 －二氯丙烯	15.47	75	77、110	内标 1
24	顺式－1,3 －二氯丙烯	17.14	75	77、110	内标 2
25	1,1,2 －三氯乙烷	18.31	83	97、85	内标 2
26	1,3 －二氯丙烷	18.59	76	78、41	内标 2
27	二溴氯甲烷	19.04	129	127、131	内标 2
28	四氯乙烯	19.70	164	129、131	内标 2
29	1,2 －二溴乙烷	20.45	107	109、81	内标 2
30	1,1,1,2 －四氯乙烷	20.81	131	133、119	内标 2
31	溴仿	21.12	173	175、254	内标 2
32	1,1,2,2 －四氯乙烷	22.95	83	85、131	内标 2
33	1,2,3 －三氯丙烷	24.66	110	77、75	内标 3
34	1,2 －二溴－3－氯丙烷	25.36	157	155、75	内标 3
35	六氯丁二烯	25.64	225	190、260	内标 3
替代物 1	甲苯－d_8	18.31	98	100	内标 2
替代物 2	4－溴氟苯	25.74	95	174、176	内标 3
内标 1	氟苯	13.56	96	70、50	—

续上表

编号	化合物	保留时间(min)	定量离子	定性离子	定量参考内标
内标2	氯苯-d_5	22.71	117	82	—
内标3	1,4-二氯苯-d_4	28.26	152	115、150	—

七、结果计算

(一) 目标化合物定性

根据标准物质各组分的保留时间及与标准质谱图相比较等手段进行定性。

(二) 用平均相对响应因子建立校准曲线

标准系列第 i 点中目标物(或替代物)的相对响应因子 RRF_i,按照公式(1)进行计算。

$$RRF_i = \frac{A_i}{A_{ISi}} \times \frac{\rho_{IS}}{\rho_i} \tag{1}$$

式中 A_i——标准系列中第 i 点目标物(或替代物)定量离子的响应值;

A_{ISi}——标准系列中第 i 点目标物(或替代物)相对应内标定量离子的响应值;

ρ_{IS}——标准系列中内标的质量浓度;

ρ_i——标准系列中第 i 点目标物(或替代物)的质量浓度。

目标物(或替代物)的平均相对响应因子 $\overline{RRF}$,按照公式(2)进行计算。

$$\overline{RRF} = \frac{\sum_{i=1}^{n} RRF_i}{n} \tag{2}$$

式中 n——标准系列点数。

(三) 样品中目标物(或替代物)质量浓度的计算

当目标物(或替代物)采用平均响应因子进行校准时,样品中目标物(或替代物)的质量浓度 ρ_{ex}(μg/L)按公式(3)进行计算。

$$\rho_{ex} = \frac{A_x}{A_{IS}} \times \frac{\rho_{IS}}{\overline{RRF}} \tag{3}$$

式中 A_x——目标物(或替代物)定量离子的响应值;

A_{IS}——与目标物(或替代物)相对应内标定量离子的响应值;

ρ_{IS}——内标物的质量浓度,μg/L;。

八、质量保证与质量控制

（1）每批样品至少应采集一个运输空白和全程序空白。其分析结果应低于检出限。

（2）每批样品分析之前或 24 h 之内，需进行仪器性能检查，测定校准确认标准样品（4－氟苯）和空白样品。每 12 h 做一次中间点校准，其相对偏差≤30%。

（3）标准系列的配置至少 5 点以上，配置质量浓度范围应涵盖待测样品的质量浓度。若使用平均相对响应因子进行定量，其相对响应因子的 RSD≤30%；若使用最小二乘法进行定量，则曲线相关系数需不小于 0.990。

（4）每一批样品应进行平行分析和基体加标分析。所有样品中替代物和基体加标回收率合格范围为 70%～130%。若测定结果为 10 倍检出限以内，平行双样测定结果的相对偏差应不超过 50%；若测定结果大于 10 倍检出限，平行双样测定结果的相对偏差应不超过 20%。

九、注意事项

（1）可用低温烘烤、稀盐酸浸泡等方式处理吹扫捕集瓶密封垫和磁力搅拌子，以防止空白的干扰。

（2）其他注意事项参见本章第一节。

引用标准

[1] 国家环境保护总局. 固体废物　35 种挥发性卤代烃的测定　吹扫捕集　气相色谱－质谱法：HJ 713－2014. 北京：中国环境科学出版社，2014：1－9.

[2] 中国国家标准化管理委员会国家环境保护总局. 工业固体废物采样制样技术规范：HJ/T 20－1998. 北京：中国环境科学出版社，1998：1－9.

[3] 国家环境保护总局. 固体废物　浸出毒性浸出方法　硫酸硝酸法：HJ/T 299－2007 [S]. 北京：中国环境科学出版社，2007：1－4.

第五章　固体废物和土壤　无机元素分析技术

第一节　固体废物前处理

固体废物的状态包括固态和液态固体，采样进行全过程质量控制，包括对采样工具材质、盛样容器材质、标签标识、采样记录、保存条件等进行严格控制。避免可能对样品的性质产生显著影响的制样，应尽量保持样品原来的状态。

要注意的是：污染物种类繁多，不同的污染物在不同介质中的样品处理方法及测定方法各异，要根据不同的监测要求和监测目的，选定适宜的样品处理方法。

一、固体制样

（一）固态固体制样

（1）制样工具：十字分样板、分样器（铲）、干燥箱、盛样容器、标准套筛、研磨机、玛瑙研钵、玛瑙研磨机、破碎机、粉碎机等。

（2）样品的制备过程：

干燥：室温下自然干燥，避免阳光直射。

破碎：机械或人工方法把全部样品逐级破碎。

过筛：全部通过分析方法中规定的筛孔（全量）。

缩分：将样品置于清洁的分样板上，堆成圆锥形，每铲物料自圆锥顶端落下，均匀地沿锥顶散落，轻压锥顶，摊开物料，用十字板自上压下，用四分法反复缩分至 1 kg 左右试样为止。

（3）样品保存：样品密封于容器中保存，一般有效期为 3 个月，特殊样品应采取冷藏或充惰性气体等方法保存。

（二）液态固体制样

（1）制样工具：盛样容器。

（2）样品的制备过程：

混匀：手摇晃；滚动、倒置；手工搅拌；机械搅拌。

缩分：二分法，每次减量一半，直至实验分析用量的 10 倍为止。

（3）样品保存：根据分析方法要求密封于容器中保存，一般有效期为 1 ～12 个月，部分样品应采取加固定剂、冷藏等方法保存。

二、浸出毒性浸出方法　硫酸硝酸法

（一）适用范围

本方法适用于固体废物及其再利用产物，以及土壤样品中有机物和无机物的浸出毒性鉴别。含有非水溶性液体的样品，不适用于本标准。

（二）方法原理

本方法以硝酸/硫酸混合溶液为浸提剂，模拟在不规范填埋处置、堆存废物、或经废物无害化处理后的土地利用时，其中的有害组分在酸性降水的影响下，从废物中浸出而进入环境的过程。

（三）仪器和试剂

（1）振荡设备：转速为 30 ±2 r/min 的翻转式振荡装置。

（2）真空过滤器或正压过滤器：容积≥1 L。

（3）滤膜：玻纤滤膜或微孔滤膜，孔径 0. 6 ～0. 8 μm。

（4）pH 计：在 25 ℃时，精度为 ±0. 05。

（5）实验天平：精度为 ±0. 01 g。

（6）烧杯或锥形瓶：玻璃材质，容量为 500 mL。

（7）表面皿：直径可盖住烧杯或锥形瓶。

（8）筛：涂 Teflon 的筛网，孔径 9. 5 mm。

（9）试剂水：使用符合待测物分析方法标准中所要求的纯水。

（10）浓硫酸：优级纯。

（11）浓硝酸：优级纯。

（12）1% 硝酸溶液。

（13）浸提剂：将质量比为 2∶1 的浓硫酸和浓硝酸混合液加入到试剂水（1 L 水约 2 滴混合液）中，使 pH 为 3. 20 ±0. 05。该浸提剂用于测定样品中重金属和半挥发性有机物的浸出毒性。

（四）样品破碎

样品颗粒应可以通过 9. 5 mm 孔径的筛，对于粒径大的颗粒可通过破碎、切割或碾磨降低粒径。

（五）浸出步骤

（1）如果样品中含有初始液相，应用压力过滤器和滤膜对样品过滤。干固体百分率小于或等于总固体样品的 9% 的，所得到的初始液相即为浸出液，直接进行分析；干固体百分率大于总固体样品的 9% 的，应将滤渣按下述方法进行浸出，初始液相与浸出液混合后进行分析。

（2）称取150～200 g样品，置于2L提取瓶中，根据样品的含水率，按液固比为10：1计算出所需浸提剂的体积，加入浸提剂，盖紧瓶盖后固定在翻转式振荡装置上，调节转速为30 ±2 r/min，于23 ℃ ±2 ℃下振荡18 h ±2 h。在振荡过程中有气体产生时，应定时在通风橱中打开提取瓶，释放过度的压力。

（3）在压力过滤器上装好滤膜，用稀硝酸淋洗过滤器和滤膜，弃掉淋洗液，过滤并收集浸出液，于4 ℃下保存。

（4）除非消解会造成待测金属的损失，否则用于金属分析的浸出液应按分析方法的要求进行消解。

引用标准

[1] 国家环境保护总局. 危险废物鉴别标准　浸出毒性鉴别：GB 5085.3—2007［S］. 北京：中国环境科学出版社，2007：1－8.

[2] 国家环境保护局. 工业固体废物采样制样技术规范：HJ/T 20－1998［S］. 北京：中国环境科学出版社，1998：1－9.

[3] 国家环境保护总局. 固体废物　浸出毒性浸出方法　硫酸硝酸法：HJ/T 299－2007［S］. 北京：中国环境科学出版社，2007：1－5.

[4] 国家环境保护总局. 危险废物鉴别标准　毒性物质含量鉴别：GB 5085.6—2007［S］. 北京：中国环境科学出版社，2007：1－8.

三、微波辅助酸消解法

（一）适用范围

微波辅助酸消解方法，适用于两类样品基体：一类是沉积物、污泥、土壤和油，一类是废水和固体废物的浸出液。消解后的产物可用于对以下元素的分析：铝、镉、铁、钼、钠、锑、钙、铅、镍、锶、砷、铬、镁、钾、铊、硼、钴、锰、硒、钒、钡、铜、汞、银、锌、铍。

消解后的产物适合用火焰原子吸收光谱（FLAA）、石墨炉原子吸收光谱（GFAA）、电感耦合等离子体发射光谱（ICP－ES）、电感耦合等离子体质谱（ICP－MS）分析。

（二）方法原理

将样品和浓硝酸定量地加入密封消解罐中，在设定的时间和温度下微波加热。利用微波对极性物质的“内加热作用”和“电磁效应”，对样品迅速加热，提高样品的消解速度和效果。消解后经过滤或离心后按一定的体积稀释，可选择适当的分析方法进行测试。

（三）试剂和材料

（1）除另有说明外，水为 GB/T 6682 规定的一级水。

（2）硝酸（HNO_3）：$\rho = 1.42$ g/mL，优级纯。

（3）微波消解仪：输出功率为1000 ～1600 W。可对温度、压力和时间（升温时间和保持时间）进行全程监控。

（4）消解罐：由碳氟化合物（PFA 或 TFM）制成的封闭罐体，抗压（170 ～200 psi）、耐酸和耐腐蚀，具有泄压功能。

（5）分析天平：精确度为 ±0.01 g。

（6）量筒（50 mL 或 100 mL）、定量滤纸、玻璃漏斗、离心管。

（四）操作步骤

1．消解前的准备

所使用的消解罐和玻璃容器先用稀酸（体积分数约 10%）浸泡，然后用自来水和试剂水依次冲洗干净，放在干净的环境中晾干。对于新使用的或怀疑受污染的容器，应用热盐酸（1 +1）[①] 浸泡（温度高于 80 ℃，但低于沸腾温度）至少 2 h，再用热硝酸浸泡至少 2 h，然后用试剂水洗干净，放在干净的环境中晾干。

2．样品消解

（1）容器的称量：使用前，称量碳氟化合物（PFA 或 TFM）消解容器、阀门和盖子的质量，精确到 0.01 g。

（2）样品称量：对于沉积物、污泥、土壤和油类样品，称量（精确到 0.001 g）一份混合均匀的样品，加入到消解罐中。土壤、沉积物和污泥的称样量少于 0.500 g，油则少于 0.250 g。对于废水和固体废物的浸出液样品，用量筒量取45 mL 样品倒入带刻度的消解罐中。

（3）加酸：对于沉积物、污泥、土壤和油类样品，在通风橱中，向样品中加入 10 ±0.1 mL 浓硝酸，按产品说明书的要求盖紧消解罐，如果反应剧烈，在反应停止前不要给容器加盖（称量带盖的消解罐，精确到 0.001 g）；将消解罐放到微波炉转盘上。对于废水和固体废物的浸出液样品，向样品中加入 5 mL 浓硝酸。

（4）启动微波消解仪：按说明书装好旋转盘，设定微波消解仪的工作程序，启动。

（5）温度控制：对于沉积物、污泥、土壤和油类样品，每一组样品微波辐射 10 min，每个样品的温度在 5 min 内升到 175 ℃，在 10 min 的辐射时间内平衡到 170 ～180 ℃；如果消解的样品量大，可以采用更大的功率，只要能按上述要求在

① 盐酸溶液（1 +1）指浓盐酸与去离子水以体积比 1∶1 混合，后文有类似试剂如硝酸溶液（1 +99）指 1 体积硝酸 +99 体积去离子水，可据此类推，不再另注。

相同的时间达到相同的温度。对于废水和固体废物的浸出液样品，选定的程序应可将样品在 10 min 内升高到 160 ℃ ±4 ℃，同时也允许在第二个 10 min 内升高到 165 ～170 ℃。

（6）恒温称重：消解程序结束后，在消解罐取出之前应在微波炉内冷却至少 5 min。消解罐冷却到室温后，称重，记录下每个罐的重量。如果样品加酸的重量减少超过 10%，舍弃该样品，查找原因，重新消解该样品。

（7）定容待测：在通风橱中小心打开消解罐的盖子，释放其中的气体。将样品进行离心或过滤。将消解产物稀释到已知体积，并使样品和标准物质基体匹配，选择适当的分析方法进行检测。

（五）注意事项

（1）某些样品可能产生有毒的氮氧化物气体，因此所有的操作必须在通风条件下进行。分析人员也必须注意该实验的危险性。如果有剧烈反应，要等其冷却后才能盖上消解罐。

（2）当消解的固体样品含有挥发性或容易氧化的有机化合物时，最初称重不能少于 0. 10 g。如果反应剧烈，在加盖前必须终止反应。如果反应不剧烈，样品量称取 0. 25 g。

（3）固体样品中如果已知或疑似含有多于 5% ～ 10% 的有机物质，必须预消解至少 15 min。

（六）质量控制

（1）所有质量控制的数据都要保留。

（2）每批或每 20 个样品做一个平行双样，每种新的基体都必须做平行双样。

（3）每批或每 20 个样品做一个加标样品，每种新的基体都必须加标。

引用标准

[1] 国家环境保护总局. 危险废物鉴别标准　浸出毒性鉴别：GB 5085. 3—2007 [S]. 北京：中国环境科学出版社，2007：1 - 8.

[2] 国家环境保护局. 工业固体废物采样制样技术规范：HJ/T 20 - 1998 [S]. 北京：中国环境科学出版社，1998：1 - 9.

[3] 国家环境保护总局. 固体废物　浸出毒性浸出方法　硫酸硝酸法：HJ/T 299 - 2007 [S]. 北京：中国环境科学出版社，2007：1 - 5.

[4] 国家环境保护总局. 危险废物鉴别标准　毒性物质含量鉴别：GB 5085. 6—2007 [S]. 北京：中国环境科学出版社，2007：1 - 8.

四、碱消解法

（一）适用范围

适用于提取土壤、污泥、沉积物或类似的废物中各种可溶的、可被吸附的或沉淀的各种含铬化合物中的六价铬的消解，同时适用于大部分类似固体基质样品的检测。

对于被消解的样品基体，可以通过样品的各种理化参数 pH、亚铁离子、硫化物、氧化还原电势（ORP）、总有机碳（TOC）、化学需氧量（COD）、生物需氧量（BOD）等来分析其中 Cr（六价）的还原趋势。对 Cr（六价）的分析有干扰的物质见相关的分析方法。

（二）方法原理

在规定的温度和时间内，将样品在 $Na_2CO_3/NaOH$ 溶液中进行消解。在碱性提取环境中，Cr（六价）的还原和 Cr（三价）的氧化的可能性都被降到最小。含 Mg^{2+} 的磷酸缓冲溶液的加入也可以抑制氧化作用。

（三）试剂和材料

（1）硝酸（HNO_3）：5.0 mol/L，于 20 ～25 ℃暗处存放。不能用带有淡黄色的浓硝酸来稀释，因为其中有由 NO_3^- 通过光致还原形成的 NO_2，对 Cr（六价）具有还原性。

（2）无水碳酸钠（Na_2CO_3）：分析纯。储存在20 ～25 ℃的密封容器中。

（3）氢氧化钠（NaOH）：分析纯。储存在 20 ～25 ℃的密封容器中。

（4）无水氯化镁（$MgCl_2$）：分析纯。400 mg $MgCl_2$ 约含 100 mg Mg。储存在 20 ～25 ℃的密封容器中。

（5）0.5 mol/L K_2HPO_4 － 0.5 mol/L KH_2PO_4 磷酸盐缓冲溶液，pH ＝7：将 87.09g K_2HPO_4 和 68.04g KH_2PO_4 溶于 700 mL 试剂水中，转移至 1L 的容量瓶中定容。

（6）铬酸铅（$PbCrO_4$）：分析纯。将 10 ～20 mg $PbCrO_4$ 加入一份试样中作为不可溶的加标物。在 20 ～25 ℃的干燥环境下，储存在密封容器中。

（7）消解溶液，将 20.0 ±0.05 g NaOH 与 30.0 ±0.05 g Na_2CO_3 溶于试剂水中，并定容于 1 L 的容量瓶中。于 20 ～25 ℃储存在密封聚乙烯瓶中，并保持每月新制。使用前必须测量其 pH，若小于 11.5 须重新配制。

（8）重铬酸钾标准溶液（$K_2Cr_2O_7$）：1000 mg/L Cr（六价），将 2.829 g 于 105 ℃干燥过的 $K_2Cr_2O_7$ 溶于试剂水中，于 1L 容量瓶中定容。也可使用 1000 mg/L 的标定过的商品 Cr（六价）标准溶液。于 20 ～25 ℃储存在密封容器中，最多可使用 6 个月。

(9) 基体加标液：100 mg/L Cr（六价），将 10 mL 1000 mg/L 的 $K_2Cr_2O_7$标准溶液加入 100 mL 容量瓶中，用试剂水定容，混匀。

（四）仪器和设备

(1) 消解容器，250 mL，硅酸盐玻璃或石英材质。

(2) 量筒，100 mL。

(3) 容量瓶，1000 mL 和 100 mL，具塞，玻璃。

(4) 真空过滤器。

(5) 滤膜（0.45 μm），纤维质或聚碳酸酯滤膜。

(6) 加热装置，可以将消解液保持在 90 ～95 ℃，并可持续自动搅拌。

(7) 玻璃移液管，多种规格。

(8) pH 计，已校准。

(9) 天平，已校准。

(10) 测温装置（具有 NIST 刻度），可测至 100 ℃。

（五）操作步骤

(1) 通过对试剂空白（一个装有 50 mL 消解液的 250 mL 容器）的温度监测，调节所有碱消解加热装置的温度设定。使消解液可以保持在 90 ～95 ℃下加热。

(2) 将 2.5 ±0.10 g 混合均匀的野外潮湿样品加入 250 mL 消解容器中。需要加标时，将加标物直接加入该样品中。

(3) 用量筒向每一份样品中加入 50 ±1 mL 消解液，然后加入大约 400 mg $MgCl_2$和 0.5 mL 1.0 mol/L 磷酸缓冲溶液。将所有样品用表面皿盖上。

(4) 用搅拌装置将样品持续搅拌至少 5 min（不加热）。

(5) 将样品加热至 90 ～95 ℃，然后在持续搅拌下保持至少 60 min。

(6) 在持续搅拌下将每份样品逐渐冷却至室温。将反应物全部转移至过滤装置，用试剂水将消解容器冲洗 3 次，洗涤液也转移至过滤装置，用 0.45μm 的滤膜过滤。将滤液和洗涤液转移至 250 mL 的烧杯中。

(7) 在搅拌器的搅拌下，向装有消解液的烧杯中逐滴缓慢加入 5.0 mol/L 的硝酸，调节溶液的 pH 至 7.5 ±0.5。如果消解液的 pH 超出了需要的范围，必须将其弃去并重新消解。如果有絮状沉淀产生，样品要用 0.45 μm 滤膜过滤。

注意：CO_2会干扰此过程，此操作应在通风橱内完成。

(8) 取出搅拌器并清洗，洗涤液收入烧杯中。将样品完全转入 100 mL 容量瓶中，用试剂水定容。混合均匀待分析。

（六）质量控制

(1) 必须对每一批消解样品进行质控分析，每批消解样品必须制备一个空白样品，其所测得的 Cr（六价）质量浓度必须低于方法的检测限或 Cr（六价）标准限值的1/10，否则整批样品都必须重新进行消解。

（2）实验室控制样品（LCS）：作为方法性能的附加检测，将基体加标液或固体基体加标物加入50 mL消解液中。LCS的回收率应在80%～120%的范围内，否则整批样品必须重新检测。

（3）每一批样品都必须有平行样品的检测，且要求RSD≤20%。

（4）低于20个样品的批次，都要做可溶性和非可溶性的基体加标测定。可溶性基体加标是加入1.0 mL加标溶液［相当于40 mg Cr（六价）/kg］。非可溶性基体加标是向样品中加入10～20 mg的$PbCrO_4$。消解后基体加标的回收率应该达到75%～115%。否则，应对样品重新进行混匀、消解和检测。

（七）注意事项

（1）样品应使用塑料或玻璃的装置和容器采集并保存，不得使用不锈钢制品。样品在检测前须在4 ℃ ±2 ℃下保存，并保持野外潮湿状态。

（2）在野外潮湿土壤样品中，收集30 d后Cr（六价）仍可以保持含量的稳定。在碱性消解液中Cr（六价）在168 h内是稳定的。

（3）实验中产生的Cr（六价）溶液或废料应当用适当方法处理，如用维生素C或其他还原性试剂处理，将其中的Cr（六价）还原为Cr（三价）。

引用标准

［1］国家环境保护总局. 危险废物鉴别标准　浸出毒性鉴别：GB 5085.3—2007［S］. 北京：中国环境科学出版社，2007：1-8.

［2］国家环境保护总局. 工业固体废物采样制样技术规范：HJ/T 20-1998［S］. 北京：中国环境科学出版社，1998：1-9.

［3］国家环境保护总局. 固体废物　浸出毒性浸出方法　硫酸硝酸法：HJ/T 299-2007［S］. 北京：中国环境科学出版社，2007：1-5.

［4］国家环境保护总局. 危险废物鉴别标准　毒性物质含量鉴别：GB 5085.6—2007［S］. 北京：中国环境科学出版社，2007：1-8.

第二节　土壤样品前处理

《土壤环境监测技术规范》（HJ/T 166）主要由布点、样品采集、样品处理、样品测定、环境质量评价、质量保证及附录等部分构成。本节内容为土壤样品的前处理，重点是样品的提取（土壤全消解、酸浸提、其他浸提）与分析前的压片制样等。

一、全分解提取

一般采用硝酸、盐酸、硫酸、氢氟酸、高氯酸，或混合酸 $HCl-HNO_3-HF-HClO_4$、$HNO_3-HF-HClO_4$、$HNO_3-H_2SO_4-HClO_4$、$HNO_3-H_2SO_4-H_3PO_4$ 等进行消解。通常也会加一些过氧化氢、五氧化二钒等氧化剂或亚硝酸钠等还原剂。

用酸分解样品时应注意：在加酸前，应加少许水将土壤润湿；样品分解完全后，应将剩余的酸赶尽；若需加热加速溶解，应逐渐升温，以免因迸溅引起损失。

（一）酸分解法

准确称取0.5 g（准确到0.1 mg，以下都与此相同）风干土样于聚四氟乙烯坩埚中，用几滴水润湿后，加入10 mL HCl（ρ = 1.19 g/mL），于电热板上低温加热，蒸发至约剩5 mL时加入15 mL HNO_3（ρ = 1.42 g/mL），继续加热蒸至近黏稠状，加入10 mL HF（ρ = 1.15 g/mL）并继续加热，为了达到良好的除硅效果应经常摇动坩埚。最后加入5 mL $HClO_4$（ρ = 1.67 g/mL），并加热至白烟冒尽。对于含有机质较多的土样应在加入 $HClO_4$ 之后加盖消解，土壤分解物应呈白色或淡黄色（含铁较高的土壤），倾斜坩埚时呈不流动的黏稠状。用稀酸溶液冲洗内壁及坩埚盖，温热溶解残渣，冷却后，定容至100 mL或50 mL，最终体积依待测成分的含量而定。

（二）高压密闭分解法

称取0.5 g风干土样于聚四氟乙烯坩埚中，加入少许水润湿试样，再加入 HNO_3（ρ = 1.42 g/mL）、$HClO_4$（ρ = 1.67 g/mL）各5 mL，摇匀后将坩埚放入不锈钢套筒中，拧紧。放在180 ℃的烘箱中分解2 h。取出，冷却至室温后，取出坩埚，用水冲洗坩埚盖的内壁，加入3 mL HF（ρ = 1.15 g/mL），置于电热板上，100 ～120 ℃加热除硅，待坩埚内剩下约2 ～3 mL溶液时，调高温度至150 ℃，蒸至冒浓白烟后再缓缓蒸至近干，后续按酸分解法同样操作定容后进行测定。

（三）微波炉加热分解法

微波炉加热分解法是以被分解的土样及酸的混合液作为发热体，从内部进行加热使试样受到分解的方法。目前可查阅到的微波加热分解试样的方法，有常压敞口分解和仅用厚壁聚四氟乙烯容器的密闭式分解法，也有密闭加压分解法。这种方法以聚四氟乙烯密闭容器作内筒，以能透过微波的材料如高强度聚合树脂或聚丙烯树脂作外筒，在该密封系统内分解试样能达到良好的分解效果。微波加热分解也可分为开放系统和密闭系统两种。开放系统可分解多量试样，且可直接和流动系统组合而实现自动化，但由于要排出酸蒸气，所以分解时使用酸量较多，易受外环境污染，挥发性元素易造成损失，费时间且难以分解多数试样。密闭系统的优点较多，酸蒸气不会逸出，仅用少量酸即可，在分解少量试样时十分有效，不受外部环境的污染，在分解试样时不需要观察及特殊操作；由于压力高，所以分解试样很快，不会受外筒金属的污染（因为用树脂做外筒），可同时分解大批量试样。其缺点是需要专门的分解器具，不能分解量大的试样，如果疏忽会有发生爆炸的危险。在进行土样的微波分解时，无论使用开放系统或密闭系统，一般使用 HNO_3 - HCl - HF - $HClO_4$、HNO_3 - HF - $HClO_4$、HNO_3 - HCl - HF - H_2O_2、HNO_3 - HF - H_2O_2等体系。当不使用 HF 时（只限于测定常量元素且称样量小于 0.1 g），可将分解试样的溶液适当稀释后直接测定。若使用 HF 或 $HClO_4$对待测微量元素有干扰时，可将试样分解液蒸至近干，酸化后稀释定容。

（四）碱融法

1. 碳酸钠熔融法

适用于测定氟、钼、钨的消解。称取 0.500 ～1.000 g 风干土样放入预先用少量碳酸钠或氢氧化钠垫底的高铝坩埚中（以充满坩埚底部为宜，以防止熔融物粘底），分次加入 1.5 ～3.0 g 碳酸钠，并用圆头玻璃棒小心搅拌，使与土样充分混匀，再放入 0.5 ～1.0 g 碳酸钠，平铺在混合物表面，盖好坩埚盖。移入马弗炉中，于 900 ～920 ℃中熔融 0.5 h。自然冷却至 500 ℃左右时，可稍打开炉门（不可开缝过大，否则高铝坩埚骤然冷却会开裂）以加速冷却，冷却至 60 ～80 ℃用水冲洗坩埚底部，然后放入 250 mL 烧杯中，加入 100 mL 水，在电热板上加热浸提熔融物，用水及盐酸溶液（1 +1）将坩埚及坩埚盖洗净取出，并小心用盐酸溶液（1 +1）中和、酸化（注意盖好表面皿，以免大量 CO_2 冒泡引起试样的溅失），待大量盐类溶解后，用中速滤纸过滤，用水及 5% 盐酸溶液洗净滤纸及其中的不溶物，定容待测。

2. 碳酸锂 - 硼酸、石墨粉坩埚熔样法

适合铝、硅、钛、钙、镁、钾、钠等元素分析。土壤矿质全量分析中土壤样品分解常用酸溶剂，酸溶试剂一般用氢氟酸加氧化性酸分解样品。其优点是酸度小，适用于仪器分析测定，但对某些难熔矿物分解不完全，特别对铝、钛的测定结果会偏低，且不能测定硅（已被除去）。

碳酸锂 - 硼酸在石墨粉坩埚内熔样，再用超声波提取熔块，分析土壤中的常量元素，优点是速度快、准确度高。在 30 mL 瓷坩埚内充满石墨粉，置于 900 ℃高温电炉中灼烧半小时，取出冷却，用乳钵棒压出一空穴。准确称取经 105 ℃烘干的土样 0.2000 g 于定量滤纸上，与 1.5 g Li_2CO_3 - H_3BO_3（质量比为 1∶2）混合试剂均匀搅拌，捏成小团，放入瓷坩埚内石墨粉洞穴中，然后将坩埚放入已升温到 950 ℃的马弗炉中，20 min 后取出，趁热将熔块投入盛有 100 mL 4% 硝酸溶液的 250 mL 烧杯中，立即于 250 W 功率清洗槽内超声（或用磁力搅拌），直到熔块完全溶解；将溶液转移到 200 mL 容量瓶中，并用 4% 硝酸定容。吸取 20 mL 上述样品液移入 25 mL 容量瓶中，并根据仪器的测量要求决定是否需要添加基体元素及提高其质量浓度，最后用 4% 硝酸定容，用光谱仪进行多元素同时测定。

二、酸溶浸法提取

（一）$HCl-HNO_3$溶浸法

准确称取2.0000 g风干土样，加入15 mL的HCl（1+1）和5 mL HNO_3（ρ=1.42 g/mL），振荡30 min，过滤定容至100 mL，用ICP法测定P、Ca、Mg、K、Na、Fe、Al、Ti、Cu、Zn、Cd、Ni、Cr、Pb、Co、Mn、Mo、Ba、Sr等。

或采用下述溶浸方法：准确称取2.000 g风干土样于干烧杯中，加少量水润湿，加入15 mL HCl（1+1）和5 mL HNO_3（ρ=1.42 g/mL）。盖上表面皿于电热板上加热，待蒸发至约剩5 mL，冷却，用水冲洗烧杯和表面皿，用中速滤纸过滤并定容至100 mL，用原子吸收法或ICP法测定。

（二）$HNO_3-H_2SO_4-HClO_4$溶浸法

方法特点是H_2SO_4、$HClO_4$沸点较高，能使大部分元素溶出，且加热过程中液面比较平静，没有迸溅的危险。但Pb等易与SO_4^{2-}形成难溶性盐类的元素，测定结果偏低。操作步骤是：准确称取2.5000 g风干土样于烧杯中，用少许水润湿，加入体积比为5∶1∶20）混合酸12.5 mL，置于电热板上加热，当开始冒白烟后缓缓加热，并经常摇动烧杯，蒸发至近干。冷却，加入5 mL HNO_3（ρ=1.42 g/mL）和10 mL水，加热溶解可溶性盐类，用中速滤纸过滤，定容至100 mL，待测。

（三）HNO_3溶浸法

准确称取2.0000 g风干土样于烧杯中，加少量水润湿，加入20 mL HNO_3（ρ=1.42 g/mL）。盖上表面皿，置于电热板或砂浴上加热，若发生迸溅，可采用每加热20 min关闭电源20 min的间歇加热法。待蒸发至约剩5 mL，冷却，用水冲洗烧杯壁和表面皿，经中速滤纸过滤，将滤液定容至100 mL，待测。

（四）HCl溶浸法

主要适用于Cd、Cu、As等元素的消解。土壤中Cd、Cu、As的提取方法，其中Cd、Cu操作条件是：准确称取10.0000 g风干土样于100 mL广口瓶中，加入0.1 mol/L HCl 50.0 mL，在水平振荡器上振荡。振荡条件是：温度30 ℃，振幅5～10 cm，振荡频次100～200次/min；振荡1 h。静置后，用倾斜法分离出上层清液，用干滤纸过滤，滤液经过适当稀释后用原子吸收法测定。

As的操作条件是：准确称取10.0000 g风干土样于100 mL广口瓶中，加入0.1 mol/L HCl 50.0 mL，在水平振荡器上振荡。振荡条件是：温度30 ℃，振幅10 cm，振荡频次100次/min；振荡30 min。用干滤纸过滤，取滤液进行测定。

除溶浸Cd、Cu、As以外，0.1 mol/L HCl还可溶浸Ni、Zn、Fe、Mn、Co等重金属元素。0.1 mol/L HCl溶浸法是目前使用最多的酸溶浸方法，此外也有使用

CO_2饱和水溶液、0.5 mol/L KCl - HAc（pH = 3）、0.1 mol/L $MgSO_4$ - H_2SO_4等溶液的酸溶浸方法。

三、形态分析样品的处理方法

（一）有效态的溶浸法

1．DTPA 浸提

DTPA（二乙三胺五乙酸）浸提液可测定有效态 Cu、Zn、Fe 等。浸提液的成分为0.005 mol/L DTPA、0.01 mol/L $CaCl_2$及0.1 mol/L TEA（三乙醇胺）。DTPA 的配制：称取 1.967 g DTPA 溶于 14.92 g TEA 和少量水中；再将 1.47 g $CaCl_2 \cdot 2H_2O$ 溶于水，一并转入 1000 mL 容量瓶中，加水至约 950 mL，用 6 mol/L HCl 调节 pH 至7.30（每升浸提液约需加 6 mol/L HCl 8.5 mL），最后用水定容。贮存于塑料瓶中，几个月内不会变质。浸提步骤：称取 25.00 g 风干过 20 目筛的土样放入 150 mL 硬质玻璃三角瓶中，加入 50.0 mL DTPA 浸提剂，在 25 ℃用水平振荡器振荡提取 2 h，干滤纸过滤，滤液用于分析。DTPA 浸提剂适用于石灰性土壤和中性土壤。

2．0.1 mol/L HCl 浸提

称取 10.00 g 风干过 20 目筛的土样放入 150 mL 硬质玻璃三角瓶中，加入 50.0 mL 1 mol/L HCl 浸提液，用水平振荡器振荡 1.5 h，干滤纸过滤，滤液用于分析。酸性土壤适合用 0.1 mol/L HCl 浸提。

3．水浸提

土壤中有效硼常用沸水浸提，操作步骤：准确称取 10.00 g 风干过 20 目筛的土样于 250 mL 或 300 mL 石英锥形瓶中，加入 20.0 mL 无硼水。连接回流冷却器后煮沸 5 min，立即停止加热并用冷却水冷却。冷却后加入 4 滴 0.5 mol/L $CaCl_2$溶液，移入离心管中，离心分离出清液备测。

关于有效态金属元素的浸提方法较多，例如：有效态 Mn 用 1 mol/L 乙酸铵 - 对苯二酚溶液浸提。有效态 Mo 用草酸 - 草酸铵（24.9 g 草酸铵与 12.6 g 草酸溶解于 1000 mL 水中）溶液浸提，固液比为 1 ∶ 10（kg/L）。硅用 pH = 4.0 的乙酸 - 乙酸钠缓冲溶液、0.02 mol/L H_2SO_4、0.025% 或 1% 的柠檬酸溶液浸提。酸性土壤中有效硫用 H_3PO_4 - HAc 溶液浸提，中性或石灰性土壤中有效硫用 0.5 mol/L $NaHCO_3$ 溶液（pH = 8.5）浸提。用 1 mol/L NH_4Ac 浸提土壤中有效钙、镁、钾、钠以及用 0.03 mol/L NH_4F - 0.025 mol/L HCl 或 0.5 mol/L $NaHCO_3$ 浸提土壤中有效态磷，等等。

（二）碳酸盐结合态、铁 - 锰氧化结合态等形态的提取

1．可交换态

浸提方法是在 1 g 试样中加入 8 mL $MgCl_2$溶液（1 mol/L $MgCl_2$，pH = 7.0）或

者乙酸钠溶液（1 mol/L NaAc，pH =8.2），室温下振荡1 h。

2. 碳酸盐结合态

经以上处理后的残余物在室温下用8 mL 1 mol/L NaAc 浸提，在浸提前用乙酸把pH调至5.0，连续振荡，直到估计所有提取的物质全部被浸出为止（一般用8 h左右）。

3. 铁锰氧化物结合态

在以上处理后的残余物中，加入20 mL 0.3 mol/L $Na_2S_2O_3$ -0.175 mol/L 柠檬酸钠-0.025 mol/L 柠檬酸混合液，或者用0.04 mol/L $NH_2OH \cdot HCl$ 在20%（体积分数）乙酸中浸提。浸提温度为96 ℃ ±3 ℃，时间可自行估计，到完全浸提为止，一般在4 h以内。

4. 有机结合态

在经以上处理后的残余物中，加入3 mL 0.02 mol/L HNO_3、5 mL 30% H_2O_2，然后用HNO_3调节pH =2，将混合物加热至85 ℃ ±2 ℃，保温2 h，并在加热中间振荡几次。再加入3 mL 30% H_2O_2，用HNO_3调至pH =2，再将混合物在85 ℃ ±2 ℃加热3 h，并间断地振荡。冷却后，加入5 mL 3.2 mol/L 乙酸铵20%（体积分数）HNO_3溶液，稀释至20 mL，振荡30 min。

5. 残余态

经上述四部分提取之后，残余物中将包括原生及次生的矿物，它们除了主要组成元素之外，也会在其晶格内夹杂、包裹一些痕量元素，在天然条件下，这些元素不会在短期内溶出。残余态主要用HF-$HClO_4$分解，主要处理过程参见前文土壤全分解提取方法之酸分解法。

上述各形态的浸提都在50 mL聚乙烯离心试管中进行，以减少固态物质的损失。在互相衔接的操作之间，用10 000 r/min离心处理30 min，用注射器吸出清液，分析痕量元素。残留物用8 mL去离子水洗涤，再离心30 min，弃去洗涤液，洗涤水要尽量少用，以防止损失可溶性物质，特别是有机物的损失。离心效果对分离影响较大，要切实注意。

引用标准

[1] 生态环境部. 土壤环境质量　农用地土壤污染风险管控标准（试行）：GB 15618—2018 [S]. 北京：中国环境科学出版社，2018：1-4.

[2] 生态环境部. 土壤环境质量　建设用地土壤污染风险管控标准（试行）：GB 36600—2018 [S]. 北京：中国环境科学出版社，2018：1-14.

[3] 国家环境保护总局. 土壤环境监测技术规范：HJ/T 166-2004 [S]. 北京：中国标准出版社，2004：38-44.

[4] 国家环境保护局. 土壤环境质量标准：GB 15618—1995 [S]. 北京：中国环

境科学出版社，1995：1－3.
[5] 国家环境保护部．污染场地土壤修复技术导则：HJ 25.4－2015 [S]．北京：中国环境科学出版社，2015：1－6.

第三节　原子吸收光谱法

一、原子吸收仪器概述

1．原子吸收发展史

18 世纪，武郎斯顿、福劳和费就观察到太阳光谱中的原子吸收谱线。

1929 年，瑞典农学家 Lwndegardh 用空气－乙炔火焰，气动喷雾摄谱法进行火焰光度分析。1955 年澳大利亚物理学家 Walsh 和荷兰科学家 Alkemade 发明了原子吸收光谱分析技术，并用于化学物质的定量分析。

1976 以来，石墨炉原子化技术、塞曼效应背景校正等先进技术逐渐广泛应用于临床检验、环境保护、生物化学等领域。

2．原子吸收原理

原子吸收分光光度分析基于从光源辐射出待测元素的特征谱线，通过试样蒸气时被待测元素的基态原子吸收，由特征谱线被减弱的程度来测定试样中待测元素的含量。

用同种原子锐线光源发射的特征辐射照射试样溶液被原子化的焰层原子蒸气，测量透过的光强或吸光度，根据吸光度对质量浓度的关系计算试样中被测元素的含量。

3．原子吸收分光光度法特点

（1）选择性高，干扰少。共存元素对待测元素干扰少，一般不需分离共存元素。

（2）灵敏度高。火焰原子化法：1×10^{-9} g/mL；石墨炉法：1×10^{-13} g/mL。

（3）分析的范围广。可测定 70 多种元素。

（4）操作简便、分析速度快。

（5）准确度高。火焰法误差低于 1%，石墨炉法 3%～5%。

4．原子化器结构

（1）主要由光源、原子化系统、分光系统、检测系统组成。有火焰原子吸收分光光度计和石墨炉原子吸收分光光度计两种。

（2）火焰原子化器结构：由雾化器、预混合室、燃烧器、火焰组成。根据待测元素离解为基态原子所需温度，可以选择低温火焰气源空气－乙炔（温度 2300 K）或高温火源气源乙炔－氧化亚氮（温度可达 3000 K）。

（3）石墨炉原子化器结构：由电源、石墨管炉、保护气系统、冷却系统等组成。一般电源电压较低，电流可达500 A，石墨管要求使用光谱纯石墨材料制造。

5. 仪器条件的选择

（1）分析线的选择：选用灵敏度最高的共振线作为分析线，测定高含量元素或共振线有干扰时，选择其他谱线。

（2）光谱通带的选择：单色器出射光束波长区间的宽度，不引起吸光度减小的最大狭缝宽度为合适的狭缝宽度。

（3）灯电流的选择：在保证足够强度和稳定光谱输出情况下，尽量选用低的灯电流，一般选用额定电流的50%左右。

（4）原子化的选择：火焰原子化（选择火焰类型、燃助比、燃烧器高度等），调整燃烧器高度，使待测元素特征谱线通过基态原子密度最大的区域，以提高分析灵敏度。

6. 原子吸收分光光度计的类型

（1）单光束原子吸收分光光度计。其特点是结构简单、价廉；但易受光源强度变化影响，灯预热时间长，分析速度慢。

（2）双光束原子分光光度计。一束光通过火焰，一束光不通过火焰，直接经单色器。此类仪器可消除光源强度变化及检测器灵敏度变动影响、某些杂质干扰等因素影响。

7. 标准加入法注意事项

（1）待测元素质量浓度与对应的吸光度呈线性关系。

（2）为了得到准确的分析结果，最少应采用4个点来作外推曲线。

（3）该法可消除基体效应带来的影响，但不能消除背景吸收。

（4）加入标准溶液的质量浓度应适当，曲线斜率太大或太小都会引起较大误差。

8. 原子吸收的干扰及抑制

原子吸收的干扰主要表现在五方面：物理干扰、化学干扰、光谱干扰、背景干扰和电离干扰（表5-1）。

表5-1　原子吸收的干扰的产生与消除

类型	产　生	特　点	消除手段
物理干扰	试液与标准溶液物理性质的差异而产生的干扰	非选择性，对试样中各种元素的影响基本相同	①配制与待测试样具有相似组成的标准溶液；②采用标准加入法

续上表

类型	产生	特点	消除手段
化学干扰	待测元素与共存组分发生了化学反应，生成了难挥发或难解离的化合物	使基态原子数目减少，是原子吸收分析的主要干扰来源，具有选择性	①加入释放剂；②加入保护剂；③加入缓冲剂；④提高火焰温度；⑤加入基体改进剂；⑥采用化学分离法、标准加入法等
光谱干扰	不同元素物质间产生较近的共振线	①元素分析线附近有单色器不能分离的非待测元素的邻近线；②试样中含有能部分吸收待测元素共振线的元素，使结果偏高	减小狭缝宽度，选用高纯度的单元素灯等方法
背景干扰	原子化过程中产生的光谱干扰	①分子吸收：在原子化过程中生成的分子对辐射的吸收；②光散射：原子化过程中产生的微小的固体颗粒使光发生散射，造成透射光减弱，吸收值增加，结果偏高	①仪器调零吸收法；②邻近线校正背景法；③连续光源（氘灯）校正背景法；④塞曼（Zeeman）效应校正背景法等
电离干扰	在高温下易电离元素在火焰中电离，使基态原子数减少，吸光度下降	元素自身易电离	加入消电离剂（比被测元素电离电位低的元素）

二、固体废物 钡的测定 石墨炉原子吸收法

（一）适用范围

适用固体废物浸出液中钡及固体废物中总钡的测定。当称取 0.1 g 固体废物样品消解定容至 250 mL 时，检出限为 6.3 mg/kg，测定下限为 36 mg/kg。当固体废物浸出液取样体积为 25 mL，定容至 50 mL，进样量为 20 μL 时，检出限为 2.5 μg/L，测定下限为 10.0 μg/L。

（二）方法原理

固体废物浸出液或固体废物经消解后，注入石墨炉原子化器中，经过干燥、灰化和原子化，钡化合物形成的钡基态原子对 553.6 nm 特征谱线产生吸收，其吸收强度在一定范围内与钡质量浓度成正比。

（三）试剂和材料

（1）去离子水：一级纯水。

（2）硫酸、硝酸、盐酸、氢氟酸、高氯酸、过氧化氢均为优级纯。

（3）钡标准储备液，1000 mg/L：购买具有国家标准物质证书的标准溶液。

（4）钡标准中间液，10 mg/L：吸取钡标准储备液10.0 mL，用5%稀盐酸定容至1000 mL，摇匀。于室温下阴凉处保存。

（5）钡标准使用液，1 mg/L：吸取钡标准储备液10.0 mL，用5%稀盐酸定容至100 mL，摇匀。于室温下阴凉处保存。

（四）仪器和设备

（1）带钡空心阴极灯、热解石墨管的石墨炉原子吸收光谱仪。

（2）电热板：具有恒温功能。

（3）微波消解仪：输出功率1000～1600W。具有可编程控制功能，可对温度、压力和时间（升温时间和保持时间）进行全程监控，具有安全防护功能。

（4）消解罐：由碳氟化合物（可溶性聚四氟乙烯PFA或改性聚四氟乙烯TFM）制成的封闭罐体，可抗压（170～200 psi）、耐酸和耐腐蚀，具有泄压功能。

（5）分析天平：精度为0.1 mg。

（6）三角瓶、玻璃小漏斗、聚四氟乙烯坩埚、容量瓶等一般实验室常用仪器和设备。

注意：实验中使用到的所有锥形瓶、容量瓶、移液管等玻璃器皿均用10%稀硝酸浸泡过夜，并以去离子水冲洗干净，晾干。

（五）分析测试

1. 固体废物浸出液

固体废物浸出液按照《固体废物　浸出毒性浸出方法　硫酸硝酸法》（HJ/T 299）、《固体废物　浸出毒性浸出方法　醋酸缓冲溶液法》（HJ/T 300）、《固体废物　浸出毒性浸出方法　水平振荡法》（HJ 557）进行制备。

以HJ/T 299－2007为例进行浸提剂配制：将质量比为2∶1的浓硫酸和浓硝酸混合液加入到纯水（1 L水约2滴混合液）中，使pH为3.20。将样品破碎过筛后，根据样品的含水率，按液固比为10∶1（L/kg）计算并加入所需浸提液的体积，调节转速为30 r/min，于23 ℃下振荡18 h。以上步骤完毕后过滤。按照电热板消解法或微波消解法进行消解，冷却后转移至25 mL容量瓶中，用纯水定容至标线，摇匀待测。

2. 固体废物

称取0.5 g过100目筛的样品（精确至0.1 mg）于聚四氟乙烯坩埚或消解罐中，用少量水湿润后按方法要求顺序加入适量盐酸、硝酸、氢氟酸、高氯酸，按照电热板消解法或微波消解法进行消解，冷却后转移至50 mL容量瓶中，用实验用水定容至标线，摇匀待测。

3. 仪器测量条件

石墨炉温度设置见表5－2，仪器参考测量条件见表5－3。

表5－2　石墨炉温度设置

步骤	温度（℃）	时间（s）	流量（L/min）	气体类型
1	85	5.0	3.0	正常气
2	95	40.0	3.0	正常气
3	120	10.0	3.0	正常气
4	1000	5.0	3.0	正常气
5	1000	1.0	3.0	正常气
6	1000	2.0	0	正常气
7	2600	0.8	0	正常气
8	2600	2.0	0	正常气
9	2650	2.0	3.0	正常气

表5－3　仪器参考测量条件

元素	Ba
测定波长（nm）	553.6
通带宽度（nm）	0.5
干燥温度（℃）；时间（s）	85～120；55
灰化温度（℃）；时间（s）	1000；8
原子化温度（℃）；时间（s）	2600；2.8
清除温度（℃）；时间（s）	2650；2
原子化阶段是否停气	是
氩气流速（L/min）	3.0
进样量（μL）	20（自动进样器或手动进样）

4. 标准曲线

分别吸取1 mg/L钡标准使用液0 mL，0.50 mL，1.00 mL，2.00 mL，3.00 mL，4.00 mL，5.00 mL于100 mL容量瓶中，用硝酸溶液（1＋99）定容至标线，摇匀。此标准系列含钡为0 μg/L，5.0 μg/L，10.0 μg/L，20.0 μg/L，30.0 μg/L，40.0 μg/L，50.0 μg/L。按照仪器测量条件，由低质量浓度到高质量浓度依次向石墨管

内加入20μL标准溶液，测量吸光度。以相应吸光度为纵坐标，以钡标准系列质量浓度为横坐标，绘制钡的校准曲线。

参考标准曲线见表5-4，相关系数大于0.999，Abs=0.01330C+0.07007。

表5-4 标准曲线系列

系列	质量浓度（μg/L）	响应值
S1	0	0.0874
S2	5	0.1389
S3	10	0.1955
S4	20	0.3211
S5	30	0.4580
S6	40	0.6017
S7	50	0.7490

5. 空白实验及检出限

在与绘制校准曲线相同的条件下，取11份与试样相同操作制备的空白待测样品，测定实验室空白的吸光度，由吸光度值在校准曲线上查得钡含量。参考数据见表5-5。浸出液测定结果相对偏差为0.46 μg/L，计算知方法检出限为1.27 μg/L；全量消解测定结果相对偏差为1.91 μg/L，计算知方法检出限为6.43 μg/L（16.8 mg/kg）。

表5-5 空白实验结果

次数	浸出液测定结果（μg/L）	全量消解测定结果（μg/L）
1	-0.66	10.2
2	-0.76	8.2
3	-0.61	7.4
4	-0.77	5.2
5	-1.38	5.6
6	-1.16	5.9
7	-1.21	/
8	-1.10	/
9	-1.37	/
10	-1.49	/
11	0.06	/

续上表

次数	浸出液测定结果（μg/L）	全量消解测定结果（μg/L）
SD	0.46	1.91
检出限	1.27	6.43（16.8 mg/kg）

注：方法检出限 MDL = SD × $t_{(n-1,99\%)}$，其中查表知 $t_{(5,99\%)}$ = 3.365，$t_{(10,99\%)}$ = 2.764。

6. 方法精密度

固体废物样品浸出液电热板法实验室内相对标准偏差为0.87%～13%；实验室间相对标准偏差为14%。浸出液微波法实验室内相对标准偏差为1.6%～7.0%；实验室间相对标准偏差为8%。

固体废物样品全消解液电热板法实验室内相对标准偏差为1.5%～8.6%；实验室间相对标准偏差为3.3%。全消解液微波法实验室内相对标准偏差为2.9%～8.4%；实验室间相对标准偏差为5.4%。

验证浸出液和全量消解测定结果相对标准偏差为10.1%和7.6%。结果见表5－6。

表5－6　方法精密度

次数	浸出液测定结果（μg/L）	全量消解测定结果（μg/L）
1	11.0	3575
2	8.79	3618
3	11.6	3599
4	10.6	3595
5	11.7	3691
6	10.4	3777
7	8.67	3597
8	11.5	3545
9	11.5	3778
10	11.2	3582
11	10.2	3714
平均值	10.7	1078
RSD（%）	10.1	7.6

7. 回收率测定

不同实验室测定标准样品GSS－4、GSS－5，全消解电热板法相对误差分别为－8.0%～1.9%、－5.4%～1.0%；全消解微波法相对误差分别为－6.6%～

2.3%、-5.4%～1.7%。

不同实验室对固体废物样品浸出液进行加标回收率测定，浸出液电热板法加标回收率为78.0%～110%，浸出液微波法加标回收率为79.0%～101%。

验证浸出液加标回收测定，加标量均为20.0 μg/L。回收率为82.0%～125%，测定结果见表5-7。由于全量消解样品质量浓度太高，未进行加标回收测试。

表5-7　回收率测定结果

次数	测定结果（μg/L）	加标测定结果（μg/L）	加标量（μg/L）	回收率（%）
1	11.0	29.4	20.0	92.0%
2	8.79	30.4	20.0	108%
3	11.6	28.0	20.0	82.0%
4	10.6	30.5	20.0	99.5%
5	11.7	29.7	20.0	90.0%
6	10.4	30.1	20.0	98.5%
7	8.67	33.7	20.0	125%
8	11.5	29.9	20.0	92.0%
9	11.5	34.0	20.0	112%
10	11.2	27.9	20.0	83.5%
11	10.2	28.3	20.0	90.5%
平均值	10.7	30.2	20.0	97.5%

（六）干扰消除

（1）试样中钾、钠和镁的质量浓度为500 mg/L、铬为10 mg/L、锰为25 mg/L、铁和锌为2.5 mg/L、铝为2 mg/L、硝酸为5%以下时，对钡的测定无影响。当这些物质的质量浓度或质量分数超过上述时，可采用样品稀释法或标准加入法消除其干扰。

（2）试样中钙的质量浓度大于5 mg/L时，对钡的测定产生正干扰。当注入原子化器中钙的质量浓度在100～300 mg/L时，钙对钡的干扰不随钙质量浓度变化而变化。根据钙的干扰特征，加入化学改进剂硝酸钙，既可消除记忆效应又能提高测定的灵敏度。若试样中钙的质量浓度超过300 mg/L，应将试样适当稀释后测定。

（3）当样品基体成分复杂或者不明时，应采用样品稀释法或标准加入法，用于考查样品是否宜用校准曲线法直接定量。

（七）结果计算与表示

对于固体废物浸出液，当测定结果小于100 μg/L时，保留小数点后一位；当测定结果大于或等于 100 μg/L 时，保留三位有效数字。

对于固体废物，当测定结果小于 1 mg/kg 时，保留小数点后两位；当测定结果大于或等于 1 mg/kg 时，保留三位有效数字。

1. 固体废物浸出液

固体废物浸出液中钡的质量浓度 ρ（μg/L），按照公式（1）进行计算。

$$\rho = \frac{(\rho_1 - \rho_0) \times V_1}{V_2} \times f \tag{1}$$

式中　ρ_1——由校准曲线查得试液中总钡的质量浓度，μg/L；

ρ_0——空白溶液中总钡的质量浓度，μg/L；

V_1——浸出液消解后的定容体积，mL；

V_2——消解时取浸出液的体积，mL；

f——稀释倍数。

2. 固体废物总钡的结果计算

固体废物中总钡的含量 ω（mg/kg），按照公式（2）进行计算。

$$\omega = \frac{(\rho_1 - \rho_0) \times V_0}{m \times H} \times f \times \frac{1}{1000} \tag{2}$$

式中　ρ_1——由校准曲线查得试液中总钡的质量浓度，μg/L；

ρ_0——空白溶液中总钡的质量浓度，μg/L；

V_0——消解后的定容体积，mL；

m——称取固体样品的质量，g；

H——样品中干物质质量分数，%；

f——稀释倍数。

（八）质量保证与质量控制

（1）每批样品至少做 2 个实验室空白，其测定结果应低于测定下限。

（2）每批样品需做校准曲线，用线性拟合曲线进行校准，其相关系数应大于0.995。

（3）每批样品至少按 10% 的比例进行平行双样测定，样品数量少于 10 个时，应至少测定一个平行双样，测定结果的相对偏差一般不超过 20%。

（4）每测 10 个样品和分析结束后，应测定校准空白和一个位于校准曲线中间的标准点，确保标准点测量值的变化不超过 10%。

（九）注意事项

（1）钡是高温元素，在普通石墨管中易形成难解离的碳化钡，引起记忆效应，使测定灵敏度降低。建议使用优质热解涂层石墨管，且分析每一个样品后高温空烧石墨管，使实验空白降至测定下限。

（2）实验所用的玻璃器皿需先用洗涤剂洗净，再用硝酸溶液浸泡 24 h，使用前再依次用自来水和实验用水洗净。对于新器皿，应做相应的空白检查后方可使用。

（3）对所有试剂均应做空白检查。配制标准溶液与样品应使用同一批试剂。

（4）为降低基体干扰影响，分析时须开启背景校正模式。

（5）由于待测样品本身就是固体废物，因此多余未分析的样品应按固体废物进行回收处理。

引用标准

[1] 国家环境保护部. 固体废物　钡的测定　石墨炉原子吸收法：HJ 767－2015 [S]. 北京：中国环境科学出版社. 2015：1－11.

三、固体废物　铅和镉的测定　石墨炉原子吸收分光光度法

（一）适用范围

本方法适用于固体废物样品及固体废物浸出液中铅和镉的测定。当固体废物取样量为 0.5 g，消解后定容体积为 25 mL 时，铅和镉的方法检出限分别为 0.3 mg/kg和 0.1 mg/kg，测定下限分别为 1.2 mg/kg 和 0.4 mg/kg。当固体废物浸出液取样体积为 50 mL，消解后定容至 50 mL 时，铅和镉的方法检出限分别为 0.9 μg/L 和 0.6 μg/L，测定下限分别为 3.6 μg/L 和 2.4 μg/L。

（二）方法原理

固体废物样品或固体废物浸出液经酸消解后，注入石墨炉原子化器中，经过干燥、灰化和原子化，成为基态原子蒸气，对元素空心阴极灯或无极放电灯发射的特征辐射谱线产生选择性吸收。在一定质量浓度范围内，其吸收强度与试样中待测物的质量浓度成正比。

（三）试剂和材料

（1）硫酸、硝酸、盐酸、氢氟酸、高氯酸、过氧化氢、磷酸二氢铵为优级纯。

（2）金属铅、金属镉为光谱纯。

（3）硝酸溶液（1＋9）、硝酸溶液（1＋99）、盐酸溶液（1＋1）。

（4）基体改进剂：磷酸二氢铵溶液。

准确称取 13.8 g（精确至 0.0001 g）磷酸二氢铵，用实验用水溶解并定容至 1000 mL。

（5）铅标准储备液：$\rho = 1000$ mg/L。

准确称取 1.0000 g（精确至 0.0001 g）金属铅，加入 15 mL 硝酸溶解，必要时可加热溶解，全量转入 1000 mL 容量瓶中，用硝酸溶液定容至标线，摇匀；或使用市售有证标准溶液。

（6）镉标准储备液：$\rho = 1000$ mg/L。

准确称取 1.000 g（精确至 0.0001 g）金属镉，加入 15 mL 硝酸溶解，必要时可加热溶解，全量转入 1000 mL 容量瓶中，用硝酸溶液定容至标线，摇匀；或使用市售有证标准溶液。

（7）铅标准中间液：$\rho = 100$ mg/L。

准确移取铅标准储备液 10.0 mL 于 100 mL 容量瓶中，用硝酸溶液（1+99）定容至标线，摇匀。临用现配。

（8）镉标准中间液：$\rho = 100$ mg/L。

准确移取镉标准储备液 10.0 mL 于 100 mL 容量瓶中，用硝酸溶液（1+99）定容至标线，摇匀。临用现配。

（9）铅标准使用液：$\rho = 1.00$ mg/L。

准确移取铅标准中间液 1.00 mL 于 100 mL 容量瓶中，用硝酸溶液（1+99）定容至标线，摇匀。临用现配。

（10）镉标准使用液：$\rho = 1.00$ mg/L。

准确移取镉标准中间液 1.00 mL 于 100 mL 容量瓶中，用硝酸溶液（1+99）定容至标线，摇匀。临用现配。

（四）仪器和设备

（1）具有背景校正功能的石墨炉原子吸收分光光度计。

不同型号石墨炉原子吸收分光光度计的最佳测定条件不同，可根据仪器使用说明书所要求的优化测试条件。

表 5-8　仪器参考测量条件

元素	铅（Pb）	镉（Cd）
测定波长（nm）	283.3	228.8
灯电流（mA）	8.0	6.0
通带宽度（nm）	0.5	0.5
干燥温度（℃）；时间（s）	85 ～120；20	85 ～120；45
灰化温度（℃）；时间（s）	400；5	250；5
原子化温度（℃）；时间（s）	2100；3	1800；3
消除温度（℃）；时间（s）	2200；2	2000；3
原子化阶段是否停气	是	是
氩气流速（L/min）	3.0	3.0
进样量（μL）	20	20
基体改进剂（μL）	5	5

（2）铅空心阴极灯、镉空心阴极灯。

（3）电热板或石墨消解仪：具有温控功能（温度稳定 ±5 ℃），最高温度可设定至 200 ℃。

（4）微波消解仪：输出功率 1000 ～ 1600 W。具有可编程控制功能，可对温度、压力和时间（升温时间和保持时间）进行全程监控；具有安全防护功能。

（5）分析天平：精度为 0.1 mg。

（6）聚四氟乙烯坩埚：50 mL。

（7）筛：非金属筛，100 目。

（8）高纯氩气：纯度不低于 99.999%。

（五）样品前处理

1．样品采集与保存

按照 HJ/T 20 和 HJ/T 298 的相关规定进行固体废物样品的采集和保存。

2．样品制备

（1）固体废物。

按照 HJ/T 20 的相关规定进行固体废物样品的制备。对于固态废物或可干化半固态废物样品，准确称取 10 g（m_1，精确至 0.01 g）样品，自然风干或冷冻干燥，再次称重（m_2，精确至 0.01 g），研磨，全部过 100 目筛备用。

（2）固体废物浸出液。

按照 HJ/T 299、HJ/T 300 或 HJ 557 的相关规定进行固体废物浸出液的制备。浸出液若不能及时进行分析，应加硝酸酸化至 pH <2，可保存 14 d。

3．试样的制备

（1）固体废物试样。

①电热板消解法。

称取 0.25 g ～ 1.00 g 过筛后的样品（m_3，精确至 0.1 mg）于 50 mL 聚四氟乙烯坩埚中。用少量水润湿样品后加入 5 mL 盐酸，于通风橱内的电热板上约 120 ℃加热，使样品初步消解，待蒸发至约剩 3 mL 时取下稍冷。加入 5 mL 硝酸、5 mL 氢氟酸、3 mL 高氯酸，加盖后于电热板上约 160 ℃加热 1 h。开盖，电热板温度控制在 180 ℃ ±5 ℃继续加热，并经常摇动坩埚。当加热至冒浓白烟时，加盖使黑色有机碳化物充分分解。待坩埚壁上的黑色有机物消失后，开盖，驱赶白烟并蒸至内容物呈黏稠状。视消解情况，可补加 3 mL 硝酸、3 mL 氢氟酸和 1 mL 高氯酸，重复上述消解过程。当白烟再次冒尽且内容物呈黏稠状时，取下坩埚稍冷，加入 1 mL硝酸溶液温热溶解可溶性残渣，冷却后全量转移至 25 mL 容量瓶，用适量实验用水淋洗坩埚盖和内壁，洗液并入 25 mL 容量瓶，用实验用水定容至标线，摇匀，待测。如果消解液中含有未溶解颗粒，需进行过滤、离心分离或者自然沉降。

注1：加热时勿使样品有大量的气泡冒出，否则会造成样品的损失。

注2：若固体废物中铅或镉的含量较高，试样消解后定容体积可根据实际情况确定。

注3：若使用石墨消解仪替代电热板消解样品，可参照上述步骤进行。

②微波消解法。

称取0.25～1.00 g过筛后的样品（m_3，精确至0.1 mg）于微波消解罐中。用少量水润湿样品后加入5 mL硝酸、5 mL盐酸、3 mL氢氟酸和1 mL过氧化氢，按照表5-9的升温程序进行消解。冷却后将微波消解罐中的内容物全量转移至50 mL聚四氟乙烯坩埚，加入1 mL高氯酸，置于电热板上170～180 ℃驱赶白烟，至内容物呈黏稠状。取下坩埚稍冷，加入1 mL硝酸溶液，温热溶解可溶性残渣，冷却后全量转移入25 mL容量瓶，用适量实验用水淋洗坩埚盖和内壁，洗液并入25 mL容量瓶，用实验用水定容至标线，摇匀，待测。如果消解液中含有未溶解颗粒，需进行过滤、离心分离或者自然沉降。

表5-9　固体废物微波消解法升温程序参考表

升温时间（min）	消解功率（W）	消解温度（℃）	保持时间（min）
12	400	室温～160	3
5	500	160～180	3
5	500	180～200	10

（2）固体废物浸出液试样。

①电热板消解法。

量取50 mL浸出液于150 mL三角瓶中，加入5 mL硝酸，摇匀。在三角瓶口插入小漏斗，置于电热板上120 ℃加热，在微沸状态下将样品加热浓缩至约5 mL，取下冷却。加入3 mL硝酸，加入1 mL高氯酸，直至消解完全（消解液澄清，或消解液色泽及透明度不再变化），继续于180 ℃蒸发至近干，取下冷却，加入1 mL硝酸溶液，温热溶解可溶性残渣，冷却后用适量实验用水淋洗小漏斗和三角瓶内壁，将消解液全量转移至50 mL容量瓶，用实验用水定容至标线，摇匀，待测。如果消解液中含有较多杂质，需进行过滤、离心分离或者自然沉降。

②微波消解法。

量取50 mL浸出液（可根据消解罐容积和样品质量浓度高低确定浸出液量取体积，最终溶液体积不得超过仪器规定的限值）于微波消解罐中，加入5 mL硝酸，按说明书的要求盖紧消解罐。将消解罐放在微波炉转盘上，按照表5-10的升温程序进行消解。消解结束后，待消解罐在微波消解仪内冷却至室温后取出。放至通风橱内小心打开消解罐的盖子，释放其中的气体。将消解液全量转移至聚四氟乙烯坩埚，用适量实验用水淋洗消解罐内壁，洗液并入聚四氟乙烯坩埚，在电热板上于微沸状态下加热至近干。用适量实验用水淋洗坩埚内壁，将坩埚内容物及洗液全量转移至50 mL 容量瓶，用实验用水定容至标线，摇匀，待测。如果消解液中含有较多杂质，需进行过滤、离心分离或者自然沉降。

注：由于固体废物种类较多，所含有机质差异较大，在消解时各种酸的用量可视消解情况酌情增减；电热板温度不宜太高，防止聚四氟乙烯坩埚变形；样品消解时，须防止蒸干，以免待测元素损失。

表5-10　固体废物浸出液微波消解法升温程序参考表

升温时间（min）	消解功率（W）	消解温度（℃）	保持时间（min）
10	400	室温～150	5
5	500	150～180	5

（3）空白样品的制备

①固体废物空白。

使用空容器按照固体废物试样的步骤制备空白试样。

②固体废物浸出液空白。

使用浸提剂代替浸出液，按照固体废物浸出液消解步骤制备空白试样并进行消解。

（六）分析测试

1．铅标准曲线系列

分别准确移取0.00 mL、0.50 mL、1.00 mL、2.00 mL、4.00 mL和5.00 mL铅标准使用液于一组100 mL容量瓶中，用硝酸溶液定容至标线，摇匀。此标准系列含铅分别为0.00 μg/L、5.00 μg/L、10.0 μg/L、20.0 μg/L、40.0 μg/L和50.0 μg/L。按照仪器参考条件，用硝酸溶液调节仪器零点后，从低质量浓度到高质量浓度依次吸入标准系列，测量相应的吸光度，以相应吸光度为纵坐标，以铅标准系列质量浓度为横坐标，建立铅的校准曲线。

2．镉标准曲线系列

分别准确移取0.00 mL、0.10 mL、0.20 mL、0.30 mL、0.40 mL和0.50 mL镉标准使用液于一组200 mL容量瓶中，用硝酸溶液定容至标线，摇匀。此标准系列含镉分别为0.00 μg/L、0.50 μg/L、1.00 μg/L、1.50 μg/L、2.00 μg/L和2.50 μg/L。按照仪器参考条件，用硝酸溶液调节仪器零点后，从低质量浓度到高质量浓度依次吸入标准系列，测量相应的吸光度，以相应吸光度为纵坐标，以镉标准系列质量浓度为横坐标，建立镉的校准曲线。

3．空白样品测定

制备好的空白试样，按照与建立校准曲线相同的条件进行测定。

4. 样品测定

制备好的试样，按照与建立校准曲线相同的条件进行测定。

（七）结果表示与计算

1. 结果计算

固态或可干化半固态固体废物中待测元素的含量 ω（mg/kg）按公式（3）计算：

$$\omega = \frac{(\rho_1 - \rho_0) \times V_0}{m_3} \times \frac{m_1}{m_2} \tag{3}$$

液态或无须干化的半固态固体废物中待测元素的含量 ω（mg/kg）按公式（4）计算：

$$\omega = \frac{(\rho_1 - \rho_0) \times V_0}{m_3} \tag{4}$$

式中　ρ_1——由校准曲线查得试样中元素的质量浓度，mg/L；

ρ_0——实验室空白试样中元素的质量浓度，mg/L；

V——固体废物浸出液消解时的取样体积，mL；

V_0——消解后试样的定容体积，mL；

m_1——干燥前固体废物样品的称取量，g；

m_2——干燥后固体废物样品的质量，g；

m_3——研磨过筛后试样的称取量或液态固体废物取样量，g。

2. 结果表示

固态、可干化半固态固体废物、液态、无须干化的半固态固体废物中待测元素的含量以 mg/kg 表示。当测定结果小于 100 mg/kg 时，保留小数点后一位；当测定结果大于或等于 100 mg/kg 时，保留三位有效数字。

固体废物浸出液中待测元素的质量浓度以 mg/L 表示。当测定结果小于 1.00 mg/L 时，保留小数点后两位；当测定结果大于或等于 1.00 mg/L 时，保留三位有效数字。

（八）干扰消除

当样品中 Ca 的质量浓度高于 500 mg/L、Fe 的质量浓度高于 50 mg/L、Mn 的质量浓度高于 25 mg/L 时，会对铅和镉的测定产生干扰，可采用样品稀释法或标准加入法消除其干扰。固体废物基体成分较为复杂，加入基体改进剂磷酸二氢铵，可消除有机物等引起的基体干扰。当样品基体成分不明时，或加标回收率超过本方法质控要求范围时，应采用标准加入法进行测定并计算结果。

标准加入法校准曲线绘制方法：分别量取四份等量待测试样（质量浓度为 c_x），配制总体积相同的四份溶液。第一份不加标准溶液，第二、三、四份分别按比例加入不同质量浓度的标准溶液，四份溶液的质量浓度分别为：c_x、c_x+c_0、c_x+2c_0、c_x+3c_0；加入标准溶液的质量浓度 c_0 约等于的试样质量浓度的 0.5 倍，即$c_0\approx 0.5c_x$。用空白溶液调零，在相同条件下依次测定四份溶液的吸光度。以吸光度为纵坐标，加入标准溶液的质量浓度为横坐标，绘制校准曲线，曲线反向延伸与横坐标的交点即为待测试样的质量浓度。待测试样质量浓度与对应吸光度的关系见图 5－1。

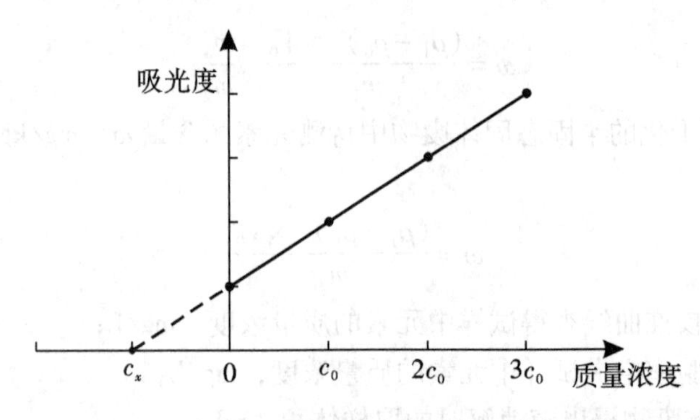

图 5－1　待测样品质量浓度与对应吸光度的关系

（九）质量保证与质量控制

（1）每批样品至少做 2 个实验室空白，其测定结果应低于测定下限。

（2）每次分析应绘制校准曲线，相关系数应大于 0.999。否则需重新绘制校准曲线。

（3）每 10 个样品应分析一个校准曲线的中间质量浓度点，其测定结果与校准曲线该点质量浓度的相对偏差应低于 10%。否则需重新绘制标准曲线。

（4）每分析 20 个样品应进行一次仪器零点校正。

（5）每批样品至少按 10% 的比例进行平行双样测定，样品数量少于 10 个时，应至少测定一个平行双样，两次测定结果的相对偏差应低于 20%。

（6）每批样品应至少做 10% 加标回收试验，样品数量少于 10 个时至少做一个，加标回收率应为 80%～120%。

（7）成批量测定样品时，每 10 个样品为一组，加测一个待测元素的质控样品，用以检查仪器的漂移程度。当质控样品测定值超出允许范围时，需用标准溶液对仪器重新调整，再继续测定。

（十）注意事项

（1）实验所使用的坩埚和玻璃容器均需用硝酸溶液浸泡 12 h 以上，并用自来水和实验用水依次冲洗干净，置于洁净的环境中晾干。对于新使用的或疑似受污染的容器，应用热盐酸溶液浸泡（温度高于 80℃，低于沸腾温度）至少 2 h，再用热硝酸溶液浸泡至少2 h，并用自来水和实验用水依次冲洗干净，置于洁净的环境中晾干。

（2）在样品溶液加热至近干时，温度不宜太高，以免迸溅。

（3）实验过程中产生的废液和废物应分类收集，委托具有资质的单位处置。

引用标准

[1] 国家环境保护部. 固体废物　铅和镉的测定　石墨炉原子吸收分光光度法：HJ 787－2016［S］. 北京：中国环境科学出版社，2016：1－12.

[2] 国家环境保护局. 工业固体废物采样制样技术规范：HJ/T 20－1998［S］. 北京：中国环境科学出版社，1998：1－9.

[3] 国家环境保护总局. 危险废物鉴别技术规范：HJ/T 298－2007［S］. 北京：中国环境科学出版社，2007：1－7.

[4] 国家环境保护总局. 固体废物　浸出毒性浸出方法　硫酸硝酸法：HJ/T 299－2007［S］. 北京：中国环境科学出版社，2007：1－6.

[5] 国家环境保护部. 固体废物　浸出毒性浸出方法　醋酸缓冲溶液法：HJ/T 300－2007［S］. 北京：中国环境科学出版社，2007：1－6.

[6] 国家环境保护部. 固体废物　浸出毒性浸出方法　水平振荡法：HJ 557－2010［S］. 北京：中国环境科学出版社，2010：1－3.

四、固体废物　铅、锌和镉的测定　火焰原子吸收分光光度法

（一）适用范围

本方法适用于固体废物及固体废物浸出液中铅、锌和镉的检测。当固体废物取样量为0.5 g，消解后定容体积为25 mL时，铅、锌和镉的方法检出限分别为2.0 mg/kg、2.0 mg/kg和0.3 mg/kg，测定下限分别为8.0 mg/kg、8.0 mg/kg和1.2 mg/kg。当固体废物浸出液取样量为50 mL，消解后定容体积为50 mL时，铅、锌和镉的方法检出限分别为0.06 mg/L、0.06 mg/L和0.05 mg/L，测定下限分别为0.24 mg/L、0.24 mg/L和0.20 mg/L。

（二）方法原理

固体废物样品或固体废物浸出液经酸消解后，试样中的待测元素在火焰原子化器中被离解为基态原子，该基态原子蒸气对元素空心阴极灯或无极放电灯发射的特征辐射谱线产生选择性吸收。在一定质量浓度范围内，其吸收强度与试样中待测物的质量浓度成正比。

（三）试剂和材料

（1）硫酸、硝酸、盐酸、氢氟酸、高氯酸、过氧化氢、硝酸镧均为优级纯。

实验用水为新制备的去离子水。

（2）金属铅、金属锌、金属镉均为光谱纯。

（3）硝酸溶液：1+9、1+99。

（4）盐酸溶液：1+1。

（5）基体改进剂：硝酸镧溶液，[La（NO_3）$_3$ $6H_2O$]。

准确称取5.00 g硝酸镧，用硝酸溶液溶解并定容至100 mL，备用。

（6）铅标准储备液：ρ = 1000 mg/L。

准确称取1.0000 g（精确至0.0001 g）金属铅，加入15 mL硝酸溶解，必要时可加热溶解。全量转入1000 mL容量瓶中，用水定容至标线，摇匀。转入聚乙烯瓶中，于4 ℃以下冷藏、密封可保存两年。或使用市售有证标准溶液（铅单元素或含铅的多元素混合标准溶液）。

（7）锌标准储备液：ρ = 1000 mg/L。

准确称取1.0000 g（精确至0.0001 g）金属锌，加入15 mL硝酸溶解，必要时可加热溶解。全量转入1000 mL容量瓶中，用水定容至标线，摇匀。转入聚乙烯瓶中，于4 ℃以下冷藏、密封可保存两年。或使用市售有证标准溶液（锌单元素或含锌的多元素混合标准溶液）。

（8）镉标准储备液：ρ = 1000 mg/L。

准确称取1.0000 g（精确至0.0001 g）金属镉，加入15 mL硝酸溶解，必要时可加热溶解。全量转入1000 mL容量瓶中，用水定容至标线，摇匀。转入聚乙烯瓶中，于4 ℃以下冷藏、密封可保存两年。或使用市售有证标准溶液（镉单元素或含镉的多元素混合标准溶液）。

（9）铅、锌、镉标准使用液：ρ = 100 mg/L。

准确移取铅、锌、镉标准储备液各10.00 mL于100 mL容量瓶中，用硝酸溶液定容至标线，摇匀。

（10）乙炔：纯度高于99.5%。

（11）空气：可由空气压缩机或压缩空气钢瓶提供。

（四）仪器和设备

（1）火焰原子吸收分光光度计。

（2）铅空心阴极灯，锌空心阴极灯，镉空心阴极灯。

（3）空气压缩机，应配有除水、除油和除尘装置。

（4）电热板或石墨消解仪：具有温控功能（温度稳定±5 ℃），最高温度可设定至200 ℃。

（5）微波消解仪：输出功率1000～1600 W。具有可编程控制功能，可对温度、压力和时间（升温时间和保持时间）进行全程监控；具有安全防护功能。

（6）分析天平：精度为0.1 mg。

（7）聚四氟乙烯坩埚：50 mL。

（8）筛：非金属筛，100 目。

（五）样品前处理

按照 HJ/T 20 和 HJ/T 298 的相关规定进行固体废物样品的采集与保存。

1．样品制备

（1）固体废物。

按照 HJ/T 20 的相关规定进行固体废物样品的制备。对于固态废物或可干化半固态废物样品，准确称取 10 g（m_1，精确至 0.01 g）样品，自然风干或冷冻干燥，再次称重（m_2，精确至 0.01 g），研磨，全部过 100 目筛备用。

（2）固体废物浸出液。

按照 HJ/T 299、HJ/T 300 或 HJ 557 的相关规定进行固体废物浸出液的制备。浸出液如不能及时进行分析，应加硝酸酸化至 $pH<2$，可保存 14d。

2．试样的制备

（1）固体废物试样。

①电热板消解法。

称取 0.25～1.00 g 过筛后的样品（m_3，精确至 0.1 mg）于 50 mL 聚四氟乙烯坩埚中。用少量水润湿样品后加入 5 mL 盐酸，于通风橱内的电热板上约 120 ℃加热，使样品初步消解，待蒸发至约剩 3 mL 时取下稍冷。加入 5 mL 硝酸、5 mL 氢氟酸、3 mL 高氯酸，加盖后于电热板上约 160 ℃加热 1 h。开盖，电热板温度控制在 170～180 ℃继续加热，并经常摇动坩埚。当加热至冒浓白烟时，加盖使黑色有机碳化物充分分解。待坩埚壁上的黑色有机物消失后，开盖，驱赶白烟并蒸至内容物呈黏稠状。视消解情况，可补加 3 mL 硝酸、3 mL 氢氟酸和 1 mL 高氯酸，重复上述消解过程。当白烟再次冒尽且内容物呈黏稠状时，取下坩埚稍冷，加入 1 mL 硝酸溶液温热溶解可溶性残渣，冷却后全量转入 25 mL 容量瓶，用适量实验用水淋洗坩埚盖和内壁，洗液并入 25 mL 容量瓶，用实验用水定容至标线，摇匀，待测。如果消解液中含有未溶解颗粒，需进行过滤、离心分离或者自然沉降。

注 1：加热时勿使样品有大量的气泡冒出，否则会造成样品的损失。

注 2：若固体废物中铅、锌或镉的含量较高，试样消解后定容体积可根据实际情况确定。

注 3：若使用石墨消解仪替代电热板消解样品，可参照上述步骤进行。

②微波消解法。

称取 0.25～1.00 g 过筛后的样品（m_3，精确至 0.1 mg）于微波消解罐中，用少量水润湿样品后加入 5 mL 硝酸、5 mL 盐酸、3 mL 氢氟酸和 1 mL 过氧化氢，按照表 5－11 的升温程序进行消解。冷却后将微波消解罐中的内容物全量转入 50 mL 聚四氟乙烯坩埚，加入 1 mL 高氯酸，置于电热板上 170～180 ℃驱赶白烟，至内容物呈黏稠状。取下坩埚稍冷，加入1 mL硝酸溶液，温热溶解可溶性残渣，冷却后全量转入25 mL容量瓶，用适量实验用水淋洗坩埚盖和内壁，洗液并入25 mL容量瓶，用实验用水定容至标线，摇匀，待测。如果消解液中含有未溶解颗粒，需进行过滤、离心分离或者自然沉降。

表5－11　固体废物微波消解法升温程序参考表

升温时间（min）	消解功率（W）	消解温度（℃）	保持时间（min）
12	400	室温～160	3
5	500	160～180	3
5	500	180～200	10

（2）固体废物浸出液试样。

①电热板消解法。

量取50 mL浸出液于150 mL三角瓶中，加入5 mL硝酸，摇匀。在三角瓶口插入小漏斗，置于电热板上120 ℃加热，在微沸状态下将样品加热至约5 mL，取下冷却。加入3 mL硝酸，加入1 mL高氯酸，直至消解完全（消解液澄清，或消解液色泽及透明度不再变化），继续于180 ℃蒸发至近干，取下稍冷，加入1 mL硝酸溶液，温热溶解可溶性残渣，冷却后用适量实验用水淋洗小漏斗和三角瓶内壁，将消解液全量转入50 mL容量瓶，用实验用水定容至标线，摇匀，待测。如果消解液中含有较多杂质，需进行过滤、离心分离或者自然沉降。

②微波消解法。

量取50 mL浸出液（可根据消解罐容积和样品质量浓度高低确定浸出液量取体积，最终溶液体积不得超过仪器规定的限值）于微波消解罐中，加入5 mL硝酸，按说明书的要求盖紧消解罐。将消解罐放在微波炉转盘上。按照表5－12的升温程序进行消解。消解结束后，待消解罐在微波消解仪内冷却至室温后取出。放至通风橱内小心打开消解罐的盖子，释放其中的气体。将消解液全量转移至聚四氟乙烯坩埚，用适量实验用水淋洗消解罐内壁，洗液并入聚四氟乙烯坩埚，在电热板上于微沸状态下加热至近干。用适量实验用水淋洗坩埚内壁，将坩埚内容物及洗液全量转入50 mL容量瓶，用实验用水定容至标线，摇匀，待测。如果消解液中含有较多杂质，需进行过滤、离心分离或者自然沉降。

表5－12　固体废物浸出液微波消解法升温程序参考表

升温时间（min）	消解功率（W）	消解温度（℃）	保持时间（min）
10	400	室温～150	5
5	500	150～180	5

注：由于固体废物种类较多，所含有机质差异较大，在消解时各种酸的用量可视消解情况酌情增减；电热板温度不宜太高，防止聚四氟乙烯坩埚变形；样品消解时，须防止蒸干，以免待测元素损失。

③空白样品的制备。

使用空容器按照样品制备步骤制备固体废物空白样品，使用实验用水配制成的浸提剂制备固体废物浸出液空白。

（六）操作步骤

1. 仪器参考条件

不同型号火焰原子吸收分光光度计的最佳测定条件不同，可根据仪器使用说明书要求优化测试条件。仪器参考测量条件见表5-13。

表5-13　仪器参考测量条件

元素	铅（Pb）	锌（Zn）	镉（Cd）
测定波长（nm）	283.3	213.9	228.8
通带宽度（nm）	0.5	1.0	0.5
灯电流（mA）	8.0	5.0	5.0
火焰类型	乙炔-空气，中性	乙炔-空气，贫燃	乙炔-空气，贫燃

2. 标准曲线的绘制

（1）铅标准曲线系列。

分别准确移取0.00 mL、0.50 mL、1.00 mL、2.00 mL、4.00 mL、8.00 mL和10.0 mL铅标准使用液于一组100 mL容量瓶中，用硝酸溶液定容至标线，摇匀。此标准系列含铅分别为0.00 mg/L、0.50 mg/L、1.00 mg/L、2.00 mg/L、4.00 mg/L、8.00 mg/L和10.0 mg/L。按照仪器参考条件，用硝酸溶液调节仪器零点后，从低质量浓度到高质量浓度依次吸入标准系列，测量相应的吸光度，以相应吸光度为纵坐标，以铅标准系列质量浓度为横坐标，建立铅的校准曲线。

（2）锌标准曲线系列。

分别准确移取0.00 mL、0.50 mL、1.00 mL、2.00 mL、3.00 mL、4.00 mL和5.00 mL锌标准使用液于一组100 mL容量瓶中，用硝酸溶液定容至标线，摇匀。此标准系列含锌分别为0.00 mg/L、0.50 mg/L、1.00 mg/L、2.00 mg/L、3.00 mg/L、4.00 mg/L和5.00 mg/L。按照仪器参考条件，用硝酸溶液调节仪器零点后，从低质量浓度到高质量浓度依次吸入标准系列，测量相应的吸光度，以相应吸光度为纵坐标，以锌标准系列质量浓度为横坐标，建立锌的校准曲线。

（3）镉标准曲线系列。

分别准确移取0.00 mL、0.50 mL、1.00 mL、2.00 mL、3.00 mL、4.00 mL和

5.00 mL 镉标准使用液于一组 100 mL 容量瓶中，用硝酸溶液定容至标线，摇匀。此标准系列含镉分别为 0.00 mg/L、0.50 mg/L、1.00 mg/L、2.00 mg/L、3.00 mg/L、4.00 mg/L 和 5.00 mg/L。按照仪器参考条件，用硝酸溶液调节仪器零点后，从低质量浓度到高质量浓度依次吸入标准系列，测量相应的吸光度，以相应吸光度为纵坐标，以镉标准系列质量浓度为横坐标，建立镉的校准曲线。

3. 空白样品测定

制备好的空白试样，按照与建立校准曲线相同的条件进行测定。

4. 样品测定

制备好的试样，按照与建立校准曲线相同的条件进行测定。

（七）结果计算与表示

1. 结果计算

固态或可干化的半固态固体废物中待测元素的含量 ω（mg/kg）按公式（5）计算：

$$\omega = \frac{(\rho_1 - \rho_0) \times V_0}{m_3} \times \frac{m_1}{m_2} \tag{5}$$

液态或无须干化的半固态固体废物中待测元素的含量 ω（mg/kg）按公式（6）计算：

$$\omega = \frac{(\rho_1 - \rho_0) \times V_0}{m_3} \tag{6}$$

式中 ρ_1——由校准曲线查得试样中元素的质量浓度，mg/L；

ρ_0——实验室空白试样中元素的质量浓度，mg/L；

V——固体废物浸出液消解时的取样体积，mL；

V_0——消解后试样的定容体积，mL；

m_1——干燥前固体废物样品的称取量，g；

m_2——干燥后固体废物样品的质量，g；

m_3——研磨过筛后试样的称取量或液态固体废物取样量，g。

2. 结果表示

对于固体废物，当测定结果小于 100 mg/kg 时，保留小数点后一位；当测定结果大于或等于 100 mg/kg 时，保留三位有效数字。

对于固体废物浸出液，当测定结果小于 1.00 mg/L 时，保留小数点后两位；当测定结果大于或等于 1.00 mg/L 时，保留三位有效数字。

（八）干扰消除

（1）当钙的含量高于 1000 mg/L 时，抑制镉的吸收；钙含量为 2000 mg/L 时，信号抑制达 19%。铁的含量超过 100 mg/L 时，抑制锌的吸收，加入硝酸镧可消除共存成分的干扰。当样品中含盐量很高，分析谱线波长低于 350 nm 时，出现非特征吸收，例如高质量浓度钙产生的背景吸收使铅的测定结果偏高。

（2）当样品基体成分复杂或者不明时，或加标回收率超过本方法质控要求范围时，应采用标准加入法进行试样测定并计算结果。标准加入法参见本节固体废物 铅和镉的测定 石墨炉原子吸收分光光度法－干扰消除。

（九）质量保证与质量控制

（1）每批样品至少做2个实验室空白，其测定结果应低于方法检出限。

（2）每次分析应绘制校准曲线，相关系数应大于0.999。否则需重新绘制校准曲线。

（3）每10个样品应分析一个校准曲线的中间质量浓度点，其测定结果与校准曲线该点质量浓度的相对偏差应低于10%。否则需重新绘制校准曲线。

（4）每分析20个样品应进行一次仪器零点校正。

（5）每批样品至少按10%的比例进行平行双样测定，样品数量少于10个时，应至少测定一个平行双样，两次测定结果的相对偏差低于20%。

（6）每批样品至少应做10%加标回收试验，样品数量少于10个时至少做一个，加标回收率应为80%～120%。

（7）成批量测定样品时，每10个样品为一组，加测一个待测元素的质控样品，用以检查仪器的漂移程度。当质控样品测定值超出允许范围时，需用标准溶液对仪器重新调整，再继续测定。

（十）注意事项

（1）实验所使用的坩埚和玻璃容器均须用硝酸溶液浸泡12 h以上，并用自来水和实验用水依次冲洗干净，置于洁净的环境中晾干。对于新使用的或疑似受污染的容器，应用热盐酸溶液浸泡（温度高于80 ℃，低于沸腾温度）至少2 h，再用热硝酸溶液浸泡至少2 h，并用自来水和实验用水依次冲洗干净，置于洁净的环境中晾干。

（2）在样品溶液加热至近干时，温度不宜太高，以免迸溅。

（3）实验过程中产生的废液和废物应分类收集，委托具有资质的单位处置。

引用标准

[1] 国家环境保护部. 固体废物　铅、锌和镉的测定　火焰原子吸收分光光度法：HJ 786－2016［S］. 北京：中国环境科学出版社，2016：1－14.

五、土壤　总铬的测定　火焰原子吸收分光光度法

（一）适用范围

适用于土壤中总铬的测定。称取0.5 g试样消解定容至50 mL时，检出限为5

mg/kg，测定下限为20.0 mg/kg。

（二）方法原理

采用盐酸－硝酸－氢氟酸－高氯酸全分解的方法，破坏土壤的矿物晶格，使试样中的待测元素全部进入试液，在消解过程中，所有铬都被氧化成 $Cr_2O_7^{2-}$。然后，将消解液喷入富燃性空气－乙炔火焰中。在火焰的高温下，形成铬基态原子，并对铬空心阴极灯发射的特征谱线357.9 nm产生选择性吸收。在选择的最佳测定条件下，测定铬的吸光度。

（三）试剂和材料

实验用水为新制备的去离子水或蒸馏水，所用的玻璃器皿需先用洗涤剂洗净，再用1+1硝酸溶液浸泡24 h（不得使用重铬酸钾洗液），使用前再依次用自来水、去离子水洗净。

（1）盐酸、硝酸、氢氟酸、高氯酸为优级纯。

（2）盐酸（1+1）溶液。

（3）氯化铵水溶液（10%）：准确称取10 g氯化铵（NH_4Cl），用少量水溶解后全量转移入100 mL容量瓶中，用水定容至标线，摇匀。

（4）铬标准储备液，ρ = 1.000 mg/mL：准确称取0.2829 g基准重铬酸钾（$K_2Cr_2O_7$），用少量水溶解后全量转移入100 mL容量瓶中，用水定容至标线，摇匀，冰箱中2～8 ℃保存，可稳定6个月。

（5）铬标准使用液，ρ = 50 mg/L：移取铬标准储备液5.00 mL于100 mL容量瓶中，加水定容至标线，摇匀，临用时现配。

（四）仪器和设备

原子吸收分光光度计、铬空心阴极灯、微波消解仪、玛瑙研磨机等。

原子吸收分光光度计不同型号仪器的最佳测定条件不同，可根据仪器使用说明书自行选择。建议的测量条件参数见表5－14。微波消解仪采用升温程序见表5－15。

表5－14　仪器测量条件

元素	Cr
测定波长（nm）	357.9
通带宽度（nm）	0.7
火焰性质	还原性
次灵敏线（nm）	359.0；360.5；425.4
燃烧器高度	8 mm（使空心阴极灯光斑通过火焰亮蓝色部分）

表 5－15　微波消解仪升温程序

升温时间（min）	消解温度（℃）	保持时间（min）
5.0	120	1.0
3.0	150	5.0
4.0	180	10.0
6.0	210	30.0

（五）干扰及消除

（1）铬易形成耐高温的氧化物，其原子化效率受火焰状态和燃烧器高度的影响较大，需使用富燃烧性（还原性）火焰。

（2）加入氯化铵可以抑制铁、钴、镍、钒、铝、镁、铅等共存离子的干扰。

（六）样品前处理

1. 样品的采集与保存

将采集的土壤样品（一般不少于 500 g）混匀后用四分法缩分至约 100 g。缩分后的土样经风干（自然风干或冷冻干燥）后，除去土样中石子和动植物残体等异物，用木棒（或玛瑙棒）研压，通过 2 mm 尼龙筛（除去 2 mm 以上的砂砾），混匀。用玛瑙研钵将通过 2 mm 尼龙筛的土样研磨至全部通过 100 目（孔径 0.149 mm）尼龙筛，混匀后备用。

2. 试样的制备

（1）全消解方法。

准确称取 0.2 ～0.5 g（精确至 0.0002 g）试样于 50 mL 聚四氟乙烯坩埚中，用水润湿后加入 10 mL 盐酸，于通风橱内的电热板上低温加热，使样品初步分解，待蒸发至约剩 3 mL 时，取下稍冷，然后加入 5 mL 硝酸、5 mL 氢氟酸、3 mL 高氯酸，加盖后于电热板上中温加热 1 h 左右，然后开盖，电热板温度控制在 150 ℃，继续加热除硅。为了达到良好的飞硅效果，应经常摇动坩埚。当加热至冒浓白烟时，加盖，使黑色有机碳化物分解。待坩埚壁上的黑色有机物消失后，开盖，驱赶白烟并蒸至内容物呈黏稠状。视消解情况，可补加 3 mL 硝酸、3 mL 氢氟酸、1 mL 高氯酸，重复以上消解过程。取下坩埚稍冷，加入 3 mL 盐酸溶液，温热溶解可溶性残渣，全量转移入 50 mL 容量瓶中，加入 5 mL 氯化铵水溶液，冷却后用水定容至标线，摇匀。

（2）微波消解法。

准确称取 0.2000 g 试样于微波消解罐中，用少量水润湿后加入 6 mL 硝酸、2 mL氢氟酸，按照一定升温程序进行消解，冷却后将溶液转移入 50 mL 聚四氟乙烯坩埚中，加入 2 mL 高氯酸，电热板温度控制在 150 ℃，驱赶白烟并蒸至内容物呈黏稠状。取下坩埚稍冷，加入盐酸溶液 3 mL，温热溶解可溶性残渣，全量转移至 50 mL 容量瓶中，加入 5 mL NH_4Cl 溶液，冷却后定容至标线，摇匀。

由于土壤种类较多，所含有机质差异较大，在消解时，应注意观察，各种酸的用量可视消解情况酌情增减；电热板温度不宜太高，否则会使聚四氟乙烯坩埚变形；样品消解时，在蒸至近干过程中需特别小心，防止蒸干，否则待测元素会有损失。

（七）分析步骤

1. 校准曲线

准确移取铬标准使用液 0.00 mL、0.50 mL、1.00 mL、2.00 mL、3.00 mL、4.00 mL 于 50 mL 容量瓶中，然后分别加入 5 mL NH_4Cl 溶液，3 mL 盐酸溶液，用水定容至标线，摇匀，其铬的质量浓度分别为 0.50 mg/L、1.00 mg/L、2.00 mg/L、3.00 mg/L、4.00 mg/L。此质量浓度范围应涵盖试液中铬的质量浓度。按相同的仪器测量条件由低到高质量浓度顺序测定标准溶液的吸光度。

用减去空白的吸光度与相对应的铬的质量浓度（mg/L）绘制校准曲线。

2. 空白试验

用去离子水代替试样，采用和试液制备相同的步骤和试剂，制备全程序空白溶液，并按制作曲线的相同条件进行测定。每批样品至少制备 2 个以上的空白溶液。

3. 样品测定

取适量试液，并按制作校准曲线的相同条件测定试液的吸光度。由吸光度值在校准曲线上查得铬质量浓度。每测定约 10 个样品要进行一次仪器零点校正，并吸入 1.00 mg/L 的标准溶液检查灵敏度是否发生了变化。

（八）结果计算

土壤样品中铬的含量 ω（mg/kg）按公式（7）计算：

$$\omega = \frac{\rho \times V}{m \times (1 - \omega_{H_2O})} \tag{7}$$

式中 ρ——试液的吸光度减去空白溶液的吸光度，然后在校准曲线上查得铬的质量浓度，mg/L；

V——试液定容的体积，mL；

m——称取试样的质量，g；

ω_{H_2O}——试样含水率，%。

（九）质量保证与质量控制

（1）每次分析应绘制校准曲线，相关系数应大于 0.999。

（2）每批样品至少做2个实验室空白，其测定结果应低于方法检出限。

（3）每10个样品应分析一个校准曲线的中间质量浓度点，其测定结果与校准曲线该点质量浓度的相对偏差应低于10%。否则需重新绘制校准曲线。

（4）每批样品至少按10%的比例进行平行双样测定，样品数量少于10个时，应至少测定一个平行双样，两次测定结果的相对偏差应低于20%。

（5）每批样品至少应做10%加标回收试验，样品数量少于10个时至少做一个，加标回收率应为80%～120%。

（十）注意事项

（1）铬易形成耐高温的氧化物和络合物，应防止消解过程烧干。

（2）所用玻璃容器均须用硝酸溶液浸泡12 h以上，并用自来水和实验用水依次冲洗干净，晾干使用。

（3）在样品溶液加热至近干时，温度不宜太高，以免迸溅。

（4）实验过程中产生的废液和废物应分类收集，委托具有资质的单位处置。

引用标准

［1］国家环境保护部．土壤　总铬的测定　火焰原子吸收分光光度法：HJ 491－2009［S］．北京：中国环境科学出版社，2009：1－4.

六、土壤质量　总汞的测定　冷原子吸收分光光度法

（一）适用范围

冷原子吸收分光光度法适用于测定土壤中总汞的含量。按称取2 g试样计算，最低检出限为0.005 mg/kg。

（二）方法原理

汞原子蒸气对253.7 nm的紫外光具有强烈的吸收作用，汞蒸气质量浓度与吸光度成正比。通过分解试样中以各种形式存在的汞，使之转化为可溶态汞离子进入溶液，用盐酸羟胺还原过剩的氧化剂，用氯化亚锡将汞离子还原成汞原子，用净化空气做载气将汞原子载入冷原子吸收测汞仪的吸收池进行测定。

（三）试剂和材料

（1）无汞去离子水：一级纯水。

（2）硫酸、硝酸、盐酸、高锰酸钾，优级纯。

（3）高锰酸钾（$KMnO_4$）溶液，5%：将50 g $KMnO_4$（优级纯）用水溶解后，定容至1000 mL，贮于棕色瓶中。

（4）硫酸－硝酸等体积混合液。

（5）盐酸羟胺（$NH_2OH \cdot HCl$）溶液，：将 20 g 盐酸羟胺用水溶解后稀释至 100 mL。该溶液不可久贮。

（6）氯化亚锡（$SnCl_2$）溶液：将 10 g $SnCl_2$ 加入 20 mL 盐酸中，微微加热溶解，冷却后用水稀释至 100 mL。

（7）汞标准储备液，100 μg/mL：购买具有国家标准物质证书的汞标准溶液。

（8）汞中间标准溶液，10 μg/mL：吸取汞标准储备液 10.0 mL，用5% 稀盐酸定容至 100 mL。

（9）汞标准使用溶液，0.1 μg/mL：吸取汞标准中间液 10.0 mL，用 5% 稀盐酸定容至 1000 mL，摇匀。于室温下阴凉处保存。

（四）仪器和设备

（1）全自动冷原子吸收测汞仪。

（2）实验中使用的锥形瓶、容量瓶、移液管等玻璃器皿。这些器皿均用 10% 稀硝酸浸泡过夜，并以去离子水冲洗干净，晾干。

（五）样品前处理

一般采用“硫酸－硝酸－高锰酸钾”消解体系，步骤为：称取土壤样品0.5 ～ 2 g 置于 150 mL 锥形瓶中，用少量水润湿样品，加硫酸－硝酸混合液 10 mL，待剧烈反应停止后，加纯水 10 mL、高锰酸钾溶液 10 mL，在瓶口插入一小漏斗，置于低温电热板上加热至近沸，保持 30 ～ 60 min。分解过程中若紫色褪去，需随时补加高锰酸钾溶液，以保持有过量的高锰酸钾存在。取下冷却。在临测定前，边摇边滴加盐酸羟胺溶液，直至刚好使过量高锰酸钾及器壁上的水合二氧化锰全部褪色为止，转入 50 mL 的容量瓶中，定容待测。

（六）分析测试

1. 校准曲线的绘制

取 100 mL 的容量瓶 7 个，配制系列标准溶液，质量浓度分别为 0 μg/L、0.50 μg/L、1.00 μg/L、2.00 μg/L、3.00 μg/L、4.00 μg/L 和 5.00 μg/L。将配好的系列标准溶液分别进样。以测定的峰高为纵坐标，以溶液的质量浓度为横坐标，用最小二乘法计算标准曲线的回归方程。

2. 空白试验

按试样前处理的方法制备空白试样进行测定。

3. 样品测定

取上清液进样，以 10% 盐酸为载流，10% 氯化亚锡为还原剂，在冷原子吸收光度计上测定样品的峰高，从标准曲线上查出相应的汞的质量浓度。

（七）结果计算与表示

土壤中总汞的含量 ω（Hg，mg/kg）按公式（8）计算：

$$\omega = \frac{m}{W\ (1 - \omega_{H_2O})} \tag{8}$$

式中　m——测得试样中汞量，μg；

W——称取土样的质量，g；

ω_{H_2O}——土样分含水率，%。

（八）质量保证与质量控制

（1）每一批样品须做10%的空白，至少2个。

（2）每一批样品须做10%的平行样，具体精密度要求见HJ 166－2004。

（3）每一批样品须做10%的质控样，具体准确度要求见HJ 166－2004。

（4）制样过程注意去除易挥发有机物，在分析过程中注意水蒸气影响。易挥发的有机物和水蒸气在253.7 nm处有吸收而产生干扰。

（九）注意事项

（1）盐酸羟胺试剂中常含有汞，必须提纯。当汞含量较低时，可采用巯基棉纤维管除汞法；汞含量过高时，先用萃取法除掉大量汞后再用巯基棉纤维管除汞。

（2）该标准方法的汞标准物质配制中使用重铬酸钾溶液对标准溶液中汞元素进行固定及稀释，但由于固定液的$K_2Cr_2O_7$浓度较高，容易造成二次污染，所以本实验在验证该方法适用性时，改用5%稀盐酸代替。

（3）易挥发的有机物和水蒸气在253.7 nm处有吸收而产生干扰。易挥发有机物在样品消解时可除去，水蒸气用无水氯化钙、过氯酸镁除去。应加强仪器脱水模块维护，确保数据准确。

引用标准

[1] 国家环境保护总局. 土壤质量　总汞的测定　冷原子吸收分光光度法：GB/T 17136—1997 [S]. 北京：中国环境科学出版社，1997：117－121.

[2] 国家环境保护部. 土壤　干物质和水分的测定　重量法：HJ 613－2011 [S]. 北京：中国环境科学出版社，2011：1－5.

[3] 国家环境保护总局. 土壤环境监测技术规范：HJ 166－2004 [S]. 北京：中国环境科学出版社，2004：26－30.

第四节　电感耦合等离子体发射光谱法

一、电感耦合等离子体发射光谱仪概述

1. 仪器原理

电感耦合等离子体发射光谱法（ICP－AES）分析过程：激发、分光和检测。

利用等离子体激发光源（ICP）使试样蒸发汽化、离解或分解为原子状态，原子可能进一步电离成离子状态，原子及离子在光源中激发发光。利用光谱仪器将光源发射的光分解为按波长排列的光谱。利用光电器件检测光谱，按测定得到的光谱波长对试样进行定性分析，按发射光强度进行定量分析。

2. 仪器构成

（1）进样系统：主要由蠕动泵、雾化器、雾室组成。

（2）高频发生器和感应线圈：利用高频电流通过电感（感应线圈）耦合，电离加热工作气体而产生火焰状等离子体。它具有温度高、离子线的发射强度大等特点。

（3）炬管和供气系统：炬管为三层同心石英管；冷却气沿切线方向引入外管，它主要起冷却作用；辅助气沿切线方向通入中层管，作用是“点燃”等离子体；载气从雾化器通入，将样品溶液转化为粒径只有1～10μm的气溶胶。

（4）分光器、检测器：光电倍增管和固态成像器件。

（5）数据处理系统：计算机、仪器控制和数据处理软件。

3. 仪器特点

（1）多元素、每元素多条谱线同时检测。样品激发后，不同元素都发射特征光谱，这样就可同时测定多种元素。

（2）测定范围广。校准曲线线性范围宽可达4～5个数量级。低含量与高含量成分能同时测定。

（3）选择性好。每种元素因原子结构不同，发射各自不同的特征光谱。特别是用其他方法分析都很困难的铌、钽、锆、铪和稀土元素，发射光谱分析可以毫无困难地将它们区分开来，并分别加以测定。

（4）试样消耗少。1～3 mL的样品可检测所有可分析元素，采用标准加入法试剂消耗量稍微大一点，对排除干扰效果很好。

（5）分析速度快。若利用光电直读光谱仪，可在几分钟内同时对几十种元素进行定量分析。分析试样不经化学处理，固体、液体样品都可直接测定。

（6）常见的非金属元素如氧、硫、氮、卤素等谱线在远紫外区，目前一般的光谱仪尚无法检测；还有一些非金属元素，如P、Se、Te等，由于其激发电位高，ICP-AES的灵敏度也较低。

（7）主要干扰控制方式：

物理干扰：采用基体匹配、内标法、标准加入法等。

电离干扰与基体效应干扰：增加功率、降低载气流量、降低观察高度，以提高等离子体温度；基体匹配和标准加入法等。

光谱干扰：背景校正技术扣除；使用高分辨率的光谱仪，选择干扰少的谱线作为分析线；干扰因子校正法等。

4. 注意事项

（1）保持光室和 CID 检测器干净。在启动光谱仪前 1 h 打开氩气瓶，吹扫光室和 CID 检测器；在熄火后，必须继续开气吹扫 CID 检测器 20 min。

（2）炬管：炬管使用一段时间后会变脏，表面有附着物，可用体积分数 5%～10% 的稀硝酸浸泡 2～3 h，然后用去离子水冲洗干净，晾干装上。

（3）定量测定时光室温度须达到并稳定在 38 ℃ ±0.2 ℃。

（4）定期更换冷却循环水：更换周期为半年至一年。其他真空泵油，分子筛定期更换。

（5）遇停气熄火，应立即更换新气源，让 CID 在常温状态下吹扫 2～4 h 后，方可重新点火分析测定。切不可更换上新气源后立即点火分析。

（6）测定后进样系统的检查和清洗；炬管，雾化器，雾室得经常清洁；废液桶及废液要经常清洗清理。

（7）检查雾化器，看是否有堵塞现象，及时清洁雾化器、中心管。

（8）定期更换泵管，未点火期间保持泵夹松弛。

（9）样品必须清亮透明，否则容易堵塞雾化器；万一雾化器堵塞，绝不能用金属丝清理异物。

（10）样品测定完成后，先用体积分数 3%～5% 的稀硝酸冲洗 5 min，然后再用去离子水冲洗 5 min 后熄灭等离子体，松开泵夹。

二、浸出毒性鉴别　电感耦合等离子体发射光谱法

（一）适用范围

电感耦合等离子体原子发射光谱法适用于固体废物和固体废物浸出液中银（Ag）、铝（Al）、砷（As）、钡（Ba）、铍（Be）、钙（Ca）、镉（Cd）、钴（Co）、铬（Cr）、铜（Cu）、铁（Fe）、钾（K）、镁（Mg）、锰（Mn）、钠（Na）、镍（Ni）、铅（Pb）、锑（Sb）、锶（Sr）、钍（Th）、钛（Ti）、铊（Tl）、钒（V）、锌（Zn）等元素含量的测定。各种元素的检出限和推荐的测定波长见表 5-16。

表 5-16　测定元素推荐波长及检出限

测定元素	波长（nm）	检出限（mg/L）	测定元素	波长（nm）	检出限（mg/L）
Al	308.21	0.1	Cu	327.39	0.01
	396.15	0.09	Fe	238.20	0.03
As	193.69	0.1		259.94	0.03

续上表

测定元素	波长（nm）	检出限（mg/L）	测定元素	波长（nm）	检出限（mg/L）
Ba	233.53	0.004	K	766.49	0.5
	455.40	0.003	Mg	279.55	0.002
Be	313.04	0.0003		285.21	0.02
	234.86	0.005	Mn	257.61	0.001
Ca	317.93	0.01		293.31	0.02
	393.37	0.002	Na	589.59	0.2
Cd	214.44	0.003	Ni	231.60	0.01
	226.50	0.003	Pb	220.35	0.05
Co	238.89	0.005	Sr	407.77	0.001
	228.62	0.005	Ti	334.94	0.005
Cr	205.55	0.01		336.12	0.01
	267.72	0.01	V	311.07	0.01
Cu	324.75	0.01	Zn	213.86	0.006

（二）方法原理

等离子体发射光谱法可以同时测定样品中多元素的含量。当氩气通过等离子体火炬时，经射频发生器所产生的交变电磁场使其电离、加速并与其他氩原子碰撞。这种连锁反应使更多的氩原子电离，形成原子、离子、电子的粒子混合气体，即等离子体。过滤或消解处理过的样品经进样器中的雾化器雾化并由氩载气带入等离子体火炬中，样品分子在等离子体火炬的高温下被汽化、电离、激发。不同元素的原子在激发或电离时可发射出特征光谱，所以等离子体发射光谱可用来定性测定样品中存在的元素。特征光谱的强弱与样品中原子质量浓度有关，与标准溶液进行比较，即可定量测定样品中各元素的含量。

（三）试剂和材料

（1）试剂水，为 GB/T 6682 规定的一级水。

（2）硝酸（HNO_3），$\rho = 1.42$ g/mL，优级纯；盐酸（HCl），$\rho = 1.19$ g/mL，优级纯。

（3）（1+1）硝酸溶液。

（4）氩气，钢瓶气，纯度不低于99.9%。

（5）标准储备液：从权威商业机构购买或用超高纯化学试剂及金属（纯度高

于99.99%）配制成1.00 mg/mL的标准储备液，储备液配制时氢离子浓度保持在0.1 mol/L以上。

（6）单元素中间标准溶液：分取单元素标准储备液，将Cu、Cd、V、Cr、Co、Ba、Mn、Ti及Ni等10种元素稀释成0.10 mg/mL；将Pb、As及Fe稀释成0.5 mg/mL；将Be稀释成0.01 mg/mL的单元素中间标准溶液。稀释时，补加一定量相应的酸，使溶液酸度保持在0.1 mol/L以上。

（7）多元素混合标准溶液的配制：为进行多元素同时测定，简化操作，必须根据元素间相互干扰的情况与标准溶液的性质，用单元素中间标准溶液，分组配制成多元素混合标准溶液。由于所用标准溶液的性质及仪器性能以及对样品待测项目的要求不同，元素分组情况也不尽相同。下表列出了不同方法条件下的元素分组供参考。混合标准溶液的酸度应尽量与待测样品溶液的酸度保持一致。

表5-17　多元素混合标准溶液分组情况

I		II		III	
元素	质量浓度（mg/L）	元素	质量浓度（mg/L）	元素	质量浓度（mg/L）
Ca	50	K	50	Zn	1.0
Mg	50	Na	50	Co	1.0
Fe	10	Al	50	Cd	1.0
—	—	Ti	10	Cr	1.0
—	—	—	—	V	1.0
—	—	—	—	Sr	1.0
—	—	—	—	Ba	1.0
—	—	—	—	Be	0.1
—	—	—	—	Ni	1.0
—	—	—	—	Pb	5.0
—	—	—	—	Mn	1.0
—	—	—	—	As	5.0

（四）仪器和设备

（1）电感耦合等离子发射光谱仪和一般实验室仪器以及相应的辅助设备。常用的电感耦合等离子发射光谱仪通常分为多道式及顺序扫描式两种。

工作条件：一般仪器采用通用的气体雾化器时，同时测定多种元素的工作参数见表5-18。

表 5-18　工作参数折中值范围

高频功率（kW）	反射功率（W）	观测高度（mm）	载气流量（L/min）	等离子气流量（L/min）	进样量（L/min）	测定时间（s）
1.0～1.4	<5	6～16	1.0～1.5	1.0～1.5	1.5～3.0	1～20

（2）石墨消解仪。美国 SCP DigiPREP MS 石墨消解仪，带温度探针实时精确控温，孔间温度差异不超过 1 ℃。

（五）样品的采集

（1）所有的采样容器都应预先依次用洗涤剂、酸和试剂水洗涤，塑料和玻璃容器均可使用。如果要分析极易挥发的硒、锑和砷化合物，要使用特殊容器（如，用于挥发性有机物分析的容器）。

（2）水样必须用硝酸酸化至 pH <2。非水样品应冷藏保存，并尽快分析。

（3）当分析样品中可溶性砷时，不要求冷藏，但应避光保存，温度不能超过室温。

（4）银的标准储备液和样品都应贮于棕色瓶中，并放置在暗处。

（六）干扰消除与校正

1. 干扰的消除

ICP-AES 法通常存在的干扰大致可分为两类：一类是光谱干扰，主要包括连续背景和谱线重叠干扰；另一类是非光谱干扰，主要包括化学干扰、电离干扰、物理干扰以及去溶剂干扰等。在实际分析过程中各类干扰很难截然分开。在一般情况下，必须予以补偿和校正。

物理干扰一般由样品的黏滞程度及表面张力变化导致，尤其是当样品中含有大量可溶盐或样品酸度过高时，会对测定产生干扰。消除此类干扰的最简单方法是将样品稀释。

优化试验条件选择出最佳工作参数，无疑可减少 ICP-AES 法的干扰效应，但由于废水成分复杂，大量元素与微量元素间含量差别很大，因此来自大量元素的干扰不容忽视。应合理选择待测元素的分析波长，避免光谱干扰。

2. 干扰的校正

校正元素间干扰的方法很多，化学富集分离的方法效果明显，并可提高元素的检出能力，但操作繁琐且易引入试剂空白；基体匹配法（配制与待测样品基体成分相似的标准溶液）效果十分令人满意。此种方法对于测定基体成分固定的样品，是理想的消除干扰的办法，但存在高纯度试剂难以解决的问题，而且废水的基体成分变幻莫测，在实际分析中，标准溶液的配制工作十分麻烦；比较简便而且目前常用的方法是背景扣除法（凭试验确定扣除背景的位置及方式）及干扰系数法。

（七）分析测试

将预处理好的样品及空白溶液（溶液保持5%的硝酸酸度），在仪器最佳工作参数条件下，按照仪器使用说明书的有关规定，两点标准化后，做样品及空白测定。扣除背景或以干扰系数法修正干扰。

1. 样品制备

样品按照《固体废物　浸出毒性浸出方法　硫酸硝酸法》（HJ/T 299）、《固体废物　浸出毒性浸出方法　醋酸缓冲溶液法》（HJ/T 300）、《固体废物　浸出毒性浸出方法　水平振荡法》（HJ 557）进行制备。

样品消解以浸出液为例，移取浸出液 40.0 mL，置于聚丙烯消解管中，加入 8 mL硝酸和 2 mL 盐酸，放进石墨消解仪上 135 ℃加热消解至溶液剩下 10 mL 左右，冷却至室温后，用去离子水定容至 50 mL。取上清液测定。

2. 校准曲线

由测定的信号值对应的标准物质的质量浓度绘制成校准曲线，参考条件下的银（Ag）、铝（Al）、砷（As）、钡（Ba）、铍（Be）、钙（Ca）、镉（Cd）、钴（Co）、铬（Cr）、铜（Cu）、铁（Fe）、钾（K）、镁（Mg）、锰（Mn）、钠（Na）、镍（Ni）、铅（Pb）、锑（Sb）、锶（Sr）、钍（Th）、钛（Ti）、铊（Tl）、钒（V）、锌（Zn）元素的标准曲线参数见表 5－19，相关性 r 值均不低于 0.999。

表 5－19　标准曲线参数

序号	元素	波长（nm）	曲线点质量浓度（mg/L）	截距 a	斜率 b	相关性 r
1	Al	396.153	0，0.5，1，2，3，4，5	－3165.3	130300	0.9998
2	As	188.979	0，0.5，1，2，3，4，5	－2.2	2124	0.9999
3	Ba	233.527	0，0.5，1，2，3，4，5	10793.6	192200	0.9997
4	Be	313.107	0，0.5，1，2，3，4，5	110066.5	4101000	0.9999
5	Ca	317.933	0，0.5，1，2，3，4，5，10，25	58444.6	169200	0.9992
6	Cd	228.802	0，0.5，1，2，3，4，5	613	60650	0.9999
7	Co	228.616	0，0.5，1，2，3，4，5	1362.7	51420	0.9999
8	Cr	267.716	0，0.5，1，2，3，4，5	928.3	81500	0.9999

续上表

序号	元素	波长(nm)	曲线点质量浓度(mg/L)	截距 a	斜率 b	相关性 r
9	Cu	327.393	0, 0.5, 1, 2, 3, 4, 5	6770	164000	0.9997
10	Fe	239.562	0, 0.5, 1, 2, 3, 4, 5	6465.3	103200	0.9991
11	K	404.721	0, 0.5, 1, 2, 3, 4, 5	497.7	6576	0.9996
12	Mg	285.213	0, 0.5, 1, 2, 3, 4, 5, 10, 25	34982.0	310100	0.9998
13	Mn	259.372	0, 0.5, 1, 2, 3, 4, 5	35580.5	1102000	0.9998
14	Ni	221.648	0, 0.5, 1, 2, 3, 4, 5	-59.8	28280	0.9999
15	Pb	220.353	0, 0.5, 1, 2, 3, 4, 5	578.1	10560	0.9997
16	Sr	421.552	0, 0.5, 1, 2	137679.2	12100000	0.9999
17	V	310.230	0, 0.5, 1, 2, 3, 4, 5	6884.5	345000	0.9999
18	Zn	206.200	0, 0.5, 1, 2, 3, 4, 5	-128.4	36820	0.9999
19	Sb	217.582	0, 0.5, 1, 2, 3, 4, 5	201.2	4892	0.9996
20	Ti	334.940	0, 0.5, 1, 2, 3, 4, 5	21349.8	1130000	0.9999
21	Ag	328.068	0, 0.5, 1, 2, 3, 4, 5	7293.6	213700	0.9998
22	Th	283.730	0, 0.5, 1, 2, 3, 4, 5	408.0	25250	0.9999
23	Tl	190.801	0, 0.5, 1, 2, 3, 4, 5	64.5	893	0.9993
24	Na	330.237	0, 0.5, 1, 2, 3, 4, 5	487.9	62440	0.9999

3. 空白实验及方法检出限

按 HJ/T 299-2007 要求处理 7 组浸提液空白，与样品处理过程一样加入相同体积的所有试剂，用来评价样品制备过程中可能的污染。按检出限计算公式 $MDL = SD \times t_{(n-1,0.99)} = SD \times t_{(6,0.99)} = 3.14SD$，主要元素测试检出限均低于方法给出的检出限。具体见表 5-20。

注：测定所使用的所有容器需清洗干净后，用 10% 热硝酸荡涤后，再用自来水冲洗、去离子水反复冲洗，以尽量降低空白背景。

表 5-20　空白试验及检出限统计

元素	波长（nm）	平均值（mg/L）	标准偏差 SD	MDL	测试检出限（mg/L）	方法检出限（mg/L）
Al	396.153	0.061	0.001	0.0031	0.004	0.09
As	188.979	-0.003	0.0046	0.0144	0.02	0.1
Ba	233.527	0.000	0.0004	0.0012	0.002	0.004
Ca	317.933	0.492	0.0056	0.0176	0.02	0.01
Cr	267.716	0.002	0.0004	0.0012	0.002	0.01
Cu	327.393	0.029	0.0113	0.0356	0.04	0.01
Fe	239.562	0.012	0.0016	0.0051	0.06	0.03
K	404.721	-0.009	0.0104	0.0328	0.04	0.5
Mg	285.213	0.014	0.0008	0.0024	0.003	0.02
Mn	259.372	0.000	0.00013	0.0004	0.0005	0.001
Ni	221.648	0.007	0.0008	0.0025	0.003	0.01
Pb	220.353	0.002	0.0008	0.0026	0.003	0.05
V	310.230	0.002	0.0022	0.0071	0.008	0.01
Zn	206.200	0.059	0.0008	0.0025	0.003	0.006
Ti	334.940	0.000	0.0004	0.0012	0.002	0.005

4. *方法精密度*

验证方法可靠性，可用本方法测定同一均质样品的一组测量值的彼此符合程度。计算它们的标准（偏）差（standard deviation，SD 或 S）、相对标准（偏）差（relative standard deviation，RSD）等。例如，对一固体废物试样浸出液进行多次重复性测试，一般对 RSD 有要求，表 5-21 列出了某次测试 7 次测量结果相对标准偏差，RSD 基本都小于 5%。

表 5-21　样品重复性试验结果

元素	波长（nm）	平均值（mg/L）	标准偏差 SD	相对标准偏差（%）
Al	396.153	0.079	0.002	2.5
As	188.979	未检出	—	—

续上表

元素	波长（nm）	平均值（mg/L）	标准偏差 SD	相对标准偏差（%）
Ba	233.527	0.004	—	—
Be	313.107	未检出	—	—
Ca	317.933	21.7	0.146	0.7
Cd	228.802	未检出	—	—
Co	228.616	未检出	—	—
Cr	267.716	0.002	0.0004	—
Cu	327.393	未检出	0.001	—
Fe	239.562	未检出	0.000	—
K	404.721	0.256	0.010	4.0
Mg	285.213	53.5	0.363	0.7
Mn	259.372	0.003	0.000	—
Ni	221.648	0.025	0.001	4.0
Pb	220.353	未检出	0.001	—
Sr	421.552	0.067	0.001	0.8
V	310.230	0.015	0.004	—
Zn	206.200	未检出	0.001	—
Sb	217.582	未检出	0.002	—
Ti	334.940	未检出	0.000	—
Ag	328.068	未检出	0.000	—
Th	283.730	0.078	0.003	4.3
Tl	190.801	未检出	0.008	—
Na	330.237	4.16	0.060	1.4

5. *方法准确度*

样品均匀性和基体的化学性质将影响待测物的回收率和数据质量，从同一个样品中分取几份进行相同条件加标回收重复分析，评价此类分析的准确性。例如对一固体废物试样浸出液进行加标回收测试，进行7次相同条件的加标回收重复测量，平均回收率均在80.3%～118%之间（见表5－22）。

表 5－22　加标回收试验结果

元素	波长（nm）	平均值（mg/L）	加标量	回收率（%）
Al	396.153	0.480	0.500	95.9
As	188.979	0.591	0.500	118
Ba	233.527	0.466	0.500	93.1
Be	313.107	0.531	0.500	106
Ca	317.933	1.52	1.50	101
Cd	228.802	0.523	0.500	105
Co	228.616	0.471	0.500	94.2
Cr	267.716	0.449	0.500	89.9
Cu	327.393	0.447	0.500	89.4
Fe	239.562	0.502	0.500	100
K	404.721	0.436	0.500	87.1
Mg	285.213	1.04	1.00	104
Mn	259.372	0.464	0.500	92.9
Ni	221.648	0.562	0.500	112
Pb	220.353	0.517	0.500	103
Sr	421.552	0.419	0.500	83.8
V	310.230	1.07	1.00	107
Zn	206.200	1.02	1.00	102
Sb	217.582	0.534	0.500	107
Ti	334.940	0.425	0.500	85.0
Ag	328.068	0.982	1.00	98.2
Th	283.730	0.402	0.500	80.3
Tl	190.801	0.473	0.500	94.5
Na	330.237	0.995	1.00	99.5

（八）结果表示

（1）固体废物浸出液中待测金属元素的质量浓度以 mg/L 表示。

（2）固态和可干化的半固态固体废物、液态不可干化和不可干化的半固态固体废物中待测金属元素的含量以 mg/kg 表示。

（3）扣除空白值后的元素测定值即为样品中该元素的质量浓度。

（4）如果试样在测定之前进行了富集或稀释，应将测定结果除以或乘以一个相应的倍数。

（5）测定结果最多保留三位有效数字。

（6）固体废物中待测金属元素含量 ω（mg/kg）按公式（1）计算：

$$\omega = \frac{\rho \times V}{m} \tag{1}$$

式中 ρ——提取液中待测物质量浓度，mg/L；

V——提取液体积，L；

m——被提取样品的质量；kg。

（九）质量保证与质量控制

（1）成批量测定样品时，每 10 个样品为一组，加测一个待测元素的质控样品，用以检查仪器的漂移程度。当质控样品测定值超出允许范围时，需用标准溶液对仪器重新调整，然后再继续测定。

（2）空白实验：每批样品至少做 2 个实验室空白，所测元素的空白值不得超过方法测定下限。

（3）每批样品分析均需绘制校准曲线，校准曲线的相关系数应不小于 0.999。

（4）平行双样测定：10 个样品做 1 个平行双样，样品数量少于 10 个时，应至少测定一个平行双样。

（5）对实际样品进行浸出液测定时，以加标控制准确度，其加标回收率范围应在 80%～120%之间。

（十）注意事项

（1）仪器要预热 1 h，以防波长漂移。

（2）测定所使用的所有容器需清洗干净后，用 10%的热硝酸荡涤，再用自来水冲洗、去离子水反复冲洗，以尽量降低空白背景值。

（3）若所测定样品中某些元素含量过高，应立即停止分析，并用 2%硝酸 + 0.05% Triton X－100 溶液来冲洗进样系统。将样品稀释后，继续分析。

（4）谱线波长低于 190 mm 的元素，采用真空紫外通道测定，可获得较高的灵敏度。

（5）含量太低的元素，可浓缩后测定。

（6）铍和砷为剧毒致癌元素，配制标准溶液及测定时，应防止与皮肤直接接触并保持室内有良好的排风系统。

引用标准

[1] 国家环境保护总局. 危险废物鉴别标准　浸出毒性鉴别　电感耦合等离子体发射光谱法：GB 5085.3—2007　附录 A［S］. 北京：中国环境科学出版社，2007：8－12.

三、固体废物　22 种金属元素的测定　电感耦合等离子体发射光谱法

（一）适用范围

本方法适用于利用电感耦合等离子体发射光谱仪测定固体废物和固体废物浸出液中银（Ag）、铝（Al）、钡（Ba）、铍（Be）、钙（Ca）、镉（Cd）、钴（Co）、铬（Cr）、铜（Cu）、铁（Fe）、钾（K）、镁（Mg）、锰（Mn）、钠（Na）、镍（Ni）、铅（Pb）、锶（Sr）、钛（Ti）、钒（V）、锌（Zn）、铊（Tl）、锑（Sb）元素的质量浓度。

固体废物样品量为 0.25g，消解后定容体积为 25.0 mL 时，22 种金属元素的方法检出限为 0.04 ～8.9 mg/kg，测定下限为 0.16 ～35.6 mg/kg。固体废物浸出液中 22 种金属元素的方法检出限为 0.004 ～0.35 mg/L，测定下限为 0.016 ～1.40 mg/L，具体见表 5 - 23。

表 5 - 23　方法的检出限和测定下限

序号	元素	固体废物		固体废物浸出液	
		检出限（mg/kg）	测定下限（mg/kg）	检出限（mg/L）	测定下限（mg/L）
1	Ag	0.1	0.4	0.01	0.04
2	Al	8.9	35.6	0.05	0.20
3	Ba	3.6	14.4	0.06	0.24
4	Be	0.04	0.16	0.004	0.016
5	Ca	6.9	27.6	0.12	0.48
6	Cd	0.1	0.4	0.01	0.04
7	Co	0.5	2.0	0.02	0.08
8	Cr	0.5	2.0	0.02	0.08
9	Cu	0.4	1.6	0.01	0.04
10	Fe	8.9	35.6	0.05	0.20
11	K	7.7	30.8	0.35	1.40
12	Mg	2.3	9.2	0.03	0.12
13	Mn	3.1	12.4	0.01	0.04
14	Na	7.8	31.2	0.20	0.80
15	Ni	0.4	1.6	0.02	0.08
16	Pb	1.4	5.6	0.03	0.12
17	Sr	1.3	5.2	0.01	0.04

续上表

序号	元素	固体废物		固体废物浸出液	
		检出限（mg/kg）	测定下限（mg/kg）	检出限（mg/L）	测定下限（mg/L）
18	Ti	3.0	12.0	0.02	0.08
19	V	1.5	6.0	0.02	0.08
20	Zn	1.2	4.8	0.01	0.04
21	Tl	0.4	1.6	0.03	0.12
22	Sb	0.5	2.0	0.02	0.08

（二）方法原理

固体废物和固体废物浸出液经酸消解后，进入等离子体发射光谱仪的雾化器中雾化，由氩载气带入等离子体火炬中，目标元素在等离子体火炬中被汽化、电离、激发并辐射出特征谱线。特征光谱的强度与试样中待测元素的含量在一定范围内呈正比。

（三）试剂和材料

（1）去离子水：一级纯水。

（2）硫酸、硝酸、盐酸、氢氟酸、高氯酸、过氧化氢等均为优级纯。

（3）混合标准储备液，1000 μg/mL：购买具有标准物质证书的混合标准溶液。

（4）混合标准使用液，100 μg/mL：吸取混合标准储备液10.0 mL，用5%稀盐酸定容至100 mL，摇匀。于室温下阴凉处保存。根据元素间相互干扰的情况和标准溶液的性质分组制备，其质量浓度应根据分析样品及待测元素而定，标液的酸度尽量与待测试样的酸度保持一致，均为1%的硝酸。多元素混合标准溶液分组情况见表5－24。

表5－24　多元素混合标准溶液分组情况

分组	元素
1	Ag、Be
2	V、Ti
3	Al、Ba、Fe、Mn、Ca、Mg、K、Na
4	Sr、Sb
5	Co、Cr、Cu、Ni、Pb、Zn
6	Cd、Tl

（四）仪器和设备

（1）电感耦合等离子体发射光谱仪。

（2）微波消解仪：具有程序温控功能，最大功率范围 600 ～1500W。

（3）温控电热板：控制精度 ±2.5 ℃。

（4）分析天平：精度 ±0.0001 g。

（5）聚四氟乙烯坩埚：100 mL、50 mL。

（6）筛：非金属筛，100 目。

（7）一般实验室常用仪器和设备。

（8）实验中使用到的所有锥形瓶、容量瓶、移液管等玻璃器皿均用 10% 稀硝酸浸泡过夜，并用去离子水冲洗干净，晾干。

（五）样品前处理

1. 固体废物浸出液

固体废物浸出液按照《固体废物　浸出毒性浸出方法　硫酸硝酸法》（HJ/T 299）、《固体废物　浸出毒性浸出方法　醋酸缓冲溶液法》（HJ/T 300）、《固体废物　浸出毒性浸出方法　水平振荡法》（HJ 557）进行制备。

（1）微波消解法。

量取固体废物浸出液样品 25.0 mL 至微波消解罐中，加入 5 mL 浓硝酸，按微波消解仪器说明装好消解罐，按照表 5 －25 的升温程序进行消解。消解程序结束后，消解罐应在微波消解仪内冷却至室温取出。放至通风橱内小心打开消解罐盖，用少量实验用水将微波消解罐中全部内容物转入 100 mL 聚四氟乙烯坩埚中，在电热板上以 180 ℃加热消解 1 h，取下坩埚稍冷。转入 25 mL 容量瓶中，用适量硝酸溶液淋洗坩埚，将淋洗液全部转入 25 mL 容量瓶中，用硝酸溶液定容至标线，混匀，待测。

注 1：固体废物种类较多，所含有机质差异较大，消解时各种酸的用量可视消解情况酌情增减。

注 2：电热板温度不宜太高，防止聚四氟乙烯坩埚变形。

注 3：样品消解时，需防止蒸干，以免待测元素损失。

注 4：样品及加入酸的体积总和不应超过消解罐体积的 1/3。

表 5 －25　固体废物浸出液微波消解参考升温程序

升温时间（min）	消解温度（℃）	保持时间（min）
10	室温～150	5
5	150 ～180	5

（2）电热板消解法。

量取固体废物浸出液样品 25.0 mL 于 100 mL 聚四氟乙烯坩埚中，加入 5 mL 浓硝酸，在电热板上于 180 ℃加热消解 1 ～2 h。若有颗粒物或沉淀，需滴加浓硝酸 2

mL 继续加热消解，直至溶液澄清。用适量硝酸溶液淋洗坩埚，将淋洗液全部转入 25 mL 容量瓶中，用硝酸溶液（1 +99）定容至标线，混匀，待测。

2. 固体废物

（1）微波消解法。

对于固态或可干化的半固态样品，称取 0.1 ～0.5 g（m_3，精确至 0.0001 g）过筛样品；对于液态或无须干化的半固态样品，直接称取 0.5 g（m_3，精确至 0.0001 g）样品（含油固体废物应适当少取），置于微波消解罐中，用少量水润湿后加入 9 mL 浓硝酸、2 mL 浓盐酸、3 mL 氢氟酸及 1 mL 过氧化氢，按照表 5－26 的升温程序进行消解。微波消解后的样品需冷却至少 15 min 后取出，用少量实验用水将微波消解罐中全部内容物转移至 50 mL 聚四氟乙烯坩埚中，加入 2 mL 高氯酸，置于电热板上加热至 160 ～180 ℃，驱赶至白烟冒尽，且内容物呈黏稠状。取下坩埚稍冷，加入 2 mL 硝酸溶液，温热溶解残渣。冷却后转入 25 mL 容量瓶中，用适量硝酸溶液淋洗坩埚，将淋洗液全部转入 25 mL 容量瓶中，用硝酸溶液定容至标线，混匀，待测。

表 5－26　固体废物微波消解参考升温程序

升温时间（min）	消解温度（℃）	保持时间（min）
5	室温～120	3
3	120 ～160	3
3	160 ～180	10

注 1：最终消解后仍有颗粒物沉淀，则需离心或以 0.45 μm 膜过滤后定容。

注 2：有机质含量较高的样品，需提前加入 5 mL 浓硝酸浸泡过夜。

（2）电热板消解法。

对于固态或可干化的半固态样品，称取 0.1 ～0.5 g（m_3，精确至 0.0001 g）过筛样品；对于液态或无须干化的半固态样品，直接称取 0.5 g（m_3，精确至 0.0001 g）样品（含油固体废物应适当少取），置于聚四氟乙烯坩埚中，在通风橱内，向坩埚中加入 1 mL 实验用水湿润样品，加入 5 mL 浓盐酸置于电热板上以 180 ～200 ℃加热至近干，取下稍冷。加入 5 mL 浓硝酸、5 mL 氢氟酸、3 mL 高氯酸，加盖后于电热板上 180 ℃加热至余液为 2 mL，继续加热，并摇动坩埚。当加热至冒浓白烟时，加盖使黑色有机碳化物分解。待坩埚壁上的黑色有机物消失后，开盖，驱赶白烟并蒸至内容物呈黏稠状。视消解情况，可补加 3 mL 浓硝酸、3 mL 氢氟酸、1 mL 高氯酸，重复上述消解过程。取下坩埚稍冷，加入 2 mL 硝酸溶液，温热溶解可溶性残渣。冷却后转移至 25 mL 容量瓶中，用适量硝酸溶液淋洗坩埚，将淋洗液全部转移至容量瓶中，用硝酸溶液定容至标线，混匀，待测。有机质含量较高的样品，需提前加入 5 mL 浓硝酸浸泡过夜。

3. 空白试样的制备

（1）固体废物空白。

不加样品，按与固体废物试样制备相同的操作步骤进行固体废物空白试样的制备。

（2）固体废物浸出液空白。

使用实验用水配制成浸提剂，按照与固体废物浸出液样品制备相同的步骤进行固体废物浸出液空白的制备，按照与固体废物浸出液试样制备相同的步骤进行消解。

（六）分析测试

1. 校准曲线

根据实际需要选用内标法、外标法或标准加入法，本实验室选用外标法进行。使用100 mg/L混合标准使用溶液，配成一系列质量浓度的标准溶液。以测定的峰面积为纵坐标，以溶液的质量浓度为横坐标，用最小二乘法计算标准曲线的回归方程，银（Ag）、铝（Al）、钡（Ba）、铍（Be）、钙（Ca）、镉（Cd）、钴（Co）、铬（Cr）、铜（Cu）、铁（Fe）、钾（K）、镁（Mg）、锰（Mn）、钠（Na）、镍（Ni）、铅（Pb）、钛（Ti）、钒（V）、锌（Zn）、铊（Tl）、锑（Sb）元素的参考标准曲线回归方程 r 值均大于0.999。

表5-27　标准曲线参数

序号	元素	曲线点质量浓度（mg/L）	a	b	r
1	Al	0，0.5，1，2，3，4，5	-3165.3	130300	0.9998
2	Ba	0，0.5，1，2，3，4，5	10793.6	192200	0.9997
3	Be	0，0.5，1，2，3，4，5	110066.5	4101000	0.9999
4	Ca	0，0.5，1，2，3，4，5	10281.2	187800	0.9996
5	Cd	0，0.5，1，2，3，4，5	613	60650	0.9999
6	Co	0，0.5，1，2，3，4，5	1362.7	51420	0.9999
7	Cr	0，0.5，1，2，3，4，5	928.3	81500	0.9999
8	Cu	0，0.5，1，2，3，4，5	6770	164000	0.9997
9	Fe	0，0.5，1，2，3，4，5	6465.3	103200	0.9991
10	K	0，0.5，1，2，3，4，5	497.7	6576	0.9996
11	Mg	0，0.5，1，2，3，4，5	4126.8	320100	0.9999
12	Mn	0，0.5，1，2，3，4，5	35580.5	1102000	0.9998
13	Ni	0，0.5，1，2，3，4，5	-59.8	28280	0.9999

续上表

序号	元素	曲线点质量浓度（mg/L）	a	b	r
14	Pb	0，0.5，1，2，3，4，5	578.1	10560	0.9997
15	V	0，0.5，1，2，3，4，5	6884.5	345000	0.9999
16	Zn	0，0.5，1，2，3，4，5	-128.4	36820	0.9999
17	Sb	0，0.5，1，2，3，4，5	201.2	4892	0.9996
18	Ti	0，0.5，1，2，3，4，5	21349.8	1130000	0.9999
19	Ag	0，0.5，1，2，3，4，5	7293.6	213700	0.9998
20	Tl	0，0.5，1，2，3，4，5	172.6	4667	0.9998
21	Na	0，0.5，1，2，3，4，5	487.9	62440	0.9999

2. 空白实验及方法检出限

校准试剂一般为1%（体积分数）硝酸介质的试剂水，校准空白溶液用来建立分析校准曲线；实验室试剂空白溶液用来评价样品制备过程中可能的污染和背景谱干扰。本次实验取7个空白样品，与样品处理过程一样加入相同体积的所有试剂，用来评价样品制备过程中可能的污染。结果显示所有元素测试结果标准偏差介于0.00001 μg/L至0.00947 μg/L之间。按检出限计算公式 $MDL = SD \times t_{(n-1,0.99)} = SD \times t_{(6,0.99)} = 3.14SD$ 计算元素方法检出限。22种元素检出限均低于方法给出的检出限，具体见表5-28。

表5-28　空白试验及检出限统计结果

元素	平均值（μg/L）	标准偏差 SD	MDL	测试检出限（μg/L）	方法检出限（μg/L）
Al	0.0006	0.00122	0.00383	0.004	0.05
Ba	-0.0001	0.00005	0.00017	0.001	0.06
Be	0.0002	0.00015	0.00046	0.001	0.004
Ca	0.0003	0.00066	0.00209	0.003	0.12
Cd	0.0005	0.00027	0.00085	0.001	0.01
Co	-0.0001	0.00015	0.00046	0.001	0.02
Cr	0.0001	0.00020	0.00062	0.001	0.02
Cu	0.0017	0.00100	0.00315	0.004	0.01
Fe	-0.0008	0.00099	0.00313	0.004	0.05
K	-0.0074	0.00849	0.02669	0.03	0.35
Mg	0.0005	0.00124	0.00389	0.004	0.03

续上表

元素	平均值（μg/L）	标准偏差 SD	MDL	测试检出限（μg/L）	方法检出限（μg/L）
Mn	0.0001	0.00008	0.00024	0.001	0.01
Ni	0.0003	0.00035	0.00109	0.002	0.02
Pb	0.0009	0.00161	0.00506	0.006	0.03
V	-0.0020	0.00412	0.01293	0.02	0.02
Zn	0.0006	0.00055	0.00174	0.002	0.01
Sb	-0.0027	0.00220	0.00691	0.007	0.02
Ti	-0.0001	0.00008	0.00024	0.001	0.02
Ag	0.0001	0.00011	0.00035	0.001	0.01
Tl	0.0007	0.00947	0.02975	0.03	0.03
Na	-0.0003	0.00034	0.00106	0.002	0.20

3. *方法精密度*

取某一未知质量浓度的固体废物浸出液，进行分析测试，结果见表 5-29，满足质控要求。

表 5-29　样品重复分析测试结果

元素	平均值（μg/L）	标准偏差 SD	相对标准偏差（%）
Al	0.946	0.011	1.2
Ba	1.059	0.008	0.8
Be	1.016	0.005	0.5
Ca	1.033	0.011	1.0
Cd	0.983	0.008	0.8
Co	1.001	0.008	0.8
Cr	0.986	0.007	0.7
Cu	0.970	0.011	1.1
Fe	1.037	0.009	0.9
K	1.057	0.021	2.0
Mg	0.999	0.011	1.1
Mn	1.011	0.006	0.6
Ni	1.021	0.010	0.9

续上表

元素	平均值（μg/L）	标准偏差 SD	相对标准偏差（%）
Pb	1.061	0.009	0.8
Sr	0.992	0.006	0.6
V	0.988	0.007	0.7
Zn	0.959	0.008	0.8
Sb	1.022	0.009	0.9
Ti	0.973	0.006	0.6
Ag	0.462	0.002	0.5
Tl	1.029	0.012	1.2
Na	0.990	0.010	1.0

4. 方法准确度

对某一固体废物浸出液进行 7 次加标回收测定，加标量为 0.50 ～1.00 μg/L。加标回收率范围为 88.0%～109%，测定结果见表 5－30。

表 5－30 加标回收试验结果

序号	元素	加标回收率（%）	
		最小值	最大值
1	Al	91.1	98.7
2	Ba	96.2	112
4	Be	96.4	101
5	Ca	94.0	106
6	Cd	95.0	102
7	Co	95.1	103
8	Cr	95.1	103
9	Cu	102	109
10	Fe	100	105
11	K	88.5	99.9
12	Mg	93.2	99.2
13	Mn	97.8	101
14	Ni	96.0	105
15	Pb	93.0	101

续上表

序号	元素	加标回收率（%）	
		最小值	最大值
16	Sr	94.3	99.4
17	V	98.0	102
18	Zn	93.5	104
19	Sb	102	107
20	Ti	96.8	101
21	Ag	99.8	108
22	Tl	88.0	98.2
23	Na	94.8	101

（七）结果表示与计算

（1）固体废物中金属元素的含量以 mg/kg 表示。

（2）液态或无须干化的半固态固体废物中金属元素含量以 mg/kg 表示。

（3）固体废物浸出液中金属元素质量浓度以 mg/L 表示。

（4）测定结果小数位数与方法检出限保持一致，最多保留三位有效数字。

（5）固体废物中待测金属元素的含量 ω（mg/kg）按公式（2）计算：

$$\omega=\frac{(\rho_1-\rho_0)\times V_0}{m_3}\times\frac{m_2}{m_1} \qquad (2)$$

液态和无须干化的半固态固体废物 ω（mg/kg）按公式（3）计算：

$$\omega=\frac{(\rho_1-\rho_0)\times V_0}{m_3} \qquad (3)$$

固体废物浸出液测定结果 ρ（μg/L）按公式（4）计算：

$$\rho=\frac{(\rho_1-\rho_0)\times V_0}{V} \qquad (4)$$

式中 ρ_1——由校准曲线计算测定试样中待测金属元素的质量浓度，μg/L；

ρ_0——空白试样中待测金属元素质量浓度，μg/L；

V——固体废物浸出液的取样体积，mL；

V_0——消解后试样的定容体积，mL；

m_1——样品的称取量，g；

m_2——干燥后样品的质量，g；

m_3——研磨过筛后固体废物样品的称取量/样品的称取量，g。

（八）质量保证与质量控制

（1）每批样品至少做1个实验室空白，所测元素的空白值不得超过方法测定下限。

（2）每批样品分析均需绘制校准曲线，校准曲线的相关系数应不小于0.995。每分析50个样品须用一个校准曲线的中间点质量浓度标准溶液进行校准核查，其测定结果与最近一次校准曲线该点质量浓度的相对偏差应不超过10%，否则应重新绘制校准曲线。

（3）每分析10个样品做1个平行双样，样品数量少于10个时，应至少测定一个平行双样，各元素测定结果的实验室内相对标准偏差应低于35%。

（4）对实际样品进行全量测定时，每批样品需带固体废物有证标准物质，其测定结果应在给出的不确定范围内。对实际样品进行浸出液测定时，以加标控制准确度，其加标回收率范围应为70%～120%。

（九）注意事项

（1）实验中使用的坩埚和玻璃容器均需用硝酸溶液浸泡12 h以上，用自来水和实验用水依次冲洗干净，置于干净的环境中晾干。新使用或疑似受污染的容器，应用1+1热盐酸溶液浸泡（温度高于80 ℃，低于沸腾温度）2 h以上，并用（1+1）热硝酸溶液浸泡2 h以上，用自来水和实验用水依次冲洗干净，置于干净的环境中晾干。

（2）仪器点火后，应预热30 min以上，以防波长漂移。

（3）含量较低的元素，可适当增加样品称取量或减少定容体积，也可将消解液浓缩后测定。

（4）实验中产生的废物和废液应分类收集和保管，并送具有资质的单位处理。

引用标准

[1] 国家环境保护总局. 固体废物　22种金属元素的测定　电感耦合等离子体发射光谱法：HJ 781－2016 [S]. 北京：中国环境科学出版社，2016：1－22.

四、土壤　元素测定　电感耦合等离子发射光谱法

（一）适用范围

电感耦合等离子体发射光谱（ICP－AES）可用于测定溶液中的金属及非金属元素。本部分探讨水样及土壤中的金属元素的痕量分析，检出限见表5－31。

表 5－31　电感耦合等离子体发射光谱测定检出限

被测物	水样（mg/L）	土样（mg/kg）
Ag	0.002	0.3
Al	0.002	3
As	0.008	2
B	0.003	—
Ba	0.001	0.2
Be	0.0003	0.1
Ca	0.01	2
Cd	0.001	0.2
Ce	0.02	3
Co	0.002	0.4
Cr	0.004	0.8
Cu	0.003	0.5
Fe	0.03 *	6
Hg	0.007	2
K	0.3	60
Li	0.001	0.2
Mg	0.02	3
Mn	0.001	0.2
Mo	0.004	1
Na	0.03	6
Ni	0.005	1
P	0.06	12
Pb	0.01	2
Sb	0.008	2
Se	0.02	5
SiO_2	0.02	—
Sn	0.007	2
Sr	0.0003	0.1
Tl	0.001	0.2

续上表

被测物	水样（mg/L）	土样（mg/kg）
Ti	0.02	3
V	0.003	1
Zn	0.002	0.3

（二）方法原理

根据光谱测定法，电感耦合等离子体发射光谱仪可检测元素的特征原子线。样品经雾化形成的气溶胶被引入等离子体炬中。元素的特征发射光谱由射频电感耦合等离子体产生。谱线经光栅分光计进行散射，其在特定波长的强度由一个光敏装置进行检测。从光敏装置产生的光电流由微机系统进行处理和控制。

（三）试剂和材料

（1）新制备的去离子水：一级纯水。

（2）硫酸、硝酸、盐酸等试剂：优级纯。

（3）混合标准储备液，1000 μg/mL：购买具有标准物质证书的混合标准溶液。

（4）混合标准使用液，100 μg/mL：吸取混合标准储备液 10.0 mL，用 5% 稀硝酸定容至 100 mL，摇匀。

（四）样品的采集和处理

1. 水样的前处理

可溶性被测物：对于地面及地表水中的可溶性被测物的测定，可取一份经过滤的并加酸保存的样品（≥20 mL）到 50 mL 的聚丙烯离心管中。加入适当体积的硝酸（1+1）溶液调节试样的硝酸体积分数约为 1%，如：20 mL 的样品中可加入硝酸（1+1）溶液 0.4 mL。盖上盖子并混匀试样。此时样品已可以用于分析了。

完全可回收被测物：对于浊度 <1NTU 的饮用水中的完全可回收被测物，可直接分析。而对于其他水样或是经过预浓缩的饮用水中的完全可回收被测物的分析可按照“硝酸+盐酸”的方法进行消解。

2. 土壤样品的前处理

按照《土壤　干物质和水分的测定　重量法》（HJ 613－2011）测定土壤中干物质和水分含量；按照《土壤环境监测技术规范》（HJ/T 166－2004）制样；消解方式为“HNO_3 + HCl”，消解物若有不溶物，可放置过夜，或将部分试样进行离心处理直到澄清。若经过夜或离心处理后，试样仍有会阻塞雾化器的悬浮物，可将部分试样过滤除去悬浮物后再进行分析。但必须注意在过滤过程中要防止试样被污染。

（五）仪器和设备

（1）检定合格的电感耦合等离子体发射光谱仪。在每天进行校正之前，要检查进样系统包括雾化器、炬管、进样管及提升管是否有阻塞、灰尘，因它们会影响进样及仪器操作；必要时，要对这些部件进行清洗或是每天进行清洗。

（2）微波消解仪：具有程序温控功能，最大功率范围600～1500 W。

（3）温控电热板：控制精度±2.5 ℃。

（4）分析天平：精度±0.0001 g。

（5）聚四氟乙烯坩埚：100 mL、50 mL。

（6）筛：非金属筛，100目。

（7）一般实验室常用仪器和设备。实验中使用到的所有锥形瓶、容量瓶、移液管等玻璃器皿均用10%稀硝酸浸泡过夜，并以去离子水冲洗干净，晾干。

（六）样品分析

（1）将仪器调到所选择的功率及操作条件。等待仪器预热稳定后才可进行分析和校正，这一过程需30～60 min。仪器稳定后，可进行光学描迹和校正。

（2）按照仪器商要求的步骤，使用混合校正标准及校正空白对仪器进行校正，以便进行日常分析。所有溶液均通过蠕动泵进入雾化器。为使等离子体达到平衡，待试样到达等离子体30 s后才开始对经背景修正后的信号进行积分以得出数据。如果可能，采用平行样的信号积分平均值计算被测物的质量浓度。每个标准液之间至少用清洗液清洗60 s。校正曲线至少要包括一个校正空白和一个高质量浓度标准溶液。

（3）在按本方法的要求完成了初始的测试后，就可按照校正曲线的步骤对样品进行分析了，同样在每个样品、实验室强化空白、实验室强化基体及测试溶液之间均需以清洗液进行清洗。

（4）若测出的样品质量浓度达到了其线性动态范围的90%甚至更高，则需以试剂用水对样品进行稀释，并重新进行分析。同样，为保证元素间光谱干扰校正系数有效，其干扰物的质量浓度也不应超过它的线性动态范围。若超出了，则也要对样品进行稀释并重新分析。在这种情况下，被测物的检出限变高了，因此建议采用更灵敏或干扰更少的方法进行测定。

（七）结果表示和计算

（1）水样的数据以mg/L报出，固体样则以mg/kg干基报出。

（2）对于方法检出限低于0.01 mg/L的被测物，保留其数据结果到千位且最多可报出三位有效数字。而对于方法检出限不低于0.01 mg/L的被测物，保留其数据结果到百位且最多可报出三位有效数字。

（3）对于土壤样品中的完全可回收被测物，其干基含量ω（mg/kg）以公式

(1) 计算:

$$\omega = \frac{\rho \times V \times f}{m} \quad (1)$$

式中 ρ——消解液中的质量浓度, mg/L;

V——消解液的体积, L;

f——稀释系数 (未稀释的 =1);

m——被消解样品的质量。

(八) 质量保证与质量控制

(1) 每批样品分析均需绘制校准曲线, 校准曲线的相关系数应不小于 0.999, 每分析 10 个样品做 1 个中间基准点。

(2) 每批样品至少做 2 个实验室空白, 所测元素的空白值不得超过方法测定下限。

(3) 每分析 10 个样品做 1 个平行双样, 样品数量少于 10 个时, 应至少测定一个平行双样。

(九) 注意事项

(1) 对于水溶液中的可溶被测物, 可直接报告仪器给出的结果, 并且要考虑到样品的稀释。

(2) 对于水样中的完全可回收被测物, 则要调节相应的稀释系数。另外, 还要考虑对于那些质量浓度超过线性动态范围上限 90% 甚至更多的样品所进行的额外的稀释。

(3) 仪器点火后, 应该有足够长的预热时间, 以防波长漂移。

(4) 含量较低的元素, 可适当增加样品称取量或减少定容体积, 也可将消解液浓缩后测定。

(5) 实验中产生的废物和废液应分类收集和保管, 并送具有资质的单位处理。

引用标准

[1] 美国国家环境保护局. 水和废水中金属及痕量元素的测定: EPA200. 7-1. 美国, 1994.

第五节　电感耦合等离子体质谱法

一、电感耦合等离子体质谱仪概述

（一）仪器适用

电感耦合等离子体质谱仪（ICP－MS）是以电感耦合等离子体作为离子源，以质谱进行检测的无机多元素分析仪器。基本可以满足《土壤环境质量农用地土壤污染风险管控标准（试行）》（GB 15618—2018）、《土壤环境质量建设用地土壤污染风险管控标准（试行）》（GB 36600—2018）、《危险废物鉴别标准　浸出毒性鉴别》（GB 5085.3—2007）、《危险废物鉴别标准　毒性物含量鉴别》（GB 5085.6—2007）中规定的金属元素的分析。

（二）仪器原理

电感耦合等离子体由高频电流经感应线圈产生高频电磁场，使氩气形成等离子体，也叫等离子体焰炬，高温高达6000～10000K。待测样品通过蠕动泵、雾化器引入氩气流中，进入由射频能量激发的处于大气压下的氩等离子体中心区；等离子的高温使样品去溶剂化、汽化解离、电离、离子化、原子化；被激发的离子（原子）经过不同的压力区进入真空系统，在真空系统内，正离子被拉出并按其质荷比分离；检测器将离子转化为电子脉冲，然后由积分测量线路计数。电子脉冲的大小与样品中分析离子的质量浓度有关，通过与已知的标准或参比物质比较，实现未知样品的痕量元素定量分析。

（三）仪器参数①

（1）灵敏度：低质量数 Li（7）：50 Mcps/ppm；中质量数 Y（89）：160 Mcps/ppm；高质量数 Tl（205）：80 Mcps/ppm；

（2）检测限：低质量数 Be（9）：0.5 ppt，中质量数 In（115）：0.1 ppt，高质量数 Bi（209）：0.1 ppt，

（3）氧化物干扰：CeO^{+}/Ce^{+}：1.5%，3.0%；

（4）双电荷干扰：Ce^{2+}/Ce^{+}：3.0%；

（5）同位素比精度：RSD（$^{107}Ag/^{109}Ag$）0.1%；

（6）质谱范围：2～260 amu；

（7）丰度灵敏度：低质量端：5×10^{-7}；高质量端：1×10^{-7}。

---

① 仪器采用安捷伦 7700×ICP－MS，以下参数设定及其使用单位均基于此设备。

（四）仪器调谐

手动调谐：采集的质量数为 7、89、205、156/140、70/140，确认灵敏度、氧化物、双电荷是否达到要求，否则重新自动调谐。仪器手动调谐参数见表 5－32。

表 5－32　仪器手动调谐参数

测试项目	说明
Sensitirity（0.1s，1 ppb）	Li≥3000
	Y≥12000
	Tl≥6000
Oxide（CeO/Ce）	≤1.2%
DoublyC harged（Ce^{2+}/Ce）	≤2.0%
MassResolution（at10%）	0.65～0.85 amu

自动调谐点击 Tune Autotune 进入自动调谐页面，选取除 P/A Factor 的所有选项，点击 Run。自动调谐完毕，仪器会生成 nogas. u 和 He. u 两个调谐文件，可以调用 nogas. u 检查灵敏度、氧化物及双电荷，调用 He. u 检查 Co 响应值不低于 3000 CPS、元素 M^{56} 背景值不高于 18000 CPS。

P/A Factor 调谐：若调谐时修改了"Detector Parameters"，需做 P/A Factor 调谐，且在做 P/A Factor 调谐时，要选中"Merge in the current data"。

（五）优缺点

1. 优点

基本可以满足 GB 36600 及 GB 15168 规定的砷、镉、铬、铜、铅、镍、锑、铍、钴、钒等指标的同时检测，也满足 GB 5085.3 中规定的锌、镉、铅、总铬、铍、钡、镍、总银、砷、硒等指标的同时检测。

痕量质量浓度就能产生很高的离子数目，灵敏度高，检测限低；在大气压下进样，样品的更换很方便，具有与高效液相色谱技术联机进行元素价态、结合形态分析的能力；可进行样品定性、半定量、定量、同位素分析，同位素稀释、单颗粒分析，单元素和多元素分析，以及有机物中金属元素的形态分析。

2. 缺点

运行费用及环境要求相对较高；对分析人员仪器操作经验要求高；土壤样品基体复杂，影响较大；ICP 高温引起化学反应的多样化，经常使分子离子的强度过高，干扰测量；基体复杂、质量浓度偏高的情况下容易影响采样锥及截取锥，导致信号值降低。

二、危险废物鉴别　浸出毒性鉴别　电感耦合等离子体质谱法

（一）适用范围

本方法适用于固体废物和固体废物浸出液中银（Ag）、铝（Al）、砷（As）、钡（Ba）、铍（Be）、镉（Cd）、钴（Co）、铬（Cr）、铜（Cu）、汞（Hg）、锰（Mn）、钼（Mo）、镍（Ni）、铅（Pb）、锑（Sb）、硒（Se）、钍（Th）、铊（Tl）、铀（U）、钒（V）、锌（Zn）的检测，也可用于其他元素的分析，但应给出方法的精确度和精密度。GB 5085.3 规定的方法检出限见表 5－33。

表 5－33　GB 5085.3 规定的方法检出限

质量数元素	扫描模式		选择性离子监控模式	
	水样（μg/L）	固体（mg/kg）	水样（μg/L）	固体（mg/kg）
^{27}Al	1.0	0.4	1.7	0.04
^{123}Sb	0.4	0.2	0.04	0.02
^{75}As	1.4	0.6	0.4	0.1
^{137}Ba	0.8	0.4	0.04	0.04
^{9}Be	0.3	0.1	0.02	0.03
^{111}Cd	0.5	0.2	0.03	0.03
^{52}Cr	0.9	0.4	0.08	0.08
^{59}Co	0.09	0.04	0.004	0.003
^{63}Cu	0.5	0.2	0.02	0.01
^{206,207,208}Pb	0.6	0.3	0.05	0.02
^{55}Mn	0.1	0.05	0.02	0.04
^{98}Mo	0.3	0.1	0.01	0.01
^{60}Ni	0.5	0.2	0.06	0.03
^{82}Se	7.9	3.2	2.1	0.5
^{107}Ag	0.1	0.05	0.005	0.005
^{205}Tl	0.3	0.1	0.02	0.01
^{51}V	2.5	1.0	0.9	0.05
^{66}Zn	1.8	0.7	0.1	0.2

（二）方法原理

将样品溶液以气动雾化方式引入射频等离子体，在等离子体中的能量作用下，样品在传输过程去溶剂、原子化和电离。等离子体产生的离子通过一个差级真空

接口系统提取进入四极杆质谱分析器，然后根据其质荷比进行分离，其最小分辨率为5%峰高处峰宽1u。四极杆传输的离子流用电子倍增器或法拉第检测器检测，数据处理系统处理离子信息。

要充分认识本技术涉及的干扰并加以校正。校正应包括同量异位素干扰以及仪器漂移使用内标补偿。

（三）试剂和材料

1. 一般试剂

硫酸、硝酸、盐酸、氢氟酸、高氯酸：符合国家标准的优级纯试剂。实验用水为新制备的去离子水或同等纯度的水。

2. 标准溶液

标准溶液为市售或自配，混合标准储备液质量浓度为1000 mg/L，混合标准使用液质量浓度为10 mg/L。

多元素储备标准溶液制备时一定要注意元素间的相容性和稳定性。元素的原始标准储备溶液必须进行检查以避免杂质影响标准的准确度。新配好的标准溶液应转入经过酸洗的、未用过的FEP瓶中保存，并定期检查其稳定性。元素可采用表5－34中的分组。

除了Se和Hg，多元素标准储备液A和B（1 mL含标准物10 μg）可以通过直接分取1 mL表5－34中的单元素标准储备溶液，用含1%（体积分数）硝酸的试剂水稀释至100 mL配制而成。对于A溶液中的Hg和Se元素，分别取各自的标准溶液0.05 mL和5.0 mL，用试剂水稀释至100 mL（1 mL含0.5 μg Hg和50 μg Se）。如果用质量监控样来核对经逐级稀释制备的多元素储备标准得不到验证，则需要更换。

表5－34　元素储备标准溶液分组

标准溶液A	标准溶液B
Al，Sb，As，Be，Cd，Cr，Co，Cu，Pb，Mn，Hg，Mo，Ni，Se，Th，Tl，U，V，Zn	Ba，Ag

3. 内标溶液

内标储备溶液：1 mL含内标物100 μg。

内标使用溶液：1 mL含内标物10 μg。取10 mL Sc、Y、In、Tb和Bi标准储备溶液，试剂水稀释至100 mL，储存在FEP瓶中。直接将该质量浓度的内标溶液加入到空白、校准标准和样品中。如果用蠕动泵加入，可用1%（体积分数）硝酸稀释至适当质量浓度。

（四）仪器和设备

（1）电感耦合等离子体质谱仪。仪器能对5～250 amu质量范围内进行扫描，最小分辨率为5%，峰高处峰宽1 amu。仪器配有常规的或能扩展动态范围的检测系统。

（2）氩气源，高纯级（99.99%）。

（3）分析天平，精确至0.1 mg；温控式电热板，温度能够保持95 ℃；离心机；重力对流干燥烘箱，带有温控系统等配套设备。

（4）一般实验常用仪器和设备，实验中使用到的所有锥形瓶、容量瓶、移液管等玻璃器皿均用（1+1）硝酸浸泡过夜，并以去离子水冲洗干净，晾干。

（五）样品前处理

1. 固体废物浸出液

固体废物浸出液按照《固体废物 浸出毒性浸出方法 硫酸硝酸法》（HJ/T 299）、《固体废物 浸出毒性浸出方法 醋酸缓冲溶液法》（HJ/T 300）、《固体废物 浸出毒性浸出方法 水平振荡法》（HJ 557）进行制备。

浸提剂配制：（以HJ/T 299－2007为例）将质量比为2：1的浓硫酸和浓硝酸混合液加入到纯水（1 L水约2滴混合液）中，使pH＝3.20。将样品破碎过筛后，根据样品的含水率，按液固比为10：1（L/kg）计算并加入所需浸提液的体积，调节转速为30 r/min，于23 ℃下振荡18 h。以上步骤完毕后，过滤。按照电热板消解法或微波消解法进行消解，冷却后转入25 mL容量瓶中，用纯水定容至标线，摇匀待测。

2. 固体废物

称取0.5 g过100目筛后的样品（精确至0.1 mg）于聚四氟乙烯坩埚或消解罐中。用少量水湿润后按方法要求及顺序加入适量盐酸、硝酸、氢氟酸、高氯酸，按照电热板消解法或微波消解法进行消解，冷却后转入50 mL容量瓶中，用实验用水定容至标线，摇匀待测。

（六）分析测试

1. 校准曲线

使用10 mg/L混合标准使用液，配成一系列质量浓度的标准溶液。对于不同干扰，可以选择标准加入法进行测量，本次描述的为校准曲线法。由测定的信号值对应的标准物质的质量浓度绘制成校准曲线，银（Ag）、铝（Al）、砷（As）、钡（Ba）、铍（Be）、镉（Cd）、钴（Co）、铬（Cr）、铜（Cu）、汞（Hg）、锰（Mn）、钼（Mo）、镍（Ni）、铅（Pb）、锑（Sb）、硒（Se）、钍（Th）、铊（Tl）、铀（U）、钒（V）、锌（Zn）元素的相关系数基本大于0.999，回归方程与r值见表5－35，符合方法质控要求。

表 5－35　标准曲线参数

序号	质量数元素	内标物	截距 a	斜率 b	相关性 r
1	^{9}Be	^{6}Li	1.78×10^{-2}	0.0026	0.9993
2	^{51}V	^{103}Rh	4.67×10^{-4}	0.0022	0.9999
3	^{52}Cr		6.00×10^{-3}	0.0026	0.9990
4	^{55}Mn		3.60×10^{-3}	0.0017	0.9999
5	^{59}Co		7.90×10^{-3}	0.0041	0.9999
6	^{60}Ni		1.60×10^{-3}	0.0011	0.9998
7	^{63}Cu		7.20×10^{-3}	0.0029	0.9998
8	^{68}Zn		2.00×10^{-3}	4.25×10^{-4}	0.9999
9	^{75}As		8.98×10^{-3}	3.34×10^{-4}	0.9998
10	^{78}Se		2.20×10^{-3}	3.92×10^{-5}	0.9995
11	^{95}Mo		9.60×10^{-3}	0.0015	0.9994
12	^{107}Ag		8.80×10^{-3}	0.0051	0.9999
13	^{111}Cd		1.90×10^{-3}	8.54×10^{-3}	0.9997
14	^{123}Sb	—	8.38×10^{4}	7.86×10^{3}	0.9996
15	^{137}Ba	^{103}Rh	7.10×10^{-3}	8.35×10^{-4}	0.9998
16	^{203}Tl		5.20×10^{-3}	3.80×10^{-3}	0.9998
17	^{206,207,208}Pb		1.73×10^{-2}	0.0114	0.9998
18	^{238}U	—	2.57×10^{5}	7.54×10^{4}	0.9999
19	^{27}Al	^{45}Sc	8.02	4.18×10^{-2}	0.9999
20	^{202}Hg	^{185}Re	1.77×10^{-5}	4.58×10^{-4}	0.9997

2. 空白实验及检出限

本方法需要三种类型的空白溶液。

（1）校准空白溶液，用来建立分析校准曲线。1%（体积分数）硝酸介质的试剂水。采用直接加入法时，加内标。

（2）实验室试剂空白溶液，用来评价样品制备过程中可能的污染和背景谱干扰。必须与样品处理过程一样加入相同体积的所有试剂，制备过程必须和样品处理步骤（需要的话，也要进行消解）完全相同，如果采用直接加入法，则样品处理完后加入内标。

（3）清洗空白溶液，在测定样品过程中用含2%（体积分数）硝酸的试剂水清洗仪器，以降低记忆效应干扰。

如果采用“直接分析”步骤测定汞，在内标溶液中加入金标准储备液（100 μg/L），可清除汞的记忆效应。

以浸出液为例，取11个空白样品，与样品处理过程一样加入相同体积的所有试剂，用来评价样品制备过程中可能的污染。

空白试验参考数据及检出限统计结果详见表5－36，按照 $MDL = SD \times t_{(n-1,0.99)}$ 计算方法检出限，所测元素检出限均低于方法给出的检出限。

表5－36　空白试验及检出限统计结果

质量数元素	平均值（μg/L）	标准偏差SD	MDL	检出限（μg/L）	方法检出限（μg/L）
^{9}Be	0.180	0.0042	0.0116	0.02	0.3
^{51}V	0.018	0.0039	0.0108	0.02	2.5
^{52}Cr	－1.639	0.0128	0.0354	0.04	0.9
^{55}Mn	0.304	0.0114	0.0315	0.04	0.1
^{59}Co	0.007	0.0019	0.0053	0.01	0.09
^{60}Ni	0.182	0.0042	0.0116	0.02	0.5
^{63}Cu	0.313	0.0083	0.0229	0.03	0.5
^{68}Zn	7.2	0.1819	0.5028	0.6	1.8
^{75}As	0.038	0.0161	0.0445	0.05	1.4
^{78}Se	－0.029	0.0394	0.1089	0.2	7.9
^{107}Ag	0.04	0.0222	0.0614	0.07	0.1
^{111}Cd	0.007	0.0026	0.0072	0.01	0.5
^{137}Ba	0.487	0.0240	0.0663	0.08	0.8
^{203}Tl	0.006	0.0075	0.0207	0.03	0.3
^{208}Pb	0.153	0.0237	0.0655	0.07	0.6
^{238}U	0.002	0.0013	0.0036	0.01	0.1
^{202}Hg	0.208	0.0339	0.0937	0.1	n. a

注：n. a 表示不适用，总可回收性消解方法不适于有机汞化合物的测定。

3. 精密度

对一固体废物试样浸出液进行重复性测试，按GB 5085.3—2007附录B要求的前处理方法制备7份样品，7次测量结果相对标准偏差比较大的有Se、Ag、Sb、

Hg，RSD分别为7.4%、8.1%、7.8%、9.8%。

4. 方法准确度

实验室必须在常规样品分析时对至少10%的样品加入已知质量浓度的分析物。在每种情况下，实验室强化基体必须是分析样品的重份，对于总可回收分析物的测定应在样品制备之前插入。对于水样，加入的分析物质量浓度必须等同于实验室强化空白加入的质量浓度。对固体样品，加入的分析物质量浓度相当于固体中100 mg/kg（分析溶液中为200 μg/L），但银要控制在50 mg/kg之内。如果放置时间长，所有样品都应强化。

计算每个被分析元素的百分回收率，用未强化样品的测定质量浓度作为背景进行校正，然后将这些数据同规定的实验室强化基体回收率范围70%～130%进行比较。如果强化时加入的元素质量浓度低于样品背景质量浓度的30%，则不需计算回收率。

对一固体废物试样浸出液进行加标回收测试，按GB 5085.3—2007附录B要求的前处理方法制备7份样品，7次测量均值回收率均在89.7%～111%之间。

（七）结果计算与表示

（1）水溶液样品的结果以μg/L，固体样品的结果以mg/kg干重表示。元素质量浓度低于方法检出限（MDL）的不予报出。

（2）数值低于10的结果，保留2位有效数字；数值等于或大于10的结果，保留3位有效数字。

（3）样品浸出液的结果以μg/L表示，如果样品有稀释，计算提取液中样品质量浓度时要乘以相应的稀释倍数。

（4）固体样品报出换算为干样品质量比ω（mg/kg），保留3位有效数字，除非另有规定。换算公式如下：

$$\omega = \frac{\rho \times V}{m} \tag{1}$$

式中 ρ——提取液中待测物质量浓度，μg/L；

V——提取液体积，L；

m——被提取样品的质量，kg。

低于估算的固体方法检出限（MDL）或根据（为完成分析而进行的）稀释而调整的MDL的分析结果不予报出。

（5）固体样品中的固体质量分数ω_s（%）用公式（2）计算：

$$\omega_s = \frac{m_{干}}{m_{湿}} \times 100 \tag{2}$$

式中 $m_{干}$——60℃烘干的样品质量；

$m_{湿}$——烘干前的样品质量。

注：如果数据使用者，项目或实验室要求105 ℃烘干后测定固体百分比，另取一份样品（大于20 g），按固体样品处理（总可回收分析物）的步骤重新操作，在103 ～105 ℃烘干至恒重。再换算固体样品质量浓度。

（6）分析期间的质量监控样的结果可以为样品数据质量提供参考，应和样品结果一起提供。

（八）质量保证与质量控制

（1）使用本方法的所有实验室都应执行规定的质量监控程序。程序至少应包括实验室初始能力证明、实验室试剂空白、强化空白和校准溶液的定期分析。要求实验室保存控制数据质量的操作记录。

（2）线性校准范围：通过测定三种不同质量浓度的标准溶液的信号响应，建立适合每个元素的线性校准范围上限，待测物质量浓度超过上限的90%时要稀释后重新分析。

（3）质量监控样（QCS）：用来检验校准标准的QCS的三次测定平均值必须在其标准值的±10%范围内。

（4）实验室试剂空白（LRB）：分析相同基体的一组样品时，每20个或更少样品至少要插入一个实验室试剂空白。当空白值大于等于样品待测物质量浓度的10%或方法检出限的2.2倍（两值中之高者）时，必须重新制备样品，在修正了污染源并获得可接受的LRB值后，重新测定被污染元素。

（5）实验室强化空白（LFB）：每批样品都要分析至少一个实验室强化空白。试剂空白所加入的分析元素相当质量浓度。如果某元素的回收率落在要求控制限85%～115%之外，说明该元素超出控制范围，就要查明原因，解决后方可继续分析。

（6）如果元素的回收率落在指定范围之外，而实验室工作性能又正常，强化样品所遇到的回收问题应该是由强化样品的基体造成而非系统问题。同时，告知数据使用者，未强化样品的元素分析结果可能由于样品不均匀或未校正基体效应有问题。

（7）内标响应：应监控整个样品分析过程中的内标响应以及内标与各分析元素信号响应的比值。任何一种内标的绝对响应值的偏差都不能超过校准空白中最初响应的60%～125%。

（九）注意事项

（1）实验室器皿，对于痕量元素的测定来讲，污染和损失是首要考虑的问题。分析中所用的玻璃器皿均需用HNO_3（1+1）溶液浸泡24 h，或热HNO_3荡洗后，再用去离子水洗净后方可使用。对于新器皿，应作相应的空白检查后才能使用。

（2）对所用的每一瓶试剂都应做相应的空白实验，特别是盐酸要仔细检查。

配制标准溶液与样品应尽可能使用同一瓶试剂。

（3）所用的标准系列必须每次配制，与样品在相同条件下测定。

（4）微量元素的样品处理必须保证干净的实验室操作环境。在痕量元素测定中，样品容器会通过以下途径给样品测定结果带来正负误差：

①通过表面解吸附作用或浸析造成污染；

②通过吸附过程降低元素质量浓度。所有可重复使用的实验室器皿（玻璃，石英，聚乙烯，PTFE，FEP 等材料）都应该充分清洗直到满足分析要求。

（5）样品测定前必须检查仪器性能并确保仪器已校准。为了确认校准的可靠性，每次校准后，每分析 10 个样品及结束一次分析运行程序时，都要回测校准空白和标准。校准标准的回测值可用来判断校准是否有效。标准溶液中的所有待测元素质量浓度偏差应在 ±10% 以内。如果回测结果不在规定范围内就要重新校准仪器（校准检查时回测的仪器响应信号可用于重新校准，但必须在继续样品分析前确认）。如果连续校准检验超出 ±15% 偏差范围，其前分析的 10 个样品就要在校准后重测。如果由于样品基体引起校准漂移，建议将前面测定过的 10 个样品以 5 个样品为 1 组重新测定，以避免类似的漂移情况出现。

（6）采用内标法校正由于仪器漂移或样品基体引起的干扰。特征质谱干扰也要进行校正。不管有没有加入盐酸，所有样品都要进行氯化物干扰校正，因为环境样品中氯化物离子是常见组分。

（7）如果一种待测元素选择了不止一个同位素，不同同位素计算的质量浓度或同位素比值可以为分析者检查可能的质谱干扰提供有用信息。衡量元素质量浓度时，主同位素和次同位素都要考虑。有些情况下，次同位素的灵敏度可能比推荐的主同位素低或更容易受到干扰，因此，两种结果的差异并不能说明主同位素的数据计算有问题。

引用标准

[1] 国家环境保护总局. 危险废物鉴别标准　浸出毒性鉴别：GB 5085.3—2007 [S]. 北京：中国环境科学出版社，2007：1－17.

三、固体废物　金属元素的测定　电感耦合等离子体质谱法

（一）适用范围

适用于固体废物和固体废物浸出液中银（Ag）、砷（As）、钡（Ba）、铍（Be）、镉（Cd）、钴（Co）、铬（Cr）、铜（Cu）、锰（Mn）、钼（Mo）、镍（Ni）、铅（Pb）、锑（Sb）、硒（Se）、铊（Tl）、钒（V）、锌（Zn）等 17 种金属元素的测定。若通过验证，也可适用于其他金属元素的测定。

当固体废物浸出液取样体积为25 mL时，上述17种金属元素的检出限为0.7 ～6.4 μg/L，测定下限为2.8 ～25.6 μg/L。当固体废物样品量为0.1 g时，17种金属元素的方法检出限为0.4 ～3.2 mg/kg，测定下限为1.6 ～12.8 mg/kg，具体见表5－37。

表5－37　各元素的方法检出限和测定下限

元素	检出限		测定下限	
	固体废物（mg/kg）	固体废物浸出液（μg/L）	固体废物（mg/kg）	固体废物浸出液（μg/L）
银（Ag）	1.4	2.9	5.6	11.6
砷（As）	0.5	1.0	2.0	4.0
钡（Ba）	0.9	1.8	3.6	7.2
铍（Be）	0.4	0.7	1.6	2.8
镉（Cd）	0.6	1.2	2.4	4.8
铬（Cr）	1.0	2.0	4.0	8.0
钴（Co）	1.1	2.2	4.4	8.8
铜（Cu）	1.2	2.5	4.8	10.0
锰（Mn）	1.8	3.6	7.2	14.4
钼（Mo）	0.8	1.5	3.2	6.0
镍（Ni）	1.9	3.8	7.6	15
铅（Pb）	2.1	4.2	8.4	17
锑（Sb）	1.6	3.2	6.4	13
硒（Se）	0.6	1.3	2.4	5.2
铊（Tl）	0.6	1.3	2.4	5.2
钒（V）	0.6	1.1	2.4	4.4
锌（Zn）	3.2	6.4	12.8	25.6

（二）方法原理

固体废物浸出液经过酸消解预处理后，采用电感耦合等离子体质谱仪（安捷伦7700x）进行检测，根据元素的特征离子进行定性，内标法定量。

（三）试剂和材料

（1）去离子水：一级纯水。

（2）硝酸：ρ（HNO_3）=1.42 g/mL，优级纯；盐酸：ρ（HCl）=1.19 g/mL，优级纯。

（3）多元素标准储备溶液：ρ=1000 mg/L。可以自配或购买市售有证标准溶液。

（4）多元素标准使用溶液：ρ=1.00 mg/L。用1%（体积分数）稀硝酸稀释标准储备液。

（5）内标标准使用液：ρ=1.00 mg/L。购买有证安捷伦内标标准溶液。内含^{6}Li、^{45}Sc、^{74}Ge、^{89}Y、^{103}Rh、^{115}In、^{159}Tb、^{175}Lu、^{185}Re、^{209}Bi。

（四）仪器和设备

（1）电感耦合等离子体质谱仪（ICP－MS）：能够扫描的质量范围为6～240 amu，在10%峰高处的缝宽应介于0.6～0.8 amu。

（2）石墨消解仪：SCP DigiPREP MS石墨消解仪。带温度探针实时精确控温，孔间温度差异低于1 ℃。

（3）微波消解装置：具备程式化功率设定功能，微波消解仪功率在1200W以上，配有聚四氟乙烯或同等材质的微波消解罐。

（4）其他设备：天平（精确到0.1 mg）、尼龙筛：0.15mm（100目）、滤膜，实验室常用仪器和设备等。

（五）样品制备

样品按照《固体废物　浸出毒性浸出方法　硫酸硝酸法》（HJ/T 299）、《固体废物　浸出毒性浸出方法　醋酸缓冲溶液法》（HJ/T 300）、《固体废物　浸出毒性浸出方法　水平振荡法》（HJ 557）进行制备。

1. 固体废物浸出液试样消解

移取固体废物浸出液25.0 mL，置于消解罐中，加入4 mL硝酸和1 mL盐酸，将消解罐放入微波消解装置进行消解。消解后冷却至室温，小心打开消解罐的盖子，然后将消解罐放在赶酸仪中，于150 ℃敞口赶酸至内溶物近干，冷却至室温后，用去离子水溶解内溶物，然后将溶液转入50 mL容量瓶中，用去离子水定容至50 mL。测定前使用滤膜过滤或取上清液进行测定。

2. 固体废物试样消解

对于固态样品或可干化的半固体样品，称取0.1～0.2 g（m_3）过筛后的样品；对于液态或不可干化的固态样品，直接称取样品0.2 g（m_3），精确至0.0001 g。将样品置于消解罐中，加入1 mL盐酸、4 mL硝酸、1 mL氢氟酸和1 mL双氧水，将消解罐放入微波消解装置进行消解。消解后的操作同上。

3. 空白试样

用去离子水代替试样，采用与试样制备相同的步骤和试剂，制备空白试样。

（六）分析测试

1. 测定结果

（1）校准曲线。

由测定的信号值与对应的标准物质的质量浓度绘制成校准曲线，校准曲线点质量浓度为0.00 μg/L、10.0 μg/L、20.0 μg/L、40.0 μg/L、60.0 μg/L、80.0 μg/L、100 μg/L、200 μg/L、300 μg/L、400 μg/L、500 μg/L，内标元素为^{103}Rh（铑）。银（Ag）、砷（As）、钡（Ba）、铍（Be）、镉（Cd）、钴（Co）、铬（Cr）、铜（Cu）、锰（Mn）、钼（Mo）、镍（Ni）、铅（Pb）、锑（Sb）、硒（Se）、铊（Tl）、钒（V）、锌（Zn）元素的参考标准曲线参数详见表5－38，相关性 *r* 值均不小于0.999。

表5－38　标准曲线参数

序号	质量数元素	截距 *a*	斜率 *b*	相关性 *r*
1	^{9}Be	9.2600	9494.0	0.9997
2	^{51}V	2.5892×10^{-5}	0.0022	0.9999
3	^{52}Cr	0.0060	0.0026	0.9998
4	^{55}Mn	1.1175×10^{-4}	0.0018	0.9999
5	^{59}Co	1.1809×10^{-5}	0.0042	0.9999
6	^{60}Ni	1.6927×10^{-4}	0.0011	0.9998
7	^{63}Cu	4.3566×10^{-4}	0.0029	0.9998
8	^{68}Zn	7.3509×10^{-4}	4.3027×10^{-4}	0.9999
9	^{75}As	6.0171×10^{-6}	3.3698×10^{-4}	0.9998
10	^{78}Se	2.3376×10^{-5}	3.9749×10^{-5}	0.9995
11	^{95}Mo	5.5981×10^{-5}	0.0015	0.9994
12	^{107}Ag	1.0633×10^{-4}	0.0051	0.9999
13	^{111}Cd	8.2801×10^{-7}	8.5968×10^{-4}	0.9997
14	^{123}Sb	292.9667	8004.9786	0.9996
15	^{137}Ba	3.8961×10^{-5}	8.3690×10^{-4}	0.9998
16	^{203}Tl	3.8421×10^{-4}	0.0038	0.9998
17	^{206,207,208}Pb	0.0010	0.0114	0.9998

（2）空白实验及方法检出限。

每批样品至少应分析2个空白试样。空白值应符合下列的情况之一才能被认为可接受：

①空白值应低于方法检出限；

②低于标准限值的10%；

③低于每一批样品最低测定值的10%。

空白实验，按HJ/T 299－2007要求处理7组浸提液空白，与样品处理过程一样加入相同体积的所有试剂，用来评价样品制备过程中可能的污染。

按检出限计算公式 $MDL = SD \times t_{(n-1,0.99)} = SD \times t_{(6,0.99)} = 3.14SD$，17种元素检出限均低于方法给出的检出限。空白试验及检出限统计结果详见表5－39。

表5－39　空白试验及检出限统计结果

元素	标准偏差SD	MDL	检出限（μg/L）	方法检出限（μg/L）
^{9}Be	0.0019	0.006	0.006	0.7
^{51}V	0.0065	0.020	0.02	1.1
^{52}Cr	0.0135	0.040	0.04	2.0
^{55}Mn	0.0068	0.021	0.03	3.6
^{59}Co	0.0018	0.005	0.005	2.2
^{60}Ni	0.0036	0.011	0.02	3.8
^{63}Cu	0.0125	0.037	0.04	2.5
^{68}Zn	0.2115	0.634	0.7	6.4
^{75}As	0.0063	0.019	0.02	1.0
^{78}Se	0.0452	0.136	0.2	1.3
^{95}Mo	0.0747	0.224	0.3	1.5
^{107}Ag	0.0089	0.027	0.03	2.9
^{111}Cd	0.0013	0.004	0.004	1.2
^{123}Sb	0.1330	0.399	0.4	3.2
^{137}Ba	0.0105	0.031	0.04	1.8
^{203}Tl	0.0046	0.014	0.02	1.3
$^{206,207,208}Pb$	0.0062	0.019	0.02	4.2

（3）方法精密度。

实际固体废物浸出液样品各元素的实验室内相对标准偏差一般为0.3%～19%，实验室间相对标准偏差为2.3%～30%，重复性限为0.7～117 μg/L，再现性限为2.3～121 μg/L。

对一固体废物实样浸出液进行重复性测试，7次测量结果及相对标准偏差详见表5－40。

表 5-40　重复性测试统计结果

质量数元素	平均值（μg/L）	标准偏差（SD）	相对标准偏差（%）	检出限（μg/L）	测定下限（μg/L）
^{9}Be	0.215	0.011	5.3	0.006	0.024
^{51}V	52.0	0.485	0.9	0.02	0.08
^{52}Cr	333	3.207	1.0	0.04	0.16
^{55}Mn	157	1.799	1.1	0.03	0.12
^{59}Co	3.28	0.030	0.9	0.005	0.02
^{60}Ni	62.2	0.562	0.9	0.02	0.08
^{63}Cu	99.0	0.962	1.0	0.04	0.16
^{68}Zn	138	1.254	0.9	0.7	2.8
^{75}As	9.95	0.061	0.6	0.02	0.08
^{78}Se	0.583	0.043	7.4	0.2	0.8
^{95}Mo	1.75	0.073	4.2	0.3	1.2
^{107}Ag	0.106	0.009	8.0	0.03	0.12
^{111}Cd	0.905	0.014	1.5	0.004	0.016
^{123}Sb	1.70	0.133	7.8	0.4	1.6
^{137}Ba	18.1	0.212	1.2	0.04	0.16
^{203}Tl	0.097	0.005	4.8	0.02	0.08
^{206,207,208}Pb	1.71	0.045	2.6	0.02	0.08

（4）方法准确度。

每批样品的加标回收率应在 75%～125% 之间，两个加标样品测定值的偏差在 20% 以内。若不在范围内，应考虑存在基体干扰，可采用稀释样品或增大内标质量浓度的方法消除干扰。

对一固体废物试样浸出液进行加标回收测试，7 次测量均值回收率在78.0%～111% 之间，符合质控要求，具体见表 5-41。

表 5-41　加标回收测试

质量数元素	加标前（μg/L）	加标后（μg/L）	加标量（μg/L）	回收率（%）
^{9}Be	0.215	15.8	20	77.9
^{51}V	52	71.0	20	95.0
^{52}Cr	333	518	200	92.5

续上表

质量数元素	加标前（μg/L）	加标后（μg/L）	加标量（μg/L）	回收率（%）
^{55}Mn	157	361	200	102
^{59}Co	3.28	24.1	20	104
^{60}Ni	62.2	80.6	20	92.0
^{63}Cu	99	286	200	93.5
^{68}Zn	138	318	200	90.0
^{75}As	9.95	31.1	20	106
^{78}Se	0.583	22.6	20	110
^{95}Mo	1.75	24.0	20	111
^{107}Ag	0.106	18.5	20	92.0
^{111}Cd	0.905	21.5	20	103
^{123}Sb	1.7	18.1	20	82.0
^{137}Ba	18.1	40.2	20	111
^{203}Tl	0.097	21.0	20	105
^{206,207,208}Pb	1.71	23.3	20	108

（5）结果表示。

对于固体废物，当测定结果小于 10 mg/kg 时，保留小数点后一位；当测定结果大于或等于 10 mg/kg 时，保留三位有效数字。

对于固体废物浸出液，当测定结果小于 10 μg/L 时，保留小数点后一位；当测定结果大于或等于 100 μg/L 时，保留三位有效数字。

固体废物中待测金属元素的含量 ω（mg/kg）以公式（3）计算：

$$\omega = \frac{(\rho_x - \rho_0) \times V}{m_3} \times \frac{m_1}{m_2} \times 10^{-3} \tag{3}$$

液态和不可干化的半固态固体废物待测物含量以 ω（mg/kg）以公式（4）计算：

$$\omega = \frac{(\rho_x - \rho_0) \times V}{m_3} \times 10^{-3} \tag{4}$$

固体废物浸出液的测定结果 ρ（μg/L）以公式（5）计算：

$$\rho = \frac{(\rho_x - \rho_0) \times V_2}{V_1} \tag{5}$$

式中 ρ_1——固体废物浸出液中待测金属元素的质量浓度，μg/L；

ρ_x——由校准曲线计算测定试样中待测金属元素的质量浓度，μg/L；

ρ_0——空白试样中待测金属元素质量浓度，μg/L；
V——消解后试样的定容体积，mL；
V_1——浸出液取样体积，mL；
V_2——消解后试样的定容体积，mL；
m_1——样品的称取量，g；
m_2——干燥后样品的质量，g；
m_3——称取过筛后试样的质量，g。

（七）干扰消除

1. 质谱型干扰

质谱型干扰主要包括同量异位素干扰、多原子离子干扰、氧化物和双电荷干扰等。同量异位素干扰可以使用干扰校正方程进行校正，或在分析前对样品进行化学分离等方法进行消除。常用的质量数干扰校正方程见表5－42。

表5－42　ICP－MS测定中常用干扰校正方程

质量数	干扰校正方程
51	[51]×1－[53]×3.127＋[52]×0.353351
75	[75]×1－[77]×3.127＋[82]×2.548505
82	[82]×1－[83]×1.009
111	[111]×1－[108]×1.073＋[106]×0.764
114	[114]×1－[118]×0.02311
208	[208]×1＋[206]×1＋[207]×1

多原子离子干扰是ICP－MS最主要的干扰来源，可以利用干扰校正方程、仪器优化以及碰撞反应池技术进行消除。常见的多原子离子干扰见表5－43。氧化物干扰和双电荷干扰可通过调节仪器参数降低干扰程度。

表5－43　ICP－MS测定中常见干扰测定的多原子离子

多原子离子	质量	干扰元素	多原子离子	质量	干扰元素
Co_2H^+	45	Sc	$^{81}ArBr^+$	121	Sb
ArC^+	52	Cr	$^{35}ClO^+$	51	V
$ArNH^+$	55	Mn	$^{35}ClOH^+$	52	Cr
$^{40}Ar^{36}Ar^+$	76	Se	$^{37}ClO^+$	53	Cr
$^{40}Ar^{38}Ar^+$	78	Se	$Ar^{35}Cl^+$	75	As
$^{40}Ar_2^+$	80	Se	$^{34}SO^+$	50	V、Cr

续上表

多原子离子	质量	干扰元素	多原子离子	质量	干扰元素
$^{81}BrH^{+}$	82	Se	$^{34}SOH^{+}$	51	V
$Ar^{37}Cl^{+}$	77	Se	SO_2^{+}，S_2^{+}	64	Zn
$^{79}BrO^{+}$	95	Mo	PO_2^{+}	63	Cu
$^{81}BrO^{+}$	97	Mo	$ArNa^{+}$	63	Cu
$^{81}BrOH^{+}$	98	Mo	TiO	62－66	Ni、Cu、Zn
RO	106－112	Ag、Cd	MoO	108－116	Cd

2. 非质谱型干扰

非质谱型干扰主要包括基体抑制干扰、空间电荷效应干扰、物理效应干扰等。非质谱型干扰程度与样品基体性质有关，可通过内标法、仪器条件优化或标准加入法等措施消除。

（八）质量保证与质量控制

（1）每批样品至少应分析 2 个空白试样。空白值应符合下列的情况之一才能被认为是可接受的：

①空白值应低于方法检出限；

②低于标准限值的 10%；

③低于每一批样品最低测定值的 10%。

（2）每次分析应建立标准曲线，曲线的相关系数应大于 0.999。

（3）每分析 10 个样品，应分析一次校准曲线中间质量浓度点，其测定结果与实际质量浓度值相对偏差应不超过 10%，否则应查找原因或重新建立校准曲线。每批样品分析完毕后，应进行一次曲线最低点的分析，其测定结果与实际质量浓度值相对偏差应不超过 30%。

（4）在每次分析时，试样中内标的响应值应介于校准曲线响应值的 70%～130%，否则说明仪器发生漂移或有干扰产生，应查找原因后重新分析。如果是基体干扰，需要进行稀释后再测定，如果是由于样品中含有内标元素，需要更换内标或提高内标元素质量浓度。

（5）在每批样品中，应至少分析一个试剂空白（2% 硝酸）加标，其加标回收率应在 80%～120% 之间。也可以使用有证标准样品代替加标，其测定值应在标准要求的范围内。

（6）每批样品应至少测定一个基体加标和一个基体重复加标，测定的加标回收率应在 75%～125% 之间，两个加标样品测定值的偏差在 20% 以内。若不在范围内，应考虑存在基体干扰，可采用稀释样品或增大内标质量浓度的方法消除干扰。

（九）注意事项

（1）分析所用器皿均需用 HNO_3（1+1）溶液浸泡 24 h 后，用去离子水洗净后方可使用。

（2）当向消解罐加入酸溶液时，应观察罐内的反应情况，若有剧烈的化学反应，待反应结束后再将消解罐密封。

（3）对于疑似污染严重的固体废物，首先用半定量分析法扫描样品，确定待测金属元素质量浓度的高低，避免高质量浓度样品污染仪器。

（4）使用微波消解样品时，注意消解罐使用的温度和压力限制，消解前后应检查消解罐密封性。检查方法为：当消解罐加入样品和消解液后，盖紧消解罐并称量（精确到0.01 g），样品消解后待消解罐冷却到室温后，再次称量，记录下每个罐的重量。如果消解后的质量比消解前的质量减少超过10%，舍弃该样品，并查找原因。

（5）实验过程中产生的废液和废物，应置于密闭容器中分类保管，委托有资质的单位进行处理。

（6）对于特殊基体样品，若使用本文描述的方法消解不完全，可适当增加酸用量。

（7）若通过验证能满足质量控制和质量保证要求，样品消解也可以使用电热板等其他消解方法。

引用标准、参考文献

[1] 国家环境保护部. 固体废物　金属元素的测定　电感耦合等离子体质谱法：HJ 766－2015 [S]. 北京：中国环境科学出版社，2015：1－11.

[2] 国家环境保护局. 工业固体废物采样制样技术规范：HJ/T 20－1998 [S]. 北京：中国环境科学出版社，1998：1－9.

[3] 国家环境保护总局. 危险废物鉴别技术规范：HJ/T 298－2007 [S]. 北京：中国环境科学出版社，2007：1－7.

[4] 国家环境保护总局. 固体废物　浸出毒性浸出方法　硫酸硝酸法：HJ/T 299－2007 [S]. 北京：中国环境科学出版社，2007：1－6.

[5] 国家环境保护总局. 固体废物　浸出毒性浸出方法　醋酸缓冲溶液法：HJ/T 300－2007 [S]. 北京：中国环境科学出版社，2007：1－6.

[6] 国家环境保护部. 固体废物　浸出毒性浸出方法　水平振荡法：HJ 557－2010 [S]. 北京：中国环境科学出版社，2010：1－3.

四、土壤和沉积物　王水提取-电感耦合等离子体质谱法

（一）适用范围

适用于土壤和沉积物中镉（Cd）、钴（Co）、铜（Cu）、铬（Cr）、锰（Mn）、镍（Ni）、铅（Pb）、锌（Zn）、钒（V）、砷（As）、钼（Mo）、锑（Sb）共12种金属元素的测定。HJ 803-2016规定的方法检出限和测定下限如表5-44所示。

表5-44　HJ 803-2016规定的方法检出限和测定下限

单位：mg/kg

元素		镉	钴	铜	铬	锰	镍	铅	锌	钒	砷	钼	锑
电热板消解	方法检出限	0.07	0.03	0.5	2	0.7	2	2	7	0.7	0.6	0.1	0.3
	测定下限	0.28	0.12	2.0	8	2.8	8	8	28	2.8	2.4	0.4	1.2
微波消解	方法检出限	0.09	0.04	0.6	2	0.4	1	2	1	0.4	0.4	0.05	0.08
	测定下限	0.36	0.16	2.4	8	1.6	4	8	4	1.6	1.6	0.20	0.32

（二）方法原理

土壤和沉积物样品用盐酸/硝酸（王水）混合溶液经电热板或微波消解仪消解后，用电感耦合等离子体质谱仪进行检测。根据元素的质谱图或特征离子进行定性，内标法定量。试样由载气带入雾化系统进行雾化后，目标元素以气溶胶形式进入等离子体的轴向通道，在高温和惰性气体中被充分蒸发、解离、原子化和电离，转化成带电荷的正离子再经离子采集系统进入质谱仪，质谱仪根据离子的质荷比进行分离并定性、定量分析。在一定质量浓度范围内，离子的质荷比所对应的响应值与其质量浓度成正比。

（三）试剂和材料

除非另有说明，分析时均使用符合国家标准的优级纯试剂。实验用水为新制备的去离子水或同等纯度的水。

（1）盐酸：$\rho(HCl)=1.19$ g/mL；硝酸：$\rho(HNO_3)=1.42$ g/mL。

（2）盐酸-硝酸溶液：3+1（即王水）。

（3）硝酸溶液：$c(HNO_3)=0.5$ mol/L。

（4）硝酸溶液：2+98。

（5）硝酸溶液：1+4。

（6）慢速定量滤纸。

（7）载气：氩气，纯度≥99.999%。

（四）仪器和设备

（1）电感耦合等离子体质谱仪：能够扫描的质量范围为5～250 amu，分辨率

在10%峰高处的峰宽应介于0.6 ～0.8 amu。

（2）温控电热板：控制精度±0.2 ℃，最高温度可设定至250 ℃。

（3）微波消解仪：输出功率1000 ～1600 W。具有可编程控制功能，可对温度、压力和时间（升温时间和保持时间）进行全程监控；具有安全防护功能。

（4）分析天平：精度为0.0001 g。

（5）聚四氟乙烯密闭消解罐：可抗压、耐酸、耐腐蚀，具有泄压功能。

（6）离心机。

（7）一般实验室常用仪器和设备，包括锥形瓶、玻璃漏斗、容量瓶、尼龙筛等。

（五）前处理及干扰消除

1．前处理

（1）样品采集与保存。

按照HJ/T 166的相关规定采集和保存土壤样品，按照GB 17378.3的相关规定采集和保存沉积物样品。样品采集、运输和保存过程应避免沾污和待测元素损失。

（2）水分的测定。

土壤样品干物质测定按照HJ 613执行，沉积物样品含水率按照GB 17378.5执行。

（3）样品的制备。

除去样品中的枝棒、叶片、石子等异物，按照HJ/T 166和GB 17378.5的要求，将采集的样品进行风干、粗磨、细磨至过孔径0.15 mm（100目）筛。样品的制备过程应避免沾污和待测元素损失。

2．干扰消除

质谱干扰：质谱干扰主要包括多原子离子干扰、同量异位素干扰、氧化物和双电荷离子干扰等。多原子离子干扰是ICP－MS最主要的干扰来源，可利用干扰校正方程、仪器优化以及碰撞反应池技术加以解决，常见的多原子离子干扰见表5－45。同量异位素干扰可使用干扰校正方程进行校正，或在分析前对样品进行化学分离等方法进行消除，主要的干扰校正方程见表5－46。氧化物干扰和双电荷干扰可通过调节仪器参数降低影响。

非质谱干扰：非质谱干扰主要包括基体抑制干扰、空间电荷效应干扰、物理效应干扰等。其干扰程度与样品基体性质有关，可采用稀释样品、内标法、优化仪器条件等措施消除和降低干扰。

表5-45 常见的多原子离子干扰

多原子离子	质量数	受干扰元素	多原子离子	质量数	受干扰元素
$^{14}N^{+1}H$	15	—	$^{40}Ar^{81}Br^{+}$	121	Sb
$^{16}O^{1}H^{+}$	17	—	$^{35}Ci^{16}O^{+}$	51	V
$^{16}O^{1}H_2^{+}$	18	—	$^{35}Ci^{16}O^{1}H^{+}$	52	Cr
$^{12}C_2^{\ +}$	24	Mg	$^{37}Ci^{16}O^{+}$	53	Cr
$^{12}C^{14}N^{+}$	26	Mg	$^{37}Ci^{16}O^{1}H^{+}$	54	Cr
$^{12}C^{16}O^{+}$	28	Si	$^{40}Ar^{35}Cl^{+}$	75	As
$^{14}N^{2+}$	28	Si	$^{40}Ar^{37}Cl^{+}$	77	Se
$^{14}N_2^{\ 1}H^{+}$	29	Si	$^{32}S^{16}O^{+}$	48	Ti
$^{14}N^{16}O^{+}$	30	Si	$^{32}S^{16}O^{1}H^{+}$	49	Ti
$^{14}N^{16}O^{1}H^{+}$	31	P	$^{34}S^{16}O^{+}$	50	V, Cr
$^{16}O_2^{\ 1}H^{+}$	32	S	$^{34}S^{16}O^{1}H^{+}$	51	V
$^{16}O_2^{\ 1}H^{2+}$	33	S	$^{34}S^{16}O_2^{+}$, $^{32}S_2^{+}$	64	Zn
$^{36}Ar^{1}H^{+}$	37	Cl	$^{40}Ar^{32}S^{+}$	72	Ge
$^{38}Ar^{1}H^{+}$	39	K	$^{40}Ar^{34}S^{+}$	74	Ge
$^{40}Ar^{1}H^{+}$	41	K	$^{31}P^{16}O^{+}$	47	Ti
$^{12}C^{16}O_2^{+}$	44	Ca	$^{31}P^{17}O^{1}H^{+}$	49	Ti
$^{12}C^{16}O_2^{+\ 1}H^{+}$	45	Se	$^{31}P^{16}O_2^{+}$	63	Cu
$^{40}Ar^{12}C^{+}$, $^{36}Ar^{16}O^{+}$	52	Cr	$^{40}Ar^{31}P^{+}$	71	Ga
$^{40}Ar^{14}N^{+}$	54	Cr, Fe	$^{40}Ar^{23}Na^{+}$	63	Cu
$^{40}Ar^{14}N^{1}H^{+}$	55	Mn	$^{40}Ar^{39}K^{+}$	79	Br
$^{40}Ar^{16}O^{+}$	56	Fe	$^{40}Ar^{40}Ca^{+}$	80	Se
$^{40}Ar^{16}O^{1}H^{+}$	57	Fe	$^{130}Ba^{2+}$	65	Cu
$^{40}Ar^{36}Ar^{+}$	76	Se	$^{132}D_2^{+}Ba$	66	Cu
$^{40}Ar^{38}Ar^{+}$	78	Se	$^{134}D_2^{+}Ba$	67	Cu
$^{40}Ar^{2+}$	80	Se	TiO	62～66	Ni, Cu, Zn
$^{81}Br^{1}H^{+}$	82	Se	ZrO	106～112	Ag, Cd
$^{79}Br^{16}O^{+}$	95	Mo	MoO	108～116	Cd
$^{81}Br^{16}O^{+}$	97	Mo	$^{93}Ar^{16}O^{+}$	109	Ag
$^{81}Br^{16}O^{1}H^{+}$	98	Mo			

表 5－46　ICP－MS 测定中常用的干扰校正方程

元素	干扰校正方程
^{51}V	[51] M×1－[53] M×3.127＋[52] M×0.353
^{75}As	[75] M×1－[77] M×3.127＋[82] M×2.733－[83] M×2.757
^{82}Se	[82] M×1－[83] M×1.009
^{98}Mo	[98] M×1－[99] M×0.146
^{111}Cd	[111] M×1－[108] M×1.073－[106] M×0.712
^{114}Cd	[114] M×1－[118] M×0.027－[108] M×1.63
^{115}In	[115] M×1－[118] M×0.016
^{208}Pb	[206] M×1＋[207] M×1＋[208] M×1

注 1："M" 为通用元素符号。

注 2：在仪器配备碰撞反应池的条件下，选用碰撞反应池技术消除干扰时，可忽略上述干扰校正方程。

（六）分析测试

1. 仪器调谐

点燃等离子体后，仪器预热稳定 30 min。用质谱仪调谐液对仪器的灵敏度、氧化物和双电荷进行调谐，在仪器的灵敏度、氧化物和双电荷满足要求的条件下，质谱仪给出的调谐液中所含元素信号强度的相对标准偏差应≤5%。在涵盖待测元素质量数的质量范围内进行质量校正和分辨率校验，如质量校正结果与真实值差值超过 ±0.1 amu 或调谐元素信号的分辨率在 10% 峰高处所对应的峰宽不在 0.6～0.8 amu 的，应按照仪器使用说明书对质谱仪进行校正。

2. 仪器参考条件

仪器参考条件见表 5－47，推荐使用和同时检测的同位素以及对应内标物见表 5－48。

表 5－47　仪器参考条件

功率（W）	雾化器	采样锥和截取锥	载气流速（L/min）	采样深度（mm）	内标加入方式	检测方式
1240	高盐雾化器	镍	1.10	6.9	在线加入内标：锗、铟、铋等多元素混合标准溶液	自动测定 3 次

表 5-48 推荐使用和同时检测的质量数以及对应内标物

元素	质量数	内标	元素	质量数	内标
镉	<u>111</u>，114	Rh 或 In	铅	<u>206</u>，<u>207</u>，<u>208</u>	Re 或 Bi
钴	<u>59</u>	Sc 或 Ge	锌	<u>66</u>，67，68	Ge
铜	<u>63</u>，65	Ge	钒	<u>51</u>	Sc 或 Ge
铬	<u>52</u>，53	Sc 或 Ge	砷	<u>75</u>	Ge
锰	<u>55</u>	Sc 或 Ge	钼	95，<u>98</u>	Rh
镍	<u>60</u>，62	Sc 或 Ge	锑	<u>121</u>，123	Rh 或 In

注：下划线标识为推荐使用的质量数。

3. 标准曲线的绘制及试样分析

（1）尽量使用多元素标准使用液，同时要避免元素之间互相干扰。

（2）硝酸溶液待测物质相同质量浓度的硝酸基体配置标准曲线，制备至 5 个质量浓度点的标准系列。

（3）内标应选择试样中不含有的元素，或质量浓度远大于试样本身含量的元素。

（4）将标准系列从低质量浓度到高质量浓度依次导入雾化器进行分析。

（5）每个试样测定前，用硝酸溶液冲洗系统直至信号降至最低，待分析信号稳定后开始测定。

（6）按照与建立标准曲线相同的仪器参考条件和操作步骤进行试样的测定。

（7）若试样中待测目标元素质量浓度超出标准曲线范围，需经稀释后重新测定，稀释液使用硝酸溶液。

（8）按照与试样的测定相同的仪器参考条件和操作步骤测定实验室空白试样。

（七）结果计算与表示

结果表示为扣除水分的土壤样品中金属元素的含量，单位 mg/kg；测定结果小数位数的保留与方法检出限一致，最多保留三位有效数字。

土壤样品中金属元素的含量 ω_1（mg/kg）按公式（1）计算：

$$\omega_1 = \frac{(\rho - \rho_0) \times V \times f}{m \times \omega_{dm}} \times 10^{-3} \tag{1}$$

沉积物样品中各金属元素的含量 ω_2（mg/kg）按公式（2）计算：

$$\omega_2 = \frac{(\rho - \rho_0) \times V \times f}{m \times (1 - \omega_{H_2O})} \tag{2}$$

式中 ω_1——土壤样品中金属元素的含量，mg/kg；

ω_2——沉积物样品中金属元素的含量，mg/kg；

ρ——由标准曲线计算所得试样中金属元素的质量浓度，μg/L；

ρ_0——实验室空白试样中对应金属元素的质量浓度，μg/L；

V——消解后试样的定容体积，mL；

f——试样的稀释倍数；

m——称取过筛后样品的质量，g；

ω_{dm}——土壤样品干物质的体积分数,%；

ω_{H_2O}——沉积物样品含水率,%。

（八）质量保证与质量控制

（1）每批样品至少做2个实验室空白试样，其测定结果均应低于测定下限。

（2）每次分析应建立标准曲线，其相关系数应大于0.999。每20个样品或每批次（少于20个样品/批）样品，应分析一个标准曲线中间质量浓度点，其测定结果与实际质量浓度值的相对偏差应不超过10%，否则应查找原因或重新建立标准曲线。每20个样品或每批次（少于20个样品/批）样品分析完毕后，应进行一次标准曲线零点分析，其测定结果与实际质量浓度值的相对偏差应不超过30%。

（3）每批次样品至少按10%的比例进行平行双样测定，样品数量少于10个时，应至少测定一个平行双样。平行双样测定结果中，电热板消解测定钴（Co）、铜（Cu）、铬（Cr）、锰（Mn）、镍（Ni）、铅（Pb）、锌（Zn）、钒（V）、砷（As）的相对偏差应小于30%，镉（Cd）、钼（Mo）、锑（Sb）的相对偏差应小于40%；微波消解测定12种金属元素的相对偏差应小于30%。

（4）每批次样品至少分析10%的加标回收样，样品数量小于10个时，应至少做一个加标回收样。加标回收样测定结果中，电热板消解测定镉（Cd）、钴（Co）、铜（Cu）、铬（Cr）、锰（Mn）、镍（Ni）、铅（Pb）、锌（Zn）、钒（V）、砷（As）的加标回收率应控制在70%～125%之间，钼（Mo）、锑（Sb）的加标回收率应控制在50%～125%之间；微波消解测定12种金属元素的加标回收率应控制在70%～125%之间。

（5）每批次试剂须通过空白实验检验，试剂空白值不得大于方法检出限。同一批次样品应使用同一批次实验用水，实验用水应进行空白实验，空白值不得大于方法检出限。

（6）每次分析应测定内标的响应强度，试样中内标的响应值应介于标准曲线响应值的70%～130%，否则说明仪器发生漂移或有干扰产生，应查找原因后重新分析。若发现基体干扰，须稀释试样后测定；若发现试样中含有内标元素，须更换内标或提高内标元素质量浓度。

（九）存在问题

（1）没有用王水提取的含量的评价标准。

（2）提取方法存在大多数样品不能被王水完全溶解，不同元素的提取效率不同，同种元素在不同基体中的提取效率也不相同等缺陷。

（3）《土壤和沉积物　12种金属元素的测定　王水提取－电感耦合等离子体质谱法》（HJ 803－2006）中规定，取0.1 g土壤样品，加6 mL王水，微波消解后过滤，定容至50 mL后上机测试。部分ICP－MS要求进样酸度应控制在5%以下，以免损伤进样锥和截取锥，但按HJ 803－2006处理过的样品上机酸度明显大于5%。

（4）样品消解时未加氢氟酸，属非完全消解，不破坏晶格，铅、铬等不能准确测量全量。

（5）使用王水消解，若不赶酸，大量氯离子有可能干扰测定。

引用标准

[1] 国家环境保护部. 土壤和沉积物　12种金属元素的测定　王水提取－电感耦合等离子体质谱法：HJ 803－2016 [S]. 北京：中国环境科学出版社，2016：1－19.

第六节　原子荧光光谱分析

一、原子荧光光谱技术概述

1. 原子荧光发展史

原子荧光作为一种仪器分析方法被提出是在20世纪60年代中期，真正得到实际应用是在1964年以后。我国对原子荧光的研究虽然比国外晚，但国内的原子荧光技术比较有优势。

原子荧光光谱法是一种光谱分析方法。蒸气相中待测元素的基态原子吸收光源辐射之后，再激发出具有荧光的特征谱线，其吸收和再激发的辐射波长可以相同（共振荧光），也可以不同（非共振荧光），根据特征谱线辐射的强度可确定该元素的含量。

2. 方法原理

基态原子吸收一定波长的辐射而被激发至高能态，而后激发态原子在去激发的过程中，以光辐射的形式发射出特征波长的荧光，并根据所产生特征荧光的强度进行分析。在分析条件固定不变的情况下：$I_f = I_0 Kc$，即荧光辐射强度与试样中目标元素的浓度在一定条件下呈线性关系。

3. 原子荧光的类型

原子荧光是激发态的原子以光辐射的形式放出能量的过程，根据荧光产生机理的不同，原子荧光的类型达到十余种，但在实际分析中主要采用以下几种。

（1）共振荧光：处于基态或低能态的原子，吸收光源中的共振辐射跃迁到高能态，处于高能态的原子在返回基态或相同低能态的过程中，发射出与激发光源辐射相同波长的荧光，这种荧光称为共振荧光。

（2）直跃线荧光：处于基态的价电子受激跃迁至高能态（E_2），处于高能态的激发态电子再跃迁到低能态（E_1）（但不是基态）所发射出的荧光被称为直跃线荧光。

（3）阶跃线荧光：当价电子从基态跃迁至高能态（E_2）后，由于受激碰撞损失部分能量而降至较低的能态（E_1）。从较低能态（E_1）回到基态（E_0）时所发出的荧光称为阶跃线荧光。

（4）热助阶跃线荧光：基态原子通过吸收光辐射跃迁至高能态（E_2），处于高能态的价电子在热能的作用下进一步激发，电子跃迁至与能级 E_2 相近的更高能态 E_3。当去激发至低能态（E_1）（不是基态）时所发出的次级光被称为热助阶跃线荧光。

（5）敏化荧光：当受激的第一种原子与第二种原子发生非弹性碰撞时，可能把能量传给第二种原子，从而使第二个原子被激发，受激的第二种原子去激发过程中所产生的荧光叫敏化荧光。

4. 原子荧光光谱仪的结构

主要包括：激发光源、原子化器、分光系统、检测系统和数据处理系统等。

激发光源一般为空心阴极灯、高性能（双阴极）空心阴极灯、无极放电灯、激光等。

原子化器分为火焰原子化器和无火焰原子化器。氩氢火焰原子化器，可以直接利用硼氢化钾（钠）与酸性溶液反应产生的蒸气和氢气，由载气氩（Ar）导入开口式的石英炉原子化器，点燃形成氩氢火焰。石英管原子化器是利用盘绕在石英原子化炉芯口上的细电热丝点燃氢气和氢化物的混合物，形成炬状火焰。其特点是结构简单、记忆效应小、使用寿命长、原子化效率高。

分光系统：原子荧光仪分为色散型和无色散型两种，其中无色散型更常用。

检测系统：包括光电信号的转换及电信号的测量。光电信号转化器件有光电倍增管等。电信号测量器件包括前置放大器、主放大器、积分器和 A/D 转换电路等。

5. 原子荧光光谱技术的特点

（1）检出限低。原子荧光的辐射强度与激发光源成正比，而且非色散，光能量损失少。

（2）选择性好。原子光谱是元素固有特征，具有较好选择性。

（3）精密度好。测定精度可以达到1%左右。

(4) 干扰少。原子荧光谱线比较简单，一般不存在光谱重叠干扰，蒸气发生使待测元素与基体分离，可以消除基体干扰。

(5) 仪器结构简单。非色散仪器无须分光系统，价格便宜，便于推广应用。

(6) 分析曲线的线性范围宽。可达3～5个数量级。

(7) 可实现多元素同时测定。原子荧光向空间各个方向发射，比较容易制作多道仪器。

(8) 样品溶液用量小。进样量一般1～5 mL。

(9) 分析速度快。一般10～15 s完成一个样品的测定。

(10) 缺点：能测量的元素数量较少。

6. 影响原子荧光光谱分析的因素

荧光猝灭效应：在原子荧光光谱分析中，高温原子蒸气在受激发出次级荧光的同时，激发态原子的能量也会以其他形式释放，例如与周围环境中的原子或分子发生非弹性碰撞失去能量，另外也可与原子化器碰撞发生无辐射去活化现象，使原子荧光效率降低。这种在原子化器中发生的物理化学变化过程是十分复杂的，并且随着分析条件以及试样组分的不同而不同。

二、固体废物　汞、砷、硒、铋、锑的原子荧光法

（一）适用范围

适用于固体废物和固体废物浸出液中汞、砷、硒、铋、锑的测定。当固体废物取样量为0.5 g时，汞的检出限为0.002 mg/kg，测定下限为0.008 mg/kg；砷、硒、铋和锑的检出限为0.010 mg/kg，测定下限为0.040 mg/kg。当固体废物浸出液取样体积为40 mL时，汞的检出限为0.02 μg/L，测定下限为0.08 μg/L；砷、硒、铋、锑的检出限为0.10 μg/L，测定下限为0.40 μg/L。

（二）方法原理

固体废物和浸出液试样经微波消解后，进入原子荧光光度计，在硼氢化钾溶液还原作用下，生成砷化氢、铋化氢、锑化氢和硒化氢等气体，汞被还原成原子态。在氩氢火焰中形成基态原子，在元素灯（汞、砷、硒、锑、铋）发射光的激发下产生原子荧光，原子荧光强度与试液中元素含量成正比。

（三）试剂和材料

(1) 超纯水：电阻率大于18.0 MΩ · cm；

(2) 硝酸、盐酸、硫酸：优级纯。

(3) 硫脲，氢氧化钠：分析纯。

(4) 硼氢化钾：优级纯。

(5) 硼氢化钾溶液A，$\rho=2$ g/L：称取0.2 g氢氧化钠放入盛有100 mL的烧杯

中，用玻璃棒搅拌完全溶解后再加入称好的0.2 g硼氢化钾，搅拌溶解。此溶液当天配置，用于测定砷、硒、锑、铋。

（6）硼氢化钾溶液B，ρ = 20 g/L：称取0.2 g氢氧化钠放入盛有100 mL的烧杯中，用玻璃棒搅拌完全溶解后再加入称好的2 g硼氢化钾，搅拌溶解。此溶液当天配置，用于测定汞。

（7）硫脲溶液，ρ = 100 g/L：取10 g硫脲，用纯水溶解，定容到100 mL。

（8）汞、砷、硒、锑、铋标准溶液（1000 μg/L），美国Accu Standard公司生产。

（四）仪器和设备

（1）原子荧光光谱仪性能指标应符合GB/T 21191的规定。

（2）微波消解仪：型号为ETHOS TC。

（3）天平：精度为0.01 g。

（4）分析天平：精度为0.0001 g。

（5）一般实验室常用仪器和设备。

（五）样品制备

1. 固体废物样品处理

按照《工业固体废物采样制样技术规范》（HJ/T 20 - 1998）对固体废物样品进行自然风干或冷冻干燥，研磨，全部过100目筛并测定其干物质含量。

使用分析天平称取过筛后样品0.5000 g于微波消解罐中，加入少量水润湿。在通风橱中加入6 mL盐酸、2 mL硝酸，使样品与消解液充分接触，待反应结束密封后放入微波消解仪中，按照表5 - 49升温程序进行微波消解。消解结束后，待罐内温度降至室温后，在通风橱内取出、放气、打开。用滤纸将消解后溶液过滤置于50 mL容量瓶，定容，混匀。

表5 - 49　固体废物微波消解升温程序

步骤	升温时间（min）	目标温度（℃）	保持时间（min）
1	5	100	2
2	5	150	3
3	5	180	25

2. 固体废物浸出液的制备

按照《固体废物　浸出毒性浸出方法　硫酸硝酸法》（HJ/T 299 - 2007）对样品浸出。将质量比为2∶1的浓硫酸和浓硝酸混合液加入到纯水（1 L水约2滴混合液）中，使pH为3.20 ± 0.05。将样品破碎过筛后，根据样品的含水率，按液固比为10∶1（L/kg）计算并加入所需浸提液的体积，调节转速为30 ± 2 r/min，于

23 ℃ ±2 ℃下振荡 18 h ±2 h。以上步骤完毕后，过滤后静置。

量取固体废物浸出液 20 mL 于 50 mL 微波消解罐中，加入 1.5 mL 盐酸和 0.5 mL 硝酸，待反应结束后置于微波消解仪中，按照表 5－50 设定升温程序进行微波消解。消解结束后转入 50 mL 容量瓶中。

表 5－50　固体废物浸出液微波消解升温程序

步骤	升温时间（min）	目标温度（℃）	保持时间（min）
1	5	100	5
2	5	170	15

（六）分析测试

按照原子荧光光谱仪的操作流程开机预热，待仪器稳定后，按照原子荧光光谱仪的使用说明书设定灯电流、负高压、载气流量、屏蔽气流量等工作参数，通常采用的参数见表 5－51。

表 5－51　仪器参数

元素名称	灯电流（mA）	负高压（V）	原子化器温度（℃）	载气流量（mL/min）	屏蔽气流量（mL/min）
汞	15 ～40	230 ～300	200	400	800 ～1000
砷	40 ～80	230 ～300	200	300 ～400	800
硒	40 ～80	230 ～300	200	350 ～400	600 ～1000
铋	40 ～80	230 ～300	200	300 ～400	800 ～1000
锑	40 ～80	230 ～300	200	200 ～400	400 ～700

（1）校准曲线的绘制。

分别使用 1000 μg/L 汞、硒、铋的标准溶液，逐级稀释成一系列质量浓度的标准溶液，分别进样。以测定的荧光强度为纵坐标，以溶液的质量浓度为横坐标，用最小二乘法计算标准曲线的回归方程。

分别使用 1000 μg/L 砷、锑的标准溶液，逐级稀释成一系列质量浓度的标准溶液，加入 10% 盐酸，100 g/L 硫脲溶液，用纯水定容至刻度，摇匀，室温放置 30 min，分别进样。以测定的荧光强度为纵坐标，以溶液的质量浓度为横坐标，用最小二乘法计算标准曲线的回归方程。

（2）空白试验。

以不加样品按固体废物样品制备相同步骤制备空白试样，固体废物浸出液以实验用水代替样品进行制备空白试样。

（3）样品测定。

取上清液进样，以硼氢化钾为还原剂，在原子荧光光度计上测定汞、硒、铋的荧光强度，从标准曲线上查出相应的汞的质量浓度。

取一定量的砷、锑上清液于一定量的比色管中，加10%盐酸，100 g/L硫脲溶液，用纯水定容至刻度，摇匀，室温放置30 min，在原子荧光光度计上测定砷、锑的荧光强度，从标准曲线上查出相应的汞的质量浓度。

（七）结果计算与表示

对于固体废物，当测试计算结果小于1 mg/kg时保留小数点后三位，大于或等于1 μg/g时保留三位有效数字。

对于固体废物浸出液，当测试计算结果小于10 mg/kg时保留小数点后两位，大于或等于10 mg/kg时保留三位有效数字。

1．固体和黏稠状的污泥固体废物

固体废物中汞、砷、硒、锑、铋的质量比ω（mg/kg）用公式（1）计算：

$$\omega=\frac{(\rho-\rho_0)\times V_0\times V_2}{m_3\times V_1}\times\frac{m_1}{m_2}\times 10^{-3} \tag{1}$$

式中　ρ——工作曲线上查得的样品质量浓度，μg/L；

ρ_0——空白样品的质量浓度，μg/L；

V_0——微波消解后试样的定容体积，mL；

V_1——分取试样的体积，mL；

V_2——分取后测定试样的定容体积，mL；

m_1——固体样品的质量，g；

m_2——干燥后固体样品的质量，g；

m_3——研磨过筛后固体样品的质量，g。

2．液态和半液态（黏稠状污泥除外）固体废物

固体废物中汞、砷、硒、锑、铋的质量比ω（mg/kg）用公式（2）计算：

$$\omega=\frac{(\rho_1-\rho_0)\times V_0\times V_2}{m_3\times V_1}\times 10^{-3} \tag{2}$$

式中　ρ_1——工作曲线上查得的样品质量浓度，μg/L；

ρ_0——空白样品的质量浓度，μg/L；

V_0——微波消解后试样的定容体积，mL；

V_1——分取试样的体积，mL；

V_2——分取后测定试样的定容体积，mL；

m_3——研磨过筛后固体样品的质量，g。

3．固体废物浸出液

固体废物浸出液中汞、砷、硒、锑、铋的质量浓度ρ（μg/L）用公式（3）计算：

$$\rho = \frac{(\rho_1 - \rho_0) \times V_0 \times V_2}{V \times V_1} \tag{3}$$

式中 ρ_1——工作曲线上查得的样品质量浓度，μg/L；

ρ_0——空白样品的质量浓度，μg/L；

V——微波消解时移取浸出液的体积，mL；

V_0——微波消解后试样的定容体积，mL；

V_1——分取试样的体积，mL；

V_2——分取后测定试样的定容体积，mL。

（八）质量保证与质量控制

（1）每一批样品需做10%的空白试样，至少2个，其测定结果应低于方法测定下限。

（2）每一批样品需做10%的平行样，两次测定结果不超过20%。

（3）每一批样品需做10%的加标回收试验，加标回收率应为70%～130%。

（4）每批样品测定至少做1个有证标准物质/有证标准样品。

（5）每次样品分析应绘制校准曲线，相关系数应不小于0.999。

（九）注意事项

（1）汞灯预热时间要足够长。汞灯不容易启辉，可用激发器在灯的外壁激发来点亮。

（2）测汞时，硼氢化钾的质量浓度不宜过高（小于1%），过高会出现无信号现象。

（3）测汞时，信号不稳定，最好每测10个样品用空白校正一次。

（4）实验过程中产生的废液和废物，不可随意倾倒，应置于密闭容器中保存，委托相关有资质的单位进行处理。

（5）实验所用的玻璃器皿均需用（1+1）硝酸溶液浸泡24 h后，依次用自来水、超纯水洗净后方可使用。

引用标准

[1] 国家环境保护部．固体废物　汞、砷、硒、铋、锑的测定　微波消解原子荧光法：HJ 702－2014［S］．北京：中国环境科学出版社，2014：1－8.

[2] 国家环境保护局．工业固体废物采样制样技术规范：HJ/T 20－1998［S］．北京：中国环境科学出版社，1998：1－9.

[3] 国家环境保护总局．固体废物　浸出毒性浸出方法　硫酸硝酸法：HJ/T 299－2007［S］．北京：中国环境科学出版社，2007：1－5.

三、土壤和沉积物　汞、砷、硒、铋、锑的原子荧光法

（一）适用范围

微波消解/原子荧光法适用于测定土壤和沉积物中汞、砷、硒、铋、锑的含量。当取样品量为 0.5 g 时，测定汞的检出限为 0.002 mg/kg，测定下限为 0.008 mg/kg；测定砷、硒、铋和锑的检出限为 0.01 mg/kg，测定下限为 0.04 mg/kg。

应用标准分析方法：《海洋监测规范　第 3 部分：样品采集集贮存与运输》（GB 17378.3）《海洋监测规范　第 5 部分：沉积物分析》（GB 17378.5）、《原子荧光光谱仪》（GB/T 21191）、《土壤环境监测技术规范》（HJ/T 166）、《土壤干物质和水分的测定重量法》（HJ 613）。

（二）方法原理

样品经微波消解后试液进入原子荧光光度计，在硼氢化钾溶液还原作用下，生成砷化氢、铋化氢、锑化氢和硒化氢气体，汞被还原成原子态。在氩氢火焰中形成基态原子，在元素灯（汞、砷、硒、锑、铋）发射光的激发下产生原子荧光，原子荧光强度与试液中元素含量成正比。

（三）试剂和材料

（1）超纯水：电阻率大于 18.0 MΩ · cm；

（2）硝酸、盐酸、硼氢化钾：优级纯。

（3）硫脲，氢氧化钠：分析纯。

（4）硼氢化钾溶液 A，$\rho=2$ g/L：称取 0.2 g 氢氧化钠放入盛有 100 mL 的烧杯中，用玻璃棒搅拌完全溶解后再加入称好的 0.2 g 硼氢化钾，搅拌溶解。此溶液当天配置，用于测定砷、硒、锑、铋。

（5）硼氢化钾溶液 B，$\rho=20$ g/L：称取 0.2 g 氢氧化钠放入盛有 100 mL 的烧杯中，用玻璃棒搅拌完全溶解后再加入称好的 2 g 硼氢化钾，搅拌溶解。此溶液当天配置，用于测定汞。

（6）硫脲溶液 $\rho=100$ g/L：取 10 g 硫脲，用纯水溶解，定容到 100 mL。

（7）汞、砷、硒、锑、铋标准溶液（1000 μg/L），美国 Accu Standard 公司生产。

（四）仪器和设备

（1）原子荧光分光光度计：应符合 GB/T 21191 的规定，具汞、砷、硒、铋、锑的元素灯的原子荧光分光光度计。

（2）微波消解仪：型号为 ETHOS TC。

（3）恒温水浴装置。

（4）分析天平：精度为 0.0001 g。

（5）其他实验室常用设备。

（五）样品制备

1. 样品的制备

按照《土壤环境监测技术规范》（HJ/T 166－2004）和《海洋监测规范 第3部分：样品采集、贮存和运输》（GB 17378. 3—2007）分别对土壤样品和沉积物样品进行风干、破碎、过筛、保存。按照《土壤干物质和水分的测定重量法》（HJ 613）和《海洋监测规范 第5部分：沉积物分析》（GB 17378. 5—2007）计算土壤和沉积物样品的含水率。

2. 试样的消解

称取0. 1～0. 5 g样品于微波消解罐中，用少量水润湿后，在通风橱内加入6 mL盐酸、2 mL硝酸，混匀，使样品与消解液充分接触。待剧烈化学反应结束后放入微波消解仪中，按照表5－52推荐升温程序设置微波消解仪并运行。待程序结束冷却后，取出微波消解罐于通风橱内泄压，使用定量滤纸过滤转入50 mL容量瓶，使用实验用水定容至刻度线，混匀。

表5－52 微波消解升温程序

步骤	升温时间（min）	目标温度（℃）	保持时间（min）
1	5	100	2
2	5	150	3
3	5	180	25

（六）分析测试

原子荧光光度计开机预热，按照仪器使用说明书设定灯电流、负高压、载气流量、屏蔽气流量等工作参数，参考条件见表5－53。

表5－53 原子荧光光度计的工作参数

元素名称	灯电流（mA）	负高压（V）	原子化器温度（℃）	载气流量（mL/min）	屏蔽气流量（mL/min）	灵敏线波长（nm）
汞	15～40	230～300	200	400	800～1000	253. 7
砷	40～80	230～300	200	300～400	800	193. 7
硒	40～80	230～300	200	350～400	600～1000	196. 0
铋	40～80	230～300	200	300～400	800～1000	306. 8
锑	40～80	230～300	200	200～400	400～700	217. 6

1. 校准曲线的绘制

分别使用100 μg/L汞、硒、铋的标准溶液，按照逐级稀释成一系列质量浓度的标准溶液，分别进样。以测定的荧光强度为纵坐标，以溶液的质量浓度为横坐标，用最小二乘法计算标准曲线的回归方程。

分别使用100 μg/L砷、锑的标准溶液，按照逐级稀释成一系列质量浓度的标准溶液，加入10%盐酸、100 g/L硫脲溶液，用纯水定容至刻度，摇匀，室温放置30 min，分别进样。以测定的荧光强度为纵坐标，以溶液的质量浓度为横坐标，用最小二乘法计算标准曲线的回归方程。

2. 空白试验

按试样消解的步骤制备空白样进行测定。

3. 样品测定

取上清液进样，以硼氢化钾为还原剂，在原子荧光光度计上测定汞、硒、铋的荧光强度，从标准曲线上查出相应元素的质量浓度。

取一定量的砷、锑上清液于比色管中，加10%盐酸、100 g/L硫脲溶液，用纯水定容至刻度，摇匀，室温放置30 min，在原子荧光光度计上测定砷、锑的荧光强度，从标准曲线上查出相应的砷、锑的质量浓度。

（七）结果计算与表示

当测定结果小于1 mg/kg时，小数点后数字最多保留三位；当测定结果大于1 mg/kg时，保留三位有效数字。

（1）土壤中汞、砷、硒、锑、铋的质量比 ω（mg/kg）用公式（4）计算：

$$\omega = \frac{(\rho - \rho_0) \times V_0 \times V_2}{m \times \omega_{dm} \times V_1} \tag{4}$$

式中 ρ——工作曲线上查得的样品质量浓度，μg/L；

ρ_0——空白样品的质量浓度，μg/L；

V_0——微波消解后试样的定容体积，mL；

V_1——分取试样的体积，mL；

V_2——分取后测定试样的定容体积，mL；

m——称取样品的质量，g；

ω_{dm}——样品干物质含量，%。

（2）沉积物中汞、砷、硒、锑、铋的质量比 ω（mg/kg）用公式（5）计算：

$$\omega = \frac{(\rho - \rho_0) \times V \times V_2}{m(1 - \omega_{H_2O}) \times V_1} \times 10^{-3}$$

式中 ρ——工作曲线上查得的样品质量浓度，μg/L；

ρ_0——空白样品的质量浓度，μg/L；

V——微波消解后试样的定容体积，mL；

V_1——分取试样的体积，mL；

V_2——分取后测定试样的定容体积，mL；

m——称取样品的质量，g；

ω_{H_2O}——土样含水率，%。

（八）质量保证与质量控制

（1）每批样品至少测定2个全程空白，空白样品需使用和样品完全一致的消解程序，测定结果应低于方法测定下限。

（2）每一批样品需做10%的平行样，具体精密度要求见HJ 166－2004。

（3）每一批样品需做10%的质控样，具体准确度要求见HJ 166－2004。

（4）若样品消解过程产生压力过大造成泄压而破坏其密闭系统，则此样品数据不应采用。

（5）校准曲线的相关系数应不小于0.999。

（九）注意事项

（1）样品消解完后要定容后再过滤上机测定或离心取上清液测定。

（2）原子荧光的稳定性与灵敏度成反比，在保证检出限的前提下，可以降低仪器的灵敏度以保证仪器的稳定性。

（3）硝酸和盐酸具有强腐蚀性，样品消解过程应在通风橱内进行。

（4）消解罐的日常清洗和维护很关键。消解罐难以清洗干净，应先进行一次空白消解（加入6 mL盐酸，再慢慢加入2 mL硝酸，混匀，去除内衬管和密封盖上的残留；再用水和软刷仔细清洗内衬管和压力套管；将内衬管和陶瓷外套管放入烘箱，在200～250 ℃温度下加热至少4 h，然后在室温下自然冷却）。

引用标准

[1] 国家环境保护部. 土壤和沉积物　汞、砷、硒、铋、锑的测定　微波消解/原子荧光：HJ 680－2013法［S］. 北京：中国环境科学出版社，2013：1－8.

[2] 国家环境保护总局. 土壤环境监测技术规范：HJ 166－2004［S］. 北京：中国环境科学出版社，2004：26－30.

[3] 国家质量监督检验检疫总局. 海洋监测规范第3部分：样品采集、贮存和运输：GB 17378.3—2007［S］. 北京：中国标准出版社，2007：8－11.

[4] 国家环境保护部. 土壤　干物质和水分的测定　重量法：HJ 613－2011［S］. 北京：中国环境科学出版社，2011：1－5.

[5] 国家质量监督检验检疫总局. 海洋监测规范第5部分：沉积物分析：GB 17378.5—2007［S］. 北京：中国标准出版社，2007：4－30.

四、土壤汞的原子荧光法

（一）适用范围

适用于土壤中总汞含量的测定，当样品取样量为0.2 g时，方法检出限为0.002 mg/kg。

（二）方法原理

采用硝酸－盐酸混合试剂在沸水浴中加热消解土壤试样，再用硼氢化钾（KBH_4）或硼氢化钠（$NaBH_4$）将样品中所含汞还原成原子态汞，由载气（氩气）导入原子化器中，在特制汞空心阴极灯照射下，基态汞原子被激发至高能态，在去活化回到基态时，发射出特征波长的荧光，其荧光强度与汞的含量成正比。与标准系列比较，可求得样品中汞的含量。

（三）试剂和材料

（1）试验用水为去离子水，盐酸、硝酸、硫酸、氢氧化钾、硼氢化钾、重铬酸钾、氯化汞为优级纯。

（2）硝酸－盐酸混合试剂：取1份硝酸与3份盐酸混合，然后用去离子水稀释一倍。

（3）还原剂［0.01%硼氢化钾（KBH_4）+0.2%氢氧化钾（KOH）溶液］：称取0.2 g氢氧化钾放入烧杯中，用少量水溶解，称取0.01 g硼氢化钾放入氢氧化钾溶液中，用水稀释至100 mL，此溶液现用现配。

（4）载液［（1+19）硝酸溶液］：量取25 mL硝酸，缓缓倒入放有少量去离子水的500 mL容量瓶中，用去离子水定容至刻度，摇匀。

（5）保存液：称取0.5 g重铬酸钾，用少量水溶解，加入50 mL硝酸，用水稀释至1000 mL，摇匀。

（6）稀释液：准确称取0.2 g重铬酸钾，用少量水溶解，加入28 mL硫酸，用水稀释至1000 mL，摇匀。

（7）汞标准储备液：称取经干燥处理的0.1354 g氯化汞，用保存液溶解后，转入1000 mL容量瓶中，再用保存液稀释至刻度，摇匀。此标准溶液汞的质量浓度为100 pg/mL（或直接购买有证标准贮备溶液）。

（8）汞标准中间溶液：吸取10.00 mL汞标准储备液注入1000 mL容量瓶中，用保存液稀释至刻度，摇匀。此标准溶液汞的质量浓度为1.00 μg/mL。

（9）汞标准工作溶液：吸取2.00 mL汞标准中间溶液注入100 mL容量瓶中，用保存液稀释至刻度，摇匀。此标准溶液汞的质量浓度为20.0ng/mL（现用现配）。

（四）仪器及设备

（1）氢化物发生原子荧光光度计。不同型号仪器的最佳参数不同，可根据仪器使用说明书自行选择。通常采用的仪器参数见表5-54。

（2）汞空心阴极灯。

（3）水浴锅。

表5-54 通常采用的仪器参数

负高压（V）	280	加热温度（℃）	200
A道灯电流（mA）	35	载气流速（mL/min）	300
B道灯电流（mA）	0	屏蔽气流量（mL/min）	900
观测高度（mm）	8	测量方法	校准曲线
读数方式	峰面积	读数时间（s）	10
延迟时间（s）	1	测量重复次数	2

（五）分析步骤

1. 试样制备

称取经风干、研磨并过0.149mm孔径筛的土壤样品0.2～1.0 g（精确至0.0002 g）于50 mL具塞比色管中，加少许水润湿样品，加入10 mL硝酸-盐酸混合试剂，加塞后摇匀，于沸水浴中消解2 h，取出冷却，立即加入10 mL保存液，用稀释液稀释至刻度，摇匀后放置，取上清液待测。同时做空白试验。

2. 校准曲线

分别准确吸取0.00 mL、0.50 mL、1.00 mL、2.00 mL、3.00 mL、5.00 mL、10.00 mL汞标准工作液置于7个50 mL容量瓶中，加入10 mL保存液，用稀释液稀释至刻度，摇匀，即得含汞量分别为0.00 ng/mL、0.20 ng/mL、0.40 ng/mL、0.80 ng/mL、1.20 ng/mL、2.00 ng/mL、4.00ng/mL的标准系列溶液。此标准系列溶液适用于一般样品的测定。

3. 上机分析

将仪器调至最佳工作条件，在还原剂和载液的带动下，测定标准系列各点的荧光强度（校准曲线是减去标准空白后的荧光强度对质量浓度绘制的校准曲线），然后测定样品空白、试样的荧光强度。

（六）结果表示与计算

土壤样品总汞ω以毫克每千克（mg/kg）表示，重复试验结果以算术平均值表示，保留三位有效数字。按公式（1）计算：

$$\omega = \frac{(\rho - \rho_0) \times V}{m \times (1 - \omega_{H_2O}) \times 1000} \quad (1)$$

式中　ρ——从校准曲线上查得汞元素质量浓度，ng/mL；

ρ_0——试剂空白液测定质量浓度，ng/mL；

V——样品消解后定容体积，mL；

m——试样质量，g；

ω_{H_2O}——土壤含水率；

1000——将“ng”换算为“μg”的系数。

（七）质量保证与质量控制

（1）每批样品至少制备2个以上空白溶液。

（2）土壤中总汞的标准物测定值，其相对误差的绝对值不得超过5%。

（3）在重复条件下，获得的两次独立测定结果的相对偏差不得超过12%。

（八）注意事项

（1）操作中要注意检查全程序的试剂空白，发现试剂或器皿沾污，应重新处理，严格筛选，并妥善保管，防止交叉污染。

（2）硝酸-盐酸消解体系不仅由于氧化能力强使样品中大量有机物得以分解，同时也能提取各种无机形态的汞。而盐酸存在条件下，大量 Cl^- 与 Hg^{2+} 作用形成稳定的 $[HgCl_4]^{2-}$ 络离子，可抑制汞的吸附和挥发。应避免使用沸腾的王水处理样品，以防止汞以氯化物的形式挥发而损失。样品中含有较多的有机物时，可适当增大硝酸-盐酸混合试剂的浓度和用量。

（3）由于环境因素的影响及仪器稳定性的限制，每批样品测定时均需绘制校准曲线。若样品中汞含量太高，不能直接测量，应适当减少称样量，使试样含汞量保持在校准曲线的直线范围内。

（4）样品消解完毕，通常要加保存液并以稀释液定容，以防止汞的损失。样品试液宜尽早测定，一般情况下只允许保存2～3 d。

引用标准

[1] 国家质量监督检验检疫总局. 土壤质量　总汞、总砷、总铅的测定　原子荧光法第1部分：土壤中总汞的测定：GB/T 22105.1—2008 [S]. 北京：中国标准出版社，2008：1-3.

第七节　X射线荧光光谱分析

一、X射线荧光仪概述

（一）X射线光谱分析的发展

1895年，伦琴发现X射线。

1908年，巴克拉（C. G. Barkla）和沙特拉（Sadler）发现物质受X射线辐照后会发射出和物质中组成元素相关的特征谱线。

1912年，劳厄（M. V. Laue）证实X射线在晶体中的衍射。结合前人的发现归纳X射线是一种电磁波，具有波粒二象性。

1913年，布拉格（W. L. Bragg，W. H. Bragg）父子建立布拉格定律。

1913年，莫塞莱（Moseley）研究了各种元素的特征光谱，发现莫塞来定律，奠定了X射线光谱分析的基础。

1928年，盖革（H. Geiger）等首次提出用充气计数管代替照相干板法来进行X射线的测量。

1948年，弗里德曼（H. Friedman）和伯克斯（L. S. Birks）研制出第一台商用X射线荧光光谱仪。

1966年，布朗曼（Browman）等将放射性同位素源和Si（Li）探测器结合使用。

1969年，伯克斯（Birks）等研制出第一台能量色散X射线荧光光谱仪。

1971年，全反射技术首次应用在少量样品的痕量分析上（Yoneda和Horiuchi）。

1974年，偏振技术首次应用于能量色散X射线荧光分析（Y. Dzubag）。

（二）X射线荧光分析基本原理

X射线荧光分析仪中X光管产生X射线，样品受该X射线照射后，样品中存在的元素发射出能量不同的荧光X射线辐射。通过测定样品发射的辐射能量，就可以确定样品中存在哪些元素，即称为定性分析。通过测定能量的强度可以知道元素的含量，这就是定量分析。

X射线管发出一次高能X射线，照射样品，激发其中的化学元素，发出二次X射线，也叫X射线荧光，其波长是相应元素的标识——特征波长（定性分析基础）；依据谱线强度与元素含量的比例关系可进行定量分析。

X射线荧光分析仪（XRF）首先应用在各种材料化学组成的分析，之后发展到环境监测领域。被测材料可以是固体、液体、粉末或其他形式。XRF还可测定镀层和薄膜的厚度及成分。XRF具有分析速度快、准确度高、不破坏样品及样品前处理简单等特点。

XRF 分析的精密度和重现性很高。若有合适的标准，分析的准确度非常高，当然没有标准时也可以分析。测量时间取决于待测的元素数目和要求的精度，在几秒至 30 分钟间变动。测量后的数据处理时间只需几秒钟。用能量色散 X 射线荧光分析仪（EDXRF）测得的土壤样品的光谱图，可通过峰的位置确定样品存在的元素、峰的高度确定元素的质量浓度。

（三）X 射线荧光光谱仪的组成及其类型

1. X 射线荧光光谱仪的组成

X 射线荧光光谱仪的基本组成包括激发系统、样品系统、检测系统及仪器控制和数据处理系统四大部分。

激发系统：发出一次 X 射线，激发样品发出辐射。

分光系统：对来自样品元素特征 X 射线进行分辨。

探测系统：对样品元素的特征 X 射线进行强度探测。

仪器控制和数据处理系统：处理探测器信号，给出分析结果。

2. X 射线荧光光谱仪的类型

X 射线荧光光谱仪可分为能量色散和波长色散两大类。可分析的元素及检测限主要取决于所用的光谱仪系统。能量色散 X 射线荧光光谱仪（EDXRF）分析的元素从 Na 到 U；波长色散 X 荧光光谱仪（WDXRF）分析的元素从 Be 到 U。质量浓度范围从 10^{-6}到 100%。通常重元素的检测限优于轻元素。

EDXRF 的检测器主要测量来自样品的特征谱线的能量大小，检测器根据谱线的能量辨别样品中的不同元素，对分析重元素有优势。

WDXRF 使用的分光晶体色散不同，来自样品的所有辐射照射到晶体上，基于衍射作用，不同的谱线被衍射到不同的方向，这与棱镜对可见光的色散作用类似。

（四）制样与分析

影响结果的关键因素主要为样品制备和准确的测量。样品分析分为两个步骤：一是定性分析，二是定量分析。定性分析确定样品中存在哪些元素，定量分析从测量的光谱谱线计算净强度，用于计算样品中存在的各元素的质量浓度。

EDXRF 和 WDXRF 使用的定性分析方法稍有不同，EDXRF 中用峰面积作为强度，而 WDXRF 中用峰高作为强度。定性分析和定量分析在 EDXRF 和 WDXRF 中都可用，但各有优缺点。

1. 样品制备

X 射线荧光光谱仪一般针对少量样品进行分析，样品要求必须有代表性、经过合理处理、光谱仪灵敏度高。由于样品上的杂质、指纹等都能扰乱分析，因此样品表面必须均匀一致。

（1）固体：固体样品的制备简单，通常清洗和抛光表面即可。金属暴露在空气中可能被氧化，分析前必须将表面打磨或抛光以除去氧化层。

（2）粉末：粉末状样品可以放在一支撑薄膜上直接测定，或者在压片机下压成片进行测定。有时需加入黏结剂提高压片的质量。如果使用黏结剂，分析中要考虑黏结剂的影响，因为它不属于原始样品，必须注意样品的均匀性。

（3）熔融片：粉末样品中也可以加入一种称为熔剂的添加剂，使样品在1000～1200 ℃下熔融成为绒珠的玻璃状样品。这种样品是均匀的，可直接测量。但在熔样过程中，一部分样品会以 H_2O 和 CO_2 的形式挥发损失掉，像 S、Hg、Cd 一类的元素加热时也会挥发损失，这个损失量称为烧失量。

在熔融前后称重样品可以帮助确定总的烧失量，分析时要考虑熔剂和烧失量，熔剂通常使用一些由轻元素组成的材料例如 $Li_2B_4O_7$，因为它们不被测定，为了校正这一影响，要考虑所用熔剂的种类以及加入的数量。

（4）液体：液体样品可以放置在有支撑膜的特制样品杯中，有时样品量不够还要加入适当的稀释剂。液体不能在真空中测量，因为它们会挥发，在空气中可以测量，但空气会吸收大量射线，使轻元素难以测定，所以在充满氦气的谱仪室中测定液体样品，这样既不会导致液体挥发，射线也几乎不被吸收。

（5）滤纸样品：空气尘埃或液体经滤纸过滤后可用 XRF 进行分析，滤纸上只含有很少量的待分析物质，滤纸不需经过特殊处理即可测定。

2. 样品分析

样品测量包括：峰搜索和峰匹配、峰高测量和背景扣除、谱线重叠校正、计数统计和检测限等步骤。

XRF 测定要求：①XRF 是一种灵敏度很高的方法，必须有合格的样品。②光谱仪光管的电压、检测器等各项参数设置，调整到分析元素的最佳值。③EDXRF 中光谱是同时测定的，用峰面积来计算元素的质量浓度，也可选择峰高来计算，但会丢失很多信息。因为相对峰高而言，峰面积受噪声的影响更小。④在 EDXRF 中，一般只是在峰的顶端进行测量，因峰的位置是已知的，在峰顶端测量既可以节省时间，又可以得到准确的结果。

二、土壤和沉积物波长色散 X 射线荧光光谱法

（一）适用范围

HJ 780－2015 规定了测定土壤和沉积物中 25 种无机元素和 7 种氧化物的波长色散 X 射线荧光光谱法。包括砷（As）、钡（Ba）、溴（Br）、铈（Ce）、氯（Cl）、钴（Co）、铬（Cr）、铜（Cu）、镓（Ga）、铪（Hf）、镧（La）、锰（Mn）、镍（Ni）、磷（P）、铅（Pb）、铷（Rb）、硫（S）、钪（Sc）、锶（Sr）、钍（Th）、钛（Ti）、钒（V）、钇（Y）、锌（Zn）、锆（Zr）、二氧化硅（SiO_2）、三

氧化二铝（Al_2O_3）、三氧化二铁（Fe_2O_3）、氧化钾（K_2O）、氧化钠（Na_2O）、氧化钙（CaO）、氧化镁（MgO）。

22 种无机元素的检出限为 1.0 ～50.0 mg/kg，测定下限为 3.0 ～150 mg/kg；7 种氧化物的检出限为 0.05%～0.27%，测定下限为 0.15%～0.81%。25 种无机元素和 7 种氧化物的方法检出限及测定下限见表 5－55。

表 5－55　25 种无机元素和 7 种氧化物的方法检出限和测定下限

序号	元素/氧化物	检出限	测定下限	序号	元素/氧化物	检出限	测定下限
1	砷（As）	2.0	6.0	17	硫（S）	30.0	90.0
2	钡（Ba）	11.7	35.1	18	钪（Sc）	2.4	6.6
3	溴（Br）	1.0	3.0	19	锶（Sr）	2.0	6.0
4	铈（Ce）	24.1	72.3	20	钍（Th）	2.1	6.3
5	氯（Cl）	20.0	60.0	21	钛（Ti）	50.0	150
6	钴（Co）	1.6	4.8	22	钒（V）	4.0	12.0
7	铬（Cr）	3.0	9.0	23	钇（Y）	1.0	3.0
8	铜（Cu）	1.2	3.6	24	锌（Zn）	2.0	6.0
9	镓（Ga）	2.0	6.0	25	锆（Zr）	2.0	6.0
10	铪（Hf）	1.7	5.1	26	二氧化硅（SiO_2）	0.27	0.81
11	镧（La）	10.6	31.8	27	三氧化二铝（Al_2O_3）	0.07	0.18
12	锰（Mn）	10.0	30.0	28	三氧化二铁（Fe_2O_3）	0.05	0.15
13	镍（Ni）	1.5	4.5	29	氧化钾（K_2O）	0.05	0.15
14	磷（P）	10.0	30.0	30	氧化钠（Na_2O）	0.05	0.15
15	铅（Pb）	2.0	6.0	31	氧化钙（CaO）	0.09	0.27
16	铷（Rb）	2.0	6.0	32	氧化镁（MgO）	0.05	0.15

注：表中，元素检出限及测定下限单位为 mg/kg；氧化物检出限及测定下限单位为%。

（二）方法原理

土壤或沉积物样品经过衬垫压片或铝环（或塑料环）压片后，试样中的原子受到适当的高能辐射激发后，放射出该原子所具有的特征 X 射线，其强度大小与试样中该元素的含量成正比。通过测量特征 X 射线的强度来定量分析试样中各元素的含量。

（三）干扰和消除

（1）试样中待测元素的原子受辐射激发后产生的 X 射线荧光强度值与元素的

含量及原级光谱的质量吸收系数有关。某元素特征谱线被基体中另一元素光电吸收，会产生基体效应（即元素间吸收－增强效应）。可通过基本参数法、影响系数法或两者相结合的方法（即经验系数法）进行准确的计算处理后消除这种基体效应。

（2）试样的均匀性和表面特征均会对分析线测量强度造成影响，试样与标准样粒度等保持一致，则这些影响可以减至最小甚至可忽略不计。

（3）用干扰校正系数校正谱线重叠干扰。重叠干扰校正系数计算方法：通过元素扫描，分析与待测元素分析线有关的干扰线，确定参加谱线重叠校正的干扰元素；利用标准样品直接测定干扰线校正 X 射线强度的方法，求出谱线重叠校正系数。

（四）试剂和材料

（1）硼酸（H_3BO_3）：分析纯。

（2）高密度低压聚乙烯粉：分析纯。

（3）标准样品：土壤、沉积物，含测定 25 种无机元素和 7 种氧化物的市售有证标准物质或标准样品。

（4）塑料环：内径 34 mm。

（5）氩气－甲烷气：P10 气体，90% 氩气＋10% 甲烷。

（五）仪器和设备

（1）X 射线荧光光谱仪：波长色散型，具计算机控制系统。

（2）粉末压片机：最大压力 40 吨。

（3）分析天平：精度 0.1 mg。

（4）筛：非金属筛，孔径为 0.075 mm，200 目。

（六）样品保存与制备

1. 样品的采集、保存和前处理

土壤样品的采集和保存按照 HJ/T 166 执行，沉积物样品的采集和保存按照 GB 17378.3 和 GB 17378.5 执行。样品的风干或烘干按照 HJ/T 166 及 GB 17378.5 相关规定进行操作，样品研磨后过 200 目筛，于 105 ℃烘干备用。

2. 试样的制备

用硼酸或高密度低压聚乙烯粉垫底、镶边或塑料环镶边，将 5g 左右过筛样品于压片机上以一定压力压制成厚度不少于 7mm 的薄片。根据压力机及镶边材质确定压力及停留时间。

（七）分析步骤

1. 建立测量方法

参照仪器操作程序建立测量方法。根据确定的测量元素，从数据库中选择测量谱线并校正。不同型号的仪器，其测定条件不尽相同，参照仪器厂商提供的数据库选择最佳工作条件，主要包括X光管的高压和电流、元素的分析线、分光晶体、准直器、探测器、脉冲高度分布（PHA）、背景校正。

2. 校准曲线

按照与试样的制备相同操作步骤，将至少20个不同质量分数元素的标准样品压制成薄片，25种无机元素含量和7种氧化物的质量分数范围见表5-56。在仪器最佳工作条件下，依次上机测定分析，记录X射线荧光强度。以X射线荧光强度（kcps）为纵坐标，以对应各元素（或氧化物）的量（mg/kg或百分数）为横坐标，建立校准曲线。

表5-56　测定元素校准曲线范围

序号	元素/化合物	含量/质量分数范围	序号	元素/化合物	含量/质量分数范围
1	砷（As）	2.0～841	17	硫（S）	50～940
2	钡（Ba）	44.3～1900	18	钪（Sc）	4.4～43
3	溴（Br）	0.25～40	19	锶（Sr）	28～1198
4	铈（Ce）	3.5～402	20	钍（Th）	3.6～79.3
5	氯（Cl）	10.8～1400	21	钛（Ti）	1270～46100
6	钴（Co）	2.6～97	22	钒（V）	15.6～768
7	铬（Cr）	7.2～795	23	钇（Y）	2.4～67
8	铜（Cu）	4.1～230	24	锌（Zn）	24.0～3800
9	镓（Ga）	3.2～39	25	锆（Zr）	3.0～1540
10	铪（Hf）	4.9～34	26	二氧化硅（SiO_2）	6.65～82.89
11	镧（La）	21～164	27	三氧化二铝（Al_2O_3）	7.70～29.26
12	锰（Mn）	10.8～2490	28	三氧化二铁（Fe_2O_3）	1.90～18.76
13	镍（Ni）	2.7～333	29	氧化钾（K_2O）	1.03～7.48
14	磷（P）	38.4～4130	30	氧化钠（Na_2O）	0.10～7.16
15	铅（Pb）	7.6～636	31	氧化钙（CaO）	0.08～8.27
16	铷（Rb）	4.79～470	32	氧化镁（MgO）	0.21～4.14

注：元素含量单位为mg/kg；氧化物质量分数单位为%。

3. 测定

待测试样按照与建立校准曲线相同的条件进行测定，记录X射线荧光强度。

（八）结果计算与表示

样品中铝、铁、硅、钾、钠、钙、镁以氧化物表示，单位为%；其他均以元素表示，单位为 mg/kg。测定结果氧化物保留四位有效数字，小数点后保留两位；元素保留三位有效数字，小数点后保留一位。有证标准物质测定结果保留位数参照标准值结果。

土壤及沉积物样品中待测无机元素（或氧化物）的质量分数 ω_i（mg/kg 或%），按照公式（1）进行计算：

$$\omega_i = k \times (I_i + \beta_{ij} \times I_k) \times (1 + \sum \alpha_{ij} \times \omega_j) + b \tag{1}$$

式中 ω_j——干扰元素的含量或质量分数，mg/kg 或%；

k——校准曲线的斜率；

b——校准曲线的截距；

I_i——测量元素（或氧化物）的 X 射线荧光强度，kcps；

β_{ij}——谱线重叠校正系数；

I_k——谱线重叠的理论计算强度；

α_{ij}——干扰元素对测量元素（或氧化物）的 α 影响系数。

（九）精密度和准确度

1. 精密度

六家实验室分别对国家有证标准样品（土壤、水系沉积物）和实际样品（土壤及底泥）进行了分析测定，实验室内相对标准偏差为 0.0%～15.7%；实验室间相对标准偏差为 0.0%～22.8%；重复性限 0.00～56.5 mg/kg，再现性限为 0.08～124 mg/kg。

2. 准确度

六家实验室分别对国家有证标准样品（土壤、水系沉积物）和实际样品（土壤及底泥）进行了分析测定，对有证标准物质分析的相对误差为 -70.2%～32.7%。

（十）质量保证和质量控制

（1）应定期对测量仪器进行漂移校正，如更换氩气－甲烷气、环境温湿度变化较大、仪器停机状态时间较长后开机等。用于漂移校正的样品的物理与化学性质需保持稳定，漂移量偏大时需重做标准曲线，可使用高质量分数标准化样品进行校正。

（2）每批样品分析时应至少测定 1 个土壤或沉积物的国家有证标准物质，其测定值与有证标准物质的相对误差要求如下：待测物浓度在检出限三倍以内时为不超过 0.12%，浓度在检出限三倍以上时不超过 0.1%；浓度 0.1%～5% 时不超过 0.07%；浓度大于 5% 时不超过 0.05%。

（3）每批样品应进行 20% 的平行样测定，当样品数小于 5 个时，应至少测定 1 个平行样。测定结果的最大允许相对偏差要求如下：待测物含量大于 100 mg/kg 时为 ±5%；含量 10～100 mg/kg 时为 ±10%；含量 1.0～10 mg/kg 时为 20%；含量

0.1～1.0 mg/kg 时为±25%；含量小于0.1 mg/kg 时为±30%。

（十一）注意事项

（1）当更换氩气-甲烷气体后，应进行漂移校正或重新建立校准曲线。

（2）当样品基体明显超出本方法规定的土壤和沉积物校准曲线范围，或当元素含量超出测量范围时，应使用其他国家标准方法进行验证。

（3）硫和氯元素具有不稳定、极易受污染等特性，分析含硫和氯元素的样品时，制备后的试样应立即测定。

（4）样品中二氧化硅质量分数大于80.0%时，本方法不适用。

（5）更换X光管后，调节电压、电流时，应从低电压、电流逐步调节至工作电压、电流。

引用标准、参考文献

[1] 国家环境保护部. 土壤和沉积物　无机元素的测定　波长色散X射线荧光光谱法：HJ 780-2015 [S]. 北京：中国环境科学出版社. 2015.

[2] 国家质量监督检验检疫总局. 海洋监测规范第3部分：样品采集、贮存与运输：GB 17378.3 [S]. 北京：中国标准出版社.

[3] 国家质量监督检验检疫总局. 海洋监测规范第5部分：沉积物分析：GB 17378.5 [S]. 北京：中国标准出版社.

[4] 国家环境保护总局. 土壤环境监测技术规范：HJ/T 166 [S]. 北京：中国环境科学出版社.

三、全反射荧光分析仪（TXRF）在土壤微量重金属监测中的应用

（一）适用范围

适用于土壤微量重金属分析。在土壤微量重金属监测领域，开展TXRF设备的应用分析测试和性能测试研究，提出仪器性能质量水平和发展方向及建议，验证TXRF设备的功能、技术、安全等各项性能指标，可提高仪器性能，并为起草全反射仪器在土壤检测中提供技术依据。

（二）方法原理

样品受X射线照射后，其中各元素原子的内壳层（K，L或M层）电子被激发逐出原子而引起电子跃迁，并发射出该元素的特征X射线荧光。元素特征X射线的强度与该元素在样品中的原子数量（即含量）成比例，通过测量样品中某元素特征X射线的强度，便可求出该元素在样品中的含量，即为X射线荧光光谱定量分析。

（三）仪器和设备

参考仪器为怡文环境科技生产的 TXRF0197 - A 型全反射 X 射线荧光分析仪，主要由三部分组成，即主机、电脑和高纯氮气瓶。仪器指标参数见表 5 - 57。

主机中含有主要的功能模块，包括电源、X - 光管、X - 荧光探测器、全反射光学平台、驱动电路、氮气管路等。电脑主要用于系统控制，内含控制软件和分析软件，通过 RS232 和 USB 接口与主机相连。高纯氮气瓶则主要为主机内部样品室提供一个氮气环境，消除空气中的氩气对测试某些特定元素的干扰。具体设计实现框图如图 5 - 2。

表 5 - 57　全反射 X 射线荧光分析仪指标参数

序号	指标名称	指标参数
1	测量范围	0 ～500 mg/kg
2	检出限	50 μg/kg
3	精密度	≤5%
4	XRF 模块准确度	≤10%
5	线性度	相关系数 >0.98
6	监测元素	Pb、Cd、Hg、As、Cr 等

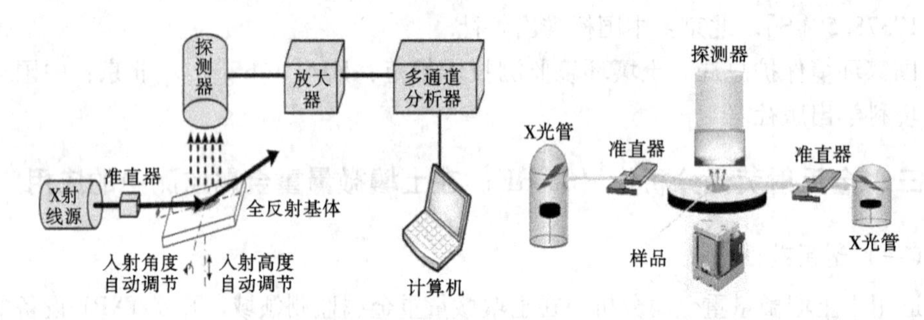

图 5 - 2　全反射 X 射线荧光分析仪构造：主机中含有的主要功能模块

（四）样品制备

全反射 X - 荧光分析仪对分析样品的制备方式有特殊要求，即必须将待测样品在平滑的载片上制成薄膜；只有对该薄膜进行测试，才会产生全反射效果，从而有效降低背景干扰，实现极低的检出下限。另外，针对环境土壤中含量有可能非常低的样品，为有效降低环境样品的检出下限，还要通过样品前处理的萃取等操作，实现待测元素的分离与富集。

（1）固体筛的样品制样：固体样品首先需进行粉碎，使用土壤粉碎机将固体样品粉碎至能过 200 目筛的颗粒。选择 10 mL 容量瓶进行制样，称取 0.1 g 固体样品转入容量瓶内，加 1000 mg/L 硝酸钇内标 800 μL，使用曲拉通溶液定容至 10 mL。

将配制完成的固体样品放入搅拌机搅拌，固体样品充分悬浮在溶液中，取 10 μL样品制膜烘干测试。

（2）水样直接滴膜烘干：该方法制膜简单快速，但检出限略高。若水样复杂，各共存元素之间也可能会产生相互干扰。

制膜方法：先在玻璃载片上滴一滴（10 μL）三甲基硅醇，烘干后形成一疏水薄膜；在此疏水薄膜上滴加 10 μL 样品，烘干后形成样品膜用于 TXRF 测试。

为提高样品检测的精确度，在每天的低质量浓度样品测试之前，需重新标定空白值。建议使用同一个玻片测量。

（3）内标元素的加入。

TXRF 分析在定量分析方面往往容易受制膜形状、位置、尺寸、均匀程度等变化的影响以及受玻璃载片加工精度差异影响，为此，需要在分析体系中加入内标稀土元素钇，该元素在环境样品中稀有存在、谱线位置在感兴趣区间的边缘、对分析元素无干扰。

（4）制样注意事项：采取水样直接滴膜烘干方法时，为提高样品的检出下限，制膜过程中可采用富集制膜的方法，即在三甲基硅醇烘干的疏水薄膜上滴定 10μL 的被测样品，烘干后再滴定 10 μL 样品，反复滴定 3 次。

被测样品中的 Hg 元素会随制样温度的升高而大量流失，因此制样过程中恒温电热板的温度不宜过高，控制在 60 ～70 ℃为宜，如被测元素含量过低，请采用分离与富集的方式进行制膜测试。

（五）仪器分析操作

（1）X－光管参数设置，目前两靶材光管电压、电流使用相同，以 W 靶为例；X－光管的设置条件参见图 5－3。X 射线光管电压 25 kV，X 射线光管电压 150 μA。X－射线图谱示例见图 5－4。

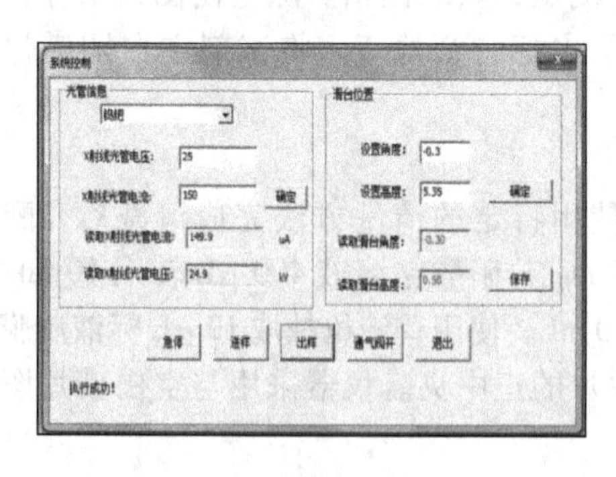

图 5－3　光管参数设置

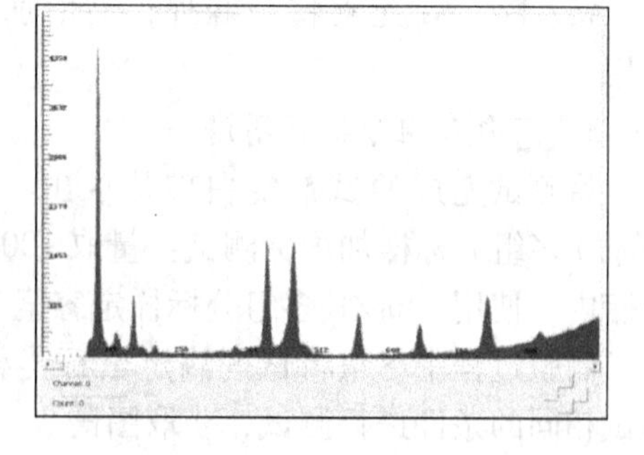

图 5－4　X－射线图谱示例

（2）设置滑台位置的角度与滑台高度，其中角度调节范围：－2.0°～2.0°；

高度调节范围：0 ～5.4 mm。调整参数后，将滑台位置信息保存。

（3）测量时间即图谱扫描时间，单击“操作按钮”栏的“设置”按钮，选择“参数设置”项，设置采集时间为600 s。

（4）确认仪器各部工作正常后，便可开始测量流程。调整光学平台至“出样”位置，若样品室中有样片，弹出样片。取出样片清空样品室。将样品放入样品室，点击“进样”，仪器将根据用户选择的光管信息读取相应配置文件并将载片移动至测试位置。

（5）启动氮气开关（当需要氮气环境时）。

（6）开启X－射线光管。

（7）开始采集图谱。

（8）保存图谱。

（六）定量分析

目前使用TXRF产品样机测试液体样品时，低量程样品的测试质量浓度范围为0 ～1 mg/L，高量程样品的测试质量浓度范围为1 ～10 mg/L，更高质量浓度样品可通过稀释后测试。

1. 获取空白玻片图谱

将清洗干净的石英玻璃载片放入仪器样品室，根据仪器推荐的测试条件进行600s测试，获得图谱保存为仪器玻片空白。以银靶测试为例，玻片空白包含石英玻片中的Si特征峰、X射线光管中的Ag特征峰，以及少量仪器自身含有的Fe、Ni特征峰，如发现其他元素特征峰存在，则证明玻片清洗不彻底，需进一步清洗。

2. 获取试剂空白图谱

将测试完成后的空白玻片取出，选用10 mL容量瓶并加入1000 mg/L硝酸钇内标溶液400 μL，用蒸馏水定容至10 mL作为试剂空白标液。使用移液枪抽取10 μL试剂空白标液制膜烘干。制膜过程中尽量将试剂滴定至石英载片的正中央。仪器采用和空白玻片图谱测试相同的条件进行测试，获取图谱。除空白图谱中存在的Si、Ag、Fe、Ni元素特征峰外，又增加了内标特征峰Y。将试剂空白图谱保存待用。

3. 获取多组分标样图谱

将测试完成的试剂空白玻片取出，使用特定的清洗方法完成清洗后，配制1 mg/L多组分标样加内标测试：量取1000 mg/L硝酸钇溶液400 μL转入10 mL容量瓶内，使用1 mg/L多组分标样定容至10 mL。使用移液枪抽取10 μL标液制膜烘干。制膜过程中尽量将试剂滴定至石英载片的正中央。仪器采用与空白玻片图谱测试相同的条件进行测试，获取图谱。

4. 多元素分析计算

完成对图谱定性分析后，需对图谱进行多元素分析。单击“多元素分析”，弹出多元素分析计算操作界面，在“计算峰面积”操作栏内选择相应的靶材。

“空白图谱”操作栏内需加载已测试完成的玻片空白图谱，通过“平滑空白”“空白曲线”“减去空白”三个按钮的操作扣除玻片空白。空白图谱扣除后，单击“计算”按钮，对打开的图谱进行面积计算，并给出各元素特征峰面积与内标峰面积的比值及相关系数 k。

5. 质量浓度计算

对标样图谱中的元素分析完成并建立相关曲线后，需对图谱内的元素进行分析，主要工作为选择需建立标准曲线的元素并输入标样质量浓度值。

单击主菜单栏“定量分析”中的“曲线标定”选项，在标定界面内输入多组份标样质量浓度，然后选择需要标定曲线的元素。标定及计算使用 Y 元素作为内标元素，因此内标选项为 Y，作为建立曲线的参数使用。

计算完成后，关闭多元素分析界面，单击主菜单栏的“定量分析”按钮，选择“质量浓度计算”选项，打开计算质量浓度操作界面，在界面内输入项目名称、样品编号等详细信息，其中积分时间及测试电压、测试电流系统根据图谱自动为用户保存。

（七）注意事项

（1）仪器在测量时发出 X 线。在测量中请不要打开仪器外壳或者样品室门，否则可能会被 X 射线辐射。

（2）使用仪器过程中，若从仪器里冒出烟或者散发出异味或出现异常噪音时，请务必立即停止使用。

（3）无辐射安全防护措施的情况下，请不要私自对仪器进行修理、改造、分解。

（4）避免将仪器放置在潮湿、灰尘、积水等场合，否则容易引发漏电和火灾。

（5）避免在有振动或者倾斜的场所使用仪器。

（6）测试室窗口破损，请停止使用。否则容易引发辐射污染和故障。

（7）仪器属于精密仪器，需避免过度摇晃或撞击。

（8）推荐在环境温度 10 ～30 ℃条件下使用；电源 AC 220V ±10% 以内；接通电源后仪器需稳定 10 min。

引用标准

［1］生态环境部．土壤环境质量标准　农用地土壤污染风险管控标准（试行）：GB 15618—2018［S］．北京：中国环境科学出版社，2018：1 –4.

［2］生态环境部．土壤环境质量　建设用地土壤污染风险管控标准（试行）：GB 36600—2018［S］．北京：中国环境科学出版社，2018：1 –14.

[3] 国家环境保护总局. 土壤环境监测技术规范：HJ/T 166 - 2004 [S]. 北京：中国环境科学出版社，2004：1 - 44.
[4] 国家环境保护局. 土壤质量　铅、镉的测定　火焰原子吸收分光光度法：GB/T 17141—1997 [S]. 北京：中国环境科学出版社，1997：1 - 4.
[5] 国家环境保护局. 土壤质量　铜、锌的测定　火焰原子吸收分光光度法：GB/T 17138—1997 [S]. 北京：中国环境科学出版社，1997：1 - 3.
[6] 国家环境保护部. 土壤质量　总铬的测定　火焰原子吸收分光光度法：HJ 491 - 2009 [S]. 北京：中国环境科学出版社，2009：1 - 4.
[7] 国家环境保护部. 土壤和沉积物　汞、砷、硒、铋、锑的测定　微波消解原子荧光法：HJ 680 - 2013 [S]. 北京：中国环境科学出版社，2013：1 - 8.

第六章　固体废物　其他项目分析技术

第一节　固体废物　腐蚀性测定　玻璃电极法

在危险废物的鉴别工作中，腐蚀性鉴别是首要环节。单位、个人在生产、经营、生活和其他活动中所产生的固体、半固体和高浓度液体，采用指定的标准鉴别方法，或者根据规定程序批准的等效方法，测定其溶液或固体、半固体浸出液的 pH≤2，或者 pH≥12.5，则这种废物具有腐蚀性。

一、适用范围

本方法适用于固体、半固体的浸出液和高质量浓度液体的 pH 的测定。

二、方法原理

用玻璃电极为指示电极，饱和甘汞电极为参比电极组成电池。在 25 ℃条件下，氢离子活度变化 10 倍，使电动势偏移 59.16 mV。仪器上直接以 pH 的读数表示。许多 pH 计上有温度补偿装置，可以校正温度的差异。为了提高测定的准确度，校准仪器选用标准缓冲溶液的 pH 应与试样 pH 接近。

三、试剂和材料

（1）去离子水。

（2）使用市售有证 pH 标准缓冲溶液。

四、仪器和设备

（1）混合容器：容积为 2 L 的带密封塞的高压聚乙烯瓶。

（2）振荡器：往复式水平振荡器。

（3）过滤装置：市售成套过滤器，纤维滤膜孔径为 Φ0.45 μm。

（4）pH 计：各种型号的复合 pH 计或离子活度计，精度为 ±0.02。

五、前处理

（1）称取 100 g 试样（以干基计），置于浸取用的混合容器中，加水 1 L（包括试样的含水量）。

（2）将浸取用的混合容器垂直固定在振荡器上，振荡频率调节为110±10次/min，振幅为40 mm，在室温下震荡8 h，静置16 h。

（3）通过过滤装置分离固液相，滤后立即测定滤液的pH。

（4）如果固体废物中干固体的含量小于0.5%（*m/m*），则不经过浸出步骤，直接测定溶液的pH。

六、分析测试

（1）将样品和标准校准溶液放置在室温下平衡达到同一温度，记录测定的温度。

（2）选用与试液pH相差不超过2的标准缓冲溶液校准pH计。用第一个标准溶液统一定位后，取出电极，彻底冲洗干净，并用滤纸吸去水分。再浸入第二个标准溶液进行校核，其值应在标准的允许差范围内。否则就该检查仪器、电极或标准溶液是否有问题。当校核无问题时方可测定样品。

（3）将样品浸出滤液倾倒入清洁烧杯中，其液面应高于电极的敏感元件，放入搅拌子，将清洁干净的电极插入烧杯中，以缓和、固定的速率搅拌或摇动使其均匀，待读数稳定后记录其pH。应重复测定2～3次直到pH变化小于0.1。

（4）如果在现场测定流体或半固体的流体（如稀泥、薄浆等）的pH，电极可直接插入样品，其深度适当并可移动，应保证有足够的样品通过电极的敏感元件。

七、结果计算与表示

（1）用复合pH电极测定pH时，可直接读取pH，不需计算。

（2）每个样品至少做3个平行试验，其结果标准差不得超过±0.15，取算术平均值报告试验结果。

八、质量保证与质量控制

每个样品至少做3个平行试验，其结果标准差不得超过±0.15。

九、注意事项

（1）当废物浸出液的pH大于10，纳差效应对测定有干扰，宜用低纳差电极，或者用与浸出液的pH相近的标准缓冲溶液对仪器进行校正。

（2）校准仪器前，可用广泛pH试纸（pH 0～14）初步判断试液pH，再选择相近的标准缓冲溶液进行校正。

（3）当电极表面被油质或者颗粒状物质沾污时会影响电极的测定，应用洗涤剂清洗。或用盐酸（1+1）溶液除尽残留物，然后用蒸馏水冲洗干净。

（4）温度影响 pH 的准确测定，因为在不同的温度下电极的电势输出不同，温度变化也会影响到样品的 pH。所以，必须进行温度的补偿。温度计与电极应同时插入待测溶液中，在报告测定的 pH 时同时报告测定时的温度。

（5）样品浸提后，上层液体含有较多颗粒导致过滤效率较慢时，可先将上层液体离心后再过滤。

（6）由于固体废物样品多带有强烈刺激性气味，在实验过程中可能刺激眼睛、呼吸道等，应做好实验人员的安全防护措施。

引用标准

[1] 环境保护部科技标准司. 固体废物　腐蚀性测定　玻璃电极法：GB/T 15555.12—1995 [S]. 北京：中国环境科学出版社，1995.

第二节　固体废物　有机质的测定　灼烧减量法

随着经济的不断发展和进步，社会生产建设及生活产生的固体废物也不断增加。固体废物污染越来越严重，正受到国家高度重视。在固废监测中，有机质是其中一项理化指标，按 HJ 761－2015 进行检测。

一、适用范围

适用于农业废物、生活垃圾、餐厨废物、污泥等固体废物中有机质含量的测定。

二、方法原理

固体废物中的有机质可视为烘干试样在 600 ℃ ±20 ℃下灼烧的失重量。

三、仪器和设备

（1）分析天平：精度为 0.0001 g。
（2）高温马弗炉：温度可控制在 600 ℃ ±20 ℃。
（3）电热干燥箱：温度可控制在 105 ℃ ±5 ℃。
（4）干燥器：内装干燥剂。
（5）瓷坩埚：具盖。

四、前处理

在制备有机质分析试样时，用镊子挑除风干试样中的塑料、石块等非活性物质，研磨至全部通过 0.25 mm 孔径筛，混匀后装入磨口瓶中于常温保存待测。

五、分析测试

（1）将瓷坩埚事先于600 ℃ ±20 ℃的马弗炉中灼烧至恒重（连续两次称量之差不大于0.001 g）。

（2）称取试样1 g（精确到0.0001 g），平铺于瓷坩埚中，半盖坩埚盖，然后将其置于电热干燥箱中，在105 ℃ ±5 ℃下烘1 h，取出后移入干燥器冷却至室温，称重。重复上述步骤直至恒重。

（3）称取上述烘干试样0.5 g（精确到0.0001 g），平铺于瓷坩埚中，将坩埚盖好，然后将其放入马弗炉中，待温度升至600 ℃后，于600 ℃ ±20 ℃灼烧3 h，取出后先在空气中冷却5 min左右，再移入干燥器中冷却至室温，称重。重复上述步骤直至恒重。

六、结果计算与表示

（一）结果计算

试样中有机质质量分数ω（%），按公式（1）计算：

$$\omega = \frac{m_0 - m_1}{m} \times 100 \tag{1}$$

式中　m_0——坩埚和烘干样品的质量，g；

m_1——坩埚和烘干样品灼烧后的质量，g；

m——烘干样品的质量，g；

100——单位折算倍数。

（二）结果表示

当固体废物中有机质含量小于1%时，结果保留至小数点后两位，当检测结果大于或等于1%时，计算结果保留三位有效数字。

七、质量保证和质量控制

抽取10%～20%的样品做平行样，样品数少于10个时，至少做一份样品的平行样，测定结果的相对偏差不大于5.0%。

八、注意事项

用灼烧减量法测固废中的有机质很简单，只需要称量，马弗炉灼烧，恒重即可。但如果不注意下面几个细节，想将样品做得准确、平行性做得良好也有一定的困难，特别是对于一些有机质低于10%的样品。

（1）样品研磨过筛后要混合均匀。

（2）样品要先经烘箱 105 ℃烘至恒重。

（3）瓷坩埚要经马弗炉 600 ℃灼烧至恒重，坩埚盖要与坩埚一一对应，不能混乱。

（4）天平要稳定，否则恒重将非常困难，导致分析时间不断拉长，结果不准确。

（5）样品在瓷坩埚中要铺均匀，避免灼烧不充分。

（6）分析恒重过程中，样品要尽量放在干燥器中，避免受潮影响结果。

引用标准

[1] 环境保护部科技标准司．固体废物　有机质的测定　灼烧减量法：HJ 761－2015［S］．北京：中国环境科学出版社，2015：1－6.

第三节　固体废物　氟离子测定　离子色谱法

一、适用范围

本方法适用于固体废物中氟离子的测定，检出限为 14.8 μg/L。

二、方法原理

以纯水为浸提剂，采用超声辅助提取固废中的氟离子，浸提液中的氟离子随着淋洗液进入离子色谱中的阴离子交换分析柱中，不同的离子与分析柱的亲和力不同将它们分离开，再通过抑制器增加被测离子的电导率、降低背景电导，由电导检测器检测各离子组分的电导率，由峰相对保留时间进行定性分析、峰高或峰面积进行定量分析。

三、试剂和材料

除有特别说明外，分析时均使用符合国家标准的优级纯试剂。实验用水为电阻率不低于 18 MΩ·cm 的去离子水。

（1）碳酸钠储备液：碳酸根离子浓度为 1.0 mol/L。

准确称取 10.6000 g 无水碳酸钠，溶于水，并定容到 100 mL 容量瓶中。置于 4 ℃冰箱备用，可使用 6 个月。

（2）碳酸氢钠储备液：碳酸氢根离子浓度为 1.0 mol/L。

准确称取 8.4000 g 碳酸氢钠，溶于水，并定容到 100 mL 容量瓶中。置于 4 ℃冰箱备用，可使用 6 个月。

（3）淋洗使用液（4.5 mmol/L Na_2CO_3～0.8 mmol/L $NaHCO_3$）。

取 4.5 mL 碳酸钠储备液和 0.8 mL 碳酸氢钠储备液，纯水稀释至 1000 mL，临用现配。

（4）再生液。

根据所用抑制器及其使用方式，选择去离子水为再生液。

（5）氟离子标准储备液：ρ（F^-）=1000 mg/L。

准确称取 2.2100 g 氟化钠（优级纯，105 ℃烘干 2 h）溶于水中，用水稀释至 1 L，贮于聚丙烯或高密度聚乙烯瓶中，4 ℃冷藏存放。

也可直接购买对应质量浓度的国家有证氟化物标准物质。

（6）氟离子标准使用液：ρ（F^-）=10 mg/L。

移取 10.0 mL 氟离子标准储备液于 1000 mL 容量瓶中，用水稀释定容至标线，混匀。当天配制。

（7）甲醇：ρ（CH_3OH）=0.79 g/mL。

（8）OnGuard RP 柱（或 C18 柱）和 OnGuard AgH 柱。

四、仪器和设备

（1）离子色谱仪：包含有对应的淋洗液泵、阴离子交换分析柱、抑制器、电导检测器和数据处理系统。

（2）分析天平：感量 0.1 mg。

（3）超声波清洗器：频率（40～60 kHz），温度可显示。

（4）离心机：最高转速不低于 4000 r/min，配聚乙烯/聚丙烯离心管。

（5）提取瓶：250 mL，带盖，聚乙烯/聚丙烯材质。

（6）水系微孔滤膜：0.45 μm。

（7）水系微孔滤膜过滤器：0.45 μm。

（8）一次性注射器：10 mL。

（9）载气：高纯氮气，纯度≥99.99%。

五、前处理及干扰消除

（一）样品前处理

准确称取 2.5 g（精确至 0.001 g）过 0.149 mm（100 目）筛的具有代表性的固体废物于 250 mL 的提取瓶中，加入 50 mL 水，加盖摇匀，常温水浴同时超声提取 30 min。然后全部转移到 500 mL 容量瓶中，用水定容。摇匀后取 50 mL 于聚乙烯离心管中，在 4000 r/min 的转速下离心 10 min，取上清液经 0.45 μm 水系微孔滤膜过滤器过滤和 OnGuard RP 柱（或 C18 柱）将提取液中的固体颗粒和有机物除去，用进样管收集滤液待测。

（二）干扰消除

当存在大分子有机物如油脂、色素和表面活性剂等干扰测定时，可用过 OnGuard RP 柱（或 C18 柱）将提取液中的固体颗粒和有机物除去，而后进样分析。如果用于进样的溶液中氯离子质量浓度超过 50 mg/L，则需要过 OnGuard AgH 柱将绝大部分氯离子去除。OnGuard RP 柱（2.5cc 型号）使用前依次用 10 mL 甲醇、15 mL水通过，活化 30 min。OnGuard AgH 柱（2.5cc 型号）用 15 mL 水通过，活化 30 min。

六、分析测试

（一）离子色谱工作条件

根据仪器使用说明书优化测量条件或参数，可按照实际样品的基体及组成优化淋洗液质量浓度。以下给出的离子色谱分析条件采用 GB 5085.3 提供的参考条件：

分析柱：IonPac AS23 型分离柱（4mm × 250mm）和 IonPac AG23 型保护柱（4 mm × 50 mm）。淋洗液：4.5 mmol/L Na_2CO_3 0.8 mmol/L $NaHCO_3$ 淋洗液等度淋洗，流速为 1.0 mL/min。抑制器：Atlas 4 mm 阴离子电解膜抑制器或选用性能相当的其他电解膜抑制器，抑制电流 45 mA。柱箱温度：30 ℃。进样体积：25 μL。

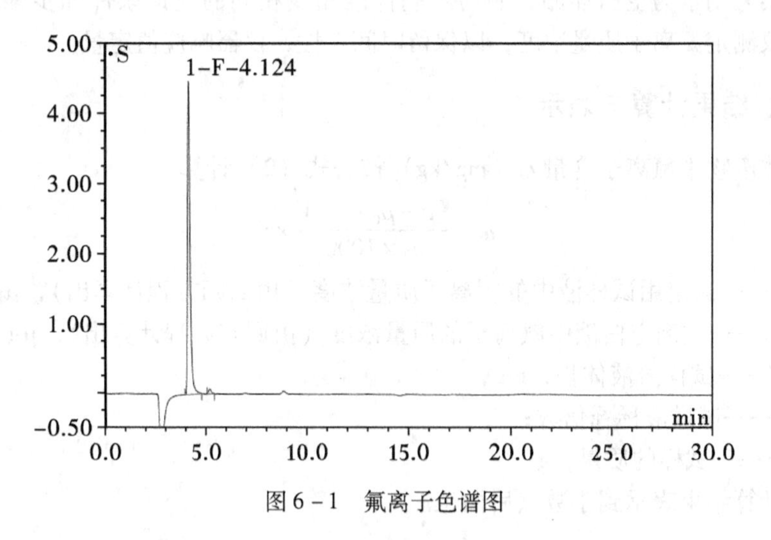

图 6－1　氟离子色谱图

（二）标准曲线建立

分别准确移取 0.00 mL、0.50 mL、1.00 mL、2.00 mL、5.00 mL、10.0 mL、20.0 mL 氟离子标准使用液置于一组 100 mL 容量瓶中，用水稀释定容至标线，混匀，配制成 6 个不同质量浓度的氟离子标准系列，标准系列质量浓度见表 6－1。

可根据被测样品的质量浓度确定合适的标准系列质量浓度范围。按其质量浓度由低到高的顺序依次注入离子色谱仪，记录峰面积（或峰高）。以各离子的质量浓度为横坐标，峰面积（或峰高）为纵坐标，绘制标准曲线。

表 6-1 氟离子标准系列

标准点	1	2	3	4	5	6	7
标准取样体积（mL）	0.00	0.50	1.00	2.00	5.00	10.0	20.0
质量浓度（μg/L）	0.00	50.00	100.00	200.00	500.00	1000.00	2000.00

（三）样品测定

将前处理好的样品按照与绘制标准曲线相同的色谱条件和步骤，注入离子色谱仪测定氟离子质量浓度，以保留时间定性、仪器响应值定量。

注：若测定结果超出标准曲线范围，应将样品用实验用水稀释后重新测定；可预先稀释 50～100 倍后试进样，再根据测得的质量浓度选择适当的稀释倍数重新进样分析，同时记录样品稀释倍数。

（四）空白测定

以实验用水为空白样品，照与绘制标准曲线相同的色谱条件和步骤，注入离子色谱仪测定氟离子质量浓度，以保留时间定性，仪器响应值定量。

七、结果计算与表示

固体废物中氟离子含量 ω（mg/kg）按公式（2）计算

$$\omega = \frac{(\rho - \rho_0) \times V}{m \times 1000} \times f \tag{2}$$

式中 ρ——测定用试样液中的阴离子质量浓度（由回归方程计算出），μg/L；

ρ_0——试剂空白液中氟离子的质量浓度（由回归方程计算出），μg/L；

V——试样溶液体积，mL；

f——试样液稀释倍数；

m——试样的质量，g；

计算结果表示到小数点后两位。

八、质量保证与质量控制

（1）每批次（不超过 20 个）样品，应至少做 2 个实验室空白试验，空白试验结果应低于方法检出限。否则应查明原因，重新分析直至合格之后才能测定样品。

（2）标准曲线的相关系数应不小于 0.999，否则应重新绘制标准曲线。每批次样品分析应重新配制标准曲线。

（3）每批次（不超过 20 个）样品，应至少测定 10% 的平行双样，样品数量少于 10 个时，应至少测定一个平行双样。平行双样测定结果的相对偏差应≤10% 。

（4）每批次（不超过 20 个）样品，应至少做 1 个加标回收率测定，实际样品的加标回收率应控制在 80% ～120% 之间。

九、注意事项

（1）应保证离子色谱仪达到平衡后再进样测试。测定一批样品前后应加 2 ～3 个一级水空白样品清洗管路和色谱柱中的残留物。

（2）离子色谱淋洗液要临用现配，进行脱气处理，尽可能保证样品与标准溶液使用同一瓶淋洗液，避免在分析过程中添加淋洗液。标准曲线样品与分析样品之间应该插入 2 ～3 个纯水样品，保证准确度。

（3）淋洗液过滤头要始终浸在溶液底部，要避免向上反弹吸进气泡。更换溶液时要关机操作。离子色谱仪所用的淋洗液必须用 0. 22 μm 的滤膜抽滤，所用的其他流动相及样品必须先经过 0. 22 μm 的滤膜抽滤，以防止其中的微粒堵塞柱子、降低柱效；对未知样品的测定应先行稀释 100 倍后再进样。

（4）超声提取时水浴液面不低于提取液面，水浴温度过高时可加入冰水或冰袋降温。

（5）从定容好的容量瓶中取部分样品进行离心时要充分摇匀，使样品具有代表性。

（6）系统设定的流速和压力应在色谱柱允许的范围之内。短期内不用的色谱柱，可采用一周通一次水的方法保存。若长时间不用（1 个月以上），阴离子柱应保存到 10 mmol/L Na_2CO_3 中，阳离子柱则应在冰箱内冷藏保存（4 ℃）。重新安装色谱柱时应出口向上，便于将气泡赶出。

（7）系统压力异常、不稳定时应从流路的检测器端开始，逐一拆开各个单元，以确定引起压力增大的具体部件。系统中常出现堵塞问题的部件有滤头、单向阀、在线过滤器、保护柱、分离柱等。其中，在线过滤器堵塞后可直接更换滤芯；滤头和单向阀堵塞后需将其卸下，先用无水乙醇超声清洗 15 ～30 min，以清除部件上黏附的有机物，再用去离子水清洗干净后放入 HNO_3（1 +1）溶液中超声清洗 15 min，用去离子水清洗干净后按原方位安装使用。除了堵塞，管路中 peek 头拧得过紧也会导致系统压力增高。

（8）当基线不平稳难以达到平衡状态时，应首先考虑流路是否发生漏液或有气泡。若有气泡应先将与泵相连的流路接头拧下来，用洗耳球吸满去离子水，从与泵端相连的流路管中注入，将流路管中的气泡排除干净。然后将流动相瓶抬高，再将流路接头与泵连接好。启动泵，打开泵内排气阀旋钮，将泵内气泡排除干净。

当观察到流出液比较均匀，再将泵的排气阀拧紧。泵的流速不稳定、噪声太大或者电压不稳有电磁干扰时也会造成基线不稳。

（9）如背景电导值高，首先应确认淋洗液是否配制准确，色谱柱是否有吸附高电导物质，能否用一级水和淋洗液多次清洗消除。此外，应检查抑制器工作状态：当抑制液管路发生堵塞，抑制柱未能正常清洗再生时背景电导值也会升高。最后应检查检测器是否正常。

（10）实验中产生的废液应集中收集，妥善保管，委托有资质的单位处理。

引用标准、参考文献

[1] 环境保护部科技标准司．危险废物鉴别标准　浸出毒性鉴别：GB 5085.3—2007．北京：中国环境科学出版社，2007：35－39．

[2] 环境保护部科技标准司．土壤　水溶性氟化物和总氟化物测定　离子选择电极法：HJ 873－2017．北京：中国环境科学出版社，2017：2．

[3] 玉亚，杨成建，潘永宝．离子色谱的使用及常见问题［J］．中国教育技术装备，2009（24）：105－106．

第四节　固体废物　氰根离子测定　离子色谱法

一、适用范围

本方法适用于固体废物浸出液中氰根离子与固体废物中氰根离子全量的测定。

二、方法原理

氰根离子在实际样品中一般以络合态存在。加入浓硫酸后，络合的氰根会被释放出来，与氢离子结合生成氰化氢。而后者被强碱性溶液吸收，成为氰化钠。氰化钠进入色谱柱后，和其他阴离子随淋洗液进入阴离子交换分析柱中（由保护柱和分离柱组成），根据分析柱对不同离子的亲和力不同进行分离，具有电化学活性的氰根离子被检测，以相对保留时间定性，以峰面积或峰高定量。

三、试剂和材料

除另有说明外，本方法中所用的试剂均为符合国家标准的优级纯试剂；实验用水应为电导率接近 0.057 μS/cm（25 ℃），并经过 0.22 μm 微孔膜过滤的水。

（1）淋洗液（100 mmol/L 氢氧化钠溶液－250 mmol/L 醋酸钠溶液）。

溶解 20.5 g 无水醋酸钠至 995 mL 纯水中，用 0.2 μm 微孔膜过滤，然后加入 5.24 mL 50% 氢氧化钠溶液。

（2）氢氧化钠溶液（1 mol/L）。

称取40 g氢氧化钠溶于水中，稀释至1000 mL，摇匀，贮于聚乙烯容器中。

（3）氢氧化钠溶液（250 mmol/L）。

称取1 g氢氧化钠溶于水中，稀释至1000 mL，摇匀，贮于聚乙烯容器中。

（4）浓硫酸。

（5）氰根离子标准储备液：ρ（CN^-）=100 μg/mL。

购买有证标准物质或称量相应固体氰化物配制。

（6）氰根离子标准使用溶液：ρ（CN^-）=10 000 μg/L。

吸取10.00 mL氰化物标准溶液于1000 mL棕色容量瓶中，用氢氧化钠稀释至标线，摇匀，临用时现配。

四、仪器和设备

（1）离子色谱仪：瑞士万通IC930，配自动进样系统。

①分析柱：瑞士万通Metrosep A SUPP1。

②检测器：安培检测器，Au工作电极（氧化电位为0.1 V）、Pd参比电极。

（2）真空过滤器或正压过滤器。

（3）滤膜：玻璃纤维滤膜或微孔滤膜，孔径0.6～0.8 μm。

（4）振荡设备：转速为30±2 r/min的翻转式振荡装置。

（5）提取瓶：2 L具旋盖和内盖的广口聚乙烯瓶。

（6）全玻璃蒸馏器：包括圆底蒸馏瓶、蛇形冷凝管。

（7）实验天平：精度0.001 g。

五、前处理及干扰消除

（一）固体废物浸出液的测定

1. 测定含水率

称取50～100 g样品于具盖容器中，于105 ℃下烘干，恒重至两次称量值的误差小于±1%，计算样品含水率。

样品中含有初始液相时，应将样品进行压力过滤，再测定滤渣的含水率，并根据总样品量（初始液相与滤渣重量之和）计算样品中的干固体百分率。

进行含水率测定后的样品，不得用于浸出毒性试验。

2. 制备固废浸出液

如果样品中含有初始液相，应用压力过滤器和滤膜对样品过滤。干固体百分率小于或等于9%的，所得到的初始液相即浸出液，直接进行分析；干固体百分率大于95%的，将滤渣按照以下方法浸出，初始液相与浸出液混合后进行分析。

称取150～200 g样品，置于2L提取瓶中，根据样品的含水率，按液固比为

10∶1（L/kg）计算出所需浸提液的体积，加入纯水，盖紧瓶盖后固定在翻转振荡装置上，调节转速为30±2 r/min，于23 ℃±2 ℃下振荡18 h±2 h。在振荡过程中有气体产生时，应定时在通风橱中打开提取瓶，释放过度压力。

在压力过滤器上装好滤膜，过滤并收集浸出液，于4 ℃下保存。

3. 蒸馏

准确量取10 mL浸出液，移入蒸馏瓶，再加入200 mL纯水。连接蒸馏装置，打开冷凝水，在接收瓶中加入10 mL 1 mol/L的氢氧化钠溶液作为吸收液。迅速加入10 mL浓硫酸于蒸馏瓶中，立即加盖。打开电炉，馏出液以2～4 mL/min的速度进行加热蒸馏。接收瓶内试样接近100 mL时，停止蒸馏，用少量水冲洗馏出液导管后取出接收瓶，用水定容至100 mL。

（二）固体废物全量测定

称取5 g（准确至0.001 g）过180 μm筛且有代表性的固体废物，略微裹紧移入蒸馏瓶。连接蒸馏装置，打开冷凝水，在接收瓶中加入10 mL 1 mol/L的氢氧化钠溶液作为吸收液。迅速加入10 mL浓硫酸于蒸馏瓶中，立即加盖。打开电炉，馏出液以2～4 mL/min的速度进行加热蒸馏。接收瓶内试样接近100 mL时，停止蒸馏，用少量水冲洗馏出液导管后取出接收瓶，用水定容至100 mL。

六、分析测试

（一）仪器条件

淋洗液：100 mmol/L氢氧化钠溶液-250 mmol/L醋酸钠溶液。

淋洗液流速：1.0 mL/min。

分析柱：瑞士万通Metrosep A SUPP1。

检测器：安培检测器，Au工作电极（氧化电位为0.1V）、Pd参比电极。

进样量：50 μL。

（二）标准曲线的绘制

取100 mL容量瓶5个，分别加入氰根离子标准使用液1.00 mL、5.00 mL、10.00 mL、15.00 mL、30.00 mL，用250 mmol/L NaOH溶液定容、混匀，配制成5个不同质量浓度的混合标准系列。按其质量浓度由低到高的顺序依次注入离子色谱仪，以测定的峰面积为纵坐标，以氰根离子质量浓度为横坐标，绘制标准曲线。

（三）样品的测定

按照与绘制标准曲线相同的色谱条件和步骤，将样品的馏出液注入离子色谱仪测定氰根离子质量浓度，以保留时间定性、仪器响应值定量。

（四）空白试验

按照样品的测定相同的色谱条件和步骤，将空白样品注入离子色谱仪测定氰根离子质量浓度，以保留时间定性、仪器响应值定量。

七、结果计算与表示

（一）固体废物浸出液的测定

1. 结果计算

样品浸出液中氰根离子质量浓度 ρ（μg/L），按公式（1）计算：

$$\rho = \frac{(c - c_0 - a) \times f}{b} \tag{1}$$

式中　c——样品中氰根离子的峰面积；

c_0——空白样品中氰根离子的峰面积；

a——标准曲线的截距；

b——标准曲线的斜率；

f——样品的稀释倍数。

2. 结果表示

当测定结果小于 1 μg/L 时，结果保留小数点后两位；当测定结果大于或等于 1 μg/L 时，结果保留三位有效数字。

（二）固体废物全量测定

1. 结果计算

样品中氰根离子含量 ω（μg/kg），按公式（2）计算：

$$\omega = \frac{(c - c_0 - a) \times V \times f}{b \times m \times \omega_{dm}} \tag{2}$$

式中　c——样品中氰根离子的峰面积；

c_0——空白样品中氰根离子的峰面积；

a——校准曲线截距；

b——校准曲线斜率；

m——称取样品的质量，g；

ω_{dm}——样品中干物质质量分数，%；

V——馏出液体积，mL；

f——样品的稀释倍数。

2. 结果表示

当测定结果小于 1 mg/kg 时，结果保留小数点后两位；当测定结果大于或等于 1 mg/kg 时，结果保留三位有效数字。

八、质量保证与质量控制

（1）空白试验的氰根离子含量应小于方法检出限。

(2) 每批样品至少应做10%的平行样，氰根离子含量的相对偏差应小于20%。

(3) 每批样品至少应做10%的加标样，氰根离子的加标回收率应控制在70%~120%之间。

(4) 标准系列的配制至少5点以上，标准曲线的相关系数需不小于0.999；每批样品至少应做一个中间校准点，其测定值与标准曲线相应点质量浓度相对偏差应不超过5%。

九、注意事项

氰化氢易挥发，因此在样品测定过程中，每一步骤操作都要迅速，并在通风橱操作，随时盖紧瓶盖。

引用标准

[1] 环境保护部科技标准司. 危险废物鉴别标准　浸出毒性鉴别：GB 5085.3—2007. 北京：中国环境科学出版社，2007：40-43.

[2] 环境保护部科技标准司. 土壤　干物质和水分的测定　重量法：HJ 613-2011. 北京：中国环境科学出版社，2011：1-5.

[3] 环境保护部科技标准司. 固体废物　浸出毒性浸出方法　硫酸硝酸法：HJ/T 299-2007. 北京：中国环境科学出版社，2007：1-6.

第七章　土壤、沉积物　半挥发性有机物分析技术

第一节　土壤和沉积物　有机氯农药的测定　气相色谱法

一、适用范围

本方法适用于土壤和沉积物中 α - 666、六氯苯、β - 666、γ - 666、δ - 666、艾氏剂、氧化氯丹/外环氧七氯、环氧七氯、γ - 氯丹、*op* - DDE、顺式九氯、*p*，*p*′ - DDE、狄氏剂、*o*，*p*′ - DDD、异狄氏剂、反式九氯、*p*，*p*′ - DDD、*o*，*p*′ - DDT、*p*，*p*′ - DDT、灭蚁灵等 21 种有机氯农药测定。

当取样量为 10 g 时，21 种有机氯农药的方法检出限为 0. 02 ～0. 07 μg/kg。

其他有机氯农药经适用性验证后，也可采用本方法分析。

二、方法原理

土壤或沉积物中的有机氯农药经加压流体提取、净化、浓缩、定容后经气相色谱分离，用具有电子捕获检测器的气相色谱检测。依据保留时间定性，外标法定量。

三、试剂和材料

（1）无水硫酸钠：优级纯。

使用前先置于马弗炉中 450 ℃灼烧 4 h，冷却后置于玻璃瓶中储存备用。

（2）正己烷：农残级。

（3）丙酮：农残级。

（4）有机氯农药标准溶液：ρ = 10. 0 mg/L，溶剂为环己烷或正己烷。室温避光保存。

（5）石英砂：40 ～100 目。使用前可在马弗炉中 450 ℃灼烧 4 h，冷却后置于玻璃瓶中储存。

（6）硅酸镁固相萃取柱：1000 mg/6 mL。

（7）硅藻土：60 目。使用前先置于马弗炉中 450 ℃灼烧 4 h，冷却后置于玻璃瓶中储存。

（8）铜片：使用前用稀盐酸溶液去除铜粉表面的氧化物，用实验用水冲洗除

酸，并用丙酮清洗后，用氮气吹干待用，每次临用前处理，保持铜片表面光亮。

四、仪器和设备

（1）气相色谱仪：具分流/不分流进样口，可程序升温，具 ECD 检测器。

（2）色谱柱：DB－5ms UI（30 m×250 μm×0.25 μm）；也可选择其他等效色谱柱。

（3）加压流体萃取装置。

（4）旋转蒸发仪。

（5）冷冻干燥机。

（6）天平：精度为 0.01 g。

（7）烘箱。

五、前处理

（一）样品的制备

如样品湿度过大或明显有水层，可将样品置于－20 ℃中冷冻至样品结冰，然后迅速置于冷冻干燥机中（－50 ℃以下，真空度低于 5 Pa）冻干，冻干后样品经研磨后，再进行后续处理。如样品较干燥，则无须进行冻干操作，直接取新鲜样品进行前处理。

去除采集样品中的异物（如石头、叶子或者树枝等），研磨后搅拌均匀。

（二）加压流体萃取

称取约 10 g 新鲜/冻干样品，再加入 8 ～10 g 硅藻土拌匀，放置于萃取池中，继续加入硅藻土直至填满萃取池。然后进行加压流体萃取。操作条件如下：

萃取溶剂：二氯甲烷－正己烷等体积混合溶剂，萃取温度：100 ℃，萃取压力 1500 psi，静态萃取时间为 5 min，淋洗体积为 60% 池体积，氮气吹扫 60s，萃取循环 3 次，收集萃取液，待净化。

（三）干燥与浓缩

在玻璃漏斗上垫上一层玻璃棉或用有机溶剂抽提过的医用脱脂棉，加入 5 g 的无水硫酸钠。然后将上述处理得到的提取液转入该漏斗中，并收集滤液至浓缩装置中。然后用旋转蒸发仪浓缩至 4 mL 左右待后续分析。

（四）净化

1. 硅酸镁小柱净化

用约 8 mL 的正己烷清洗硅酸镁固相萃取柱，保持固相萃取柱上层一直有液体，然后用滴管将浓缩后的提取液转至硅酸镁固相萃取柱上停留 1 min 后，弃去流出液。加入 10 mL 丙酮－正己烷混合溶剂（$V_{丙酮}$：$V_{正己烷}$＝1 ：9）进行洗脱，收集所有的洗脱液，并采用旋转蒸发仪进行浓缩至1 mL后采用气相色谱仪进行分析。

2．样品脱硫

若样品含有机硫干扰（如沉积物样品等），可用铜片进行净化。具体步骤如下：提取液过无水硫酸钠脱水后，加入一定量铜片，轻轻摇晃放置一段时间，如果铜片均已变色，继续往提取液中加入铜片，直至铜片不变色。旋转蒸发浓缩提取液，35 ℃水浴旋转蒸发浓缩至少量后转溶于正己烷中，继续浓缩至约1 mL待净化，如果样品较洁净可直接加入内标后上机分析。

注：旋转蒸发浓缩条件为水浴温度35 ℃，真空度不低于350 mBar①，浓缩流速最好保持一滴一滴往下流。

（五）干物质含量测定

取另一份试样，土壤样品干物质含量的测定按照HJ 613－2011执行，沉积物样品含水率的测定按照GB 17378.5—2007执行，最后的结果应为干重样品的质量浓度含量。

六、分析测试

（一）仪器条件（仅供参考，可根据实际仪器适当调整）

进样口温度：250 ℃；进样方式：分流进样，分流比为10∶1，恒压控制；进样量为1.0 μL。

柱箱升温程序：100 ℃ $\xrightarrow{10\ ℃/min}$ 80 ℃（5 min）$\xrightarrow{3\ ℃/min}$ 220 ℃（5 min）$\xrightarrow{20\ ℃/min}$ 290 ℃（4 min）。

ECD检测器温度：300 ℃；尾吹：30 mL/min。

（二）校准曲线

配制符合仪器检测限、线性范围和实际样品质量浓度的5点以上标准系列（如5.00 μg/L、10.0 μg/L、50.0 μg/L、150 μg/L、200 μg/L），以正己烷为稀释溶剂，以外标法定量。

在参考仪器条件下得到的化合物在DB－5ms UI色谱柱上的保留时间具体见表7－1。

表7－1　保留时间

序号	化合物	保留时间（min）
1	α－666	12.112

① 非法定压强单位，1 bar＝10^5 Pa，1 mbar＝100 Pa。

续上表

序号	化合物	保留时间（*min*）
2	六氯苯	12.211
3	β-666	13.332
4	γ-666	13.684
5	δ-666	15.248
6	艾氏剂	19.431
7	氧化氯丹/外环氧七氯	21.709
8	环氧七氯	21.981
9	γ-氯丹	23.102
10	*op*-DDE	23.338
11	顺式九氯	23.987
12	*p*，*p'*-DDE	25.263
13	狄氏剂	25.469
14	*o*，*p'*-DDD	25.665
15	异狄氏剂	26.675
16	反式九氯	27.67
17	*p*，*p'*-DDD	27.889
18	*o*，*p'*-DDT	27.975
19	*p*，*p'*-DDT	30.66
20	灭蚁灵	34.853

七、结果计算

（一）目标化合物定性

根据标准物质各组分的保留时间进行定性。

（二）定量计算

目标化合物用外标法定量，样品中的目标化合物含量 ω（mg/kg）按照公式（1）进行计算。

$$\omega = \frac{m_1 \times V_c \times f}{m \times \omega_{\mathrm{dm}}} \tag{1}$$

式中 m_1——校准曲线上查得目标化合物的质量浓度，单位：μg/mL；

V_c——上机分析的定容体积，单位：mL；

m——样品量，单位：g；

ω_{dm}——干物质质量分数,%；

f——提取液的稀释倍数，未稀释的样品其值为1。

八、质量保证与质量控制

（一）校准曲线

用线性拟合曲线进行校准，其相关系数应不小于0.995，否则应重新绘制校准曲线。

（二）空白

每批样品（最多20个样品）应做一个实验室空白，空白结果中目标化合物质量浓度应小于方法检出限。

（三）平行样测定

每批样品（最多20个样品）应至少进行1次平行测定，平行样品测定结果相对偏差应在20%以内。

（四）样品加标

空白加标：每批样品（最多20个样品）应至少进行1次空白加标样品，加标回收率应在75%～105%之间。

每批样品（最多20个样品）应至少进行1次实际样品加标，加标回收率应在60%～120%之间。

九、注意事项

（1）实验中所用到的高质量浓度试剂和标准溶液为有毒试剂，配置和使用建议在通风橱中进行。

（2）氯化钠和石英砂使用前应在450 ℃的马弗炉中灼烧4 h以除去其他杂质。

（3）测定过含水率的样品不可再用于后续的分析测定用。

（4）采用旋转蒸发浓缩时不可太快，否则会影响回收率。

（5）样品上机分析前应按标准要求检查仪器性能，如异狄氏剂和 p，p'－DDT任意化合物的降解率大于15%，或两者之和的降解率大于30%，则需对进样口和色谱柱头进行维护直至满足要求。

引用标准、参考文献

[1] 国家环境保护总局. 土壤和沉积物　有机氯农药的测定　气相色谱法：HJ 921－2017. 北京：中国环境科学出版社，2017：1－8.

[2] 朱恒怡，柳文媛，丁曦宁，等. 气相色谱－双柱双电子捕获检测器测定土壤及沉积物中23种有机氯农药［J］. 色谱，2011，29（8）：773－780.
[3] 国家质量监督检验检疫总局. 海洋监测规范第5部分：沉积物分析：GB 17378.5—2007［S］. 北京：中国标准出版社，2007：4－30.
[4] 国家环境保护总司标准司. 土壤环境监测技术规范：HJ/T 166－2004［S］. 北京：中国环境科学出版社，2004.

第二节　土壤和沉积物　酚类化合物的测定　气相色谱法

一、适用范围

本方法适用于土壤和沉积物中21种酚类化合物的测定。当取样量为10 g时，21种酚类化合物的方法检出限为0.05～0.5 mg/kg。

其他酚类化合物经适用性验证后，也可采用本方法分析。

二、方法原理

土壤或沉积物用合适的有机溶剂提取，提取液经酸碱分配净化，酚类化合物进入水相后，将水相调节至酸性，用合适的有机溶剂萃取水相，萃取经脱水、浓缩、定容后经气相色谱分离，氢火焰检测器测定。以保留时间定性，外标法定量。

三、试剂和材料

（1）实验用水。

新制备的二次蒸馏水或纯水机制备的水。使用前需经过空白检验，确认无目标化合物或干扰目标物分析的化合物存在（FID）。

（2）氯化钠：优级纯。

在450 ℃下烘4 h，以除去可能的干扰物质，冷却后贮于磨口玻璃瓶内密封保存。

（3）无水硫酸钠：优级纯。

用前先置于马弗炉中450 ℃灼烧4 h，冷却后置于玻璃瓶中储存。

（4）5 mol/L的NaOH溶液。

称取20 g分析纯或以上级别的NaOH固体，用水溶解后定容至100 mL。

（5）3 mol/L的HCl溶液。

量取125 mL分析纯级以上级别的盐酸，用水稀释至500 mL。

（6）农残级二氯甲烷与农残级乙酸乙酯的混合溶剂4＋1（*V/V*）。

（7）正己烷：农残级。

（8）甲醇：色谱纯。

（9）酚类混合标准溶液：$\rho = 1000$ mg/L，溶剂为甲醇。－18 ℃以下避光保存。

（10）石英砂：40 ～100 目。使用前需进行检验，确认无目标化合物或目标化合物质量浓度低于方法检出限。

四、仪器和设备

（1）气相色谱仪：具分流/不分流进样口，可程序升温，带氢火焰离子化检测器（FID）。

（2）色谱柱：HP－1（60 m×0.32 mm×1.0 μm），也可选择其他等效色谱柱。

（3）加压流体萃取装置。

（4）天平：精度为 0.01 g。

（5）烘箱。

五、前处理

（一）样品的制备

参见本章第一节样品的制备。

（二）加压流体萃取

称取约 10 g 新鲜/冻干样品，再加入 8 ～10 g 硅藻土拌匀，放置于萃取池中，继续加入硅藻土直至填满萃取池，然后进行加压流体萃取。操作条件如下：

萃取溶剂组成：二氯甲烷：正己烷 =2：1（V/V），萃取温度：100 ℃，萃取压力 1500 psi，静态萃取时间为 5 min，淋洗体积为 40% 池体积，氮气吹扫 60s，萃取循环 2 次，收集萃取液，待净化。

（三）净化

将上述处理得到的提取液转入 500 mL 分液漏斗中，加入 2 倍提取液体积（100 mL）的水，并用少量二氯甲烷润洗提取液接收瓶，将润洗液倒入分液漏斗中。用 5 mol/L NaOH 溶液调节至 pH＞12（加 NaOH 溶液的量约为 1 mL），振荡并确认溶液的 pH 符合要求后采用自动液液萃取液振荡约 15 min，静置，弃去下层有机相，保留水相。

接着向上述水相中加入 3 mol/L 的盐酸调节至 pH＜2（加入盐酸的量约为 5 mL），加入二氯甲烷和乙酸乙酯的混合溶剂，振荡并确认 pH 符合要求后采用自动液液萃取液振荡约 15 min，静置，下层的有机相经过无水硫酸钠干燥后，用二氯甲烷充分淋洗无水硫酸钠，合并全部有机相，然后用旋转蒸发仪浓缩至 1.0 mL，待 GC－FID 分析。

（四）干物质含量测定

参见本章第一节干物质含量测定。

六、分析测试

（一）仪器条件（仅供参考，可根据实际仪器适当调整）

进样口温度：280 ℃，进样方式：分流进样，分流比为 5∶1，恒压控制，进样量为 1.0 μL。

升温程序：90 ℃（1 min）$\xrightarrow{5\ ℃/min}$200 ℃（5 min）$\xrightarrow{5\ ℃/min}$280 ℃（10 min）

FID 检测器温度：300 ℃，氢气：40 mL/min，空气：400 mL/min，尾吹：30 mL/min。

（二）校准曲线

配制符合仪器检测限、线性范围和实际样品质量浓度的 5 点以上标准系列（如 5.00 μg/L、10.0 μg/L、30.0 μg/L、50.0 μg/L、80.0 μg/mL），以乙酸乙酯为稀释溶剂，以外标法定量。

在参考仪器条件下得到的化合物在 HP－1 色谱柱上的保留时间具体见表 7－2。

表 7－2　21 种酚类化合物保留时间

序号	名称	保留时间（min）
1	苯酚	11.487
2	2－氯酚	12.496
3	邻－甲酚	13.814
4	对/间甲酚	14.376
5	2－硝基酚	16.715
6	2，4－二甲酚	16.824
7	2，4－二氯酚	17.989
8	2，6－二氯酚	19.033
9	4－氯－3－甲酚	21.104
10	2，4，6－三氯酚	23.760
11	2，4，5－三氯酚	24.003
12	2，4－二硝基酚	28.487

续上表

序号	名称	保留时间（min）
13	4－硝基酚	30.811
14	2，3，4，6－四氯酚/2，3，5，6－四氯酚/2，3，4，5－四氯酚	31.041
15	2－甲基－4，6－二硝基酚	32.355
16	五氯酚	37.901
17	地乐酚	39.152
18	2－环己基－4，6－二硝基酚	49.510

七、结果计算

（一）目标化合物定性

根据标准物质各组分的保留时间进行定性。

（二）定量计算

目标化合物用外标法定量，样品中的目标化合物含量 ω（mg/kg）按照公式（1）进行计算。

$$\omega = \frac{\rho_1 \times V_c \times f}{m \times \omega_{dm}} \tag{1}$$

式中　ρ_1——校准曲线上查得目标化合物的质量浓度，μg/mL；

V_c——上机分析的定容体积，mL；

m——样品量，g；

f——提取液的稀释倍数，未稀释的样品其值为 1；

ω_{dm}——干物质质量分数，%。

八、质量保证与质量控制

（一）校准曲线

用线性拟合曲线进行校准，其相关系数应不小于 0.995，否则应重新绘制校准曲线。

（二）空白实验

每批样品（最多 10 个样品）应做一个实验室空白，空白结果中目标化合物质量浓度应小于方法检出限。

（三）平行样品测定

每批样品（最多 10 个样品）应至少进行 1 次平行测定，平行样品测定结果相对偏差应在30%以内。

（四）实际样品加标

每批样品（最多10个样品）应至少进行1次实际样品加标，加标回收率应在50%～140%之间。

九、注意事项

（1）所使用的无水硫酸钠需要在450 ℃下灼烧4 h，以除去相关干扰测定的杂质。

（2）在净化步骤中，如加完NaOH溶液后，有机相（下层）颜色较深，可放掉有机相之后，再次加入与萃取固体等体积的萃取剂，然后进行液液萃取，直至有机相颜色较浅，但重复步骤不宜太多，否则会导致回收率偏低。

（3）采用旋转蒸发对样品进行浓缩时，初始真空度不宜太低（约520 mbar），然后逐步慢慢下降，最终的真空度不宜低于250 mbar，必要的时候可以升高水浴锅温度，浓缩的速度不宜过快，否则会导致低沸点酚类化合物回收率偏低。

（4）所使用的溶剂和标准溶液对人体有一定的危害，条件允许下操作过程宜在通风橱中进行。

引用标准

[1] 国家环境保护部. 土壤和沉积物　酚类化合物的测定　气相色谱法：HJ 703－2014. 北京：中国环境科学出版社，2014：1－5.

[2] 环境保护部科技标准司. 土壤　干物质和水分的测定　重量法：HJ 613－2011 [S]. 北京：中国环境科学出版社，2011：1－3.

[3] 生态环境部. 土壤和沉积物　有机物的提取　加压流体萃取法：HJ 783－2016. 北京：中国环境科学出版社，2016：1－6.

第三节　土壤　邻苯二甲酸酯的测定　气相色谱/质谱法

一、适用范围

本方法适用于土壤中11种邻苯二甲酸酯的测定。11种邻苯二甲酸酯包括：邻苯二甲酸二甲酯，邻苯二甲酸二乙酯，邻苯二甲酸二丙酯，邻苯二甲酸二异丁酯，邻苯二甲酸二丁酯，邻苯二甲酸丁苄酯，邻苯二甲酸二环己酯，邻苯二甲酸二（2－乙基）己酯，邻苯二甲酸二正辛酯，邻苯二甲酸二癸酯，双十一烷基邻苯二甲酸酯。当取样量为10 g时，11种邻苯二甲酸酯的方法检出限为0.1～0.5 mg/kg。

其他邻苯二甲酸酯类化合物经适用性验证后，也可采用本方法分析。

二、方法原理

土壤中的邻苯二甲酸酯经有机溶剂萃取，萃取液用气相色谱分离，质谱检测器测定，以特征离子定性，内标法定量。

三、试剂和材料

除非另有说明，分析时均使用符合国家标准的优级纯化学试剂，实验用水为新制备的超纯水。

（1）乙酸乙酯：农残级。

（2）无水硫酸钠：优级纯。在 450 ℃下加热 4 h，置于干燥器中冷却至室温，密封保存于干净的试剂瓶中。

（3）邻苯二甲酸酯标准溶液：$\rho = 1000\ \mu g/mL$，溶剂为乙酸乙酯。

（4）内标：DEP－d_4、DBP－d_4、DEHP－d_4，$\rho = 100\ \mu g/mL$，溶剂为甲醇。

（5）固相玻璃小柱：中性氧化铝，1 g/6mL。

四、仪器和设备

（1）EI 源单四极杆气相色谱质谱联用仪。

（2）色谱柱：HP－5MS UI，30.0 m×0.25 mm×0.25 μm，或其他等效毛细管色谱柱。

（3）回旋振荡器：0 ～280 次/分钟。

（4）锥形瓶：250 mL。

（5）天平：精度为 0.01 g。

（6）烘箱。

五、前处理

（一）样品的制备

参见本章第一节样品的制备。

（二）样品萃取

称取 10 g 新鲜/冻干样品（预测目标物质量浓度范围而适当调整），加入适量无水硫酸钠，将样品拌匀，全部转入 250 mL 锥形瓶中，加内标（其上机质量浓度建议与标准系列中的内标质量浓度一致），加入 20 mL 乙酸乙酯，在振荡器上平行振荡 30 min。振荡结束后用滤纸过滤萃取液，若样品溶液较洁净可无需净化，移取 1 mL萃取液，进行 GC－MS 分析测定。

（三）净化

如过滤后萃取液颜色较深，需要通过玻璃材质中性氧化铝固相萃取小柱净化后方可上机分析。净化步骤：用10 mL乙酸乙酯淋洗固相萃取小柱，弃去流出液。用氮气吹干固相萃取小柱1 min。把萃取液移入小柱，收集过滤液。若萃取液流出速度较慢，可进行适当减压抽滤，加快滤液流出。滤液经浓缩至1 mL，待上机测试。

（四）干物质含量测定

参见本章第一节干物质含量测定。

六、分析测试

（一）仪器条件（仅供参考，可根据实际仪器适当调整）

1. 气相色谱参考条件

进样口温度：250 ℃；

进样量：1.0 μL；

柱流量：1.5 mL/min；

进样方式：不分流进样；

色谱柱：HP-5MSUI（30 m×0.25 μm×0.25 mm）；

柱箱升温程序：70 ℃（3 min）$\xrightarrow{13\ ℃/min}$ 260 ℃（5 min）$\xrightarrow{13\ ℃/min}$ 280 ℃（12 min）；

传输管线温度：280 ℃。

2. 质谱参考条件

溶剂延迟时间：10 min；

离子源：EI；

离子化能量：70 eV；

离子源温度230 ℃；

扫描模式：SIM模式，扫描时间范围及扫描离子见表7-3。

表7-3　扫描时间段及扫描离子

开始时间（min）	扫描离子（*m/z*）
10：00	135、163、194
11：00	149、153、177、181、222、226
13：00	149、191、209
14：00	149、205、223
15：00	149、153、223、227、278
17：00	149、206、312

续上表

开始时间（min）	扫描离子（m/z）
18：50	149、153、167、171、249、279、283
20：50	149、207、279
25：00	149、307
29：00	149、321

（二）校准曲线

配制符合仪器检测限、线性范围和实际样品质量浓度的5点以上标准系列（如5.00 μg/L、10.0 μg/L、50.0 μg/L、100 μg/L、150 μg/L），添加同样品一样加入量的内标物（如100 μg/L），以乙酸乙酯为稀释溶剂，以内标法定量。

在参考仪器条件下得到的化合物在HP－5MS UI色谱柱上的保留时间具体见表7－4。

表7－4　保留时间与定性定量离子

中文名称	简称	类别	保留时间（min）	定量离子	定性离子	定量内标
邻苯二甲酸二甲酯	DMP	目标物	10.625	163	135、194	内标1
邻苯二甲酸二乙酯	DEP	目标物	11.964	149	177、222	内标1
3，4，5，6－d_4－邻苯二甲酸二乙酯	DEP－d_4	内标1	11.947	153	181、226	—
邻苯二甲酸二丙酯	DPP	目标物	13.532	149	209、191	内标2
邻苯二甲酸二异丁酯	DiBP	目标物	14.275	149	223、205	内标2
d_4－邻苯二甲酸二丁酯	DBP－d_4	内标2	14.991	153	227	—
邻苯二甲酸二丁酯	DBP	目标物	15.002	149	223、278	内标2
邻苯二甲酸丁苄酯	BBzP	目标物	17.737	149	206、312	内标3
邻苯二甲酸二环己酯	DCHP	目标物	19.036	149	167、249	内标3
3，4，5，6－d_4－邻苯二甲酸二（2－乙基）己酯	DEHP－d_4	内标3	19.151	153	171、283	—
邻苯二甲酸二（2－乙基）己酯	DEHP	目标物	19.173	149	167、279	内标3
邻苯二甲酸二正辛酯	DOP	目标物	21.153	149	279、207	内标3
邻苯二甲酸二癸酯	DDcP	目标物	26.435	149	307	内标3

续上表

中文名称	简称	类别	保留时间（min）	定量离子（m/z）	定性离子（m/z）	定量内标
双十一烷基邻苯二甲酸酯	DUP	目标物	30.062	149	321	内标3

七、结果计算

（一）目标化合物定性

根据标准物质各组分的保留时间和标准质谱图相比较等手段进行定性。

（二）定量计算

1. 样品中目标物质量浓度ρ的计算

根据校准曲线公式（1），可得各化合物的质量浓度ρ_i ng计算公式（2）。

$$\frac{y_i}{y_{IS}}=a\frac{\rho_i}{\rho_{IS}}+b \tag{1}$$

$$\rho_i=\left(\frac{y_i}{y_{IS}}-b\right)\times\frac{\rho_{IS}}{a} \tag{2}$$

式中 y_i——目标物定量离子的响应值；

y_{IS}——内标化合物定量离子的响应值；

ρ_i——目标物的质量浓度，ng/mL；

ρ_{IS}——内标化合物的质量浓度，ng/mL；

a——校准曲线斜率；

b——校准曲线的截距。

2. 土壤中目标化合物含量ω（μg/kg），按照公式（3）进行计算。

$$\omega=\frac{\rho_i}{m\times(1-\omega_{H_2O})} \tag{3}$$

式中 ω——目标化合物的含量，μg/kg；

ρ_i——由校准曲线计算得到的目标化合物的绝对质量，ng；

m——称取样品的质量，g；

ω_{H_2O}——样品的含水率，%。

八、质量保证与质量控制

（一）空白分析

每批次样品（不超过20个样品）至少应做一个实验室空白，空白中目标化合物质量浓度均应低于方法检出限，否则应查找原因，至实验室空白检验合格后，才能继续进行样品分析。

（二）曲线校准

每批样品应绘制校准曲线。内标法定量时，内标峰面积应不低于校准曲线内标峰面积的 ±50%，各目标化合物平均响应因子的相对标准偏差不超过 20%，否则应重新绘制校准曲线。每 20 个样品或每批次（少于 20 个样品/批）应分析一个曲线中间质量浓度点标准溶液，其测定结果与初始曲线在该点测定质量浓度的相对偏差应不超过 20%，否则应查找原因，重新绘制校准曲线。

（三）平行样品测定

每 10 个样品或每批次（少于 20 个样品/批）分析一个平行样，单次平行样品测定结果相对偏差一般不超过 30%。

（四）基体加标样品的测定

每批样品（最多 20 个样品）应分析 1 对基体加标样品。土壤加标样品回收率控制范围为 40% ～150%。

九、注意事项

（1）试验中所使用的溶剂和试剂均有一定的毒性，因此样品的前处理过程应该在通风橱中进行，操作者应做好自身相关防护工作。

（2）样品最终质量浓度是以土壤干物质质量计算。

（3）实验过程中不能使用含有塑料材质的仪器、设备以及器皿。

（4）一般来说样品含水率不高于 20% 可使用无水硫酸钠干燥，若含水率较高，则需进行冷冻干燥。

引用标准

[1] 国际标准化组织．土壤质量　使用带有质谱检测的毛细管气相色谱法：ISO 13913—2014．英国，2014：1－27.

第四节　土壤和沉积物　多环芳烃类的测定　气相色谱-质谱法

一、适用范围

本方法适用于土壤和沉积物中 17 种多环芳烃的测定，目标物包括：萘、2-甲基萘、苊烯、苊、芴、菲、蒽、荧蒽、芘、苯并(a)蒽、䓛、苯并(b)荧蒽、苯并(k)荧蒽、苯并(a)芘、二苯并(a,h)蒽、苯并(g,h,i)苝和茚并(1,2,3-c,d)芘。当取样量为 10 g，浓缩后定容体积为 1.0 mL 时，采用 SIM 扫描模式测定，目标物的方法检出限为 0.3 ～1.8 μg/kg，测定下限为 1.2 ～7.2 μg/kg。

其他多环芳烃化合物经适用性验证后，也可采用本方法分析。

二、方法原理

土壤或沉积物中的多环芳烃通过加压流体萃取提取，根据样品基体干扰情况选择合适的净化方法（铜粉脱硫、硅胶氧化铝层析柱等）对提取液净化、浓缩、定容，经气相色谱分离、质谱检测。通过与标准物质质谱图、保留时间、碎片离子质荷比及其丰度比较进行定性，内标法定量。

三、试剂和材料

除非另有说明，分析时均使用符合国家标准的优级纯化学试剂，实验用水为新制备的超纯水。

（1）正己烷：农残级。

（2）二氯甲烷：农残级。

（3）丙酮：农残级。

（4）多环芳烃类化合物标准溶液，$\rho = 1000$ μg/mL，溶剂为正己烷。

（5）替代物：芘-d_{10}，$\rho = 1000$ μg/mL，溶剂为正己烷。

（6）内标：萘-d_8、苊-d_{10}、䓛-d_{12}、苝-d_{12}、菲-d_{10}混合标准溶液，$\rho =$ 1000 μg/mL，溶剂为正己烷。

（7）十氟三苯基膦：$\rho = 10$ μg/mL，溶剂为正己烷。

（8）硅藻土：60 目。若空白有干扰，应将其放于马弗炉中 400 ℃灼烧 4 h，冷却后装入磨口玻璃瓶中，备用。

（9）石英砂：40 ～100 目，用前先置于马弗炉中 450 ℃灼烧 4 h。

（10）无水硫酸钠：用前先置于马弗炉中 450 ℃灼烧 4 h。

（11）铜片：使用前用稀盐酸溶液去除铜粉表面的氧化物，用实验用水冲洗除酸，并用丙酮清洗后，用氮气吹干待用，每次临用前处理，保持铜片表面光亮。

（12）超纯硅胶（柱层析用）：70 ～230 目。

前处理方法：抽提（正己烷－二氯甲烷等体积混合溶剂）→ 取出置于通风橱处晾干 → 170 ℃烘烤至少 24 h → 通风橱处晾凉 → 加入 3%（质量比）超纯水去活化→充分振摇（半天振摇 1 次，每次 30 min，共 3 次）→加入正己烷浸泡保存（平衡）。

（13）氧化铝：色谱纯。

前处理方法：250 ℃灼烧 4 h→通风橱处晾凉→加入 3%（质量比）超纯水去活化→充分振摇（半天振摇 1 次，每次 30 min，共 3 次）→加入正己烷浸泡保存（平衡）。

（14）脱脂棉：医用脱脂棉，正己烷－二氯甲烷等体积混合溶剂清洗多次，清洗后取出置于通风橱处晾干密封保存备用。

四、仪器和设备

（1）EI 源单四极杆气相色谱质谱联用仪。

（2）色谱柱：HP－5MS UI，30 m × 0.25 mm × 0.25 μm。

（3）加压流体萃取装置。

（4）旋转蒸发仪。

（5）天平：精度为 0.01 g。

（6）烘箱。

五、前处理

（一）样品的制备

参见本章第一节样品的制备。

（二）加压流体萃取

称取 10 g 新鲜/冻干样品，加入一定量替代物（其上机质量浓度建议与标准系列中的替代物质量浓度一致）混匀，再加入 8 ～10 g 硅藻土拌匀，放置于萃取池中，继续加入硅藻土直至填满萃取池，然后进行加压流体萃取。操作条件如下：

萃取剂：正己烷－丙酮的等体积混合溶剂，萃取池温度 100 ℃，萃取压力 1500 psi，静态萃取时间 10 min，淋洗为 60% 池体积，氮吹时间为 60 s，萃取循环次数 2 次，收集提取液。

（三）样品脱硫

参见本章第一节净化－样品脱硫。

（四）净化

根据样品的脏污程度，可选择性地进行样品净化，本方法提供硅胶氧化铝层析柱净化法，具体如下：

（1）干法/湿法装柱：玻璃柱内径为1 cm，填料从下往上依次为少量脱脂棉，硅胶12 cm，氧化铝6 cm，无水硫酸钠1 cm。

（2）上样：将富集后的样品溶液（溶剂为正己烷，约1 mL）转移至分离纯化，用10 mL正己烷淋洗，弃去淋洗液。

（3）洗脱：用80 mL体积比3∶7的二氯甲烷－正己烷混合溶剂洗脱，收集洗脱液于梨形瓶中，35 ℃水浴旋转蒸发浓缩至0.5 mL左右，转于细胞瓶中，用正己烷定容到1.0 mL，加入一定量内标使用液（其上机质量浓度建议与标准系列中的内标质量浓度一致），待上机分析。

（五）干物质含量测定

参见本章第一节干物质含量测定。

六、分析测试

（一）仪器条件（仅供参考，可根据实际仪器适当调整）

1. 气相色谱条件

进样口：温度为280 ℃，柱流量为1.5 mL/min，恒流，不分流模式。

开温程序：60 ℃（2 min）$\xrightarrow{20\ ℃/min}$220 ℃/min $\xrightarrow{5\ ℃/min}$240 ℃$\xrightarrow{10\ ℃/min}$300 ℃（3 min）。

2. 质谱条件

离子源温度：250 ℃；离子化能量：70eV；传输线温度280 ℃；四极杆温度：150 ℃；溶剂延迟时间：5 min；扫描模式：选择离子扫描（SIM），扫描时间范围及扫描离子见表7－5。也可选用全扫描模式，使用时应注意检出限是否满足相关标准限值的要求，并为其做出适当的调整（表7－5）。

表7－5　扫描时间段及扫描离子

开始时间（min）	扫描离子
5.00	136、128、129、127
7.00	142、141、115
8.00	152、164、153、154、76
9.10	165、166、167
10.0	188、178、179、176
11.5	202、101、212、106、203
15.0	228、240、113、226、229
20.0	252、126、253、264、132
27.0	138、139、276、278、277

（二）校准曲线

配制符合仪器检测限、线性范围和实际样品质量浓度的 5 点以上标准系列（如 20.0 μg/L、40.0 μg/L、200 μg/L、400 μg/L、600 μg/L、1200 μg/L），添加同样品一样加入量的内标物和替代物（如 200 μg/L），以正己烷为稀释溶剂，以内标法定量。

在参考仪器条件下得到的化合物在 HP－5MS UI 色谱柱上的保留时间、定性和定量离子具体见表 7－6。

表 7－6 保留时间与定性、定量参考离子

编号	化合物	保留时间（min）	定量离子	定性离子	定量参考内标
1	萘	6.665	128	129、127	内标 1
2	2－甲基萘	7.539	142	141、115	内标 1
3	苊烯	8.664	152	151、153	内标 2
4	苊	8.881	154	152、153	内标 2
5	芴	9.529	166	165、167	内标 3
6	菲	10.784	178	179、176	内标 3
7	蒽	10.862	178	179、176	内标 3
8	荧蒽	12.953	202	101、203	内标 3
9	芘	13.470	202	101、203	内标 4
10	苯并（a）蒽	17.680	228	229、226	内标 4
11	䓛	17.851	228	229、226	内标 4
12	苯并(b) 荧蒽	24.448	252	253、126	内标 4
13	苯并（k）荧蒽	24.593	252	253、126	内标 4
14	苯并(a) 芘	25.825	252	253、126	内标 5
15	茚并(1,2,3－c,d) 芘	29.442	276	138、227	内标 5
16	二苯并（a, h）蒽	29.606	278	139、279	内标 5
17	苯并（g, h, i）苝	30.265	276	138、277	内标 5
内标 1	萘－d_8	6.638	136	—	—
内标 2	苊－d_{10}	8.841	164	—	—
内标 3	菲－d_{10}	10.751	188	—	—
内标 4	䓛－d_{12}	17.718	240	—	—
内标 5	苝－d_{12}	26.053	264	—	—
替代物	芘－d_{10}	13.426	212	—	内标 3

七、结果计算

（一）目标化合物定性

根据标准物质各组分的保留时间和标准质谱图相比较等手段进行定性。

（二）定量计算

1. 用平均相对响应因子建立校准曲线

标准系列第 i 点中目标物（或替代物）的相对响应因子 RRF_i，按照公式（1）进行计算。

$$RRF_i = \frac{A_i}{A_{ISi}} \times \frac{\rho_{ISi}}{\rho_i} \tag{1}$$

式中 A_i——标准系列中第 i 点目标物（或替代物）定量离子的响应值；

A_{ISi}——标准系列中第 i 点目标物（或替代物）相对应内标定量离子的响应值；

ρ_{IS}——标准系列中内标物的质量浓度；

ρ_i——标准系列中第 i 点目标物（或替代物）的质量浓度。

目标物（或替代物）的平均相对响应因子 $\overline{RRF}$，按照公式（2）进行计算。

$$\overline{RRF} = \frac{\sum_{i=1}^{n} RRF_i}{n} \tag{2}$$

式中 n——标准系列点数。

2. 样品中目标物（或替代物）质量浓度的计算

当目标物（或替代物）采用平均响应因子进行校准时，样品中目标物（或替代物）的质量浓度 ρ_{ex}（μg/L）按公式（3）进行计算。

$$\rho_{ex} = \frac{A_x}{A_{IS}} \times \frac{\rho_{IS}}{\overline{RRF}} \tag{3}$$

式中 A_x——目标物（或替代物）定量离子的响应值；

A_{IS}——与目标物（或替代物）相对应内标定量离子的响应值；

ρ_{IS}——内标物的质量浓度，μg/L。

3. 最终样品中化合物的含量 ω_i（mg/kg）按照下式进行计算：

$$\omega_i = \frac{\rho_i \times V}{m \times \omega_{dm}} \tag{4}$$

式中 ρ_i——由校准曲线计算所得目标化合物的质量浓度，mg/L；

V——试样定容体积，mL；

m——试样质量（湿重），g；

ω_{dm}——试样干物质质量分数,%。

八、质量保证和质量控制

（1）空白实验。

每批次样品（不超过20个样品）至少应做一个实验室空白，空白中目标化合物质量浓度均应低于方法检出限，否则应查找原因，至实验室空白检验合格后，才能继续进行样品分析。

（2）每批样品分析之前或24 h之内，需进行仪器性能检查，测定校准确认标准样品（十氟三苯基磷）和空白样品。

（3）校准曲线。

每批样品应绘制校准曲线。内标法定量时，内标峰面积应不低于校准曲线内标峰面积的±50%，各目标化合物平均响应因子的相对标准偏差不超过15%，否则应重新绘制校准曲线。每20个样品或每批次（少于20个样品/批）应分析一个曲线中间质量浓度点标准溶液，其测定结果与初始曲线在该点测定质量浓度的相对偏差应不超过20%，否则应查找原因，重新绘制校准曲线。

（4）平行样品的测定。

每20个样品或每批次（少于20个样品/批）分析一个平行样，单次平行样品测定结果相对偏差一般不超过30%。

（5）基体加标样品的测定。

每批样品（最多20个样品）应分析1对基体加标样品。土壤和沉积物加标样品回收率控制范围为40%～150%。

（6）替代物的回收率。

如需采取加入替代物指示全程样品回收效率，可抽取同批次25～30个样品的替代物加标回收率，计算其平均加标回收率P及相对标准偏差RSD，则替代物的回收率须控制在$P\pm3$RSD内。

九、注意事项

（1）所有实验器具要避免油类污染。

（2）浓缩时不要蒸干溶剂，以防萘等易挥发物质损失。

（3）多环芳烃为剧毒致癌物质，实验操作时应做好人员的防护。

引用标准

[1] 国家环境保护总局．土壤和沉积物　有机氯农药的测定　气相色谱法：HJ 921－2017．北京：中国环境科学出版社，2016：1－9.

[2] 中华人民共和国国家质量监督检验检疫总局．土壤和沉积物　有机氯农药的

测定　气相色谱法：HJ 921－2017. 北京：中国标准出版社，2008：54.
[3] 中国国家标准化管理委员会. 土壤和沉积物　有机氯农药的测定　气相色谱法：HJ 921－2017. 北京：中国环境科学出版社，2004：1－34.
[4] 国家环境保护总局. 土壤和沉积物　有机氯农药的测定　气相色谱法：HJ 921－2017. 北京：中国环境科学出版社，2011：1－3.
[5] 国家环境保护总局. 土壤和沉积物　有机氯农药的测定　气相色谱法：HJ 921－2017. 北京：中国环境科学出版社，2016：1－4.

第五节　土壤和沉积物　多氯联苯的测定　气相色谱－质谱法

一、适用范围

本方法适用于土壤和沉积物中 18 种多氯联苯含量的测定，当取样量为 10 g、采用离子扫描模式时，多氯联苯的方法检出限为 0.1 ～0.3 μg/kg，测定下限为 0.4 ～1.2 μg/kg。

其他多氯联苯化合物经适用性验证后，也可采用本方法分析。

二、方法原理

采用加压流体萃取法提取土壤或沉积物中的多氯联苯，根据样品基体干扰情况选择合适的净化方法（浓硫酸磺化、铜粉脱硫、弗罗里硅土柱、硅胶柱等凝胶渗透净化小柱等），对提取液净化、浓缩、定容后，用气相色谱－质谱仪分离、检测，内标法定量。

三、试剂和材料

除非另有说明，分析时均使用符合国家标准的优级纯化学试剂，实验用水为新制备的超纯水。

（1）正己烷：农残级。

（2）甲醇：农残级。

（3）丙酮：农残级。

（4）甲苯：农残级。

（5）氯化钠：在 450 ℃下加热 4 h，置于干燥器中冷却至室温，密封保存于干净的试剂瓶中。

（6）无水硫酸钠：在 450 ℃下加热 4 h，置于干燥器中冷却至室温，密封保存于干净的试剂瓶中。

（7）硫酸：ρ（H_2SO_4）＝1.84 g/mL。

（8）氯化钠溶液：ρ（NaCl）＝0.05 g/mL。称取 5 g 氯化钠，用水稀释至 100 mL，混匀。

（9）淋洗液：体积比 1∶9 的丙酮－正己烷混合溶液。

（10）标准储备液：ρ＝10.0 μg/mL，溶剂为正己烷。

（11）内标：PCB77－d_6，PCB156－2′，6，6′－d_3，ρ＝10.0 μg/mL，溶剂为正己烷。

（12）替代物：PCB28－2′，3′，5′，6′－d_4，PCB114－2′，3′，5′，6′－d_4，ρ＝10.0 μg/mL，溶液为正己烷。

（13）十氟三苯基磷：ρ＝10 μg/mL，溶剂为正己烷。

（14）弗罗里硅土固相柱：1000 mg，6 mL。

（15）硅胶柱：1000 mg，6 mL。

（16）石墨碳柱：1000 mg，6 mL。

（17）铜片：使用前用稀盐酸溶液去除铜粉表面的氧化物，用实验用水冲洗除酸，并用丙酮清洗后，用氮气吹干待用，每次临用前处理，保持铜片表面光亮。

（18）石英砂：40～100 目，在 450 ℃下加热 4 h，置于干燥器中冷却至室温，密封保存于干净的试剂瓶中。

（19）硅藻土：60 目，在 450 ℃下加热 4 h，置于干燥器中冷却至室温，密封保存于干净的试剂瓶中。

四、仪器和设备

（1）EI 源单四极杆气相色谱质谱联用仪。

（2）色谱柱：HP－5MS UI，30m×0.25mm×0.25μm。

（3）加压流体萃取装置。

（4）可离心玻璃管：22 mL、40 mL。

（5）天平：精度为 0.01 g。

（6）烘箱。

五、前处理

（一）样品的制备

参见本章第一节样品的制备。

（二）样品提取

称取 10 g 新鲜样品，一定量替代物（其上机质量浓度建议与标准系列中的替代物质量浓度一致）混匀，再混入一定比例的硅藻土，放入 34 mL 的萃取池中。

加压流体萃取条件：以正己烷－丙酮的等体积混合溶剂为提取液，按以下参考条件进行萃取：萃取池温度 100 ℃，萃取压力 1500 psi，静态萃取时间 10 min，淋洗为 60% 池体积，氮吹时间为 60 s，萃取循环次数 2 次，收集提取液。

（三）净化

如提取液颜色较深，可首先采用浓硫酸净化，可去除大部分有机化合物包括部分有机氯农药。样品提取液中存在杀虫剂及多氯碳氢化合物干扰时，可采用氟罗里硅土柱或硅胶柱净化；存在明显色素干扰时，可用石墨碳柱净化。沉积物样品含有大量元素硫的干扰时，可采用活化铜粉去除。净化后样品溶液浓缩至约 1 mL，加入内标溶液（其上机质量浓度建议与标准系列中的内标质量浓度一致），待上机测试。

1. 脱硫

参见本章第一节净化 - 样品脱硫。

2. 浓硫酸净化

将上述浓缩液转入 22 mL 玻璃管中，加入 8 mL 浓硫酸，漩涡振荡混匀，离心（转速 3000 r/min，时间 1 min），弃去下层硫酸。如果硫酸层中仍有颜色则重复上述操作至硫酸层无色为止。向玻璃管加入 8 mL 氯化钠溶液洗涤有机相，漩涡振荡混匀，离心（转速 3000 r/min，时间 1 min），弃去水相，重复上述操作至有机相中性为止。有机相经无水硫酸钠脱水后，氮吹浓缩至 1 mL。

3. 弗罗里硅土固相萃取柱净化

用 10 mL 正己烷冲洗固相萃取柱。把硫酸净化后的浓缩液全部转移至柱内，用 2 ～3 mL 淋洗液洗涤样品浓缩液瓶两次，一并转移到固相萃取柱上，用 10 mL 淋洗液洗脱固相萃取柱，接收淋洗液（以上步骤应始终保持柱填料上方留有液面）。

4. 硅胶柱净化

用约 10 mL 正己烷洗涤硅胶柱。萃取液浓缩并替换至正己烷，用硅胶柱对其进行净化，具体步骤同弗罗里硅土固相萃取柱净化。

5. 石墨碳柱净化

用约 10 mL 正己烷洗涤石墨碳柱。萃取液浓缩并替换至正己烷，分析多氯联苯时，用甲苯溶剂为洗脱溶液，具体洗脱步骤同弗罗里硅土固相萃取柱净化，收集的洗脱液体积为 12 mL。

将淋洗液浓缩至 1 mL 以下，转移到样品瓶中，再加入正己烷定容至约1 mL，加入一定量的内标溶液，待分析。

（四）干物质含量测定

参见本章第一节干物质含量测定。

六、分析测试

（一）仪器条件（仅供参考，可根据实际仪器适当调整）

1. 气相色谱条件

进样方式：不分流进样；进样量：1.0 μL；进样口温度：270 ℃；柱流量：1.2 mL/min；升温程序：120 ℃（1 min）$\xrightarrow{20\ ℃/min}$180 ℃$\xrightarrow{5\ ℃/min}$290 ℃（5 min）。

2. 质谱条件

离子源温度：250 ℃；离子化能量：70 eV；传输线温度 270 ℃；四极杆温度：150 ℃；溶剂延迟时间：7 min；扫描模式：选择离子扫描，扫描时间范围及扫描离子见表 7－7。

表 7－7　扫描时间段及扫描离子

开始时间（min）	扫描离子
7.00	256、258、260、264、266、292、290、294
11.50	326、328、324、292、290、294、300、302
14.45	326、328、324、334、336、360、362、364
17.85	360、362、364、367、365、363、394、396、398
19.15	360、362、364、394、396、398

（二）校准曲线

配制符合仪器检测限、线性范围和实际样品质量浓度的 5 点以上标准系列（如 20.0 μg/L、50.0 μg/L、100 μg/L、200 μg/L、500 μg/L），添加同样品一样加入量的内标物和替代物（如 200 μg/L），以正已烷为稀释溶剂，以内标法定量。

在参考仪器条件下得到的化合物在 HP－5MS UI 色谱柱上的保留时间、定性和定量离子具体见表 7－8。

表 7－8　保留时间与定性、定量参考离子

物质名称	IUPAC 编号	出峰时间	类别	定量离子	定性离子	定量内标
2,4,4′－三氯联苯	PCB 28	9.42	目标物	256	258、260	内标 1
d_4－2,4,4′－三氯联苯	PCB 28－d_4	9.39	替代物 1	264	266	内标 1
2,2′,5,5′－四氯联苯	PCB 52	10.34	目标物	292	290、294	内标 1
2,2′,4,5,5′－五氯联苯	PCB 101	12.91	目标物	326	328、324	内标 1

续上表

物质名称	IUPAC编号	出峰时间	类别	定量离子	定性离子	定量内标
3,4,4′,5 - 四氯联苯	PCB 81	13.78	目标物	292	290、294	内标 1
3,3′,4,4′ - 四氯联苯	PCB 77	14.12	目标物	292	290、294	内标 1
d_6 - 3,3′4,4′ - 四氯联苯	PCB 77 - d_6	14.07	内标 1	300	302	—
2′,3,4,4′,5 - 五氯联苯	PCB 123	14.79	目标物	326	328、324	内标 1
2,3′,4,4′,5 - 五氯联苯	PCB 118	14.92	目标物	326	328、324	内标 1
2,3,4,4′,5 - 五氯联苯	PCB 114	15.24	目标物	326	328、324	内标 1
d_4 -2,3,4,4′,5 - 五氯联苯	PCB 114 - d_4	15.21	替代物 2	334	336	内标 1
2,2′,3,4,4′,5′ - 六氯联苯	PCB 138	15.62	目标物	360	362、364	内标 1
2,3,3′4,4′ - 五氯联苯	PCB 105	15.74	目标物	326	328、324	内标 1
2,2′,4,4′,5,5′ - 六氯联苯	PCB 153	16.50	目标物	360	362、364	内标 2
3,3′,4,4′,5 - 五氯联苯	PCB 126	16.86	目标物	326	328、324	内标 2
2,3′,4,4′,5,5′ - 六氯联苯	PCB 167	17.48	目标物	360	362、364	内标 2
2,3,3′,4,4′,5 - 六氯联苯	PCB 156	18.21	目标物	360	362、364	内标 2
d_3 -2,3,3′,4,4′,5 - 六氯联苯	PCB 156 - d_3	18.20	内标 2	367	365、363	—
2,3,3′,4,4′,5′ - 六氯联苯	PCB 157	18.37	目标物	360	362、364	内标 2
2,2′,3,4,4′,5,5′ - 七氯联苯	PCB 180	18.76	目标物	394	396、398	内标 2
3,3′,4,4′,5,5′ - 六氯联苯	PCB 169	19.50	目标物	360	362、364	内标 2
2,3,3′,4,4′,5,5′ - 七氯联苯	PCB 189	20.71	目标物	394	396、398	内标 2

七、结果计算

（一）目标化合物定性

根据标准物质各组分的保留时间和标准质谱图相比较等手段进行定性。

（二）定量计算

1. 用平均相对响应因子建立校准曲线

标准系列第 i 点中目标物（或替代物）的相对响应因子 RRF_i，按照公式（1）进行计算。

$$RRF_i = \frac{A_i}{A_{ISi}} \times \frac{\rho_{ISi}}{\rho_i} \tag{1}$$

式中　A_i——标准系列中第 i 点目标物（或替代物）定量离子的响应值；

A_{ISi}——标准系列中第 i 点目标物（或替代物）相对应内标定量离子的响应值；

ρ_{IS}——标准系列中内标的质量浓度；

ρ_i——标准系列中第 i 点目标物（或替代物）的质量浓度。

目标物（或替代物）的平均相对响应因子 $\overline{RRF}$，按照公式（2）进行计算。

$$\overline{RRF} = \frac{\sum_{i=1}^{n} RRF_i}{n} \tag{2}$$

式中　n——标准系列点数。

2. 样品中目标物（或替代物）质量浓度的计算

当目标物（或替代物）采用平均响应因子进行校准时，样品中目标物（或替代物）的质量浓度 ρ_{ex}（μg/L）按公式（3）进行计算。

$$\rho_{ex} = \frac{A_x}{A_{IS}} \times \frac{\rho_{IS}}{\overline{RRF}} \tag{3}$$

式中　A_x——目标物（或替代物）定量离子的响应值；

A_{IS}——与目标物（或替代物）相对应内标定量离子的响应值；

ρ_{IS}——内标物的质量浓度，μg/L；

$\overline{RRF}$——目标物（或替代物）的平均相对响应因子。

3. 最终样品中目标化合物的含量 ω_i（mg/kg）；按照公式（4）进行计算：

$$\omega_i = \frac{\rho_i \times V}{m \times \omega_{dm}} \tag{4}$$

式中　ρ_i——由校准曲线计算所得目标化合物的质量浓度，mg/L；

V——试样定容体积，mL；

m——试样质量（湿重），g；

ω_{dm}——试样干物质质量分数，%。

八、质量保证和质量控制

（1）空白实验。

每批次样品（不超过 20 个样品）至少应做一个实验室空白，空白中目标化合物质量浓度均应低于方法检出限，否则应查找原因，至实验室空白检验合格后，才能继续进行样品分析。

（2）每批样品分析之前或 24 h 之内，需进行仪器性能检查，测定校准确认标准样品（十氟三苯基磷）和空白样品。

（3）校准曲线。

每批样品应绘制校准曲线。内标法定量时，内标峰面积应不低于校准曲线内标峰面积的 ±50%，各目标化合物平均响应因子的相对标准偏差不超过 15%，否则应重新绘制校准曲线。每 20 个样品或每批次（少于 20 个样品/批）应分析一个曲线中间质量浓度点标准溶液，其测定结果与初始曲线在该点测定质量浓度的相对偏差应不超过 20%，否则应查找原因，重新绘制校准曲线。

（4）平行样品的测定。

每 20 个样品或每批次（少于 20 个样品/批）分析一个平行样，单次平行样品测定结果相对偏差一般不超过 30%。

（5）空白加标样品的测定。

每 20 个样品或每批次（少于 20 个样品/批）分析一个空白加标样品，回收率应在 60% ～ 130% 之间，否则应查明原因，直至回收率满足质控要求后，才能继续进行样品分析。

（6）样品加标的测定。

每 20 个样品或每批次（少于 20 个样品/批）分析一个加标样品，土壤样品加标回收率应在 60% ～ 130% 之间，沉积物加标样品的回收率应在 55% ～ 135% 之间。

（7）替代物的回收率。

如需采取加入替代物指示全程样品回收效率，可抽取同批次 25 ～ 30 个样品的替代物加标回收率，计算其平均加标回收率 P 及相对标准偏差 RSD，则替代物的回收率须控制在 $P \pm 3$RSD 内。

九、注意事项

旋转蒸发浓缩时也不能过快，否则 PCB 28 的回收率会偏低。

引用标准

[1] 国家环境保护总局. 土壤和沉积物　有机氯农药的测定　气相色谱法：HJ 921－2017. 北京：中国环境科学出版社，2015：1－10.

[2] 中华人民共和国国家质量监督检验检疫总局. 土壤和沉积物　有机氯农药的测定　气相色谱法：HJ 921－2017. 北京：中国标准出版社，2008：54.

[3] 中国国家标准化管理委员会. 土壤和沉积物　有机氯农药的测定　气相色谱法：HJ 921－2017. 北京：中国环境科学出版社，2004：1－34.

[4] 国家环境保护总局. 土壤和沉积物　有机氯农药的测定　气相色谱法：HJ 921－2017. 北京：中国环境科学出版社，2011：1－3.

[5] 国家环境保护总局. 土壤和沉积物　有机氯农药的测定　气相色谱法：HJ 921－2017. 北京：中国环境科学出版社，2016：1－4.

第六节　土壤和沉积物　60种半挥发性有机物的测定　气相色谱－质谱法

一、适用范围

本方法适用于土壤和沉积物中半挥发性有机物含量的测定，取样量为20 g时，在全扫描模式下，60种半挥发性有机物方法检出限为0.01～0.3 μg/kg。

其他半挥发性有机物经适用性验证后，也可采用本方法分析。

二、方法原理

利用加压流体萃取，将样品中的半挥发性有机物经二氯甲烷与丙酮混合溶剂提取，提取液通过浓缩净化等处理后，进入气相色谱质谱仪检测。通过与待测目标物标准质谱图相比较和保留时间进行定性，内标法定量。

三、试剂和材料

（1）二氯甲烷：农残级。

（2）丙酮：农残级。

（3）无水硫酸钠：优级纯，450 ℃灼烧4 h后放置常温后用。

（4）硅藻土：60目。若空白有干扰，应将其放于马弗炉中400 ℃灼烧4 h，冷却后装入磨口玻璃瓶中，备用。

（5）萃取池垫片：二氯甲烷浸泡超声三次，晾干，空白实验通过即可用。

（6）石英砂：40～100目，用前先置于马弗炉中450 ℃灼烧4 h。

（7）铜片：使用前用稀盐酸溶液去除铜粉表面的氧化物，用实验用水冲洗除酸，并用丙酮清洗后，用氮气吹干待用，每次临用前处理，保持铜片表面光亮。

（8）半挥发性有机物标准溶液，ρ＝1000 μg/mL，溶剂为二氯甲烷。

（9）替代物：硝基苯－d_5、2－氟联苯、2，4，6－三溴苯酚、4，4′－三联苯－d_{14}混合标准溶液，ρ＝1000 μg/mL，溶剂为正己烷。

（10）内标：1，4－二氯苯－d_4、萘－d_8、苊－d_{10}、䓛－d_{12}、苝－d_{12}、菲－d_{10}混合标准溶液，ρ＝1000 μg/mL，溶剂为正己烷。

（11）十氟三苯基磷：ρ＝10 μg/mL，溶剂为正己烷。

四、仪器和设备

（1）加压流体萃取装置。

（2）EI 源单四极杆气相色谱质谱联用仪。

（3）色谱柱：HP－5MS UI，30 m×0.25 mm×0.25 μm。

（4）天平：精度为0.01 g。

（5）烘箱。

五、前处理

（一）样品的制备

参见本章第一节样品的制备。

（二）加压流体萃取

称取约20 g新鲜/冻干样品，再加入8～10 g硅藻土拌匀，放置于萃取池中，加入替代物溶液（其上机质量浓度与标准系列中的替代物质量浓度一致），继续加入佛罗里达硅藻土直至填满萃取池，然后按照标准要求进行加压流体萃取。

参考操作条件如下：

萃取溶剂：二氯甲烷－丙酮等体积混合溶剂，萃取温度：100 ℃，萃取压力1500 psi，静态萃取时间为10 min，淋洗体积为60%池体积，氮气吹扫60s，萃取循环2次，收集萃取液。

萃取液经无水硫酸钠（450 ℃灼烧4 h后用）脱水后，旋蒸浓缩至约1 mL，加入内标溶液（其上机质量浓度建议与标准系列中的内标质量浓度一致），待上机测试。

（三）净化

对于各个类别的化合物，应选用专属的净化方法进行处理。如提取液颜色较深，可采用弗罗里硅土柱、硅胶柱、凝胶渗透净化柱等。沉积物样品含有大量有机硫的干扰时，可采用活化铜片去除。净化后样品溶液浓缩至约1 mL，加入内标溶液（其上机质量浓度建议与标准系列中的内标质量浓度一致），待上机测试。

（四）干物质含量测定

参见本章第一节干物质含量测定。

六、分析测试

（一）仪器条件（仅供参考，可根据实际仪器适当调整）

1．气相色谱条件

进样口：温度为280 ℃，柱流量为1.5 mL/min，不分流进样时间为1 min，色谱柱型号：HP－5MSUI，30 m×0.25 mm×0.25 μm，传输管线温度：280 ℃；

炉温：35 ℃（2 min）$\xrightarrow{15\ ℃/min}$ 150 ℃ $\xrightarrow{10\ ℃/min}$ 260 ℃ $\xrightarrow{5\ ℃/min}$ 280 ℃

$\xrightarrow{20\ ℃/min}$ 300 ℃（4 min）

2. 质谱条件

离子源：EI，离子源温度300 ℃，离子化能量70 eV，溶液延迟时间：3.2 min；扫描范围：35 ～500 amu。

（二）校准曲线

配制符合仪器检测限、线性范围和实际样品质量浓度的5点以上标准系列（如1.00 μg/mL、2.50 μg/mL、5.00 μg/mL、10.0 μg/mL、15.0 μg/mL），以内标法定量，内标和替代物的加入量建议以曲线中间点质量浓度为宜。

参考仪器条件下的保留时间定性和定量离子具体见表7－9。

表7－9　保留时间与定性、定量参考离子

编号	化合物	保留时间（min）	定量离子	定性离子	定量参考内标
1	N－亚硝基二甲胺	3.575	74	42、79	1,4－二氯苯－d_4
2	苯酚	6.546	94	66、39	1,4－二氯苯－d_4
3	双（2－氯乙基）醚	6.599	93	63、95	1,4－二氯苯－d_4
4	2－氯苯酚	6.652	128	92、130	1,4－二氯苯－d_4
5	1,3－二氯苯	6.834	146	111、75	1,4－二氯苯－d_4
6	1,4－二氯苯	6.910	146	111、148	1,4－二氯苯－d_4
7	1,2－二氯苯	7.175	146	111、148	1,4－二氯苯－d_4
8	2－甲基苯酚	7.387	107	108、77	1,4－二氯苯－d_4
9	二（2－氯异丙基）醚	7.387	121	123、77	1,4－二氯苯－d_4
10	N－亚硝基二正丙胺	7.587	70	130、43	1,4－二氯苯－d_4
11	4－甲基苯酚	7.610	107	108、77	1,4－二氯苯－d_4
12	六氯乙烷	7.616	117	166、201	1,4－二氯苯－d_4
13	硝基苯	7.769	77	123、51	1,4－二氯苯－d_4
14	异佛尔酮	8.134	82	138、54	1,4－二氯苯－d_4
15	2－硝基苯酚	8.257	139	65、81	萘－d_8
16	2,4－二甲基苯酚	8.387	107	122、77	萘－d_8
17	二（2－氯乙氧基）甲烷	8.510	93	63、123	萘－d_8
18	2,4－二氯苯酚	8.652	162	164、63	萘－d_8
19	1,2,4－三氯苯	8.740	180	74、109	萘－d_8
20	萘	8.822	128	102	萘－d_8

续上表

编号	化合物	保留时间(min)	定量离子	定性离子	定量参考内标
21	4-氯苯胺	8.987	127	129、65	萘-d_8
22	六氯丁二烯	9.134	225	260、190	萘-d_8
23	4-氯-3-甲基苯酚	9.804	107	142、77	萘-d_8
24	2-甲基萘	9.916	142	141、115	萘-d_8
25	六氯环戊二烯	10.340	237	235、130	苊-d_{10}
26	2,4,6-三氯苯酚	10.528	196	198、132	苊-d_{10}
27	2,4,5-三氯苯酚	10.622	196	198、132	苊-d_{10}
28	2-氯萘	10.840	162	127、164	苊-d_{10}
29	2-硝基苯胺	11.210	138	65、92	苊-d_{10}
30	邻苯二甲酸二甲酯	11.851	163	77	苊-d_{10}
31	苊烯	11.881	152	76	苊-d_{10}
32	2,6-二硝基甲苯	12.004	165	89、148	苊-d_{10}
33	3-硝基苯胺	12.422	138	92、65	苊-d_{10}
34	苊	12.469	153	76	苊-d_{10}
35	二苯并呋喃	13.051	168	139	苊-d_{10}
36	2,4-二硝基甲苯	13.369	165	63、89	苊-d_{10}
37	芴	14.563	166	82、165	苊-d_{10}
38	邻苯二甲酸二乙酯	14.804	149	177	苊-d_{10}
39	4-氯苯基苯基醚	14.804	204	141、77	苊-d_{10}
40	4-硝基苯胺	15.204	138	65、108	苊-d_{10}
41	偶氮苯	15.539	77	182、51	苊-d_{10}
42	4-溴二苯基醚	16.945	250	141、77	菲-d_{10}
43	六氯苯	17.316	284	286、282	菲-d_{10}
44	菲	18.439	178	176、179	菲-d_{10}
45	蒽	18.592	178	176、179	菲-d_{10}
46	咔唑	19.304	167	166、139	菲-d_{10}
47	邻苯二甲酸二正丁酯	20.910	149	150、76	菲-d_{10}
48	荧蒽	22.051	202	200、101	菲-d_{10}
49	芘	22.615	202	200、101	䓛-d_{12}

续上表

编号	化合物	保留时间(min)	定量离子	定性离子	定量参考内标
50	邻苯二甲酸丁基苄基酯	24.803	149	91、206	䓛 - d_{12}
51	苯并（a）蒽	25.745	228	226、114	䓛 - d_{12}
52	䓛	25.839	228	226、114	䓛 - d_{12}
53	邻苯二甲酸二（2 - 二乙基己基）酯	26.427	149	167、57	䓛 - d_{12}
54	邻苯二甲酸二正辛酯	28.080	149	279	苝 - d_{12}
55	苯并(b) 荧蒽	28.568	252	126、250	苝 - d_{12}
56	苯并（k）荧蒽	28.633	252	126、250	苝 - d_{12}
57	苯并(a) 芘	29.427	252	250、126	苝 - d_{12}
58	茚并(1,2,3 - c,d) 芘	32.021	276	138、274	苝 - d_{12}
59	二苯并(a,h) 蒽	32.121	278	139、276	苝 - d_{12}
60	苯并(g,h,i) 苝	32.621	276	138、274	苝 - d_{12}
替代物	2 - 氟酚	5.252	112	64、92	1,4 - 二氯苯 - d_4
	硝基苯 - d_5	7.746	82	128、54	1,4 - 二氯苯 - d_4
	2 - 氟联苯	10.681	172	171、170	苊 - d_{10}
	2,4,6 - 三溴苯酚	15.845	332	62、143	苊 - d_{10}
	4,4′ - 三联苯 - d_{14}	23.309	244	122	䓛 - d_{12}
内标	1,4 - 二氯苯 - d_4（内标 1）	6.881	150	115	—
	萘 - d_8（内标 2）	8.787	136	108	—
	苊 - d_{10}（内标 3）	12.357	164	162、160	—
	菲 - d_{10}（内标 4）	—	188	80	—
	䓛 - d_{12}（内标 5）	—	240	236、120	—
	苝 - d_{12}（内标 6）	—	264	260、132	—

七、结果计算

（一）目标化合物定性

根据标准物质各组分的保留时间和标准质谱图相比较等手段进行定性。

（二）定量计算

1. 用平均相对响应因子建立校准曲线

标准系列第 i 点中目标物（或替代物）的相对响应因子 RRF_i，按照公式（1）

进行计算。

$$RRF_i = \frac{A_i}{A_{ISi}} \times \frac{\rho_{ISi}}{\rho_i} \tag{1}$$

式中 A_i——标准系列中第 i 点目标物（或替代物）定量离子的响应值；

A_{ISi}——标准系列中第 i 点目标物（或替代物）相对应内标定量离子的响应值；

ρ_{IS}——标准系列中内标物的质量浓度；

ρ_i——标准系列中第 i 点目标物（或替代物）的质量浓度。

目标物（或替代物）的平均相对响应因子 $\overline{RRF}$，按照公式（2）进行计算。

$$\overline{RRF} = \frac{\sum_{i=1}^{n} RRF_i}{n} \tag{2}$$

式中 n——标准系列点数。

2. 样品中目标物（或替代物）质量浓度的计算

当目标物（或替代物）采用平均响应因子进行校准时，样品中目标物（或替代物）的质量浓度 ρ_{ex}（μg/L）按公式（3）进行计算。

$$\rho_{ex} = \frac{A_x}{A_{IS}} \times \frac{\rho_{IS}}{\overline{RRF}} \tag{3}$$

式中 A_x——目标物（或替代物）定量离子的响应值；

A_{IS}——与目标物（或替代物）相对应内标定量离子的响应值；

ρ_{IS}——内标物的质量浓度，μg/L；

$\overline{RRF}$——目标物（或替代物）的平均相对响应因子。

3. 最终样品中目标化合物的含量 ω_i（mg/kg）按照式（4）进行计算：

$$\omega_i = \frac{\rho_i \times V}{m \times \omega_{dm}} \tag{4}$$

式中 ρ_i——由校准曲线计算所得目标化合物的质量浓度，mg/L；

V——试样定容体积，mL；

m——试样质量（湿重），g；

ω_{dm}——试样干物质含量，%。

八、质量保证与质量控制

（1）每批样品至少应分析一个全程序空白。其分析结果应低于方法检出限。

（2）每批样品分析之前或 24 h 之内，需进行仪器性能检查，测定校准确认标准样品十氟三苯基膦（DFTPP）和空白样品。

（3）标准系列的配置至少 5 点以上，配置质量浓度范围应涵盖待测样品的质量浓度。若使用平均相对响应因子进行定量，其相对响应因子的 RSD 不超过 30%；若使用最小二乘法进行定量，则曲线相关系数需不小于 0.990。

（4）每一批样品应进行平行分析和基体加标分析。所有样品中替代物和基体加标回收率应符合 HJ 834－2017 附录 D 中相应化合物回收率范围。平行样品相对偏差应在 30% 以内。

九、注意事项

（1）进样系统的洁净程度影响部分化合物的峰形与响应，配制含有 4，4′－DDT、五氯苯酚和联苯胺质量浓度均为 50 μg/mL 的混合溶液来检查气相色谱仪进样系统的脏污情况。若出现 DDT 到 DDE 和 DDD 的降解率超过 15%、联苯胺和五氯苯酚等极性化合物峰形出现拖尾分裂等现象，则需要对进样口进行维护，如更换衬管，切割色谱柱部分前端，重复以上检验并通过后才可继续样品分析。

（2）硝基苯在色谱柱上的峰型可能会分叉及拖尾，进行定量积分时应注意此情况的发生及时判断其积分的准确性。

（3）分析邻苯二甲酸酯类塑化剂时，应注意防止实验室空白污染的引入，污染的来源主要是试剂、硅藻土、滤膜等，应对使用到的材料采取高温灼烧或者溶剂清洗、更换高纯试剂等手段，有效控制正干扰的产生。

（4）对于 2，4－二硝基酚、4－硝基酚、4，6－二硝基－2－甲基苯酚和五氯酚等酚类物质，由于它们在单四级杆质谱的响应较低，定量曲线拟合度较低等原因，不太适合用该方法进行分析，应选择其他合适的方法，如气相色谱 FID 法、LC 法等其他手段。

（5）在分析实际样品时，由于基体干扰的原因，常需要对溶剂提取后的样品进行净化，对于该法涉及的各类半挥发性有机物，目前尚无较好的普适净化手段，需针对各类化合物的物理化学性质以及基体干扰的具体情况采取不同的净化方式，如硅胶、氧化铝、硅酸镁、复合材料等。

引用标准

[1] 国家环境保护总局．土壤和沉积物　有机氯农药的测定　气相色谱法：HJ 921－2017．北京：中国环境科学出版社，2017：1－10.

[2] 中华人民共和国国家质量监督检验检疫总局．土壤和沉积物　有机氯农药的测定　气相色谱法：HJ 921－2017．北京：中国标准出版社，2008：54.

[3] 中国国家标准化管理委员会．土壤和沉积物　有机氯农药的测定　气相色谱法：HJ 921－2017．北京：中国环境科学出版社，2004：1－34.

[4] 国家环境保护总局．土壤和沉积物　有机氯农药的测定　气相色谱法：HJ 921－2017．北京：中国环境科学出版社，2011：1－3.

[5] 国家环境保护总局. 土壤和沉积物　有机氯农药的测定　气相色谱法：HJ 921－2017. 北京：中国环境科学出版社，2016：1－4.
[6] 国家环境保护总局. 土壤和沉积物　有机氯农药的测定　气相色谱法：HJ 921－2017. 北京：中国环境科学出版社，2014：1－7.
[7] 美国环境保护署. 气相色谱－质谱分析法测定半挥发性有机污染物：EPA 8070D—2007. 美国，2007：1－10.

第七节　土壤和沉积物　二噁英类的测定　同位素稀释高分辨气相色谱－高分辨质谱法

一、适用范围

本方法适用于土壤背景、农田土壤环境、建设项目土壤环评、土壤污染事故和河流、湖泊与海洋沉积物的环境调查中的二噁英分析。在取样量为10 g（干重）时，方法检出限：2，3，7，8－T_4CDD为0.02 ng/kg，其余化合物为0.023～0.1 ng/kg。

二、方法原理

本方法采用同位素稀释高分辨气相色谱－高分辨质谱法测定土壤及沉积物中的二噁英类，规定了土壤及沉积物样品处理及仪器分析等过程的标准操作程序以及整个分析过程的质量管理措施。按相应采样规范采集样品并冷冻干燥或自然晾干。加入提取内标后进行索氏提取，提取液经净化、分离及浓缩操作。加入进样内标后使用高分辨色谱－高分辨质谱法（HRGC－HRMS）进行定性和定量分析。

三、试剂和材料

（1）100/200 ng/mL EPA－1613LCS。

（2）200 ng/mL EPA－1613ISS。

（3）校准曲线标准品：0.5/2.5/5.0 ng/mL EPA－1613CS1、2/10/20 ng/mL EPA－1613CS2、10/50/100 ng/mL EPA－1613CS3、40/200/400 ng/mL EPA－1613CS4、200/1000/2000 ng/mL EPA－1613CS5。

（4）甲苯：农残级。

（5）丙酮：农残级。

（6）二氯甲烷：农残级。

（7）正已烷：农残级。

（8）甲醇：农残级。

（9）环已烷：农残级。

（10）壬烷：99%的色谱标准品。

（11）浓硫酸：优级纯。

（12）无水硫酸钠：优级纯，450 ℃灼烧4 h，自然冷却至常温后用。

（13）中性硅胶：超纯中性硅胶120～200目，使用前用农残级二氯甲烷抽提24小时，真空干燥后密封放置于干净玻璃瓶中备用。

（14）酸性活化氧化铝：进口酸性氧化铝，使用前在170 ℃烘箱中活化24 h，自然冷却至常温后使用。

（15）Carbopack C活性炭：120～400 μm进口石墨炭。

（16）Celite 545硅藻土：进口硅藻土，使用前以450 ℃烘烧5 h，冷却后放置于干净玻璃瓶中备用。

四、仪器和设备

（1）索氏提取器。

（2）旋转蒸发仪。

（3）氮吹仪。

（4）玻璃填充柱。

（5）高分辨气相色谱－高分辨质谱仪。

（6）烘箱。

五、前处理

（一）样品的风干及筛分

土壤及沉积物样品风干及筛分参照HJ/T 166及GB 17378.5相关部分进行操作，采集样品风干及筛分时应避免日光照射及样品间的交叉污染；样品也可采取冷冻干燥方式进行水分去除。

（二）含水率的测定

称取5 g以上的土壤及沉积物样品，以105～110 ℃烘4 h后放在干燥器中冷却至室温，称重。使用下式计算含水率（ω_{H_2O},%）。

$$\omega_{H_2O} = （干燥前样品重量 - 干燥后样品重量）/干燥前样品重量 \times 100\% \quad (1)$$

（三）样品提取

1．前处理间环境条件及专用设备

样品提取与前处理均在二噁英超净实验室进行。

专用设备：加热套、旋转蒸发仪、烘箱、超声波清洗仪、氮吹仪、试剂柜。

配套设施：超纯水专用容器、洗瓶碱液缸、全套前处理玻璃器皿、干燥器、晾瓶架、进样针。

2. 样品提取

称取一定量样品（如 10 g）放入索氏提取器中，加入 20 μL 100/200 ng/mLEPA－1613LCS 提取内标，用甲苯提取 18 h 以上。需要注意的是在抽提时要加入一定量经过稀盐酸处理过的铜片或铜粉（建议用铜片，便于后续样品的转移）以在烧瓶中用于除硫。

（四）样品净化

1. 浓缩

提取液降到将近室温后（否则易倒吸），用旋转蒸发仪浓缩至近干，用16 mL 二氯甲烷分多次润洗浓缩瓶转移至样品瓶中，用氮吹仪吹干。

2. 浓硫酸净化

加入 7 mL 正己烷于上述样品瓶中，超声振荡，再加入 8 mL 浓硫酸混匀、振荡，离心，取上层液。（注：如上层液颜色较深，可多次酸洗）。

3. 硅胶氧化铝柱净化

装柱：酸性硅胶柱和酸性氧化铝柱均采用干法填柱（填充重量为 3.5 g 和 4.5 g），硅胶柱和氧化铝柱串联，硅胶柱在上。

洗柱：用 15 ～20 mL 正己烷润湿清洗柱子。

过柱：把浓硫酸净化后的上层液加入硅胶柱中，再用 7 mL 正已烷清洗浓硫酸层两次，上层清洗液同样上柱，分别用 2 mL 正己烷清洗硅胶壁 3 次，撤掉硅胶柱，用 8 mL 体积比为 6∶94 的二氯甲烷－正己烷溶剂分多次清洗氧化铝柱，以上洗脱液均可以作为废液进行收集。再用 16 mL 体积比为 6: 4 的二氯甲烷－正己烷（60/40）（*V/V*）溶剂分多次清洗氧化铝柱，收集洗脱液到样品瓶中，该洗脱液氮吹近干。

4. 炭柱净化

洗柱：先用 10 mL 甲苯洗炭柱（填 2 g），再用 6 mL 正己烷清洗，然后把柱子倒置。

过柱：分别用 6 mL 环己烷－二氯甲烷等体积溶剂多次润洗上述样品瓶，清洗液上柱，用 2 mL 50/50（*V/V*）环己烷/二氯甲烷溶剂清洗柱壁，接着用 2 mL 体积比为 75∶20∶5 的二氯甲烷－甲醇－甲苯混合溶剂冲洗柱子（洗脱液为废液）。柱子倒置，用 30 mL 甲苯溶剂洗脱，用 100 mL 平底烧瓶收集洗脱液。

5. 浓缩

洗脱液用旋转蒸发仪浓缩至近干，用 16 mL 二氯甲烷分多次润洗浓缩瓶，润洗液转移至另外一个样品瓶中，用氮吹仪吹干。用 1.2 mL 二氯甲烷分多次润洗该样品瓶，润洗液转移到 1.5 mL 尖底瓶中，样品自然晾干，用 25 μL 进样针移取 20 μL 100 ng/mL EPA－1613ISS 进样内标（把 200 ng/mL EPA－1613ISS 用壬烷稀释两倍）到尖底样品瓶中，上机分析。

六、分析测试

（一）仪器条件（仅供参考，可根据实际仪器适当调整）

1. 气相色谱条件

进样口：温度为 280 ℃，柱流量（恒流模式）为 1.00 mL/min，进样量1 μL，不分流进样，色谱柱型号：HP－5MS，60 m×0.25 mm×0.25 μm，传输管线温度：280 ℃；

炉温：170 ℃（1.5 min）$\xrightarrow{20\ ℃/min}$ 220 ℃（0 min）$\xrightarrow{1\ ℃/min}$ 240 ℃（10 min）$\xrightarrow{5\ ℃/min}$ 300 ℃（9 min）；

2. 质谱条件

分辨率：大于10000（每次样品分析前，分辨率均需调谐至高于 10000），溶剂延迟时间 20 分钟，电子轰击源：EI，EI 源温度：280 ℃，SIM 扫描模式，传输管线温度：280 ℃。

（二）定性定量离子及毒性当量

用EI源分析各化合物保留时间、所使用的定量定性离子及毒性当量见表 7－10。

表 7－10　各化合物保留时间、定量定性离子

类别	序号	化合物	保留时间	定量离子	定性离子	毒性当量
目标化合物	1	2,3,7,8 －TCDF	25.86	303.9016、305.8987	305.8987	0.1
	2	1,2,3,7,8 －PCDF	33.57	339.8697、341.8567	339.8697	0.05
	3	2,3,4,7,8 －PeCDF	36.10	339.8597、341.8567	339.8597	0.5
	4	1,2,3,4,7,8 －HxCDF	44.21	373.8208、375.8178	373.8208	0.1
	5	1,2,3,6,7,8 －HxCDF	44.84	373.8208、375.8178	373.8208	0.1
	6	2,3,4,6,7, 8－HxCDF	45.73	373.8208、375.8178	373.8208	0.1
	7	1,2,3,7,8,9 －HxCDF	47.32	373.8208、375.8178	373.8208	0.1
	8	1,2,3,4,6,7,8 －HpCDF	49.96	407.7818、409.7788	407.7818	0.01
	9	1,2,3,4,7,8,9 －HpCDF	52.45	407.7818、409.7788	407.7818	0.01
	10	OCDF	57.01	441.7428、443.7399	443.7399	0.001
	11	2,3,7,8 －TCDD	27.02	319.8965、321.8936	321.8936	1
	12	1,2,3,7,8 －PeCDD	37.05	355.8546、357.8561	355.8546	0.5
	13	1,2,3,4,7,8 －HxCDD	46.09	389.8157、391.8127	391.8127	0.1

续上表

类别	序号	化合物	保留时间	定量离子	定性离子	毒性当量
目标化合物	14	1,2,3,6,7,8 -HxCDD	46.31	389.8157、391.8127	391.8127	0.1
	15	1,2,3,7,8,9 -HxCDD	46.80	389.8157、391.8127	391.8127	0.1
	16	1,2,3,4,6,7,8 -HpCDD	51.69	423.7767、425.7737	425.7737	0.01
	17	OCDD	56.72	457.7377、459.7348	459.7348	0.001
提取内标	18	^{13}C - 2,3,7,8 -TCDF	25.84	315.9419、317.9389	317.9389	—
	19	^{13}C - 1,2,3,7,8 -PeCDF	33.54	351.9000、353.8970	351.9000	—
	20	^{13}C - 2,3,4,7,8 -PeCDF	36.07	351.9000、353.8970	351.9000	—
	21	^{13}C - 1,2,3,4,7,8 -HxCDF	44.19	383.8639、385.8610	385.8610	—
	22	^{13}C - 1,2,3,6,7,8 -HxCDF	44.47	383.8639、385.8610	385.8610	—
	23	^{13}C - 2,3,4,6,7,8 -HxCDF	45.71	383.8639、385.8610	385.8610	—
	24	^{13}C - 1,2,3,7,8,9 -HxCDF	47.30	383.8639、385.8610	385.8610	
	25	^{13}C - 1,2,3,4,6,7,8 -HpCDF	49.94	417.8253、419.8220	419.8220	—
	26	^{13}C - 1,2,3,4,7,8,9 -HpCDF	52.44	417.8253、419.8220	419.8220	—
	27	^{13}C - 2,3,7,8 -TCDD	26.97	331.9368、333.9339	333.9339	—
	28	^{13}C - 1,2,3,7,8 -PeCDD	37.00	367.8949、369.8919	367.8949	—
	29	^{13}C - 1,2,3,4,7,8 -HxCDD	46.08	401.8559、403.8530	401.8559	—
	30	^{13}C - 1,2,3,6,7,8 -HxCDD	46.28	401.8559、403.8530	401.8559	—
	31	^{13}C - 1,2,3,4,6,7,8 -HpCDD	51.67	435.8169、437.8140	435.8169	—
	32	^{13}C - OCDD	56.70	469.7780、471.7750	471.7750	—
进样内标	33	^{13}C - 1,2,3,4 -TCDD	26.15	331.9368、333.9339	333.9339	—
	34	^{13}C - 1,2,3,7,8,9 -HxCDD	46.76	401.8559、403.8530	401.8559	—

（三）校准曲线

取EPA-1613CS1、EPA-1613CS2、EPA-1613CS3、EPA-1613CS4、EPA-1613CS5五个标准溶液，直接进样分析，以内标相对响应因子法进行定量，以$\frac{\text{目标化合物峰面积}}{\text{内标物峰面积}}\times$内标化合物质量浓度为纵坐标，以目标化合物质量浓度为横坐标，制作校准曲线，计算目标化合物的相对响应因子。与各质量浓度点待测化合物相对应的提取内标的相对响应因子RRF_{es}按公式（2）式计算，并计算其平均值和相对标准偏差，相对标准偏差应在±20%以内，否则应重新制作校准曲线。

$$RRF_{es}=\frac{Q_{es}}{Q_s}\times\frac{A_s}{A_{es}} \tag{2}$$

式中　Q_{es}——标准溶液中提取内标物质的绝对量，pg；

Q_s——标准溶液中待测化合物的绝对量，pg；

A_s——标准溶液中待测化合物的监测离子峰面积之和；

A_{es}——标准溶液中提取内标物质的监测离子峰面积之和。

同样，分别按（3）式和（4）式计算进样内标相对于提取内标以及提取内标相对于采样内标的相对响应因子 RRF_{rs} 和 RRF_{ss}。

$$RRF_{rs}=\frac{Q_{rs}}{Q_{es}}\times\frac{A_{es}}{A_{rs}} \tag{3}$$

式中　Q_{rs}——标准溶液中进样内标物质的绝对量，pg；

Q_{es}——标准溶液中提取内标物质的绝对量，pg；

A_{es}——标准溶液中提取内标物质的监测离子峰面积之和；

A_{rs}——标准溶液中进样内标物质的监测离子峰面积之和。

$$RRF_{ss}=\frac{Q_{es}}{Q_{ss}}\times\frac{A_{ss}}{A_{es}} \tag{4}$$

式中　Q_{es}——标准溶液中提取内标物质的绝对量，pg；

Q_{ss}——标准溶液中采样内标物质的绝对量，pg；

A_{ss}——标准溶液中采样内标物质的监测离子峰面积之和；

A_{es}——标准溶液中提取内标物质的监测离子峰面积之和。

（四）样品测定

将预处理后的样品，按照与校准曲线相同的条件进行测定，根据峰面积进行定量。

七、结果计算

（一）定性

二噁英类同类物的两个监测离子在指定的保留时间窗口内同时存在，并且其离子丰度比与 HJ 77.4－2008 中表 4 所列理论离子丰度比一致，相对偏差小于 15%。同时满足 $s/N>3$ 的色谱峰定性为二噁英类物质。

除满足上述要求外，针对 2，3，7，8－位氯代二噁英类化合物还要满足以下条件：色谱峰的保留时间应与标准溶液一致（±3 s 以内），同内标的相对保留时间也与标准溶液一致（±0.5% 以内）。

（二）定量

1. 二噁英类绝对量计算

采用内标法计算分析样品中被检出的二噁英化合物的绝对量 Q（ng），2，3，

7，8－位氯代二噁英类化合物的绝对量按公式（5）计算。对于非2，3，7，8－位氯代二噁英类，采用具有相同氯代原子数的2，3，7，8－位氯代二噁英类 RRF_{es} 均值计算。

$$Q = \frac{A}{A_{es}} \times \frac{Q_{es}}{RRF_{es}} \tag{4}$$

式中 A——色谱图待测化合物的监测离子峰面积之和；

A_{es}——提取内标的监测离子峰面积之和；

Q_{es}——提取内标的添加量，ng；

RRF_{es}——待测化合物相对提取内标的相对相应因子。

2．样品待测物含量ω（ng/kg）计算

用式（5）计算样品中的待测化合物含量，结果修约为2位有效数字。

$$\omega = \frac{Q}{m\ (1 - \omega_{H_2O})} \tag{5}$$

式中 Q——分析样品中待测化合物的量，ng；

m——样品量，kg；

ω_{H_2O}——含水率，%。

3．提取内标的回收率计算

根据提取内标峰面积与进样内标峰面积的比以及对应的相对相应因子（RRF_{rs}）均值，按公式计算提取内标的回收率并确定提取内标的回收率 R（%）在 HJ 77.4－2008 中表4 规定的范围之内。若提取内保的回收率不符合 HJ 77.4－2008 中表4 规定的范围，应查找原因，重新进行提取和净化操作。

$$R = \frac{A_{es}}{A_{rs}} \times \frac{Q_{rs}}{RRF_{rs}} \times \frac{100\%}{Q_{es}} \tag{6}$$

式中 A_{es}——提取内标的监测离子峰面积之和；

A_{rs}——进样内标的监测离子峰面积之和；

Q_{rs}——进样内标的添加量，ng；

RRF_{rs}——提取内标相对进样内标的相对响应因子；

Q_{es}——提取内标的添加量，ng。

八、质量保证与质量控制

1．内标回收率

应对所有样品提取内标的回收率进行确认。

2．检出限确认

针对二噁英类分析的特殊性，除了仪器检出限外，应根据自身实验室条件和操作人员确认方法检出限。

3. 空白实验

空白实验包括试剂空白、操作空白。用于二噁英分析的所有有机试剂均需浓缩10000倍上高分辨质谱不得有目标物检出或者低于方法检出限；操作空白用于检查样品处理过程中的污染程度，要求目标物不得有检出；实验耗材如硅胶、氧化铝等均要经过空白实验上高分辨质谱不得有目标物检出或低于方法检出限后方可使用。

4. 平行实验

平行实验取样品总数的10%，对于大于检出限3倍以上的平行实验结果取平均值，单次平行实验结果应在平均值的±30%以内。

5. 方法精密度和准确度

方法精密度和准确度应依据自身实验室条件和人员操作确认。

6. 标准溶液

标准溶液映带在密封的玻璃容器中避光冷藏保存，以避免由于溶液挥发引起的质量浓度变化。每次使用前后称量并记录标准溶液的重量。上仪器分析时要及时更换密封盖。

7. 操作要求

样品前处理和仪器操作人员要经过培训，空白实验的提取内标回收达到标准规定范围且操作稳定，方可进行样品前处理；仪器操作人员需要多仪器有全方面的了解并掌握熟练的手动调谐，对仪器的异常情况可以通过气相色谱和质谱进行判断。

分析样品达到24 h或仪器过夜分析后，要用TCDD和CS3分别对仪器进行信噪比和稳定性的测试确认，分析过程要有全程记录，报告文件要经过3级审核方可提交。

九、注意事项

（1）在使用索氏提取器时，温度控制及循环冷凝水控制得当，防止提取液蒸干。

（2）旋转蒸发仪真空度应该慢慢减低，不能直接降到目标真空度，否则样品容易沸腾，致使样品损失。

（3）二噁英类在进样口易残余，需要使用低吸附衬管且不放置玻璃棉。如果样品较脏，存在处理不干净的潜在威胁，需放置少量惰性玻璃棉以保护进样口。

（4）分析人员应了解二噁英类分析操作以及相关风险，并接受相关专业培训。建议实验室的分析人员定期进行日常体检。

（5）实验室应选用可直接使用的低质量浓度标准物质，减少或避免对高质量浓度标准物质的操作。

(6) 样品分析前，仪器调谐分辨率必须高于10000，且质子数校正通过才可分析样品。同时每一批样品分析前均需用标准溶液（一般用CS3）校准，且每24 h用标液进行一次校准。

(7) 实验室应配备手套、实验服、面具和通风橱等保护措施。

(8) 玻璃仪器的清洗采用氢氧化钠和无水乙醇的混合溶液浸泡、超纯水超声、冲洗的方式进行，自然晾干。使用之前要用二氯甲烷冲洗3遍，避免烘烧玻璃仪器。

引用标准

[1] 美国环境保护署. 同位素稀释高分辨气相色谱－高分辨质谱法分析四氯到八氯的二噁英和呋喃：EPA 1613—1994. 美国，1994：1－80.

[2] 国家环境保护总局. 土壤和沉积物　有机氯农药的测定　气相色谱法：HJ 921－2017. 北京：中国环境科学出版社，2008：1－22.

[3] 中国人民共和国国家质量监督检验检疫总局. 数值修约规则与极限数值的表示与判定：GB 8170—2008. 北京：中国标准出版社：2008：1－5.

第八章　土壤、沉积物　挥发性有机物分析技术

第一节　土壤和沉积物　36 种挥发性有机物及 35 种挥发性卤代烃的测定　顶空气相色谱-质谱法

一、适用范围

本方法适用于土壤和沉积物中挥发性有机物含量的测定，在选择离子模式下，取样量为 2 g 时，36 种 VOCs 方法检出限为 1.0 ～4.6 μg/kg，35 种挥发性卤代烃方法检出限为 1.3 ～5.9 μg/kg。

其他挥发性有机物经适用性验证后，也可采用本方法分析。

二、方法原理

在一定的温度条件下，顶空瓶内样品中挥发性组分向液上空间挥发，产生蒸汽压，气液固三相达到热力学动态平衡。气相中的挥发性有机物进入气相色谱分离后，用质谱仪进行检测。通过与标准物质保留时间和质谱图相比较进行定性、内标法定量。

三、试剂和材料

（1）甲醇：农残级。

（2）石英砂：60 ～200 目，在马弗炉 400 ℃灼烧 4 h，置于干燥器中冷却至室温，转移至磨口玻璃瓶中保存。

（3）氯化钠：优级纯，处理步骤同石英砂。

（4）磷酸：优级纯或以上级别。

（5）超纯水：无 VOCs 干扰，外购或实验室制备均可。

（6）基体改性剂：量取 500 mL 超纯水，滴加几滴优级纯磷酸调节至 pH≤2，加入 180 g 氯化钠，溶解并混匀。于 4 ℃下保存，可保存 6 个月。

（7）挥发性有机物混合标准溶液：ρ = 1000 μg/mL，溶剂为甲醇。

（8）内标：氟苯、1，4－二氯苯－d_4、氯苯－d_5混合标准，ρ = 1000 μg/mL，溶剂为甲醇。也可选用其他性质相近的物质。

（9）替代物：甲苯－d_8、对溴氟苯混合标准，ρ = 1000 μg/mL，溶剂为甲醇。

也可选用其他性质相近的物质。

（10）对溴氟苯：$\rho = 10\ \mu g/mL$，溶剂为甲醇。

四、仪器和设备

（1）往复式振荡器。

（2）顶空仪。

（3）EI 源单四极杆气相色谱质谱联用仪。

（4）天平：精度为 0.01 g。

（5）烘箱。

五、前处理

（一）试样制备

1. 低含量试样（预测质量浓度低于 1000 μg/kg 的样品）

冷藏保存样品待恢复至室温后，称取 2 g 样品置于干净的顶空瓶中，立即向瓶中加入 10 mL 基体改性剂、加入替代物和内标溶液（其上机质量浓度建议与标准系列中的替代物和内标质量浓度一致），迅速密封，在振荡器上以 150 次/min 的频率振荡 10 min，待顶空 - GC/MS 检测。

2. 高含量试样（预测含量高于 1000 μg/kg 的样品）

冷藏保存样品待恢复至室温后，称取 2 g 样品置于干净的顶空瓶中，立即加入 10 mL 甲醇，密封，在振荡器上以 150 次/min 的频率振荡 10 min。静置沉降后，移取约 1 mL 提取液至棕色玻璃瓶中。在分析之前将提取液恢复到室温后，向空的顶空瓶中加入 2.0 g 石英砂、10 mL 基体改性剂和 10 ～ 100 μL 甲醇提取液。加入替代物和内标溶液，迅速密封，在振荡器上以 150 次/min 的频率振荡 10 min，待顶空 - GC/MS 检测。

（二）干物质含量测定

参见第七章第一节干物质含量测定。

六、分析测试

（一）仪器条件（仅供参考，可根据实际仪器适当调整）

1. 顶空仪

炉阀温：140 ℃。

样品瓶待机流量：20 mL/min。

加热箱温度：75 ℃。

定量环温度：100 ℃。

传输线温度：110 ℃。

样品瓶平衡：30 min。

进样持续时间：0. 50 min。

GC 循环时间：42 min。

样品瓶体积：20 mL。

样品瓶振摇：级别 5，71 次/分钟，按 260 cm/s^2 加速。

填充压力：15 psi。

2. 气相色谱条件

进样口：温度为 250 ℃，柱流量为 1. 5 mL/min，分流比：30 ∶ 1，色谱柱型号：HP－VOC，30 m×200 μm×1. 12 μm，传输管线（接口）温度：250 ℃；辅助加热线 1（顶空连接线）：150 ℃。

炉温：40 ℃（5 min）$\xrightarrow{4\ ℃/min}$105 ℃$\xrightarrow{10\ ℃/min}$220 ℃。

3. 质谱条件

离子源：EI，离子源温度 230 ℃，离子化能量 70 eV，SIM 扫描参数表见第四章第一节表 4－1。

根据仪器性能和相关的标准限值要求，也可用全扫描的方式对数据进行采集，全扫描参数为 35－280 amu。分组情况可视各峰分离情况和每个峰的描述点数（一般为 10 个以上）调整。

在以上条件下，用质谱进行定性分析并确定各化合物的保留时间，具体见表 8－1。

表 8－1　36 种 VOCs 保留时间与定性、定量参考离子

编号	化合物	保留时间（min）	定量离子	定性离子	定量参考内标
1	氯乙烯	1. 69	62	64	内标 1
2	1,1－二氯乙烯	2. 94	96	61、63	内标 1
3	二氯甲烷	3. 29	84	86、49	内标 1
4	反式－1,2－二氯乙烯	3. 91	96	61、98	内标 1
5	1,1－二氯乙烷	4. 32	63	65、83	内标 1
6	顺式－1,2－二氯乙烯	5. 31	96	61、98	内标 1
7	氯仿	5. 73	83	85、47	内标 1
8	1,1,1－三氯乙烷	6. 73	97	99、61	内标 1
9	1,2－二氯乙烷	7. 14	62	98、49	内标 1
10	四氯化碳	7. 39	117	119、82	内标 1

续上表

编号	化合物	保留时间（min）	定量离子	定性离子	定量参考内标
11	苯	7.45	78	77、51	内标1
12	三氯乙烯	9.20	130	97、95	内标1
13	1,2－二氯丙烷	9.31	63	76、112	内标1
14	一溴二氯甲烷	9.75	83	85、127	内标1
15	甲苯	12.55	91	92、65	内标2
16	1,1,2－三氯乙烷	13.09	83	97、85	内标2
17	二溴氯甲烷	14.32	129	127、131	内标2
18	四氯乙烯	14.66	164	129、131	内标2
19	1,2－二溴乙烷	14.93	107	109、81	内标2
20	氯苯	16.69	112	77、114	内标2
21	1,1,1,2－四氯乙烷	16.92	131	133、119	内标2
22	乙苯	17.30	106	91、51	内标2
23、24	对（间）二甲苯	17.69	106	91、77	内标2
25	苯乙烯	18.83	104	78、103	内标2
26	邻－二甲苯	18.90	106	91、77	内标2
27	溴仿	18.93	173	175、254	内标2
28	1,1,2,2－四氯乙烷	20.13	83	85、131	内标3
29	1,2,3－三氯丙烷	20.51	110	77、75	内标3
30	1,3,5－三甲基苯	22.28	105	120、77	内标3
31	1,2,4－三甲基苯	23.24	105	120、77	内标3
32	1,3－二氯苯	23.82	146	111、148	内标3
33	1,4－二氯苯	24.06	146	111、148	内标3
34	1,2－二氯苯	24.74	146	111、148	内标3
35	1,2,4－三氯苯	28.13	180	182、145	内标3
36	六氯丁二烯	28.69	225	190、260	内标3
替代物1	甲苯－d_8	12.30	98	100	内标2
替代物2	4－溴氟苯	20.58	95	174、176	内标3
内标1	氟苯	8.06	96	70、50	—
内标2	氯苯－d_5	16.60	117	82	—
内标3	1,4－二氯苯－d_4	24.00	152	115、150	—

（二）校准曲线

于顶空瓶中加入纯净的石英砂 2 g 和 10 mL 基体改性剂，再取适量的标准溶液于上述顶空瓶中，配制符合仪器检测限、线性范围和实际样品质量浓度的 5 点以上标准系列（如 5.0 μg/L、10.0 μg/L、20.0 μg/L、50.0 μg/L、80.0 μg/L），添加适量的内标物和替代物（如 40 μg/L），配置成标准系列。内标法定量。参考仪器条件下的保留时间定性和定量离子具体见表 8 - 1 和表 8 - 2。

表 8 - 2　35 种挥发性卤代烃保留时间与定性、定量参考离子

编号	化合物	保留时间（min）	定量离子	定性离子
1	二氟二氯甲烷	1.43	85	87、101
2	氯甲烷	1.58	50	52、49
3	氯乙烯	1.69	62	64
4	溴甲烷	1.99	94	96、79
5	氯乙烷	2.07	64	66、49
6	三氯氟甲烷	2.41	101	103、66
7	1,1 - 二氯乙烯	2.94	96	61、63
8	二氯甲烷	3.29	84	86、49
9	反式 - 1,2 - 二氯乙烯	3.91	96	61、98
10	1,1 - 二氯乙烷	4.32	63	65、83
11	顺式 - 1,2 - 二氯乙烯	5.31	96	61、98
12	2,2 - 二氯丙烷	5.48	77	97、79
13	氯仿	5.73	83	85、47
14	溴氯甲烷	5.76	130	49、128
15	1,1,1 - 三氯乙烷	6.73	63	65、83
16	1,2 - 二氯乙烷	7.14	62	98、49
17	1,1 - 二氯丙烯	7.17	75	110、77
18	四氯化碳	7.39	117	119、82
19	三氯乙烯	9.20	130	97、95
20	1,2 - 二氯丙烷	9.31	62	98、49
21	二溴甲烷	9.55	113	111、192
22	一溴二氯甲烷	9.75	83	85、127

续上表

编号	化合物	保留时间(min)	定量离子	定性离子
23	反式 - 1,3 - 二氯丙烯	11.33	75	77、110
24	顺式 - 1,3 - 二氯丙烯	12.73	75	77、110
25	1,1,2 - 三氯乙烷	13.09	83	97、85
26	1,3 - 二氯丙烷	13.73	76	78、41
27	二溴氯甲烷	14.32	129	127、131
28	四氯乙烯	14.66	164	129、131
29	1,2 - 二溴乙烷	14.93	107	109、81
30	1,1,1,2 - 四氯乙烷	16.92	131	133、119
31	溴仿	18.93	173	175、254
32	1,1,2,2 - 四氯乙烷	20.13	83	85、131
33	1,2,3 - 三氯丙烷	20.51	110	77、75
34	1,2 - 二溴 - 3 - 氯丙烷	26.15	157	155、75
35	六氯丁二烯	28.69	225	190、260
替代物 1	甲苯 - d_8	12.35	98	100
替代物 2	4 - 溴氟苯	20.58	95	174、176
内标 1	氟苯	8.06	96	70、50
内标 2	氯苯 - d_5	16.60	117	82
内标 3	1,4 - 二氯苯 - d_4	24.00	152	115、150

七、结果计算

（一）目标化合物定性

根据标准物质各组分的保留时间和标准质谱图相比较等手段进行定性。

（二）定量计算

1. 用平均相对响应因子建立校准曲线

标准系列第 i 点中目标物（或替代物）的相对响应因子 RRF_i，按照公式（1）进行计算。

$$RRF_i = \frac{A_i}{A_{ISi}} \times \frac{\rho_{ISi}}{\rho_i} \qquad (1)$$

式中 A_i——标准系列中第 i 点目标物（或替代物）定量离子的响应值；

A_{ISi}——标准系列中第 i 点目标物（或替代物）相对应内标定量离子的响应值；

ρ_{IS}——标准系列中内标的质量浓度；

ρ_i——标准系列中第 i 点目标物（或替代物）的质量浓度。

目标物（或替代物）的平均相对响应因子 $\overline{RRF}$，按照公式（2）进行计算。

$$\overline{RRF} = \frac{\sum_{i=1}^{n} RRF_i}{n} \tag{2}$$

式中　n——标准系列点数。

2. 样品中目标物（或替代物）质量浓度的计算

当目标物（或替代物）采用平均响应因子进行校准时，样品中目标物（或替代物）的质量浓度 ρ_{ex}（μg/L）按公式（3）进行计算。

$$\rho_{ex} = \frac{A_x}{A_{IS}} \times \frac{\rho_{IS}}{\overline{RRF}} \tag{3}$$

式中　A_x——目标物（或替代物）定量离子的响应值；

A_{IS}——与目标物（或替代物）相对应内标定量离子的响应值；

ρ_{IS}——内标物的质量浓度，μg/L；

$\overline{RRF}$——目标物（或替代物）的平均相对响应因子。

3. 最终样品中目标化合物的含量 ω_i（mg/kg）按公式（4）进行计算：

$$\omega_i = \frac{\rho_i \times V}{m \times \omega_{dm}} \tag{4}$$

式中　ρ_i——由校准曲线计算所得目标化合物的质量浓度，mg/L；

V——试样定容体积，mL；

m——土壤试样质量（湿重），g；

ω_{dm}——土壤试样干物质含量，%。

八、质量保证与质量控制

（1）每批样品至少应采集一个运输空白和全程序空白。其分析结果应至少满足以下条件之一：

①目标物质量浓度小于方法检出限；

②目标物质量浓度小于相关环保标准限值的5%；

③目标物质量浓度小于样品分析结果的5%。

（2）每批样品分析之前或24 h之内，需进行仪器性能检查，测定校准确认标准样品（对溴氟苯）和空白样品。

（3）标准系列的配置至少5点以上，配置质量浓度范围应涵盖待测样品的质量浓度。若使用平均相对响应因子进行定量，其相对响应因子的RSD不超过30%；若使用最小二乘法进行定量，则曲线相关系数需不小于0.990。

（4）每一批样品应进行平行分析和基体加标分析。所有样品中替代物和基体加标回收率合格范围为80%～130%。一个平行样，平行样品中替代物相对偏差应在25%以内。

九、注意事项

（1）做好空白浸出液的质量控制。基体加标中，若加标的是目标物，则很可能会出现基体效应，导致回收率偏低，此时应重复测定该样品，若测定替代物回收率仍不合格，说明样品存在基体效应。此时应分析一个空白加标样品，其中的目标物回收率应在70%～130%之间。

（2）其他注意事项可参考第四章第一节相应项。

引用标准

[1] 国家环境保护总局. 土壤和沉积物　有机氯农药的测定　气相色谱法：HJ 921－2017. 北京：中国环境科学出版社，2013：1－10.

[2] 国家环境保护总局. 土壤和沉积物　有机氯农药的测定　气相色谱法：HJ 921－2017. 北京：中国环境科学出版社，2015：1－9.

[3] 中华人民共和国国家质量监督检验检疫总局. 土壤和沉积物　有机氯农药的测定　气相色谱法：HJ 921－2017. 北京：中国标准出版社，2008：54.

[4] 中国国家标准化管理委员会. 土壤和沉积物　有机氯农药的测定　气相色谱法：HJ 921－2017. 北京：中国环境科学出版社，2004：1－34.

[5] 国家环境保护总局. 土壤和沉积物　有机氯农药的测定　气相色谱法：HJ 921－2017. 北京：中国环境科学出版社，2011：1－3.

第二节　土壤和沉积物　65种挥发性有机物的测定　吹扫捕集气相色谱－质谱法

一、适用范围

本方法适用于土壤和沉积物中挥发性有机物含量的测定。取样量为5 g时，在全扫描模式下，65种挥发性有机物方法检出限为0.1～0.8 μg/kg。

其他挥发性有机物经适用性验证后，也可采用本方法分析。

二、方法原理

样品中的挥发性有机物经高纯氦气（或氮气）吹扫富集于捕集管中，将捕集管加热并以高纯氦气反吹，被热脱附出来的组分进入气相色谱并分离后，用质谱仪进行检测。通过与待测目标物标准质谱图相比较和保留时间进行定性、内标法定量。

三、试剂和材料

（1）甲醇：农残级。

（2）石英砂：40 ～100 目，在 450 ℃下加热 4 h，置于干燥器中冷却至室温，密封保存于干净的试剂瓶中。

（3）超纯水：无 VOCs 干扰，外购或实验室制备均可。

（4）磁力搅拌子：甲醇洗净，超纯水浸泡后使用。

（5）挥发性有机物混合标准溶液：ρ = 1000 μg/mL，溶剂为甲醇。

（6）内标：氟苯、1，4 - 二氯苯 - d_4、氯苯 - d_5 混合标准，ρ = 1000 μg/mL，溶剂为甲醇。也可选用其他性质相近的物质。

（7）替代物：甲苯 - d_8、对溴氟苯混合标准，ρ = 1000 μg/mL，溶剂为甲醇。也可选用其他性质相近的物质。

（8）对溴氟苯：ρ = 10 μg/mL，溶剂为甲醇。

四、仪器和设备

（1）吹扫捕集仪（带土壤样品进样功能）。

（2）EI 源单四极杆气相色谱质谱联用仪。

（3）天平：精度为 0. 01 g。

（4）烘箱。

五、前处理

（一）试样制备

1. 低含量试样（预测含量低于 1000 μg/kg 的样品）

实验室内取出样品，待恢复至室温后，取 1 ～5 g 样品直接测定；

称取 5 g 样品置于加有磁力搅拌子的 40 mL 吹扫捕集瓶，迅速向瓶中加入 5 mL 超纯水，加入替代物和内标溶液（其上机质量浓度建议与标准系列中的替代物和内标质量浓度一致），立即密封盖好，待吹扫捕集 - GC/MS 检测。

2. 高含量试样（预测含量高于 1000 μg/kg 的样品）

对于初步判定样品中挥发性有机物含量大于 1000 μg/kg 时，取 5 g 左右样品于预先称重的40 mL样品瓶中，称重（精确到0.01 g）。迅速加入10.0 mL甲醇，盖好瓶盖并振摇2 min。静置沉降后，移取约1 mL提取液至棕色玻璃瓶中密封。取10.0～100 μL提取液，加入内标和替代物，量取的5.0 mL超纯水中作为试料，放入40 mL样品瓶中，待吹扫捕集－GC/MS检测。

（二）干物质含量测定

参见第七章第一节干物质含量测定。

六、分析测试

（一）仪器条件

参见第四章第二节仪器条件。

（二）校准曲线

于40 mL吹扫捕集瓶中加入纯净的石英砂5 g和5 mL超纯水，配制符合仪器检测限、线性范围和实际样品质量浓度的5点以上标准系列（如5.00 μg/L、10.0 μg/L、20.0 μg/L、30.0 μg/L、50.0 μg/L），添加适量的内标物和替代物（如40 μg/L），配置成标准系列，以内标法定量。

参考仪器条件下的保留时间定性和定量离子具体见表8－3。

表8－3　保留时间与定性、定量参考离子

编号	化合物	保留时间（min）	定量离子	定性离子	定量参考内标
1	二氟二氯甲烷	3.21	85	87、101	内标1
2	氯甲烷	3.55	50	52、49	内标1
3	氯乙烯	3.74	62	64	内标1
4	溴甲烷	4.38	94	96、79	内标1
5	氯乙烷	4.59	64	66、49	内标1
6	三氯氟甲烷	5.32	101	103、66	内标1
7	丙酮	5.83	58	43	内标1
8	1,1－二氯乙烯	6.44	96	61、63	内标1
9	碘甲烷	6.72	142	127、141	内标1
10	二氯甲烷	7.12	84	86、49	内标1
11	二硫化碳	7.25	76	78、44	内标1
12	反式－1,2－二氯乙烯	8.19	96	61、98	内标1
13	1,1－二氯乙烷	8.85	63	65、83	内标1

续上表

编号	化合物	保留时间（min）	定量离子	定性离子	定量参考内标
14	丁酮	9.74	72	43	内标 1
15	顺式 - 1,2 - 二氯乙烯	10.22	96	61、98	内标 1
16	2,2 - 二氯丙烷	10.44	77	97、79	内标 1
17	氯仿	10.75	83	85、47	内标 1
18	溴氯甲烷	10.80	130	49、128	内标 1
19	苯	12.90	78	77、51	内标 1
20	1,1,1 - 三氯乙烷	12.01	63	65、83	内标 1
21	1,2 - 二氯乙烷	12.49	62	98、49	内标 1
22	1,1 - 二氯丙烯	12.53	75	110、77	内标 1
23	四氯化碳	12.81	117	119、82	内标 1
24	三氯乙烯	14.86	130	97、95	内标 1
25	1,2 - 二氯丙烷	15.00	62	98、49	内标 1
26	二溴甲烷	15.28	113	111、192	内标 1
27	一溴二氯甲烷	15.47	83	85、127	内标 1
28	4 - 甲基 - 2 - 戊酮	17.01	43	58、85	内标 2
29	甲苯	18.54	91	92、65	内标 2
30	1,1,2 - 三氯乙烷	19.04	83	97、85	内标 2
31	2 - 己酮	19.63	43	58、57	内标 2
32	1,3 - 二氯丙烷	19.70	76	78、41	内标 2
33	二溴氯甲烷	20.40	129	127、131	内标 2
34	四氯乙烯	20.81	164	129、131	内标 2
35	1,2 - 二溴乙烷	21.12	107	109、81	内标 2
36	1,1,2 - 三氯丙烷	22.71	83	97、85	内标 2
37	氯苯	22.81	112	77、114	内标 2
38	1,1,1,2 - 四氯乙烷	22.95	131	133、119	内标 2
39	乙苯	23.26	106	91、51	内标 2
40、41	对（间）二甲苯	23.57	106	91、77	内标 2
42	苯乙烯	24.49	104	78、103	内标 2
43	邻 - 二甲苯	24.55	106	91、77	内标 2

续上表

编号	化合物	保留时间(min)	定量离子	定性离子	定量参考内标
44	溴仿	24.66	173	175、254	内标2
45	1,1,2,2-四氯乙烷	25.36	83	85、131	内标3
46	异丙苯	25.52	105	120、77	内标3
47	1,2,3-三氯丙烷	25.64	110	77、75	内标3
48	溴苯	26.06	156	77、158	内标3
49	正丙苯	26.43	105	120、92	内标3
50	2-氯甲苯	26.57	126	91、63	内标3
51	4-氯甲苯	26.72	91	126、63	内标3
52	1,3,5-三甲基苯	26.83	105	120、77	内标3
53	叔丁基苯	27.53	119	91、134	内标3
54	1,2,4-三甲基苯	27.59	105	120、77	内标3
55	仲丁基苯	28.00	119	91、134	内标3
56	1,3-二氯苯	28.13	146	111、148	内标3
57	1,4-二氯苯	28.32	146	111、148	内标3
58	4-异丙基甲苯	28.28	119	134、91	内标3
59	1,2-二氯苯	28.92	146	111、148	内标3
60	正丁基苯	29.05	91	92、134	内标3
61	1,2-二溴-3-氯丙烷	30.12	157	155、75	内标3
62	1,2,4-三氯苯	31.98	180	182、145	内标3
63	萘	32.23	128	129	内标3
64	六氯丁二烯	32.46	225	190、260	内标3
65	1,2,3-三氯苯	32.70	180	182、145	内标3
替代物1	甲苯-d_8	18.31	98	100	内标2
替代物2	4-溴氟苯	25.74	95	174、176	内标3
内标1	氟苯	13.56	96	70、50	—
内标2	氯苯-d_5	22.71	117	82	—
内标3	1,4-二氯苯-d_4	28.26	152	115、150	—

七、结果计算

（一）目标化合物定性

根据标准物质各组分的保留时间和标准质谱图相比较等手段进行定性。

（二）定量计算

1．用平均相对响应因子建立校准曲线

标准系列第 i 点中目标物（或替代物）的相对响应因子 RRF_i，按照公式（1）进行计算。

$$RRF_i = \frac{A_i}{A_{ISi}} \times \frac{\rho_{ISi}}{\rho_i} \quad (1)$$

式中　A_i——标准系列中第 i 点目标物（或替代物）定量离子的响应值；

A_{ISi}——标准系列中第 i 点目标物（或替代物）相对应内标定量离子的响应值；

ρ_{IS}——标准系列中内标物的质量浓度；

ρ_i——标准系列中第 i 点目标物（或替代物）的质量浓度。

目标物（或替代物）的平均相对响应因子 $\overline{RRF}$，按照公式（2）进行计算。

$$\overline{RRF} = \frac{\sum_{i=1}^{n} RRF_i}{n} \quad (2)$$

式中　n——标准系列点数。

2．样品中目标物（或替代物）质量浓度的计算

当目标物（或替代物）采用平均响应因子进行校准时，样品中目标物（或替代物）的质量浓度 ρ_{ex}（μg/L）按公式（3）进行计算。

$$\rho_{ex} = \frac{A_x}{A_{IS}} \times \frac{\rho_{IS}}{\overline{RRF}} \quad (3)$$

式中　A_x——目标物（或替代物）定量离子的响应值；

A_{IS}——与目标物（或替代物）相对应内标定量离子的响应值；

ρ_{IS}——内标物的质量浓度，μg/L；

$\overline{RRF}$——目标物（或替代物）的平均相对响应因子。

3．最终样品中目标化合物的含量 ω_i（mg/kg）；按照下式进行计算

$$\omega_i = \frac{\rho_i \times V}{m \times \omega_{dm}}$$

式中　ρ_i——由校准曲线计算所得目标化合物的质量浓度，mg/L；

V——试样定容体积，mL；

m——土壤试样质量（湿重），g；

ω_{dm}——土壤试样干物质含量,%。

八、质量保证与质量控制

（1）每批样品至少应采集一个运输空白和全程序空白。其分析结果应低于以下任一条件的最大者：

①目标物质量浓度小于方法检出限；

②目标物质量浓度小于相关环保标准限值的5%；

③目标物质量浓度小于样品分析结果的5%。

（2）每批样品分析之前或24 h之内，需进行仪器性能检查，测定校准确认标准样品（对溴氟苯）和空白样品。

（3）标准系列的配置至少5点以上，配置质量浓度范围应涵盖待测样品的质量浓度。若使用平均相对响应因子进行定量，其相对响应因子的RSD不超过30%；若使用最小二乘法进行定量，则曲线相关系数需不小于0.990。

（4）每一批样品应进行平行分析和基体加标分析。所有样品中替代物和基体加标回收率合格范围为70%～130%。一个平行样，平行样品中替代物相对偏差应在25%以内。

九、注意事项

参见本章第一节注意事项。

引用标准

[1] 国家环境保护总局. 土壤和沉积物　有机氯农药的测定　气相色谱法：HJ 921－2017. 北京：中国环境科学出版社，2011：1－10.

[2] 中华人民共和国国家质量监督检验检疫总局. 土壤和沉积物　有机氯农药的测定　气相色谱法：HJ 921－2017. 北京：中国标准出版社，2008：54.

[3] 中国国家标准化管理委员会. 土壤和沉积物　有机氯农药的测定　气相色谱法：HJ 921－2017. 北京：中国环境科学出版社，2004：1－34.

[4] 国家环境保护总局. 土壤和沉积物　有机氯农药的测定　气相色谱法：HJ 921－2017. 北京：中国环境科学出版社，2011：1－3.

第三节　土壤和沉积物　挥发性芳香烃的测定　气相色谱法

一、适用范围

本方法适用于土壤和沉积物中苯、甲苯、乙苯、对二甲苯、间二甲苯、异丙苯、邻二甲苯、氯苯、苯乙烯、1，3－二氯苯、1，4－二氯苯、1，2－二氯苯等12种多环芳烃含量的测定。

当取样量为2 g时，12种多环芳烃的检出限范围为1.7～3.9 μg/kg。

其他挥发性有机物经适用性验证后，也可采用本方法分析。

二、方法原理

密封于顶空瓶中的样品，在一定的温度下，样品中所含的挥发性芳香烃部分挥发至上部空间，并在气液固三相中达到热力学动态平衡。取一定量的顶空瓶中的气体注入带有氢火焰离子化检测器的气相色谱仪中进行分离和测定。以保留时间定性、外标法定量分析。

三、试剂和材料

（1）实验用水。

新制备的二次蒸馏水或纯水机制备的水。使用前需经过空白检验，确认无目标化合物或干扰目标物分析的化合物存在。

（2）氯化钠：优级纯。在450 ℃下烘4 h，以除去可能的干扰物质，冷却后贮于磨口玻璃瓶内密封保存。

（3）甲醇：农残级或色谱级。使用前需进行检验，确认无目标化合物或目标化合物质量浓度低于方法检出限。

（4）磷酸：优级纯。

（5）基体改性剂。

量取500 mL实验用水，滴加几滴磷酸调节至pH≤2，再加入180 g氯化钠，溶解并混匀。在无有机物干扰的环境中4 ℃以下密封保存。保存期为6个月。

（6）挥发性芳香烃标准溶液：$\rho=1000$ mg/L，溶剂为甲醇。在－18 ℃以下避光保存。

（7）石英砂：40～100目。使用前可在马弗炉中450 ℃灼烧4 h，冷却后置于玻璃瓶中储存。

四、仪器和设备

（1）气相色谱仪：带氢火焰离子化检测器。

（2）色谱柱：色谱柱型号：HP－FFAP（50 m×0.32 mm×0.5 μm），也可选择其他色谱柱。

（3）顶空进样器。

（4）往复式振荡器：振荡频率150次/min，可固定顶空瓶。

（5）天平：精度为0.01 g。

（6）烘箱。

五、前处理

（一）试样制备

高、低含量的样品依据采样时的初步测定结果决定。

1. 低含量样品

取出样品瓶，待恢复至室温后，称取 2 g 样品于顶空瓶中，迅速加入 10 mL 基体改性剂，立即密封，在振荡器上以 150 次/min 的频率振荡 10 min，待测。

2. 高含量样品

如果现场初步筛选挥发性有机物含量测定结果大于 1000 mg/kg 时应视为高含量试样。高含量试样制备如下：另取一个未启封的样品，恢复到室温后，称取 2.0 g样品置于顶空瓶中，迅速加入 10 mL 甲醇，密封，在振荡器上振摇 10 min。静置沉降后，移取 1 ～2 mL 甲醇提取液（必要时，可先离心后取上清液）至 2 mL 棕色玻璃瓶中。该提取液在 4 ℃暗处保存，可保存 14d。在分析之前将甲醇提取液恢复到室温后，向空的顶空瓶中加入 2 g 石英砂、10 mL 基体改性剂和 10 ～100 μL的甲醇提取液，立即密封，在振荡器上以 150 次/min 的频率振荡10 min，待测。

（二）干物质含量测定

参见第七章第一节干物质含量测定。

六、分析测试

（一）仪器条件（仅供参考，可根据实际仪器适当调整）

1. 顶空进样器条件

加热平衡温度：90 ℃，进样系统温度：90 ℃，传输线温度：130 ℃，平衡时间：15 min，样品间间隔时间 35 min。

2. 气相色谱仪条件

进样口温度为 150 ℃，进样方式：分流进样，分流比为 1 ∶ 1，恒压控制，进样量为 1.0 μL。

升温程序：40 ℃（6 min）$\xrightarrow{5\ ℃/min}$ 150 ℃ $\xrightarrow{20\ ℃/min}$ 200 ℃。

检测器：FID，温度：240 ℃，氢气：40 mL/min，空气：400 mL/min，尾吹：30 mL/min。

（二）校准曲线

称取 2 g 石英砂于顶空瓶中，迅速加入 10 mL 基体改性剂，加入一定量的标准溶液，配制符合仪器检测限、线性范围和实际样品质量浓度的 5 点以上标准系列

（如50.0 ng/L、80.0 ng/L、100 ng/L、200 ng/L、300 ng/L、400 ng/L），配置成标准系列。以外标法定量。

参考仪器条件下的保留时间定性和定量离子具体见表8－4。

表8－4　保留时间

序号	化合物	保留时间（min）
1	苯	7.097
2	甲苯	10.548
3	乙苯	13.681
4	对二甲苯	14.020
5	间二甲苯	14.270
6	异丙苯	15.416
7	邻二甲苯	15.961
8	氯苯	17.117
9	苯乙烯	18.662
10	1,3－二氯苯	23.805
11	1,4－二氯苯	24.690
12	1,2－二氯苯	26.066

七、结果计算

（一）目标化合物定性

根据标准物质各组分的保留时间进行定性。

（二）定量计算

样品中目标化合物含量 ω（mg/kg）按照公式（1）进行计算。

$$\omega_i = \frac{m_1 \times V_c \times f}{m \times \omega_{dm} \times V_s} \quad (1)$$

式中　m_1——校准曲线上查得目标化合物的质量浓度，单位：μg/L；

V_c——高含量目标物样品提取样品加入的甲醇量，低含量样品其值为1，单位：mL；

m——样品量（湿重），单位：g；

V_s——高含量样品提取后，用于顶空测定的甲醇提取液量，低含量样品其值为1，单位：mL；

ω_{dm}——样品的干物质质量分数，%；

f——提取液的稀释倍数，未稀释的样品其值为1。

八、质量保证与质量控制

（一）校准曲线

用线性拟合曲线进行校准，其相关系数应不小于0.995，否则应重新绘制校准曲线。

（二）空白分析

每批样品（最多20个样品）应做一个实验室空白，空白结果中目标化合物质量浓度应小于方法检出限。

（三）平行样品的测定

每批样品（最多20个样品）应至少进行1次平行测定，平行样品测定结果相对偏差应在20%以内。

（四）实际样品加标的测定

每批样品（最多20个样品）应至少进行1次实际样品加标，加标回收率应在35%～110%之间。

九、注意事项

（1）实验中所用到的高质量浓度试剂和标准溶液为有毒试剂，配置和使用建议在通风橱中进行。

（2）氯化钠和石英砂使用前应在450 ℃的马弗炉中灼烧4 h以除去其他杂质。

（3）上机前应确定顶空瓶盖是否完全处于密封的状态，否则会造成结果偏差。

（4）本实验所有使用到的工具，如药勺等均建议用甲醇清洗晾干后方可使用。

引用标准

[1] 国家环境保护总局. 土壤和沉积物　有机氯农药的测定　气相色谱法：HJ 921－2017. 北京：中国环境科学出版社，2015：1－7.

[2] 国家环境保护总局. 土壤和沉积物　有机氯农药的测定　气相色谱法：HJ 921－2017. 北京：中国环境科学出版社，2016：1－9.

[3] 中华人民共和国国家质量监督检验检疫总局. 土壤和沉积物　有机氯农药的测定　气相色谱法：HJ 921－2017. 北京：中国标准出版社，2008：54.

[4] 中国国家标准化管理委员会. 土壤和沉积物　有机氯农药的测定　气相色谱法：HJ 921－2017. 北京：中国环境科学出版社，2004：1－34.

第四节　土壤和沉积物　丙烯醛、丙烯腈和乙腈的测定　气相色谱法

一、适用范围

本方法适用于土壤和沉积物中丙烯醛、丙烯腈及乙腈的含量测定。当取样量为2.0 g时，3种多环芳烃的检出限范围为1.7～3.9 μg/kg。

其他挥发性有机物经适用性验证后，也可采用本方法分析。

二、方法原理

密封于顶空瓶中的样品，在一定的温度下，样品中所含的丙烯醛、丙烯腈及乙腈部分挥发至上部空间，并在气液固三相中达到热力学动态平衡。取一定量的顶空瓶中的气体注入带有氢火焰离子化检测器的气相色谱仪中进行分离和测定。以保留时间定性、外标法定量分析。

三、试剂和材料

（1）实验用水。

新制备的不含有机物的去离子水或蒸馏水。使用前需经过空白检验，确认无目标化合物或目标化合物质量浓度低于方法检出限。

（2）氯化钠：优级纯。在450 ℃下烘4 h，以除去可能的干扰物质，冷却后贮于磨口玻璃瓶内密封保存。

（3）甲醇：色谱纯级。

（4）磷酸：优级纯。

（5）基体改性剂。

量取500 mL实验用水，滴加几滴磷酸调节至pH≤2，再加入180 g氯化钠，溶解并混匀。在无有机物干扰的环境中4 ℃以下密封保存。保存期为6个月。

（6）丙烯醛、丙烯腈、乙腈混合标准溶液：ρ = 2000 mg/L，溶剂为甲醇，-18 ℃以下避光保存。

（7）石英砂：40～100目。使用前可在马弗炉中450 ℃灼烧4 h，冷却后置于玻璃瓶中储存。

四、仪器和设备

（1）气相色谱仪：带氢火焰离子化检测器。

（2）色谱柱：色谱柱型号：HP-1（60 m×0.32 mm×1.0 μm），也可选择其他色谱柱。

（3）顶空进样器：带有温度和时间控制功能。

（4）往复式振荡器：振荡频率150次/min，可固定顶空瓶。

（5）天平：精度为0.01 g。

（6）烘箱。

五、前处理

（一）试样制备

高、低含量的样品依据采样时的初步测定结果决定。

1. 低含量样品

取出样品瓶，待恢复至室温后，称取2 g样品于顶空瓶中，迅速加入10 mL基体改性剂，立即密封，在振荡器上以150次/min的频率振荡10 min，待测。

2. 高含量样品

如果现场初步筛选挥发性有机物为高含量或初筛为低含量但测定结果大于300 mg/kg时，应视为高含量试样。高含量试样制备如下：另取一个未启封的样品，恢复到室温后，称取2.0 g样品置于顶空瓶中，迅速加入10 mL甲醇，密封，在振荡器上振摇10 min。静置沉降后，移取1～2 mL甲醇提取液（必要时，可先离心后取上清液）至2 mL棕色玻璃瓶中。该提取液在4 ℃暗处保存，丙烯醛保存期为2d，若只测乙腈和丙烯腈，则可保存7d。在分析之前将甲醇提取液恢复到室温后，向空的顶空瓶中加入2 g石英砂、10 mL基体改性剂和10～200 μL的甲醇提取液，立即密封，在振荡器上以150次/min的频率振荡10 min，待测。

（二）干物质含量测定

参见第七章干物质含量测定。

六、分析测试

（一）仪器条件（仅供参考，可根据实际仪器适当调整）

1. 顶空进样器条件

加热平衡温度：90 ℃，进样系统温度：90 ℃，传输线温度：130 ℃，平衡时间：15 min，样品间间隔时间26 min。

2. 气相色谱仪条件

进样口温度为150 ℃，进样方式：分流进样，分流比为1∶1，恒压控制，进样量为1.0 μL。

升温程序：40 ℃（2min）$\xrightarrow{5\ ℃/min}$60 ℃$\xrightarrow{15\ ℃/min}$200 ℃（2min）。

检测器：FID，温度：250 ℃，氢气：40 mL/min，空气：400 mL/min，尾吹：30 mL/min。

（二）校准曲线

称取 2 g 石英砂于顶空瓶中，迅速加入 10 mL 基体改性剂，加入一定量的标准溶液，配制符合仪器检测限、线性范围和实际样品质量浓度的 5 点以上标准系列（如 2.00 ng/L、5.00 ng/L、10.0 ng/L、15.0 ng/L、20.0 ng/L、40.0 ng/L），配置成标准系列。以外标法定量。

参考仪器条件下的保留时间定性和定量离子具体见表 8－5。

表 8－5　保留时间

序号	化合物	保留时间（min）
1	乙腈	6.118
2	丙烯腈	6.716
3	丙烯醛	11.187

七、结果计算

参见本章第三节结果计算。

八、质量保证与质量控制

（一）校准曲线

用线性拟合曲线进行校准，其相关系数应不小于 0.995，否则应重新绘制校准曲线。

（二）空白分析

每批样品（最多 10 个样品）应做一个实验室空白，空白结果中目标化合物质量浓度应小于方法检出限。

（三）平行样品的测定

每批样品（最多 10 个样品）应至少进行 1 次平行测定，平行样品测定结果相对偏差应在 20% 以内。

（四）实际样品加标的测定

每批样品（最多 10 个样品）应至少进行 1 次实际样品加标，加标回收率应在 80% ～120% 之间。

九、注意事项

（1）实验中所使用的试剂和标准溶液为有毒试剂，配置和使用建议在通风橱中进行。

（2）氯化钠和石英砂使用前应在 450 ℃的马弗炉中灼烧 4 h 以除去其他杂质。

（3）上机前应确定顶空瓶盖是否完全处于密封的状态，否则会造成结果偏差。

（4）本实验所有使用到的工具，如药勺等均建议用甲醇清洗晾干后方可使用。

引用标准

[1] 国家环境保护总局. 土壤和沉积物　有机氯农药的测定　气相色谱法：HJ 921 - 2017. 北京：中国环境科学出版社，2013：1 - 7.

[2] 中华人民共和国国家质量监督检验检疫总局. 土壤和沉积物　有机氯农药的测定　气相色谱法：HJ 921 - 2017. 北京：中国标准出版社，2008：54.

[3] 中国国家标准化管理委员会. 土壤和沉积物　有机氯农药的测定　气相色谱法：HJ 921 - 2017. 北京：中国环境科学出版社，2004：1 - 34.

[4] 国家环境保护总局. 土壤和沉积物　有机氯农药的测定　气相色谱法：HJ 921 - 2017. 北京：中国环境科学出版社，2011：1 - 3.

第九章　土壤　其他项目分析技术

第一节　土壤　电导率的测定　电极法

土壤电导率指土壤传导电流的能力，通过测定土壤提取液的电导率来表示。

一、适用范围

本方法适用于风干土壤电导率的测定。

二、方法原理

当两个电极插入提取液时，可测出两个电极间的电阻。温度一定时，该电阻值 R 与电导率 K 呈反比，即 $R = Q/K$。当已知电导池常数 Q 时，测量提取液的电阻，即可求得电导率。

三、试剂和材料

（1）实验用水：25 ℃时的电导率不高于 0.2 mS/m。

（2）氯化钾（KCl）：优级纯。

使用前，应于 220 ℃ ±10 ℃下干燥 24 h，待用。

（3）氯化钾标准储备液：c(KCl) = 0.1000 mol/L。

准确称取 7.456 g（精确至 0.001 g）氯化钾溶于 20 ℃适量水中，全量转入 1000 mL 容量瓶，用实验用水定容至刻度，混匀，转入密闭聚乙烯瓶中保存；临用现配。该溶液在 25 ℃时电导率为 1290 mS/m。亦可直接购买市售有证标准溶液。

（4）氯化钾标准溶液。

将氯化钾标准储备液用 20 ℃水进行稀释，制备成各种质量浓度的氯化钾标准溶液，临用现配，其质量浓度和对应电导率（25 ℃下），见表 9－1。

表 9－1　氯化钾标准溶液的质量浓度和对应的电导率（25 ℃）

质量浓度（mol/L）	电导率（mS/m）
0.0005	7.4
0.0010	14.7
0.0100	141
0.0200	277

(5) 定性滤纸。

四、仪器和设备

(1) 电导率仪：具可调节量程设定和温度校正功能，仪器测量误差不超过1%。

(2) 分析天平：精度分别为0.01 g和0.001 g。

(3) 往复式水平恒温振荡器：20 ℃ ±1 ℃，180 次/min，振幅不小于5 cm。

(4) 振荡瓶：250 mL，硼硅玻璃或聚乙烯材质。

(5) 离心机：0 ～4000 r/min。

(6) 聚乙烯离心管：100 mL。

(7) 样品筛：2 mm，尼龙材质。

(8) 一般实验室常用仪器和设备。

五、前处理

(一) 风干

新鲜样品应进行风干。将样品平铺在干净的纸上，摊成薄层，于室内阴凉通风处风干，切忌阳光直接暴晒。风干过程中应经常翻动样品，加速其干燥。风干场所应防止酸、碱等气体及灰尘的污染。当土样达到半干状态时，宜及时将大土块捏碎。亦可在不高于40 ℃条件下干燥土样。

(二) 磨细和过筛

用四分法分取适量风干样品，剔除土壤以外的侵入体，如动植物残体、砖头、石块等，再用圆木棍将土样碾碎，使样品全部通过2 mm孔径的试验筛。过筛后的土样应充分混匀，装入玻璃广口瓶、塑料瓶或洁净的土样袋中，备用。储存期间，试样应尽量避免日光、高温、潮湿、酸碱气体等的影响。

(三) 样品浸提液的制备

称取20.00 g土壤样品于250 mL振荡瓶中，加入20 ℃ ±1 ℃的100 mL水，盖上瓶盖，放在往复式水平恒温振荡器上，于20 ℃ ±1 ℃下振荡30 min。取下振荡瓶静置30 min后，将上清液经定性滤纸过滤，滤液收集于100 mL烧杯中，待测。

取下振荡瓶静置30 min后，也可将浸提液在3000 r/min的条件下离心分离30 min。

六、分析测试

(一) 仪器校准

已知电极的电导池常数，按照电导率仪的使用说明书调节好仪器，选用与样品浸提液电导率相近的氯化钾标准溶液校准仪器。

（二）测定

用水冲洗电极数次，再用待测的提取液冲洗电极。将电极插入待测提取液，按照电导率仪的使用说明书要求，将温度校正为 25 ℃ ±1 ℃，测定土壤提取液的电导率。直接从电导率仪上读取电导率值，同时记录提取液的温度。

七、结果计算与表示

直接从仪器上读数获得提取液的电导率值，单位以 mS/m 表示。当测定结果大于或等于 100 mS/m 时，保留三位有效数字；当测定结果小于 100 mS/m 时，保留至小数点后一位。

八、质量保证与质量控制

（1）每批次样品应测定一个实验室空白，空白电导率值不应超过 1 mS/m。否则，应查找原因，重新测定。

（2）每批次样品测定前（或每月），需用氯化钾标准溶液校准仪器，3 次重复测定电导率的平均值与已知质量浓度标准溶液的电导率比较，相对误差不应超过 5%。否则，应清洗或更换电极。

（3）每 10 个样品或每批次（少于 10 个样品/批）应做一个平行样，平行样测试结果允许误差见表 9 – 2。

表 9 – 2　电导率值的重复性

25 ℃的电导率	允许误差
≤50	5 mS/m
>50 ～200	20 mS/m
≥200	10%

九、注意事项

（1）氯化钾标准溶液应转入密闭聚乙烯瓶中保存，密闭聚乙烯瓶不应含有碱性离子或碱性金属阳离子。推荐使用塑料瓶。

（2）电极表面附有小气泡时，应轻敲振动容器将其排除，以免引起测量误差。

（3）样品提取时，应避免剧烈振荡。

（4）样品提取后，应及时测定。

引用标准

[1] 环境保护部科技标准司. 土壤电导率的测定 电极法：HJ 802－2016 [S]. 北京：中国环境科学出版社，2016：1－4.

第二节 土壤 pH 的测定 玻璃电极法

土壤 pH 是土壤的基本化学性质，土壤主要的理化指标之一，也是土壤分析中不可缺少的项目。

一、适用范围

本方法适用于各类土壤 pH 的测定。

二、方法原理

以玻璃电极为指示电极，以 Ag/AgCl 等为参比电极合在一起组成 pH 复合电极。利用 pH 复合电极电动势随氢离子活度变化而发生偏移来测定样品 pH。复合电极 pH 计均有温度补偿装置，用以校正温度对电极的影响。

三、试剂和材料

（1）去除二氧化碳的蒸馏水。

（2）邻苯二甲酸氢钾。

（3）磷酸氢二钠。

（4）硼砂（$Na_2B_4O_7 \cdot 10H_2O$）。

（5）氯化钾。

（6）pH 4.01（25 ℃）标准缓冲溶液。

称取经 110 ～120 ℃烘干 2 ～3 h 的邻苯二甲酸氢钾 10.21 g 溶于水，移入 1L 容量瓶中，用水定容，贮于塑料瓶。

（7）pH 6.87（25 ℃）标准缓冲溶液。

称取经 110 ～130 ℃烘干 2 ～3 h 的磷酸氢二钠 3.53 g 和磷酸二氢钾 3.39 g 溶于水，移入 1L 容量瓶中，用水定容，贮于塑料瓶。

（8）pH 9.18（25 ℃）标准缓冲溶液。

称取经平衡处理的硼砂（$Na_2B_4O_7 \cdot 10H_2O$）3.80 g 溶于无 CO_2 的水，移入 1L 容量瓶中，用水定容，贮于塑料瓶。

（9）硼砂的平衡处理。

将硼砂放在盛有蔗糖和食盐饱和水溶液的干燥器内平衡两昼夜。

（10）也可使用市售有证 pH 标准缓冲溶液。

四、仪器和设备

（1）pH 复合电极。
（2）搅拌器。
（3）有机玻璃板。
（4）木锤。
（5）2 mm 孔径尼龙筛。
（6）无色聚乙烯薄膜。
（7）风干盆。

五、前处理

（一）风干

新鲜样品应进行风干。将样品平铺在干净的纸上，摊成薄层，于室内阴凉通风处风干，切忌阳光直接暴晒。风干过程中应经常翻动样品，加速其干燥。风干场所应防止酸、碱等气体及灰尘的污染。当土样达到半干状态时，宜及时将大土块捏碎。亦可在不高于 40 ℃条件下干燥土样。

（二）磨细和过筛

用四分法分取适量风干样品，剔除土壤以外的侵入体，如动植物残体、砖头、石块等，再用圆木棍将土样碾碎，使样品全部通过 2 mm 孔径的试验筛。过筛后的土样应充分混匀，装入玻璃广口瓶、塑料瓶或洁净的土样袋中，备用。储存期间，试样应尽量避免日光、高温、潮湿、酸碱气体等的影响。

六、分析测试

（一）仪器校准

将复合电极和温度电极同时插入 pH 为 6.86 的标准缓冲溶液中，调节仪器，使标准溶液的 pH 与仪器标示值一致。移出电极，用水冲洗，以滤纸吸干，再插入 pH 为 4.01 的标准缓冲溶液中，检查仪器读数，仪器显示 pH 与校准 pH 允许差值不高于 0.1。反复几次，直至仪器稳定。如超过规定允许差，则要检查仪器电极或标准液是否有问题。当仪器校准无误后，方可用于样品测定。

（二）土壤水浸 pH 的测定

（1）称取通过 2mm 孔径筛的风干试样 10 g（精确至 0.01 g）于 50 mL 高型烧杯中，加去除 CO_2的水 25 mL（土液比为 1∶2.5），用搅拌器搅拌 1 min，使土粒充分分散，放置 30 min 后进行测定。

（2）将复合电极和温度电极插入试样悬液中，轻轻转动烧杯以除去电极的水膜，促使快速平衡，静置片刻，待读数稳定时记下 pH。取出电极，以水洗净，用滤纸条吸干水分后即可进行第二个样品的测定。每测 10 个样品加入一个平行样。

七、结果计算与表示

用复合 pH 电极测定 pH 时，可直接读取 pH，不需计算。

八、质量保证与质量控制

重复试验结果允许绝对相差：中性、酸性土壤重复试验结果不超过 0.1，碱性土壤重复试验结果不超过 0.2。

九、注意事项

（1）长时间存放不用的玻璃电极需要在水中浸泡 24 h，使之活化后才能使用。暂时不用的可浸泡在水中，长期不用时，要将其干燥保存。玻璃电极表面受到污染时，需进行处理。

（2）读数时摇动烧杯会使读数偏低，要在摇动后稍加静止再读数。

（3）操作过程中避免酸碱蒸气侵入。

（4）标准溶液在室温下一般可保存 1 至 2 个月，在 4 ℃冰箱中可延长保存期限。用过的标准溶液不要倒回原液中混存，如发现浑浊、沉淀，就不能够再使用。根据土壤 pH 大小选择不同标准缓冲液校正。

（5）温度影响电极电位和水的电离平衡。测定时，在室温下，将标准溶液与待测液平衡到相同温度。

（6）每测 5 ～6 个样品后需用标准溶液检查定位。

（7）电极在悬液中所处的位置对测定结果有影响，应将复合电极插入上部清液中，尽量避免与泥浆接触。

（8）在连续测量 pH >7.5 以上的样品后，建议将玻璃电极在 0.1 mol/L 盐酸中浸泡一下，防止电极由碱引起的响应迟钝。

（9）样品加水搅拌后静置过程中，应用保鲜膜将烧杯口密封，避免与空气接触，防止空气中的二氧化碳干扰测定。

（10）每次测量结束后应立即用蒸馏水洗净电极，避免样品溶液干涸于电极表面，尤其是测定含有油脂、乳化状物溶液和悬浮物较多的样品时。如电极被玷污，可用棉花蘸取丙酮、乙醛等有机溶剂轻轻擦净，再用蒸馏水反复冲洗。

引用标准

[1] 中华人民共和国农业部. 土壤监测第 2 部分：土壤 pH 的测定：NY/T 1121.2—2006 [S]. 北京：中国环境科学出版社，2006：1 -3.

第三节　土壤和沉积物　硫化物的测定　亚甲基蓝分光光度法

一、适用范围

本标准适用于测定土壤和沉积物中硫化物的亚甲基蓝分光光度法。当取样量为 20 g 时，方法检出限为 0.04 mg/kg，测定下限为 0.16 mg/kg。

二、方法原理

土壤和沉积物中的硫化物经酸化生成硫化氢气体，通过加热吹气或蒸馏装置将硫化氢吹出，用氢氧化钠溶液吸收，生成的硫离子在高铁离子存在下的酸性溶液中与 N，N－二甲基对苯二胺反应生成亚甲基蓝，于 665 nm 波长处测量其吸光度，硫化物的含量与吸光度值成正比。

三、试剂和材料

（1）浓硫酸：ρ（H_2SO_4）＝1.84 g/mL。

（2）盐酸：ρ（HCl）＝1.19 g/mL，优级纯。

（3）氢氧化钠（NaOH）。

（4）N，N－二甲基对苯二胺盐酸盐［$NH_2C_6H_4N(CH_3)_2 \cdot 2HCl$］。

（5）硫酸铁铵［$Fe(NH_4)(SO_4)_2 \cdot 12H_2O$］。

（6）抗坏血酸（$C_6H_8O_6$）。

（7）乙二胺四乙酸二钠（$C_{10}H_{14}O_8N_2Na_2 \cdot 2H_2O$）。

（8）盐酸溶液。

量取 250 mL 优级纯盐酸缓慢注入 250 mL 水中，冷却。

（9）抗氧化剂溶液。

称取 2.0 g 抗坏血酸、0.1 g 乙二胺四乙酸二钠、0.5 g 氢氧化钠溶于 100 mL 水中，摇匀并贮存于棕色试剂瓶中。临用现配。

（10）氢氧化钠溶液：ρ（NaOH）＝10 g/L。

称取 10.0 g 氢氧化钠溶于水中，稀释至 1000 mL，摇匀，贮于聚乙烯容器中。

（11）N，N－二甲基对苯二胺溶液：ρ［$NH_2C_6H_4N(CH_3)_2 \cdot 2HCl$］＝2 g/L。

称取 2.0 gN，N－二甲基对苯二胺盐酸盐溶于 700 mL 水中，缓慢加入 200 mL 浓硫酸，冷却后用水稀释至 1000 mL，摇匀。此溶液在室温下贮存于密封的棕色瓶内，可稳定三个月。

（12）硫酸铁铵溶液：ρ［$Fe(NH_4)(SO_4)_2$］＝100 g/L。

称取 25.0 g 硫酸铁铵溶于 100 mL 水中，缓慢加入 5.0 mL 浓硫酸，冷却后用水稀释至250 mL，摇匀。溶液如出现不溶物，应过滤后使用。

(13) 硫化物标准溶液：ρ（S^{2-}）=100 mg/L。

购买环保部标准样品研究所售有证标准物质。

(14) 硫化物标准使用溶液：ρ（S^{2-}）=10.0 mg/L。

吸取10.00 mL硫化物标准溶液于100 mL棕色容量瓶中，再加入10.0 mL 10 g/L氢氧化钠溶液，用水稀释至标线，摇匀，临用时现配。

四、仪器和设备

(1) 分析天平：精度为0.01 g和0.1 mg。

(2) 分光光度计：带10 mm比色皿。

(3) 酸化－吹气－吸收装置（图9－1）：各连接管均采用硅胶管。

(4) 酸化－蒸馏－吸收装置（图9－2）。

(5) 采样瓶：200 mL棕色具塞磨口玻璃瓶。

(6) 吸收管：100 mL具塞比色管。

(7) 一般实验室常用仪器和设备（图9－1、图9－2）。

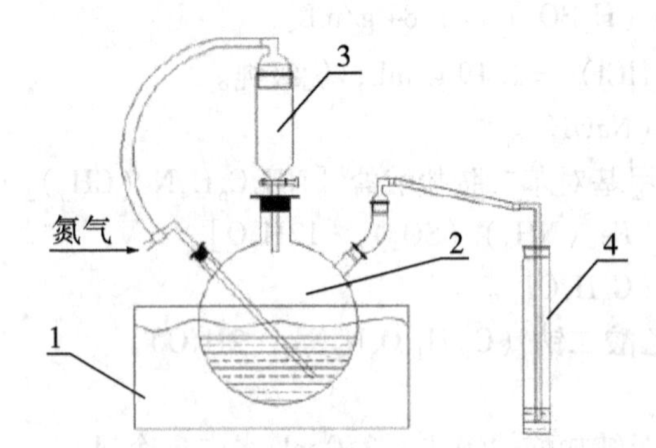

1—水浴；2—反应瓶；3—加酸分液漏斗；4—吸收管。

图9－1 硫化物酸化－吹气－吸收装置

五、前处理及干扰消除

（一）试样的前处理

按照HJ/T 166的相关规定采集土壤样品，按照GB 17378.3的相关规定采集沉积物样品。

采集后的样品应充满容器，并密封储存于棕色具塞磨口玻璃瓶中，24 h内测定。也可4 ℃冷藏保存，3d内测定。或加入氢氧化钠溶液进行固定，土壤样品应使样品表层全部浸润，沉积物样品应保证样品上部形成碱性水封，4d内测定。

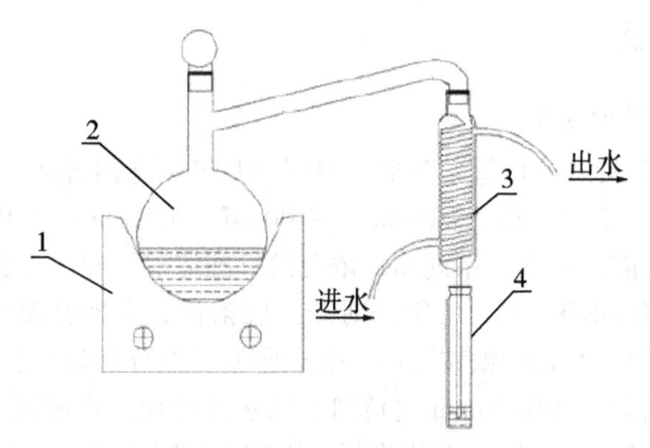

1—加热装置；2—蒸馏瓶；3—冷凝管；4—吸收管。

图 9－2　硫化物酸化－蒸馏－吸收装置

样品干物质含量和含水率的测定：在样品测定的同时，按照 HJ 613 的相关规定测定土壤样品的干物质含量，按照 GB 17378.5 的相关规定测定沉积物样品的含水率。

（二）试样的制备

1. 吹气式试样的制备

称取 20 g 样品（若硫化物质量浓度高，可酌情少取样品），精确到 0.01 g，转移至 500 mL 反应瓶中，加入 100 mL 水，再加入 5.0 mL 抗氧化剂溶液，轻轻摇动，量取 10.0 mL 氢氧化钠溶液于 100 mL 具塞比色管中作为吸收液，将导气管下端插入吸收液液面下，以保证吸收完全。连接好酸化－吹气－吸收装置，将水浴温度升至 100 ℃，开启氮气，调整氮气流量至 300 mL/min，通氮气 5 min，以除去反应体系中的氧气。关闭分液漏斗活塞，向分液漏斗中加入 20 mL 盐酸溶液，打开活塞将酸缓慢注入反应瓶中，将反应瓶放入水浴中，维持氮气流量 300 mL/min。30 min 后，停止加热，调节氮气流量至 600 mL/min，吹气 5 min 后关闭氮气。用少量水冲洗导气管，并入吸收液中待测。

2. 蒸馏式试样的制备

称取 20 g 样品（若硫化物质量浓度高，可酌情少取样品），精确到 0.01 g，转移至 500 mL 反应瓶中，加入 100 mL 水，再加入 5.0 mL 抗氧化剂溶液，轻轻摇动，并加数粒防爆玻璃珠。量取 10.0 mL 氢氧化钠溶液于 100 mL 具塞比色管中作为吸收液，将导气管下端插入吸收液液面下，以保证吸收完全。向蒸馏瓶中加入 20 mL 盐酸溶液，并立即盖紧塞子，打开冷凝水，开启加热装置，以 2 ～4 mL/min 的馏出速度进行蒸馏。当比色管中的溶液达到约 60 mL 时，停止蒸馏，并用少量水冲洗馏出液导管，并入吸收液中待测。

六、分析测试

（一）标准曲线的绘制

取9支100 mL具塞比色管，各加入10.0 mL氢氧化钠溶液，分别取0.00 mL、0.50 mL、1.00 mL、2.00 mL、3.00 mL、4.00 mL、5.00 mL、6.00 mL和7.00 mL的硫化物标准使用溶液配成一系列质量浓度的标准溶液，加水至约60 mL，沿比色管壁缓慢加入10.0 mL N，N－二甲基对苯二胺溶液，立即密塞并缓慢倒转一次，开小口沿壁加入1.0 mL硫酸铁铵溶液，立即密塞并充分摇匀。放置10 min后，用水稀释至标线，摇匀。使用10mm比色皿，以水作参比，在波长665 nm处测量吸光度。以硫化物含量（μg/kg）为横坐标，以相应的减去空白后的吸光度值为纵坐标绘制标准曲线。

（二）试样的测定

1. 吹气式试样的测定

取下比色管，加水至约60 mL，按照与标准溶液相同的方法测定试样吸光度。

2. 蒸馏式试样的测定

取下比色管，按照与标准溶液相同的方法测定试样吸光度。

（三）空白试样的测定

按照与试样相同的方法进行空白试样的测定。

七、结果计算与表示

（一）结果计算

（1）土壤中硫化物的含量 ω_1（mg/kg），按式（1）计算：

$$\omega_1 = \frac{A - A_0 - a}{b \times m \times \omega_{dm}} \tag{1}$$

式中 ω_1——土壤中硫化物的含量，mg/kg；

A——样品的吸光度；

A_b——空白试样的吸光度；

a——校准曲线的截距；

b——校准曲线的斜率；

m——称取土壤样品的质量，g；

ω_{dm}——土壤样品中干物质含量，%。

（2）沉积物中硫化物的含量 ω_2（mg/kg），按式（2）计算：

$$\omega_2 = \frac{A - A_0 - a}{b \times m \times (1 - \omega_{H_2O})} \tag{2}$$

式中　ω_2——沉积物中硫化物的含量，mg/kg；

A——样品的吸光度；

A_b——空白试样的吸光度；

a——校准曲线的截距；

b——校准曲线的斜率；

m——称取沉积物样品的质量，g；

ω_{H_2O}——沉积物样品的含水率,%。

（二）结果表示

当测定结果小于1.00 mg/kg时，结果保留小数点后两位；当测定结果大于或等于1.00 mg/kg时，结果保留三位有效数字。

八、质量保证与质量控制

（1）空白试验。

每批样品应至少做一个实验室空白，其测定结果应低于方法检出限。

（2）标准曲线的测定。

标准曲线回归方程的相关系数应不小于0.999。

（3）平行样品的测定。

每批样品应进行10%的平行双样测定，样品数不足10个时，平行样不少于1个，平行双样测定结果相对偏差应在30%以内。

（4）样品加标回收率测定。

每批样品应进行10%的加标回收率测定，样品数不足10个时，加标样不少于1个。实际样品加标回收率应在60%～110%之间。

九、注意事项

（1）在规定的条件下，单质硫对硫化物的测定无干扰。亚硫酸盐、亚硫酸氢盐、硫代硫酸盐对硫化物的测定无干扰。亚硝酸盐可与亚甲基蓝反应，使得测定结果偏低，当亚硝酸盐含量（以N计）高于12.0 mg/kg时，本方法不适用。

（2）硫化物标准使用溶液应在使用前临时配制。

（3）氮气中如有微量氧，可安装洗气瓶（内装亚硫酸钠饱和溶液）予以除去，氮气的流速对加标回收率的影响较大。

引用标准、参考文献

[1] 环境保护部. 土壤和沉积物　硫化物的测定　亚甲基蓝分光光度法：HJ 833－2017 [S]. 北京：中国环境科学出版社.

第四节 土壤 总磷的测定 碱熔－钼锑抗分光光度法

一、适用范围

本方法适用于各类土壤中总磷含量的测定。

二、方法原理

高温条件下土壤样品与氢氧化钠熔融，使土壤中的含磷矿物及有机磷化合物全部转化为可溶性的正磷酸盐，在酸性条件下与钼锑抗显色剂反应生成磷钼蓝，在波长700 nm处测量吸光度，从而依据朗伯－比尔定律可获得样品中相对应的总磷含量。

三、试剂和材料

除非另有说明，分析时均使用符合国家标准的分析纯化学试剂，实验用水为新制备的去离子水或蒸馏水。

（1）浓硫酸，ρ（H_2SO_4）＝1.84 g/mL。

（2）65%浓硝酸。

（3）硫酸溶液：c（H_2SO_4）＝3 mol/L。

于800 mL水中不断搅拌下小心加入168.0 mL浓硫酸，冷却后将溶液移入1000 mL容量瓶中，加水至标线，混匀。

（4）硫酸溶液：c（H_2SO_4）＝0.5 mol/L。

800 mL水中，在不断搅拌下小心加入28.0 mL浓硫酸，冷却后将溶液移入1000 mL容量瓶中，加水至标线，混匀。

（5）硫酸溶液（1＋1）。

（6）硝酸溶液（1＋1）。

（7）氢氧化钠溶液浓度＝2 mol/L。

20.0 g氢氧化钠溶解于200 mL水中，待溶液冷却后移入250 mL容量瓶，加水至标线，混匀。

（8）无水乙醇。

（9）磷酸二氢钾，优级纯。

将适量磷酸二氢钾（KH_2PO_4）于110 ℃烘箱中干燥2 h，并于干燥器中冷却待用。

（10）100 g/L抗坏血酸溶液。

10 g抗坏血酸适量水溶解，100 mL容量瓶中加水至标线混匀，贮存在棕色玻璃瓶中，可稳定两周。如颜色变黄，则弃去重配。

（11）钼酸盐混合溶液。

①0.13 g/mL 的钼酸铵溶液：13 g 钼酸铵溶于 100 mL 水中；

②0.003 g/mL 的酒石酸锑氧钾溶液：0.35 g 酒石酸锑氧钾溶于 100 mL 水；

③不断搅拌下，将钼酸铵溶液缓慢加入到 300 mL 硫酸溶液，再加入已配制的酒石酸锑氧钾溶液混匀。该混合溶液贮存在棕色玻璃瓶中，可以稳定两个月。

（12）磷酸盐贮备溶液，50 μg/mL。

称取 0.2197 g 磷酸二氢钾溶于适量水，移入 1000 mL 容量瓶中。加 5 mL 0.5 mol/L 硫酸溶液，用水稀释至标线，混匀。该溶液贮存在棕色玻璃瓶中可以稳定六个月。

（13）磷酸盐标准溶液，5 μg/mL。

移取 25.00 mL 磷酸盐贮备溶液于 250 mL 容量瓶中，用水稀释至标线，混匀。该溶液临用时现配。

（14）0.002 g/mL 的 2，4－二硝基酚指示剂。

称取 0.2 g 2，4－二硝基酚溶解于 100 mL 水中。

四、仪器和设备

实验中新购置的玻璃器皿需先用洗涤剂洗净，再用硝酸溶液（1＋1）浸泡 24 h，使用前再依次用自来水、去离子水洗净晾干待用。

（1）土壤样品粉碎设备（粉碎机、玛瑙研钵）。

（2）土壤筛，孔径 1 mm 和 100 目（或 0.149 mm）。

（3）分析天平，精度为 0.0001 g。

（4）镍坩埚、银坩埚，容量为 30 mL。

（5）分光光度计。

（6）50 mL 具塞比色管。

（7）可调温度的电炉或电热板。

（8）水浴锅。

（9）马弗炉。

（10）离心机，50 mL 离心杯。

（11）pH 计：各种型号的复合 pH 计或离子活度计，精确至 ±0.02。

（12）一般实验室常用仪器和设备。

五、样品制备及前处理

（一）采集与保存

按照 HJ/T 166 的相关规定采集和保存土壤样品。

（二）试样的制备

采集后的土壤样品进行风干至近干，然后去杂物，粉碎，充分混匀，通过1mm孔径筛，然后将土样在牛皮纸上铺成薄层，划分成四分法小方格。用小勺在每个方格中提取出等量土样（总量大于20 g），在土壤样品粉碎设备或玛瑙研钵中进一步研磨，使其全部通过0.149 mm孔径筛，混匀后装入磨口瓶中备用。

称取通过0.149 mm孔径筛的风干土样0.2500 g（精确到0.0001 g）于镍坩埚底部，用几滴无水乙醇湿润样品，然后加入2 g固体氢氧化钠平铺于样品的表面。将坩埚放入高温电炉中持续升温，当温度升至400 ℃左右时，保持15 min；然后继续升温至640 ℃，保温15 min，取出冷却。再向坩埚中加入10 mL水，在水浴锅中加热至80 ℃，待熔块溶解后，将坩埚内的溶液转入50 mL离心杯中，同时用3 mol/L硫酸溶液10 mL和适量的水多次洗涤坩埚，将洗涤液倒入离心杯中，然后采用4000 r/min离心3分钟。将上清液全部转移至100 mL容量瓶中，用水定容至刻度线，待测。

注：处理大批样品时，应将加入氢氧化钠后的坩埚暂放入大干燥器中以防吸潮。

（三）空白试样的制备

不加入土样，按照与试样的制备相同操作步骤，制备空白试样，待测。

六、分析测试

（一）含水率的测定

取2 g土壤样品，在105 ℃ ±3 ℃的条件下烘4 h，然后放入干燥器冷却至室温后，称量。含水率ω_{H_2O}（%）按照公式（1）进行计算。

$$\omega_{H_2O} = \frac{干燥前样品重量 - 干燥后样品重量}{干燥前样品重量} \times 100\% \tag{1}$$

（二）标准曲线的绘制

取数支50.0 mL具塞比色管，分别加入磷酸盐标准溶液0 mL、0.50 mL、1.00 mL、2.00 mL、4.00 mL、5.00 mL，加水稀释至50 mL。再向比色管中加入2～3滴2，4二硝基酚指示剂，然后用3 mol/L硫酸溶液和氢氧化钠溶液调节pH至溶液刚呈微黄色，再加入1 mL抗坏血酸溶液，混匀。30 s后加入2.0 mL钼酸盐溶液充分混匀，放置15 min。标准系列中的含磷量分别为0 μg、2.50 μg、5.00 μg、10.00 μg、20.00 μg、25.00 μg。用30 mm比色皿，于700 nm处，以零质量浓度溶液为参比，分别测量吸光度。以吸光度为纵坐标，对应的含磷量（μg）为横坐标绘制标准工作曲线。

（三）样品的测定

移取 10 mL 待测样液于 50 mL 具塞比色管中，加水稀释至 50 mL，加入 1 滴 2，4二硝基酚指示剂，用0.5 mol/L 硫酸溶液和2 mol/L 氢氧化钠溶液调节 pH 至溶液刚呈微黄色（注：指示剂变色范围2.4 ～4.4，由无色变为黄色），然后按照与绘制标准曲线相同步骤进行显色和测量。

（四）空白试验

移取 10 mL 空白待测试样，然后按照与绘制标准曲线相同操作步骤进行测定。

七、结果计算与表示

土壤中总磷的含量 ω（mg/kg）按照公式（4）进行计算：

$$\omega = \frac{[(A - A_0) - a] \times V_1}{b \times m \times \omega_{dm} \times V_2} \tag{2}$$

式中　ω——土壤中总磷的含量，mg/kg；

A——试料的吸光度值；

A_0——空白试验的吸光度值；

a——校准曲线的截距；

V_1——试样定容体积，mL；

b——校准曲线的斜率；

m——试样量，g；

V_2——试料体积，mL；

ω_{dm}——土壤的干物质质量分数，%。

八、质量保证和质量控制

（1）每批次实验需进行平行空白样品分析，空白测试结果应低于方法检出限。

（2）每批次实验需控制平行样、加标样的量≥10%，平行样间的分析结果偏差不高于5%，加标回收率在 80%～120%之间。

（3）校准曲线回归方程的相关系数 R 应大于0.999。

九、注意事项

（1）比色皿用后应以稀硝酸或铬酸洗液浸泡片刻，以除去吸附的钼蓝有色物。

（2）室温低于 13 ℃时，可在 20 ～30 ℃水浴中显色 15 min。

（3）尽量选择采购合适直径大小的土壤筛，以避免在过筛和洗涤土壤筛时造成损失。

（4）若待测液中锰的含量较高时，最好用 Na_2CO_3溶液来调节 pH，以免产生氢氧化锰沉淀后酸化时难以再溶解。

(5) 2,4 –二硝基酚是易燃剧毒品，若实验室不方便购买，可采用 pH 计调待测液的酸碱性至4.2 左右。

引用标准

[1] 环境保护部. 土壤　总磷的测定　碱熔–钼锑抗分光光度法：HJ 632 – 2011 [S]. 北京：中国环境科学出版社，2012：1 – 4

[2] 国家环境保护总司标准司. 土壤环境监测技术规范：HJ/T 166 – 2004 [S]. 北京：中国环境科学出版社，2004.

第五节　土壤　机械组成　密度计法

一、适用范围

本方法适用于各类土壤颗粒机械组成的测定。

二、吸管法

(一) 方法原理

本方法是结合筛分及静水沉降进行的，通过 2 mm 筛孔的土样经化学及物理处理成悬浮液定容后，根据司笃克斯（Stokes）定律和土粒在静水中沉降的规律，大于0.25 mm 的各级颗粒由一定孔径的筛子筛分，小于 0.25 mm 的各级颗粒则用吸管从其中吸取一定量的各级颗粒（见表9 – 3），烘干称其质量，计算各级颗粒含量的百分数，确定土的颗粒组成及土壤质地名称。

表9 – 3　制土壤颗粒分级标准

颗粒直径（mm）	颗粒分级命名	颗粒直径（mm）	颗粒分级命名
>250.0	石块	0.25 ～0.1	细砂
250.0 ～2.0	石砾	0.1 ～0.05	极细砂
2.0 ～1.0	极粗砂	0.05 ～0.02	粉（砂）粒
1.0 ～0.5	粗砂	0.02 ～0.002	砂粒
0.5 ～0.25	中砂	<0.002	黏粒

(二) 试剂和材料

(1) 0.2 mol/L 盐酸溶液：17 mL 浓盐酸（密度 1.18 g/mL，化学纯），用水定容到1 L。

（2）0.05 mol/L 盐酸溶液：250 mL 0.2 mol/L 盐酸溶液，加水 750 mL。

（3）0.5 mol/L 氢氧化钠溶液：20 g 氢氧化钠（化学纯），加水溶解并定容到1 L。

（4）1∶1 氨水。

（5）钙红（钙指示剂）：0.5 g 钙指示剂［2－羟基－1－（2－羟基－4－酸－1－萘偶氮苯）－3－苯甲酸］与 50 g 烘干的氯化钠共研至极细，贮于密闭瓶中，用毕塞紧。

（6）1∶9 硝酸溶液：10 mL 浓硝酸（化学纯）与 90 mL 水混合而成。

（7）50 g/L 硝酸银溶液：5 g 硝酸银（化学纯）溶于 100 mL 水中。

（8）1∶4 过氧化氢溶液：10 mL 浓过氧化氢（化学纯）与 40 mL 水混合而成。

（9）1∶9 乙酸溶液：10 mL 冰乙酸（化学纯）与 90 mL 水混合而成。

（10）0.5 mol/L 1/2 草酸溶液：33.5 g 草酸钠（化学纯），加水溶解，定容到 1 L。

（11）0.5 mol/L 1/6 六偏磷酸钠溶液：51 g 六偏磷酸钠（化学纯），加水溶解，定容到 1 L。

（12）异戊醇［$(CH_3)_2CHCH_2CH_2OH$］（化学纯）。

（三）仪器和设备

电子天平，土壤颗粒分析吸管，搅拌捧，沉降筒（1 L 平口量筒），土壤筛（孔径分别为 2，1，0.5 mm），洗筛（直径 6 cm，孔径 0.25 mm），硬质烧杯（50 mL），温度计（精确到 0.1 ℃），250 mL 锥形瓶，真空干燥器，电热板，电烘箱，秒表等。

（四）前处理及干扰消除

1. 称样

称取通过 2 mm 筛孔的 10.000 g 风干土样（已全部去除粗有机质）三份，其中一份放在已知质量的铝盒中作土壤水分换算系数的测定，另两份分别放入 50 mL 烧杯中作测定盐酸洗失量、有机质洗失量及颗粒分析用。

2. 土壤水分换算系数测定

把已知质量的铝盒盛土样称量后，放入烘箱内于 105 ℃烘 6 h 后称量，算出土壤水分换算系数（K_2）。

3. 脱钙及盐酸洗失量的测定

用稀盐酸处理土样所失去的质量，称为盐酸洗失量。含有碳酸盐的土壤，先用 0.2 mol/L 盐酸洗，无碳酸盐的土壤可直接用 0.05 mol/L 盐酸洗。在盛土样的烧杯中慢慢地加入 0.2 mol/L 盐酸 10 mL，用玻璃棒充分搅拌，静置片刻，让土粒沉降。于漏斗中放一已知质量的快速滤纸，倒烧杯内上部清液入漏斗中过滤，再加

10 mL 0. 2 mol/L 盐酸于烧杯中，如前搅拌、静置、过滤，如此反复多次，直到土样中无二氧化碳气泡发生，然后改用 0. 05 mol/L 盐酸洗土样，直到滤液中无钙离子存在；然后再用水洗 2 ～3 次。除氯化物及盐酸，直至无氯离子为止。

检查钙离子：于白瓷比色板凹孔中接 1 ～2 滴滤液，加 1 ∶ 1 氨水 1 滴，轻轻摇动比色板，加钙指示剂少量（似绿豆大），再轻摇比色板，当滤液呈红色则表示还有钙离子存在，蓝色表示钙离子已洗净。

检查氯离子：用试管收集少量（约 5 mL）滤液，滴加 1 ∶ 9 硝酸酸化滤液，然后滴加 50 g/L 硝酸银溶液 1 ～2 滴，若有白色沉淀物（氯化银）即显示尚有氯离子存在，如无白色沉淀物，则显示样品中已无氯离子。

用水将烧杯中测定洗失量的土样全部洗入漏斗中，等漏斗内的土样滤干后连同滤纸一起移入已知质量的铝盒内，放在烘箱中于 105 ℃烘干至恒定质量（前后两次称量相差小于 0. 003 g 为恒定质量）计算盐酸洗失量。（样品如还需去除有机质，其洗失量计算可待去尽有机质后，一并进行。）

4. 土壤中有机质的去除

对于含有较多有机质需去除的样品，则将上述 2 份去除尽碳酸盐的样品，从漏斗中分别转移到 250 mL 高型烧杯中，加入 10 ～20 mL 1 ∶ 4 过氧化氢溶液，并用玻棒常搅动，促进有机质氧化（当氧化强烈时，产生大量气泡，为避免样品逸出杯外，可滴加 2 ～3 滴异戊醇来消泡，也可将杯移到冷水盆中降温制止）。有时虽猛烈反应，但不是有机质氧化，可滴加 1 ∶ 9（体积比）乙酸溶液来起缓冲作用。样品需用过氧化氢反复多次处理，直至土色变淡，有机质完全被氧化为止。过量的过氧化氢可用加热法排除。（如样品不要去除碳酸盐，只需去除有机质，则称样倒入 250 mL 高型烧杯，加少量过氧化氢湿润后，直接去除有机质。）

将上述一份样品测定盐酸、过氧化氢洗失量。

5. 悬液的制备

（1）分散土样。

用盐酸清洗及去除有机质后的另一份作颗粒分析用的土样用水洗入 500 mL 锥形瓶中，把滤纸移到蒸发皿内，用橡皮头玻璃棒及水冲洗滤纸直到洗下的水透明为止，一并将洗下的水倒入锥形瓶中，加 0. 5 mol/L 氢氧化钠 10 mL 于锥形瓶中，然后加水使悬液体积达 250 mL 左右，充分摇匀。锥形瓶上放一小漏斗，并放在电热板上加热，微沸 1 h 并经常摇动锥形瓶，以防土粒沉积瓶底成硬块，使样品充分分散。

（2）分离 2 ～0. 25mm 粒级与制成悬液。

在 1L 量筒上放一大漏斗，把孔径 0. 25mm 的洗筛放在大漏斗内，待悬液冷却后，充分摇动锥形瓶中悬液，通过 0. 25mm 孔径筛，用水洗入 1 L 量筒中。留在瓶内的土粒，用水全部洗入筛子内，筛子内的土粒用橡皮头玻璃棒轻轻地洗擦及用水冲洗，直到滤下的水不再混浊为止。同时应注意勿使量筒内的悬液体积超过1L。最后将量筒内的悬液用水加到1L标度。

把留在筛内的砂粒洗入已知质量的铝盒中，把铝盒放在电热板上蒸去水分，然后放入烘箱内于105 ℃烘6 h后称量。

对于不需去除碳酸盐及有机质的样品，在测定土壤水分换算系数的同时，则可直接称样放入500 mL锥形瓶中，加250 mL水充分浸泡（8 h以上），然后根据样品的pH，加入不同的分散剂煮沸分散（中性加10 mL 0.5 mol/L草酸钠溶液，酸性加10 mL氢氧化钠溶液，对于石灰性土样加10 mL 0.5 mol/L六偏磷酸钠溶液制备悬液）。

6. 测定悬液的温度

将摄氏温度计悬挂在存有水的1 L量筒中，并把它与待测液放在一起，记录水温，即代表悬液的温度。

7. 吸取悬液样品

将盛悬液的量筒放在温度变化小的平稳桌上，并避免阳光直接照射。根据悬液温度、土壤密度与颗粒直径，按美国制土壤颗粒分析吸管法吸取各粒级的时间表（表9-4），吸取各级颗粒。

表9-4　制土壤颗粒分析吸管法吸取各粒及时间表

土壤密度	粒径（mm）	吸液深度（cm）	在不同温度下吸取悬液所需时间															
			10 ℃			12.5 ℃			15 ℃			17.5 ℃			20 ℃			
			h	min	s	h	min	s	h	min	s	h	min	s	h	min	s
	0.05	25		2	51		2	39		2	29		2	20		2	12
2.40	0.02	25		17	50		16	38	8	15	33		14	35		13	42
	0.002	8	9	31	15	8	53	7		17	42	7	47	1	7	18	27
	0.05	25		2	15		2	34		2	24		2	15		2	7
2.45	0.02	25		17	13		16	4		15	1	7	14	5		13	14
	0.002	8	8	11	39	8	34	24	8	0	29		30	54	7	3	25
	0.05	25		2	39		2	28		2	19		2	11		2	3
2.50	0.02	25		16	39		15	31		14	31		13	37		12	47
	0.002	8	8	53	7	8	17	17	7	44	34	7	15	55	6	49	18
	0.05	25		2	34		2	24		2	15		2	7		1	59
2.55	0.02	25		16	7		15	2		14	2	7	13	11		12	23
	0.002	8	8	36	2	8	1	16	7	29	34		1	52	6	36	6

续上表

土壤密度	粒径(mm)	吸液深度(cm)	在不同温度下吸取悬液所需时间														
			10 ℃			12.5 ℃			15 ℃			17.5 ℃			20 ℃		
			h	min	s	h	min	s	h	min	s	h	min	s	h	min	s
2.60	0.05	25		2	29		2	19		2	10		2	2		1	55
	0.02	25		15	36		14	33		13	36	6	12	46		12	0
	0.002	8	8	19	54	7	46	13	7	15	32		48	42	6	23	44
2.65	0.05	25		2	25		2	15		2	7		1	59		1	52
	0.02	25		15	8		14	7		13	11	6	12	23		11	38
	0.002	8	8	4	45	7	32	5	7	2	21		36	19	6	12	8
2.70	0.05	25		2	20		2	11		2	3		1	55		1	45
	0.02	25		14	41		13	42		12	48	6	12	1		11	17
	0.002	8	7	50	31	7	18	48	6	49	56		24	40	6	1	11
2.75	0.05	25		2	16		2	7		1	59		1	52		1	49
	0.02	25		14	16		13	19		12	26	6	11	40		10	59
	0.002	8	7	37	4	7	6	16	6	38	13		13	41	5	50	55
2.80	0.05	25		2	13		2	4		1	56		1	49		1	43
	0.02	25		13	53		12	57		12	6	6	11	21		10	40
	0.002	8	7	24	22	6	54	26	6	27	10		3	19	5	46	9

土壤密度	粒径(mm)	吸液深度(cm)	在不同温度下吸取悬液所需时间														
			22.5 ℃			25 ℃			27.5 ℃			30 ℃			32.5 ℃		
			h	min	s	h	min	s	h	min	s	h	min	s	h	min	s
2.40	0.05	25		2	4		1	57		1	51		1	45		1	39
	0.02	25		12	55		12	11	6	11	32		10	55		10	20
	0.002	8	6	53	3	6	29	38		8	19	5	48	46	5	30	51
2.45	0.05	25		2	6		1	53		1	47		1	41		1	36
	0.02	25		12	ZS		11	46	5	11	8		10	32		9	59
	0.002	8	6	38	43	6	16	13		55	39	5	36	42	5	19	31

续上表

土壤密度	粒径(mm)	吸液深度(cm)	在不同温度下吸取悬液所需时间														
			22.5 ℃			25 ℃			22.5 ℃			30 ℃			32.5 ℃		
			h	min	s	h	min	s	h	min	s	h	min	s	h	min	s
2.50	0.05	25		1	56		1	49		1	43		1	38		1	33
	0.02	25		12	3		11	22		10	45		10	11		9	39
	0.002	8	6	25	31	6	3	42	5	43	51	5	25	33	5	8	51
2.55	0.05	25		11	51		1	46		10	40		1	35		1	30
	0.02	25		13	40	5	11	59		32	25	5	9	52		9	20
	0.002	8	6		5		51		5		47		15	4	4	58	57
2.60	0.05	25		1	48		0	43		1	37		1	32		0	27
	0.02	25		11	18		10	40		10	5		9	33		9	3
	0.002	8	6	1	27	5	41	1	5	22	24	5	5	15	4	49	50
2.65	0.05	25		1	45		1	40		0	34		1	29		1	24
	0.02	25		10	57		10	20		9	47		9	16		8	44
	0.002	8	5	50	30	5	30	42	5	12	39	4	56	2	4	40	53
2.70	0.05	25		1	42		1	37		1	31		1	26		1	22
	0.02	25		10	38		10	2		9	30		9	0		8	31
	0.002	8	5	40	13	5	20	59	5	3	29	4	47	21	4	32	40
2.75	0.05	25		1	39		1	34		1	29		1	24		1	19
	0.02	25		10	20		9	45		9	13		8	44		8	17
	0.002	8	5	30	30	5	11	50	4	54	49	4	39	9	4	24	52
2.80	0.05	25		1	37		1	31		0	26		1	22		1	17
	0.02	25		10	3		9	29		8	58		8	30		8	3
	0.002	8	5	21	20	5	3	11	4	46	39	4	31	25	4	17	32

（五）分析测试

（1）吸悬液的装置如图9－3所示。将三通活塞放在上下流通位置。4a及4b两瓶内所装的水不得超过一个瓶的总体和。两瓶的连接管用夹子夹住；将4a放试验台上，4b放在地板上。

（2）用搅拌棒垂直搅拌悬液1 min上下各30次，搅拌棒的多孔片不要提出液面，以免产生泡沫（含有机质多，而对未经去除的样品，在搅拌时会引起气泡，影响吸管深度的刻度线的观察，可加1～2滴异戊醇消泡），搅拌完毕的时间即为开始沉降的时间，按规定时间静置后吸液，在吸液前 10s 将吸管自悬液中央轻轻插至所需吸取悬液深度，随即打开 4a 与 4b 连接管上的夹子，这时 4a 组内的水就流向 4b，这样就使 4a 内的空气减压，然后把三通活塞转到吸液的位置，吸取悬液，当悬液上升到 25 mL 标度处，立刻把三通活塞转回到上下流通的位置，停止吸液，吸液的时间尽可能控制在 20s 内。把吸管从量筒中取出，转三通活塞到放液的位置，放悬液于已知质量的铝盒中。记录吸取悬液的体积。打开活塞，用少量水冲洗吸管并放入铝盒中，关活塞。按照以上步骤，分别吸取小于 0.05、小于 0.02、小于 0.002 mm 各粒级的悬液。

（3）称各粒级土壤质量：将盛有各粒级悬液的铝盒放在电热板上烘干，然后移入烘箱中在 105 ℃烘 6 h 后称量。

（4）各砂粒的分级并称量：使 0.25 mm 以上的砂粒通过 1.0 及 0.5 mm 的筛孔，并分别称出它们的烘干质量。

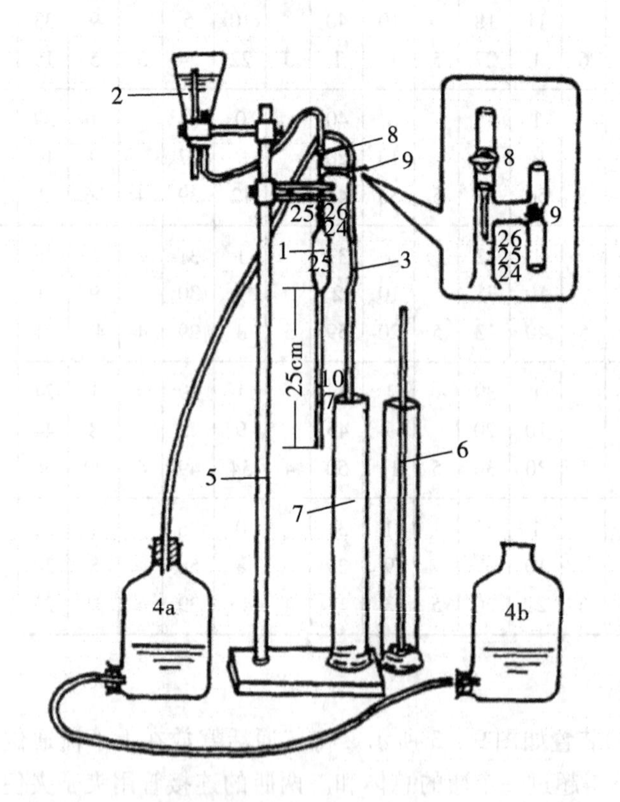

1 – 颗粒分析吸管；2 – 盛水锥形瓶；3 – 通气橡皮管；4 – 抽气装置，包括两个容量为 1 L 以上的下口瓶（4a 及 4b）；5 – 支架；6 – 搅拌棒；7 – 沉降筒；8 – 活塞；9 – 三通活塞

图 9 – 3　吸悬液装置

（六）结果计算与表示

1. 土壤水分换算系数 K_2 按式（1）计算

$$K_2 = m/m_1 \tag{1}$$

式中　m——烘干土质量，g；

m_1——风干土质量，g。

$$烘干土质量（g）=风干土质量（g）\times K_2 \tag{2}$$

$$洗失量（g/kg）=\frac{m'_2}{m}\times 1000 \tag{3}$$

式中　m'_2——洗失质量，g。

m'_2 = 洗盐及去除有机质前烘干土质量（g）+ 铝盒质量（g）+ 滤纸质量（g）-（铝盒 + 滤纸 + 洗盐及去除有机质后烘干土质量）（g）　（4）

2. 2.0～1.0，1.0～0.5，0.5～0.25 mm 粒级含量（g/kg）

$$2.0\sim1.0\ mm粒级含量（g/kg）=\frac{m'}{m}\times 1000 \tag{5}$$

式中　m'——2.0～1.0 mm 粒级烘干土质量，g。

$$1.0\sim0.5\ mm粒级含量（g/kg）=\frac{m''}{m}\times 1000 \tag{6}$$

式中　m''——1.0～0.5 mm 粒级烘干土质量，g。

$$0.5\sim0.25\ mm粒级含量（g/kg）=\frac{m'''}{m}\times 1000 \tag{7}$$

式中　m'''——0.5～0.25 mm 粒级烘干土质量，g。

$$0.05\ mm粒级以下，小于某粒级含量（g/kg）=\frac{m_2}{m}\times\frac{1000}{V}\times 1000 \tag{8}$$

式中　m_2——吸取悬液中小于某粒级的质量，g；

m——烘干土质量，g；

V——吸取小于某粒级的悬液体积，mL；

1000——悬液总体积，mL。

3. 分散剂质量校正

加入的分散剂在计算时必须予以校正。各粒级含量（g/kg）是由小于某粒级含量（g/kg）依次相减而得。由于小于某粒级含量中都包含着等量的分散剂，实际上在依次相减时已将分散剂量扣除，分散剂量（g/kg）只需在最后一级粘粒（小于 0.002 mm）含量（g/kg）中减去。

分散剂占烘干土质量，按式（9）计算：

$$A = c\times V\times\frac{0.040}{m}\times 1000 \tag{9}$$

式中　A——分散剂氢氧化钠在烘干土中含量，g/kg；

c——分散剂氢氧化钠溶液的浓度，mol/L；

V——分散剂氢氧化钠溶液的体积，mL；

m——烘干土质量，g；

0.040——氢氧化钠分子的毫摩尔质量，g/mmol。

4. 各粒级含量（g/kg）的计算

粉（砂）粒（0.05～0.02 mm）粒级含量（g/kg）=小于0.05 mm粒级含量（g/kg）-小于0.02 mm粒级含量（g/kg） (10)

粉（砂）粒（0.02～0.002 mm）粒级含量（g/kg）=小于0.02 mm粒级含量（g/kg）-小于0.002 mm粒级含量（g/kg） (11)

黏粒（小于0.002 mm）粒级含量（g/kg）=小于0.002 mm粒级含量（g/kg）-A（g/kg） (12)

细砂+极细砂（0.25～0.05 mm）粒级含量（g/kg）=100-［2.0～1.0 mm粒级含量（g/kg）+1.0～0.5 mm粒级含量（g/kg）+0.5～0.25 mm粒级含量（g/kg）+0.05～0.02 mm粒级含量（g/kg）+0.02～0.002 mm粒级含量（g/kg）+小于0.002 mm粒级含量（g/kg）+盐酸洗失量（g/kg）］ (13)

砂粒（2.0～0.05 mm）粒级含量（g/kg）=2.0～1.0 mm粒级含量（g/kg）+1.0～0.5 mm粒级含量（g/kg）+0.5～0.25 mm粒级含量（g/kg）+0.25～0.05 mm粒级含量（g/kg）+盐酸洗失量（g/kg） (14)

粉（砂）粒（0.05～0.002 mm）粒级含量（g/kg）=0.05～0.02 mm粒级含量（g/kg）+0.02～0.002 mm粒级含量（g/kg） (15)

5. 确定土壤质地名称

（1）根据砂粒（2.0～0.05 mm）、粉（砂）粒（0.05～0.002 mm）及黏粒（小于0.002 mm）粒级含量（g/kg），在美国制土壤质地分类三角坐标图上查得土壤质地名称（图9-4）。

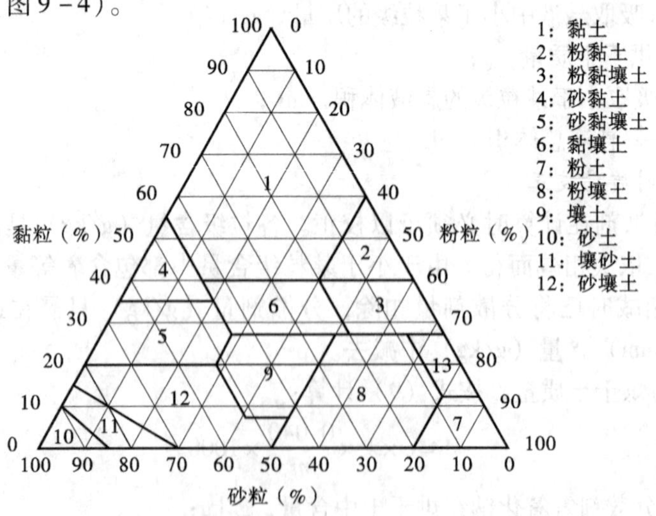

图9-4 土壤质地分类三角坐标图

（2）根据森林土壤含砾石较多的特点，在土壤质地命名时，应根据砾石含量及大小冠以“石”或“砾”字样（如表9－5），这部分砾石含量及大小应在野外土壤剖面调查时加以测定。

表9－5　按砾石大小及含量的质地分级

砾石含量（g/kg）	砾石大小（mm）		
	20～75	75～250	>250
50～150	少砾	少砾石	少石
150～300	中砾	中砾石	中石
300～700	多砾	多砾石	多石
>700	全砾	全砾石	全石

注：不与地质分级连用

（七）质量保证与质量控制

平行测定结果的允许绝对偏差：黏粒级小于10 g/kg；粉（砂）位级小于20 g/kg。

三、密度计法

（一）方法原理

土样经化学及物理处理成悬液定容后，根据司笃克斯定律及土壤密度计浮泡在悬液中所处的平均有效深度，静置不同时间后，用土壤密度计直接读出每升悬液中所含各级颗粒的质量（g），计算它们的含量（g/kg），并定出土壤质地名称。

（二）试剂和材料

（1）0.5 mol/L多聚偏磷酸钠溶液：51 g多聚偏磷酸钠［$(NaPO_3)_x$，化学纯］或六偏磷酸钠［$(NaPO_3)_6$，化学纯］，加水400 mL，加热溶解，用水定容至1 L。如没有市售多聚偏磷酸钠，可自己制备，方法如下：把磷酸二氢钠（NaH_2PO_4，化学纯）置于大坩埚中，于马弗炉中650 ℃灼烧15 min，使完全熔融。冷却后形成玻璃状非晶形的多聚偏磷酸钠。

（2）0.25 mol/L草酸钠溶液：33.5 g草酸钠（$Na_2C_2O_4$，化学纯），加水700 mL，加热使溶解，冷却，用水定容至1L。

（3）0.5 mol/L氢氧化钠溶液（分散剂）。

（三）仪器和设备

土壤密度计（又称甲种密度计或鲍氏密度计，刻度为 0 ～60 g/L），沉降筒（1L 平口量筒），洗筛（0.25 mm 筛孔），土壤筛（孔径分别为 2.0，1.0，0.5 mm），秒表等。

（四）分析和测试

（1）土壤水分换算系数的测定。

（2）称样：称取通过 2 mm 筛孔的均匀风干土样 50 g（黏土或壤土 50 g，砂土 100 g）于 500 mL 锥形瓶中。

（3）分散土样：根据土壤 pH，分别选用下列分散剂：石灰性土样 50 g，加 0.5 mol/L 多聚偏磷酸钠 60 mL；中性土样 50 g，加 0.25 mol/L 草酸钠 50 mL；酸性土样 50 g，加 0.5 mol/L 氢氧化钠 50 mL。于锥形瓶中加水 250 mL，加入分散剂（0.5 mol/L 氢氧化钠溶液），摇匀后静置 2 h。摇动锥形瓶，瓶口放一小漏斗，在电热板上加热，微沸 1 h。在煮沸过程中，要经常摇动锥形瓶，以防土粒沉积瓶底结成硬块。

（4）分离 2.0 ～0.25mm 粒级及制备悬液：在 1 L 量筒上放置大漏斗，在其上放一孔径 0.25 mm 的洗筛。待悬液冷却后，充分摇动锥形瓶，使下沉的土粒分散于悬液中，将悬液通过 0.25 mm 洗筛流至 1 L 量筒中，留在锥形瓶内的土粒用水全部洗入筛内，筛内的土粒用橡皮头玻璃棒轻轻地洗擦及用水冲洗，直洗到筛内流下的水不再混浊为止。同时应注意切勿使量筒内的液体超过 1L。最后向量筒内加水到 1L 标度。

留在筛内的为 2.0 ～0.25 mm 的砂粒，用水将它洗入已知质量的铝盒中，把铝盒放在电热板上烘去水分，移入烘箱中在 105 ℃烘 6 h 后称量。再把 0.25 mm 以上的砂粒，通过 1.0 及 0.5 mm 筛孔，分别称出它们的烘干质量。

（5）测定悬液温度：同吸管法。

（6）测定悬液的土壤密度计读数：将盛有悬液的量筒放在温度变化小的平稳桌上，并避免阳光直接照射。测定小于 0.05 mm 粒级的密度计读数，在搅拌完毕静置 1 min 后放入土壤密度计，测定小于 0.02 mm 粒级，搅拌完毕静置 5 min 后放入土壤密度计；测定小于 0.002 mm 粒级，搅拌完毕静置 8 h 后放入土壤密度计。用搅拌棒搅动悬液 1 min，上下各 30 次。搅拌时，搅拌棒的多孔片不要提出液面，以免产生泡沫，搅拌结束的时间也是开始静置的时间（有机质含量较多的悬液，搅拌时会产生泡沫，影响密度计读数，因此放密度计之前，可在悬液面上加异戊醇数滴）在选定的时间前 30s 将土壤密度计轻轻放入悬液中央，尽量勿使其左右摇摆及上下浮沉，记下土壤密度计与弯液面相平的标度读数，查土壤密度计温度较正表（表9-6）得土壤密度计校正后读数，此值代表直径小于所选定粒径毫米数的颗粒累积含量（g），按照上述步骤，分别测得小于0.05、小于0.01及小于0.002 mm各粒级的土壤密度计读数。

表9-6　土壤密度计校正表

温度（℃）	校正值	温度（℃）	校正值	温度（℃）	校正值
6.0	-2.2	17.5	-0.7	25.0	+1.7
8.0	-2.1	18.0	-0.5	25.5	+1.9
10.0	-2.0	18.5	-0.4	26.0	+2.1
11.0	-1.9	19.0	-0.3	26.5	+2.3
11.5	-1.8	19.5	-0.1	27.0	+2.5
12.5	-1.7	20.0	0	27.5	+2.7
13.0	-1.6	20.5	+0.2	28.0	+2.9
13.5	-1.5	21.0	+0.3	28.5	+3.1
14.0	-1.4	21.5	+0.5	29.0	+3.3
14.5	-1.3	22.0	+0.6	29.5	+3.5
15.0	-1.2	22.5	+0.8	30.0	+3.7
15.5	-1.1	23.0	+0.9	30.5	+3.8
16.0	-1.0	23.5	+1.1	31.0	+4.0
16.5	-0.9	24.0	+1.3	31.5	+4.2
17.0	-0.8	24.5	+1.5	32.0	+4.6

（五）结果计算与表示

（1）土壤水分换算系数K_2与烘干土质量计算同吸管法。

（2）2.0～1.0，1.0～0.5，0.5～0.25 mm粒级含量（g/kg）同吸管法。

$$0.05\ \text{mm粒级以下，小于某粒级含量（g/kg）} = \frac{m_1}{m} \times 1000 \quad (16)$$

式中　m_1——小于某毫米粒级的土壤密度计校正后读数；

m——烘干土样质量，g。

（3）分散剂占烘干质量（g/kg）计算：

$$A\ (\text{g/kg}) = c \times V \times \frac{m_A}{m} \times 1000 \quad (17)$$

式中　A——分散剂氢氧化钠占烘干土质量，g/kg；

c——分散剂氢氧化钠溶液的浓度，mol/L；

V——分散剂氢氧化钠溶液的体积，mL；

m——烘干土质量，g；

m_A——分散剂的毫摩尔质量，g/mmol。

0.5 mol/L 氢氧化钠溶液 50 mL 质量为 1 g（0.5 × 50 × 0.04 = 1）；0.25 mol/L 草酸钠溶液 50 mL 质量为 1.68 g（0.25 × 50 × 0.134 = 1.68）；0.5 mol/L 偏磷酸钩溶液 60 mL 质量为 3.06 g（0.5 × 60 × 1.02） = 3.06。

（4）各粒级含量（g/kg）的计算：除不计算盐酸洗失量外，其他全同吸管法。

（5）确定土壤质地名称：同吸管法。

四、注意事项

（1）比重计要轻轻放入沉降筒中，以免上下浮动妨碍读数准确性。比重计玻璃很薄，杆子很细，容易折断，用比重计时要特别小心，尽量避免横向拿取，拿时要一手竖向拿其上端杆子，一手托其下部球泡。

（2）每次读数前 15s，捏稳比重计上部玻杆轻轻放入悬液中，直至液面达到前一处读数刻度处松开，使比重计自由稳定地悬浮于悬液中。

（3）水温过高过低均影响结果的准确性，一般在 10 ～37 ℃范围内测定比较适宜。

（4）如有机质过高要用 H_2O_2 去除，若是盐土则要先淋洗其中的可溶性盐分，否则有机质去除不彻底。

（5）搅拌时，搅拌棒上下速度要均匀，而且每次要触及沉降筒底部，不能提出水面，防止把土壤悬浮液溅出，把空气带进悬浮液中产生涡流而影响土粒沉降速度。

（6）为了避免密度计扰动造成读数误差，应使用同一密度计保留静置在样液中直至所有读数测定实操完成。

（7）土壤筛、密度计均需要检定。

（8）含有土样的悬浊液过洗筛的时候，可使用直径与量筒接近的玻璃或橡皮圈放在洗筛上，避免过滤液流出量筒外。

引用标准、参考文献

[1] 中国林业科学研究院林业研究所. 森林土壤颗粒组成（机械组成）的测定：LY/T 1225—1999 [S]. 北京：中国标准出版社，1999：58 - 67.

第六节　土壤　氰化物及总氰化物的测定　异烟酸－吡唑啉酮分光光度法

一、适用范围

本方法适用于土壤中氰化物和总氰化物的测定。

二、方法原理

异烟酸－吡唑啉酮分光光度法。试样中的氰离子在中性条件下与氯胺T反应生成氯化氰，然后与异烟酸反应，经水解后形成戊烯二醛，最后与吡唑啉酮反应生成蓝色染料，该物质在638 nm波长处有最大吸收。

三、试剂和材料

除非另有说明，分析时均使用符合国家标准的分析纯试剂，实验用水为新制备的蒸馏水或去离子水。

（1）酒石酸溶液：ρ（$C_4H_6O_6$）=150 g/L。

称取15.0 g酒石酸溶于实验用水中，稀释至100 mL，摇匀。

（2）硝酸锌溶液：ρ［$Zn(NO_3)_2 \cdot 6H_2O$］=100 g/L。

称取10.0 g硝酸锌溶于实验用水中，稀释至100 mL，摇匀。

（3）磷酸：ρ（H_3PO_4）=1.69 g/mL。

（4）盐酸：ρ（HCL）=1.19 g/mL。

（5）盐酸溶液：c（HCL）=1 mol/L。

量取83 mL盐酸缓慢注入实验用水中，放冷后稀释至1000 mL。

（6）氯化亚锡溶液：ρ（$SnCl \cdot 2H_2O$）=50 g/L。

称取5.0 g二水合氯化亚锡于40 mL 1 mol/L盐酸溶液中，用实验用水稀释至100 mL，临用时现配。

（7）硫酸铜溶液：ρ（$CuSO_4 \cdot 5H_2O$）=200 g/L。

称取200 g五水合硫酸铜溶于实验用水中，稀释至1000 mL，摇匀。

（8）氢氧化钠溶液：ρ（NaOH）=100 g/L。

称取100 g氢氧化钠溶于实验用水中，稀释至1000 mL，摇匀，贮于聚乙烯容器中。

（9）氢氧化钠溶液：ρ（Na0H）=20 g/L。

称取20.0 g氢氧化钠溶于实验用水中，稀释至1000 mL，摇匀，贮于聚乙烯容器中。

（10）氢氧化钠溶液：ρ（NaOH）=10 g/L。

称取10.0 g氢氧化钠溶于实验用水中，稀释至1000 mL，摇匀，贮于聚乙烯容器中。

（11）氢氧化钠溶液：ρ（NaOH）=1 g/L。

称取1 g氢氧化钠溶于实验用水中，稀释至1000 mL，摇匀，贮于聚乙烯容器中。

（12）氯胺T溶液：ρ（$C_7H_7ClNNaO_2S \cdot 3H_2O$）=10 g/L。

称取1.0 g氯胺T溶于实验用水中，稀释至100 mL，摇匀，贮存于棕色瓶中，临用时现配。

（13）磷酸盐缓冲溶液：pH=7。

称取34.0 g无水磷酸二氢钾（KH_2PO_4）和35.5 g无水磷酸氢二钠（Na_2HPO_4）溶于实验用水中，稀释至1000 mL，摇匀。

（14）异烟酸－吡唑啉酮显色剂。

①异烟酸溶液。

称取1.5 g异烟酸（$C_6H_6NO_2$）溶于25 mL 20 g/L氢氧化钠溶液中，加水稀释定容至100 mL。

②吡唑啉酮溶液。

称取0.25 g吡唑啉酮（3－甲基－1－苯基－5－吡唑啉酮，$C_{10}H_{10}ON_2$）溶于20 mL N，N－二甲基甲酰胺［$HCON(CH_3)_2$］中。

③异烟酸－吡唑啉酮溶液

将上述吡唑啉酮溶液和异烟酸溶液以体积比1∶5进行混合，临用时现配。

注：异烟酸配成溶液后如呈现明显淡黄色，是空白值增高，可过滤。实验中以选用无色的N，N－二甲基甲酰胺为宜。

（15）氰化物标准溶液：ρ（CN^-）=100 μg/mL。

购买有证标准物质或称量相应固体氰化物配制。

（16）氰化物标准使用溶液：ρ（CN^-）=0.500 μg/mL。

吸取5.00 mL上述氰化物标准溶液于1000 mL棕色容量瓶中，用1 g/L氢氧化钠溶液稀释至标线，摇匀，临用时现配。

四、仪器和设备

（1）分析天平：精度0.01 g。

（2）分光光度计：带10 nm比色皿。

（3）恒温水浴锅。

（4）电炉。

（5）全玻璃蒸馏器，包括圆底蒸馏瓶、蛇形冷凝管。

（6）100 mL具塞比色管。

（7）25 mL 具塞比色管。

（8）250 mL 量筒。

（9）100 mL 容量瓶。

（10）一般实验室常用仪器和设备。

五、前处理及干扰消除

（一）采集与保存

按照 HJ/T 166 的相关规定采集土壤样品，采集后的样品应充满容器，并密封存储于聚乙烯或玻璃容器中，于 4 ℃冷藏，并在采集后 48 h 内完成样品分析。

（二）干物质含量的测定

按照 HJ 613 的相关规定，将土壤样品在 105 ℃ ±5 ℃烘至恒重，以烘干前后的土壤质量差值计算干物质和水分的含量。

（三）氰化物样品制备

称取约 10 g 干重的样品（精确到 0. 01 g），略微裹紧移入蒸馏瓶。连接蒸馏装置，打开冷凝水，在接收瓶中加入 10 mL 10 g/L 的氢氧化钠溶液作为吸收液。在加入试样后的蒸馏瓶中一次加 200 mL 水、3. 0 mL 100 g/L 的氢氧化钠溶液和 10 mL 100 g/L 硝酸锌溶液，摇匀，迅速加入 5. 0 mL 150 g/L 的酒石酸溶液，立即盖塞。打开电炉，馏出液以 2 ～4 mL/min 的速度进行加热蒸馏。接收瓶内试样接近 100 mL 时，停止蒸馏，用少量水冲洗馏出液导管后取出接收瓶，用水定容至 100 mL。

（四）总氰化物试样的制备

称取约 10 g 干重的样品（精确到 0. 01 g），略微裹紧移入蒸馏瓶。连接蒸馏装置，打开冷凝水，在接收瓶中加入 10 mL 10 g/L 的氢氧化钠溶液作为吸收液。在加入试样后的蒸馏瓶中一次加 200 mL 水、3. 0 mL 100 g/L 的氢氧化钠溶液、2 mL 50 g/L 的氯化亚锡溶液和 10 mL 200 g/L 的硫酸铜溶液，摇匀，迅速加入 10 mL 磷酸，立即盖塞。打开电炉，馏出液以 2 ～4 mL/min 的速度进行加热蒸馏。接收瓶内试样接近 100 mL 时，停止蒸馏，用少量水冲洗馏出液导管后取出接收瓶，用水定容至 100 mL。

六、分析测试

（一）标准曲线的绘制

取 8 支 25 mL 具塞比色管，分别加入氰化物标准使用溶液 0 mL、0. 10 mL、0. 20 mL、0. 50 mL、1. 00 mL、2. 00 mL、5. 00 mL、10. 00 mL，再加入氢氧化钠溶液至 10 mL。向各管加入 5. 0 mL 磷酸盐缓冲溶液，混匀，迅速加入 0. 2 mL 氯胺 T

溶液，立即塞盖，混匀，放置 1 ～2 min。再加入 5.0 mL 异烟酸－吡唑啉酮显色剂，加水稀释至标线，摇匀，于 25 ～35 ℃的水浴锅中显色 40 min。分光光度计在 638 nm 波长下，用 10 mm 比色皿，以水为参比，测定吸光度。由测定的信号值对应的标准物质的质量浓度绘制成校准曲线。

（二）试样的测定

从馏出液中吸取 10.0 mL 试样于 25 mL 具塞比色管中，按照标准溶液绘制相同方法测定试样吸光度。

（三）空白试验

移取 10 mL 空白待测试样，按照标准溶液绘制相同方法测定吸光度。

七、结果计算与表示

（一）结果计算

样品含量（mg/kg），以氰离子（CN^-）计，按公式（1）计算：

$$\omega = \frac{[(A - A_0) - a] \times V_1}{b \times m \times \omega_{dm} \times V_2} \tag{1}$$

式中 ω——氰化物或总氰化物（干重）的含量，mg/kg；
A——样品的吸光度；
A_b——空白吸光度；
a——校准曲线截距；
b——校准曲线斜率；
m——称取样品的质量，g；
ω_{dm}——样品中干物质含量，%；
V_1——试样的取样体积，mL；
V_2——馏出液体积，mL。

（二）结果表示

当测定结果小于 1 mg/kg 时，结果保留小数点后两位；当测定结果大于或等于 1 mg/kg 时，结果保留三位有效数字。

八、质量保证与质量控制

（1）空白试验的氰化物和总氰化物含量应小于方法检出限。

（2）每批样品至少应做 10% 的平行样，氰化物和总氰化物的相对偏差应小于 20% 。

（3）每批样品至少应做 10% 的加标样，氰化物和总氰化物的加标回收率应控制在 70% ～120% 之间。

（4）标准系列的配置至少5点以上，标准曲线的相关系数需大于或等于0.999；每批样品至少应做一个中间校准点，其测定值与标准曲线相应点质量浓度相对偏差应不超过5%。

九、注意事项

氰化氢易挥发，因此在样品测定过程中，每一步骤操作都要迅速，并在通风橱操作，随时塞紧瓶盖。

引用标准、参考文献

[1] 环境保护部科技标准司．土壤　氰化物和总氰化物的测定　分光光度法：HJ 745－2015［S］．北京：中国环境科学出版社，2015：2－7.

[2] 环境保护部科技标准司．土壤　干物质和水分的测定　重量法：HJ 613－2011［S］．北京：中国环境科学出版社，2011：1－3.

第七节　森林土壤　阳离子交换量的测定　乙酸铵交换法

一、适用范围

乙酸铵交换法适用于中性及酸性土壤的阳离子交换量的分析，氯化铵－乙酸铵交换法适用于石灰性土壤的阳离子交换量的分析。

二、方法原理

酸性与中性森林土壤中阳离子交换量的测定采用1 mol/L乙酸铵交换法，方法原理为：用1 mol/L乙酸铵溶液（pH 7.0）反复处理土壤，使土壤成为铵离子饱和土。用乙醇洗去多余的乙酸铵后，将土壤吸入凯氏瓶中，加入固体氧化镁蒸馏，蒸馏出的铵用硼酸溶液吸收，然后用盐酸标准溶液滴定。根据铵离子的量计算阳离子交换量。

石灰性森林土壤的阳离子交换量的测定则采用氯化铵－乙酸铵交换法，石灰性土壤需先用1 mol/L氯化铵溶液加热处理，分解出去土壤中的碳酸钙，然后再采用1 mol/L乙酸铵交换法测定阳离子交换量。

三、试剂和材料

（1）氯化铵，化学纯。

（2）1 mol/L乙酸铵溶液（pH 7.0）：77.09 g乙酸铵（化学纯）用水溶解，稀释至近1 L。用稀，（化学纯）乙酸或1∶1氨水调节至pH为7.0。

（3）乙醇，工业用，必须无NH_4^+。

（4）液体石蜡，化学纯。

（5）甲基红－溴甲酚绿指示剂。

（6）20 g/L 硼酸－指示剂溶液：20 g 硼酸（化学纯）溶于1 L 水中。每升硼酸溶液加入甲基红－溴甲酚绿指示剂20 mL，并用稀酸或稀碱调至溶液的 pH 为4.5。

（7）浓盐酸，优级纯。

（8）硼砂，分析纯。

（9）pH＝10 的缓冲溶液：67.5 g 氯化铵溶于无二氧化碳的水中，加入新开瓶的浓氨水570 mL，用水稀释至1L，贮于塑料瓶中。

（10）K－B 指示剂：0.5 g 酸性铬蓝 K 和1.0 g 萘酚绿 B，与100 g 于105 ℃烘过的氯化钠一同研细磨匀，越细越好，贮于棕色瓶中。

（11）氧化镁，分析纯。

（12）纳氏试剂：134 g 氢氧化钾溶于460 mL 水中，20 g 碘化钾溶于50 mL 水中，加入大约32 g 碘化汞，使其溶解至饱和状态，然后将两溶液混合即成。

（13）0.025 mol/L 盐酸标准溶液：吸取2 mL 浓盐酸用水适量稀释，然后加水定容至1L，再用基准无水碳酸钠标定。

四、仪器和设备

（1）电炉。

（2）电动离心机。

（3）蒸馏装置。

（4）振荡器。

五、前处理

（一）土壤含水率

按照《土壤　干物质和水分的测定　重量法》（HJ 613－2001）测定土壤含水率。

（二）酸性与中性土样的处理过程

称取2mm 筛孔的风干样2.0 g，放入50 mL 离心管中，加入一定体积的1 mol/L 乙酸铵溶液，用手晃匀，置于水平振荡器上振荡10 min，再于离心机上转速5000 r/min，离心6 min，弃去上清液。如此反复6～8次，直至最后浸出液中无钙离子反应为止。接着再往载土的离心管中加入一定体积的乙醇，用手晃匀，置于水平振荡器上振荡10 min，再于离心机（调节转速为5000 r/min）上离心6 min，去上清液。如此反复6～8次，至完全洗去土粒表面多余的乙酸铵。

往载土离心管中分数次加入一级去离子水，洗入至蒸馏瓶中，控制洗入水体积在 50 ～80 mL，并加入 2 mL 液体石蜡和 1 g 氧化镁，进行蒸馏。待蒸馏出的液体体积约达 80 mL 后，用甲基红溴甲酚绿指示剂检查蒸馏是否完全。空白试样：每分析一批试样，按上述样品处理过程制备空白试样。

（三）石灰性土样的处理过程

称取 2 mm 筛孔的风干样 2.0 g，放入 200 mL 烧杯中，加入一定体积的 1 mol/L 氯化铵溶液，盖上表面皿，放在电炉上低温煮沸，直至无氨味为止（若烧杯内剩余溶液较少而仍有氨味时，则补加一些 1 mol/L 氯化铵溶液继续煮沸），烧杯内的土样用 1 mol/L 氯化铵溶液洗入离心管中，离心弃去上清液。之后处理同酸性与中性土样。

（四）空白试样

每分析一批试样，按上述样品处理过程制备空白试样。

六、分析测试

用 0.025 mol/L 盐酸标准溶液滴定馏出液，并记录滴定体积。每次滴定前，需先对盐酸标准溶液进行标定。

七、结果计算与表示

土壤阳离子交换量以 CEC（cmol/kg）表示，按烘干土重公式（1）计算：

$$土壤阳离子交换量 = \frac{c \times (V - V_0)}{m \times (1 - \omega_{H_2O})} \times 100 \tag{1}$$

式中　c——盐酸标准溶液的浓度，mol/L；

V——盐酸标准溶液的消耗体积，mL；

V_0——空白试剂盐酸标准溶液的消耗体积，mL；

m——风干土壤的质量；

ω_{H_2O}——风干土壤的含水率。

八、质量保证与质量控制

土壤阳离子交换量测定的允许偏差，当测定值在 30 cmol/kg 以上时，其绝对偏差不得大于 5%；在 10 ～30 cmol/kg 时，绝对偏差应在 0.5 ～1.5 cmol/kg；小于 10 cmol/kg 时，其绝对偏差不得大于 0.5 cmol/kg。

九、注意事项

（1）用乙酸铵溶液和乙醇反复处理土壤的过程中，充分振荡可以有效减少处理的次数。

（2）在对土样离心弃上清液及土样转移等处理过程中，应尽量避免土样的损失。

引用标准、参考文献

[1] 中国林业科学研究院林业研究所．森林土壤阳离子交换量的测定：LY/T 1243—1999 [S]．北京：中国标准出版社，1999：125－129.

[2] 中国林业科学研究院林业研究所．中性土壤阳离子交换量和交换性盐基的测定：LY/T 1245—1999 [S]．北京：中国标准出版社，1999：133－136.

[3] 环境保护部科技标准司．土壤干物质和水分的测定重量法：HJ 613－2011 [S]．北京：中国环境科学出版社，2011：1－5.

第八节　土壤　水溶性氟化物和总氟化物的测定　离子选择电极法

一、适用范围

本方法适用于土壤中水溶性氟化物和总氟化物的测定。当称样量为5.0 g，试样移取量为40.0 mL时，本标准测定水溶性氟化物的方法检出限为0.7 mg/kg，测定下限为2.8 mg/kg，测定上限为125 mg/kg；当称样量为0.2 g，试样移取量为20.0 mL时，测定总氟化物的方法检出限为63 mg/kg，测定下限为252 mg/kg，测定上限为1.25×10^4 mg/kg。

二、方法原理

当氟电极与含氟的试液接触，电池的电动势E随溶液中氟离子的活度变化而改变（遵守Nernst方程），土壤中的水溶性氟化物用水超声辅助提取，总氟化物用碱熔法提取，在提取液中加入总离子强度调节缓冲溶液，用氟离子选择电极法测定，溶液中氟离子活度的对数与电极电位呈线性关系。

三、试剂和材料

除非另有说明，实验分析时均使用符合国家标准的分析纯化学试剂，实验用水为电阻率≥18 MΩ·cm（25 ℃）的去离子水。

（1）氢氧化钠溶液：c（NaOH）＝0.2 mol/L。

称取0.80 g氢氧化钠，用水溶解后稀释至100 mL。

（2）盐酸（1＋1）溶液。

（3）溴甲酚紫指示剂：ω（$C_{21}H_{16}Br_2O_5S$）＝0.04%。

称取0.10 g 溴甲酚紫，溶于10 mL 0.2 mol/L 的氢氧化钠溶液中，用水稀释至250 mL。

（4）总离子强度调节缓冲溶液（TISAB）：1.0 mol/L 柠檬酸三钠缓冲溶液。

称取294 g 二水合柠檬酸三钠于1000 mL 烧杯中，加入约900 mL 水溶解，用盐酸溶液调节 pH 至6.0 ～7.0，稀释至1000 mL，贮于聚乙烯瓶中。

（5）氟标准使用液：$\rho(F^-)$ =50.0 mg/L。

移取10.00 mL 有证氟离子标准溶液（ρ=500 mg/L），转移至100 mL 容量瓶中，用水稀释至标线，摇匀。临用现配。

四、仪器和设备

（1）离子计：分辨率0.1 mV。

（2）氟离子电极及饱和甘汞电极或氟离子复合电极。

（3）超声波清洗器：频率（40 ～60kHz），温度可显示。

（4）马弗炉：室温～800 ℃。

（5）离心机：最高转速不低于4000 r/min，配聚乙烯/聚丙烯离心管。

（6）提取瓶：聚乙烯瓶，100 mL，带盖。

（7）烧杯：聚乙烯，100 mL。

（8）镍坩埚：50 mL，带盖。

（9）一般实验室常用仪器和设备。

五、前处理及干扰消除

Al^{3+}、Fe^{3+}、Ca^{2+}、Mg^{2+} 等金属离子易与氟离子形成络合物，对结果产生负干扰，其干扰程度取决于金属离子的种类、质量浓度和溶液的 pH 等。在碱性试液中氢氧根离子质量浓度大于 10^{-6} mol/L 时，氢氧根离子会干扰电极的响应，测定溶液的 pH 在5 ～7 为宜，在本标准规定的实验条件下，加入总离子强度调节缓冲溶液可消除干扰。

六、分析测试

（一）样品的制备及干物质含量测定

按照 HJ/T 166 的相关要求采集与保存土壤样品。将土壤样品置于风干盘中，平摊成2 ～3 cm 厚的薄层，先剔除植物、昆虫、石块等残体，用木棒压碎土块，每天翻动几次，自然风干。按四分法取混匀的风干样品，研磨，过2mm（10 目）土壤筛。取粗磨样品研磨，过0.149 mm（100 目）土壤筛，装入样品袋或聚乙烯样品瓶中。

按照 HJ 613 的相关要求测定土壤样品中的干物质含量。

（二）试样制备

1．水溶性氟化物

准确称取过0.149 mm（100目）筛的土样5 g（精确至0.01 g）于提取瓶中，加入50 mL水，加盖摇匀，于25 ℃ ±5 ℃水浴温度下超声提取30 min，静置数分钟，转移至离心管中，离心5～10 min（转速4000 r/min），待测。

2．总氟化物

准确称取过0.149 mm（100目）筛的土样0.2 g（精确至0.0001 g）于镍坩埚中，加入2.0 g氢氧化钠固体，加盖，放入马弗炉中。温度控制程序：初始温度300 ℃保持10 min，升温至560 ℃ ±10 ℃保持30 min。冷却后取出，用80～90 ℃的热水溶解，全部转移至聚乙烯烧杯中，溶液冷却后全部转入100 mL比色管中，缓慢加入5.0 mL盐酸溶液，混匀，用水稀释至标线，摇匀，静置待测。

3．空白样品制备

不加土壤样品，按照与样品制备相同步骤分别制备水溶性氟化物空白试样和总氟化物空白试样。

（三）校准曲线建立

1．水溶性氟化物曲线配制

分别移取0 mL、0.10 mL、0.20 mL、0.40 mL、0.60 mL、1.00 mL、2.00 mL、4.00 mL、10.00 mL氟标准使用液于50 mL容量瓶中，加入10.0 mL总离子强度调节缓冲溶液，用水定容至标线，混匀。标准系列见表9－7。

2．总氟化物曲线配制

分别移取0 mL、0.10 mL、0.20 mL、0.40 mL、0.80 mL、1.00 mL、2.00 mL、4.00 mL氟标准使用液于烧杯中，依次加入20.0 mL总氟化物空白试样和1～2滴溴甲酚紫指示剂，边摇边逐滴加入盐酸溶液，直至溶液由蓝紫色突变为黄色。将溶液全部转移至50 mL容量瓶中，加入10.0 mL总离子强度调节缓冲溶液，用水定容至标线，混匀。标准系列见表9－7，可根据实际样品质量浓度配制，不得少于6个点。

表9－7　氟标准溶液系列

标准点	1	2	3	4	5	6	7	8
体积 V（mL）	0	0.10	0.20	0.40	0.80	1.00	2.00	4.00
氟含量 m（μg）	0	5.0	10.0	20.0	40.0	50.0	100	200
氟含量的对数 $\lg m$	–	0.699	1.000	1.301	1.602	1.699	2.000	2.301

3．标准曲线测定

从低质量浓度到高质量浓度依次将标准系列溶液转移至烧杯中，插入电极，搅拌，待仪器读数稳定（电极电位响应值波动不大于0.2mV/min）后，记录电位响应值。以各标准系列溶液中氟含量的对数为横坐标，以其对应的电位响应值为纵坐标，分别建立水溶性氟化物和总氟化物的校准曲线。

（四）试样测定

1. 水溶性氟化物

准确移取处理好的水溶性氟化物试样的上清液40.0 mL（可根据氟化物含量减少移取量）于50 mL容量瓶中，加入10.0 mL总离子强度调节缓冲溶液，用水定容至标线，混匀后，按与相同的步骤测定试样的电位响应值。

2. 总氟化物

准确移取处理好的总氟化物试样的上清液20.0 mL（可根据氟化物含量增加或减少移取量）于烧杯中，加入1～2滴溴甲酚紫指示剂，边摇边逐滴加入盐酸溶液，直至溶液由蓝紫色突变为黄色。将溶液全部转移至50 mL容量瓶中，加入10.0 mL总离子强度调节缓冲溶液，用水定容至标线，混匀后，按与相同的步骤测定试样的电位响应值。

3. 空白试样测定

空白试样按照试样测定的方法步骤测定水溶性氟化物和总氟化物。

七、结果计算与表示

（一）结果计算

试样中氟化物的量 m_1（μg/kg），按公式（1）计算：

$$\lg m_1 = \frac{E_1 - E}{S} \tag{1}$$

式中　E_1——试样的电位响应值，mV；

E——校准曲线的截距，mV；

S——校准曲线的斜率，mV。

样品中水溶性氟化物或总氟化物的含量 ω（mg/kg），按公式（2）计算：

$$\omega = \frac{m_1 \times V_1}{m \times \omega_{dm} \times V_2} \tag{2}$$

式中　m_1——试样中氟化物的量，μg；

m——称取土壤样品的质量，g；

ω_{dm}——土壤样品中干物质的量，%；

V_1——土壤样品提取液总体积，mL；

V_2——测定时移取试样的上清液的体积，mL。

（二）结果表示

当水溶性氟化物测定结果小于10.0 mg/kg时，结果保留小数点后一位；当测定结果大于或等于10.0 mg/kg时，结果保留三位有效数字。

当总氟化物测定结果小于100 mg/kg时，结果保留整数位；当测定结果大于或等于100 mg/kg时，结果保留三位有效数字。

八、质量保证与质量控制

（1）校准曲线相关系数应不低于0.999，温度在20～25 ℃之间时，氟离子质量浓度每改变10倍，电极电位应满足－58.0 mV±0.2 mV。

（2）每批样品或每20个样品应测定标准系列零质量浓度点和一个中间质量浓度点，零质量浓度点的测定结果应低于方法检出限，中间质量浓度点的测定结果与标准值的相对误差应不超过10%，否则应查找原因重新建立曲线。

（3）每批样品至少做两个空白试验，结果应低于检出限；每批样品分析不少于10%的平行样，平行样测定结果相对偏差应不超过20%。

（4）每批样品分析不少于10%的加标样，加标回收率控制在70%～120%之间。或选择随样品同步进行有证标准物质分析，结果应在保证值范围内。

九、注意事项

（1）在超声提取土壤中水溶性氟化物时，水浴液面要高于提取液面，水浴温度过高可加入冰水或冰袋降温，注意扭紧瓶盖防止提取瓶倾倒进水。

（2）测定总氟化物时，土壤在马弗炉内高温碱熔融提取后，可在冷却至低于100 ℃时取出，用吸管多次加入热水溶解。冷却至室温定容后要充分静置，让沉淀分离。

（3）应注意电极的清洁与维护，符合电极的使用说明要求。

（4）在测定前应使样品达到室温，标准系列和试样应在相同环境条件下测定，电极测定温度波动不得超过1 ℃。

（5）应保证电极达到平衡（电极电位变化≤1 m V/min）时再进行样品测定。

（6）测定过程中应保持相同的搅拌速度，若使用磁力搅拌设备，应防止搅拌时间过长导致试料温度波动过大而影响测定结果。搅拌速度应该适中，防止形成涡流。

（7）当测定高质量浓度样品后，应用水充分清洗电极至达到电极使用要求。每次测完上一个样品要测下一个样品时，应用纯水多次冲洗电极，再用滤纸吸干水分。不能擦电极，防止电极反应缓慢，并且应该用下一个样品润洗电极后再进行测量。

（8）不得用手触摸电极膜表面，为保护氟电极，试样中的氟质量浓度应不大于40 mg/L，如果电极膜表面受到有机物污染可用甲醇或丙酮清洗，也可用洗涤剂清洗。

（9）电极不用时，应将电极放在 3 mol/L 的氯化钾溶液中，不能干放，也不能放在蒸馏水或其他溶液中，以防影响电极寿命。

（10）电极的使用温度应该选择在正常的使用温度范围内，如果经常在温度范围的上限使用，电极的使用寿命会缩短，会严重损坏电极，温度愈高，损坏程度愈大。

（11）实验中产生的废液和废物应集中收集，妥善保管，委托有资质的单位处理。

引用标准、参考文献

［1］环境保护部科技标准司．土壤　干物质和水分的测定　重量法：HJ 613．北京：中国环境科学出版社，2011：1－5．

［2］环境保护部科技标准司．土壤　水溶性氟化物和总氟化物的测定　离子选择电极法：HJ 873－2017．北京：中国环境科学出版社，2017：1－8．

［3］环境保护部科技标准司．固体废物　氟化物的测定　离子选择电极法：GB/T 15555.11—1995．北京：中国环境科学出版社，1995：565－571．

第九节　土壤　有机质的测定　重铬酸钾容量法

土壤有机质是指土壤中含碳的有机化合物，其来源十分广泛。土壤有机质可分成腐殖质和非腐殖质。微生物是土壤有机质的最早来源。土壤有机质是为作物生长发育提供养分的仓库，也是判断土壤肥瘦标准的重要指标之一。所以，有机质在土壤中的地位和数量，一定要保持一个相对稳定数才好。近年来，土壤污染越来越受重视。在环境监测分析中，土壤有机质的样品也越来越多。

现以土壤检测　第六部分：土壤有机质的测定（NY/T 1121.6—2006）为例，介绍测定土壤中有机质含量的方法。

一、适用范围

适用于有机质含量在 15% 以下的土壤。

二、方法原理

在加热条件下，用过量的重铬酸钾－硫酸溶液氧化土壤有机碳，多余的重铬酸钾用硫酸亚铁标准溶液滴定，由消耗的重铬酸钾量按氧化校正系数计算出有机碳量，再乘以常数 1.724，即为土壤有机质含量。

三、主要仪器设备

(1) 电炉 (1000 W)。

(2) 硬质试管 (Φ 25 mm × 200 mm)。

(3) 油浴锅。

用高度为 15 ～20 cm 的铝锅，内装甘油（或是智控数显油浴锅）。

(4) 铁丝笼。

大小和形状与油浴锅配套，内有若干小格，每格内可插入一支试管。

(5) 自动调零滴定器或 10 mL 单标移液管，50 mL 滴定管。

(6) 温度计 (0 ～300 ℃)。

四、试剂

(一) 0.4 mol/L 重铬酸钾 - 硫酸溶液

称取 40.0 g 重铬酸钾溶于 600 ～800 mL 水中，用滤纸过滤到 1 L 量筒中，用水洗涤滤纸，并加水至 1 L，将此溶液转移到 3 L 大烧杯中。另取 1 L 密度为 1.84 的浓硫酸，慢慢地倒入重铬酸钾水溶液中，不断搅动。为避免溶液急剧升温，每加约 100 mL 浓硫酸后可稍停片刻，并把大烧杯放在盛有冷水的大塑料盆内冷却，当溶液的温度降到不烫手时再加另一份浓硫酸，直到全部加完为止。此溶液质量浓度 c ($1/6K_2Cr_2O_7$) =0.4 mol/L。

(二) 0.1 mol/L 硫酸亚铁标准溶液

称取 28.0 g 硫酸亚铁或 40.0 g 硫酸亚铁铵溶解于 600 ～800 mL 水中，加浓硫酸 20 mL 搅拌均匀，静止片刻后用滤纸过滤到 1 L 容量瓶内，再用水洗涤滤纸并加水至 1 L。此溶液易被空气氧化而致质量浓度下降，每次使用时应标定其准确质量浓度。

0.1 mol/L 硫酸亚铁溶液的标定：吸取 0.1000 mol/L 重铬酸钾标准溶液 20.00 mL放入 150 mL 三角瓶中，加浓硫酸 3 ～5 mL 和邻菲啰啉指示剂 3 滴，以硫酸亚铁溶液滴定，根据硫酸亚铁溶液消耗量即可计算出硫酸亚铁溶液的准确质量浓度。

(三) 重铬酸钾标准溶液

准确称取 130 ℃烘 2 ～3 h 的重铬酸钾（优级纯）4.904 g，先用少量水溶解，然后无损地移入 1000 mL 容量瓶中，加水定容，此标准溶液质量浓度 c ($1/6K_2Cr_2O_7$) =0.1000 mol/L。

(四) 邻菲啰啉指示剂

称取邻菲啰啉 1.49 g 溶于含有 0.70 g $FeSO_4 \cdot 7H_2O$ 或 1.00 g $(NH_4)_2SO_4 \cdot Fe$-

$SO_4 \cdot 6H_2O$ 的 100 mL 水溶液中。此指示剂易变质，应密闭保存于棕色瓶中。

该方法中，重点注意重铬酸钾－硫酸溶液的配制。该试剂配制成功与否对实验结果的准确性有着关键的影响。

五、实验步骤

（一）样品测定

准确称取通过 0.25 mm 孔径筛风干试样 0.05 ～0.5 g（精确到 0.0001 g，称取量根据有机质含量范围而定），放入硬质试管内，然后从自动调零滴定管准确加入 10.00 mL 0.4 mol/L 重铬酸钾－硫酸溶液，摇匀。将试管逐个插入铁丝笼中，再将铁丝笼沉入已在电炉上加热至 185 ～190 ℃的油浴锅内，使管中的液面低于油面，要求放入后油浴温度下降至 170 ～180 ℃，等试管中的溶液沸腾时开始计时，5 ± 0.5 min 后将铁丝笼从油浴锅内提出，冷却片刻，擦去试管外的油液。把试管内的消煮液及土壤残渣无损地转入 250 mL 三角瓶中，用水冲洗试管，将洗液并入三角瓶中，使三角瓶内溶液的总体积控制在 50 ～60 mL。加 3 滴邻菲啰啉指示剂，用硫酸亚铁标准溶液滴定剩余的 $K_2Cr_2O_7$，溶液的变色过程是橙黄－蓝绿－棕红。

如果滴定所用硫酸亚铁溶液的毫升数不到下述空白试验所耗硫酸亚铁溶液毫升数的 1/3，则应减少土壤称重量重测。

（二）空白实验

每批分析时，必须同时做 2 个空白试验，即取大约 0.2 g 灼烧土壤代替土样，其他步骤与土样测定相同。

灼烧土壤：取土壤 200 g 并通过 0.25 mm 筛，分装于数个瓷蒸发皿中，在 700 ～800 ℃马弗炉中灼烧 1 ～2 h，将有机质完全烧尽后备用。

六、结果计算

土壤有机质的含量 $\omega_{O.M}$（g/kg）按公式（1）计算：

$$\omega_{O.M} = \frac{c(V_0 - V) \times 0.003 \times 1.724 \times 1.10}{m} \times 1000 \tag{1}$$

式中　V_0——空白试验所消耗硫酸亚铁标准溶液体积，单位为毫升（mL）；

V——试样测定所消耗硫酸亚铁标准溶液体积，单位为毫升（mL）；

c——硫酸亚铁标准溶液的浓度，单位为摩尔每升（mol/L）；

0.003——1/4 碳原子的毫摩尔质量，单位为 g/mmol；

1.724——由有机碳换算成有机质的系数；

1.10——氧化校正系数；

m——称取烘干试样的质量，单位为 g；

1000——换算成每千克含量的系数。

平行测定结果用算术平均值表示，保留三位有效数字。

七、质量保证与质量控制

见表 9－8。

表 9－8　平行测定结果允许相差

有机质含量（g/kg）	允许绝对相差（g/kg）
<10	≤0.5
10～40	≤1.0
40～70	≤3.0
>70	≤5.0

八、注意事项

（1）用智控数显油浴锅取代电炉和铝锅，在温度控制上更为方便，更为安全。铁丝笼需要根据试管大小和油浴锅尺寸定制。当土壤样品较多时，用自动调零滴定器加 10.00 mL 重铬酸钾－硫酸溶液比 10 mL 单标移液管更快更方便，大大提高分析速度。

（2）重铬酸钾－硫酸溶液冷却之后经常出现针状结晶现象，这种结晶现象会降低重铬酸钾的质量浓度，导致在实验过程中该溶液质量浓度不均匀从而使结果偏离，而温度对这种现象的出现影响最大。预防手段如下：首先，硫酸的加入速度不能太快，边加边搅拌，加入 100 mL 或适量硫酸后稍停片刻，并用冷水加速降温。其次，溶液配好之后不要放入冰箱，低温也是结晶的重要原因。冬天环境温度过低，也容易出现结晶现象。

（3）在样品测定过程中，有以下几个注意事项。

试样的均匀性。风干试样必须过 0.25 mm 孔径筛，以保证消解的完全，提高结果的准确性。

加重铬酸钾－硫酸溶液时边加边摇晃。经验表明，不摇晃的样品通常底部不能很好地被溶液浸润，导致消解时试管底部的样品有时消解不完全，或者消解之后会黏结试管底部，很难全部转移出来，从而使得结果偏小，试管难以清洗再利用。

严格控制油浴温度。充分了解所使用油浴锅的性能或是电炉的加热速度，将反应温度严格控制在 170～180 ℃。温度过高，会使重铬酸钾分解，过低会使消解不完全。反应温度是样品反应完全和重复性良好的关键。

反应时间。从试管中的溶液开始沸腾时计时，严格控制在 5 ±0.5 min。加热时，产生的二氧化碳气泡不是真正的沸腾，只有在真正沸腾时才能开始计算时间。

完全转移消煮液和土壤残渣。要多次冲洗试管，冲洗量很难控制，过少则转移不完全，过多则会影响滴定终点和准确性。

（4）氯离子有正干扰，该方法不宜用于测定含氯化物较高的土壤。氧化时，若加0.1 g硫酸银粉末，氧化校正系数取1.08。

（5）测定土壤有机质必须采用风干样品。在水稻土及一些长期渍水的土壤中，由于存在较多的还原性物质，可消耗重铬酸钾，使结果偏高。

引用标准、参考文献

[1] 中华人民共和国农业部. 土壤检测　第六部分：土壤有机质的测定：NY/T 1121.6—2006 [S]. 北京：中国环境科学出版社，2006：1-5.

[2] 国家环境保护局水和废水监测分析方法编委会编. 水和废水监测分析方法 [M]. 第四版. 北京：中国环境科学出版社，2002.

第十章　危险废物鉴别案例分析

根据《危险废物鉴别标准　通则》（GB 5085.7—2007）的要求，危险废物鉴别时，首先依据《国家危险废物名录》判断，凡列入《国家危险废物名录》的，属于危险废物，不需要进行危险特性鉴别，对于未列入《国家危险废物名录》的固体废物，需要通过危险特性实验结果来进行危险特性鉴别。本章就鉴定程序、实验室分析和鉴定报告举例分析。

第一节　鉴定程序案例

一、废旧腈纶属性鉴别

某企业将回收的秋衣、秋裤等废旧衣物进行分筛，属于腈纶类的物料才用于生产，不属于腈纶料的退回废衣物回收站，因此该企业的原料只有腈纶，属于无毒害的物质。水解过程只添加纯净水，不添加其他任何物质。伴生着水解产品产生了大量的水解滤渣废物。鉴定首先需对该水解滤渣进行属性初筛，按以下鉴定步骤进行：

1. 固体废物属性判定

该企业对废腈纶进行水解生产水解聚丙烯腈铵盐，生产过程中产生了大量的水解滤渣，并非为满足市场需求而特意制造的，该物质没有很大的生产利用价值，是需要被遗弃再处理的，因此判定该水解滤渣为固体废物。

2. 危险特性属性初筛

该水解滤渣并未列入《国家危险废物名录》中，因此需要根据《危险废物鉴别技术规范》（HJ/T 298－2007）对其进行分析。根据《危险废物鉴别技术规范》中6.1的规定，滤渣产生过程所涉及的所有物质均不涉及反应性、易燃性、腐蚀性、急性毒性，也不涉及毒性物质含量中所列的所有物质，可能有涉及的是浸出毒性。因此不再对反应性、易燃性、腐蚀性、急性毒性、毒性物质含量进行检测，仅对滤渣进行浸出毒性的分析。

3. 鉴别方案编制和论证

根据该滤渣产生过程中的水解工艺、涉及的原辅料聚丙烯腈纤维和中间产物涉及的基团（氰基、酰胺基和羧酸铵盐），对照《危险废物鉴别标准　浸出毒性鉴别》中鉴别标准的表1，判定该滤渣可能涉及的物质为氰化物（以CN计），据此制定采样和检测方案，并组织专家对方案进行技术论证。

4. 采样和检测

该企业委托某测试中心按照鉴别方案，依据《工业固体废物采样制样技术规范》（HJ/T 20－1998）和《危险废物鉴别标准》（GB 5085.1 至 5085.7—2007）开展采样和检测工作，并出具检测报告。报告结果见表 10－1。

表 10－1　滤渣浸出毒性检测结果

样品名称	滤渣
检测依据	GB 5085.3—2007
检测项目	氰化物（以 CN 计）
检测结果	未检出

由表 10－1 可以看出，滤渣浸出液中不含有氰化物，也不含有《危险废物鉴别标准　浸出毒性鉴别》中表 1 所列其他物质，因此滤渣不具有浸出毒性。

5. 属性判断

根据以上分析，过滤滤渣不在《国家危险废物名录》之列，按照GB 5085.1－7 标准判断和检测，滤渣成分不具有反应性、易燃性、腐蚀性、毒性，根据《危险废物鉴别标准　通则》中的规定，该项目滤渣应不属于危险废物。

6. 出具鉴别报告

略，参考本章第三节。

二、工业固体废物属性鉴别

2016 年 1 月 12 日南京群众举报某公司厂区内填埋大量固体废物，采样人员在现场挖出来白色固体——密胺落地粉。江苏省环境科学学会接受委托，对已挖出的近 100 吨工业废料进行危险废物鉴定。鉴定按以下步骤进行：

1. 固体废物属性判定

经现场勘察，废弃物为南京某公司的工业固体废物，是成品（三聚氰胺树脂成型粉）在研磨过程中的落地尘，厂方收集后填埋坑中，已有十二年左右的填埋时间；经调阅的环评报告书及其批复和厂方提供的运输安全报告，前期合成工艺涉及的原料分别为：甲醛、三聚氰胺、木浆、钛白粉、固体氢氧化钠、33#增白剂、硬脂酸锌等。根据《固体废物鉴别导则（试行）》“二、固体废物的范围”判断为固体废物。

2. 危险特性属性初筛

三聚氰胺树脂成型粉是以三聚氰胺树脂浸混高级纤维木浆，经过反应、捏合、干燥、粉碎、配色、筛选包装等多道工序生产的热固定型材料。从生产工艺产生的固体废物情况看，企业所涉及的固废未列入《国家危险废物名录》中，因此需要根据《危险废物鉴别技术规范》（HJ/T 298－2007）中4.3条对其进行分析。经鉴定单位组织专家论证，并结合前期的定性检测说明和厂方提供的运输安全报告，做出以下判断：

（1）该固体废物产生工艺环节中的甲醛、木浆都是可燃的，三聚氰胺是助燃剂，但是经过生产工艺环节，生成耐热材料，可以判断该固体废物不具有易燃性，不符合《危险废物鉴别标准　易燃性鉴别》（GB 5085.4—2007）中的4.2固体易燃性废物；

（2）该固体废物未接触致病微生物，不具有感染性；

（3）该固体废物的合成工艺原料中有固体氢氧化钠，因此应按照GB/T 15555.12对样品制备浸出液，检测浸出液的pH，按照《危险废物鉴别标准　腐蚀性鉴别》（GB 5085.1—2007）标准（pH≥12.5或pH≤2.0）进行判断；

（4）根据生产工艺，在常温条件下不存在《危险废物鉴别标准　反应性鉴别》（GB 5085.5—2007）4.1中爆炸性质，也不存在4.2.1和4.2.2中遇水反应的性质；不含硫化物和氰化物也不可能存在《危险废物鉴别标准　反应性鉴别》（GB 5085.5—2007）4.2.3中遇酸生成硫化氢气体和氰化氢等其他的反应性危害特性；

（5）该固体废物形成的生产工艺涉及多种物质，可能会存在潜在的危害特性，具体总结如表10－2。按照《危险废物鉴别标准　毒性物质含量鉴别》（GB 5085.6—2007）附录P的方法，检测该固体废物中的甲醛含量，根据《危险废物鉴别标准　毒性物质含量鉴别》（GB 5085.6—2007）中的“4.3含有本标准附录C中的一种或一种以上致癌性物质的总含量≥0.1%”进行判断。

表10－2　生产工艺的物质对应的毒性危害成分

序号	化合物	是否毒性危害成分
1	甲醛	致癌物质
2	三聚氰胺	否
3	钛白粉	否
4	氢氧化钠	否
5	增白剂	否
6	晶蓝颜料	否
7	艳红颜料	否
8	硬脂酸镁	否
9	硬脂酸锌	否

3. 鉴别方案编制和论证

根据上述论证结果分析，此次固体废物的检测项目为 pH（腐蚀性）和甲醛（毒性物质含量）。

4. 采样和检测

按照鉴别方案，依据《工业固体废物采样制样技术规范》（HJ/T 20 - 1998）和《危险废物鉴别技术规范》（HJ/T 298 - 2007）开展采样、检测工作，并出具检测报告。

检测结果显示，33 个样品中 pH 均未超过《危险废物鉴别标准　腐蚀性鉴别》（GB 5085.1—2007）标准值（pH≥12.5，或 pH≤2.0）。33 个样品中 23 个样品甲醛含量超过《危险废物鉴别标准　毒性物质含量鉴别》（GB 5085.5—2007）鉴别标准中“4.3　含有本标准附录 C 中的一种或一种以上致癌性物质的总含量≥0.1%”的标准值。

5. 属性判断

根据《危险废物鉴别标准》（GB 5085.1 至 5085.7—2007）进行鉴定分析，该批固体废物（化学成分三聚氰胺）虽不在《国家危险废物名录》中，但是对其生产工艺涉及的各种物质进行分析，对样品进行腐蚀性和甲醛毒性检测，甲醛的 33 份试样有 23 个超标样品，超过超标份样数的极限 8 份，由此可判定该批固体废物为危险废物。

6. 出具鉴别报告

略，参考本章第三节。

第二节　实验室分析案例

一、塑料废物属性鉴别

1. 样品采集

采样人员赴阳春市合水镇垌尾村××塑料熔炼厂，按《危险废物鉴别技术规范》（HJ/T 298 - 2007）规定，随机在该厂厂区塑料废物堆中采集 1 个固体废物样品，在该厂倾倒于山坳中的塑料废物堆中采集 2 个样品，进行浸出毒性（无机元素）以及腐蚀性（pH）的鉴别。

2. 监测结果

表10－3 危险废物浸出毒性及腐蚀性鉴别监测结果（1）

采样点	监测因子	鉴别标准	样品（1）	
			检测数据	达标情况
××塑料熔炼厂厂内堆放固体废物	pH（无量纲）	≥12.5或≤2.0	8.16	达标
	总铜（mg/L）	100	0.09	达标
	总锌（mg/L）	100	0.22	达标
	总镉（mg/L）	1	未检出	达标
	总铅（mg/L）	5	未检出	达标
	总铬（mg/L）	15	未检出	达标
	总汞（mg/L）	0.1	未检出	达标
	总铍（mg/L）	0.02	未检出	达标
	总钡（mg/L）	100	0.17	达标
	总镍（mg/L）	5	未检出	达标
	总砷（mg/L）	5	5.4×10^{-3}	达标
	六价铬（mg/L）	5	未检出	达标
	氟化物（mg/L）	100	0.15	达标
	氰化物（mg/L）	5	0.006	达标

表10－4 危险废物浸出毒性及腐蚀性鉴别监测结果（2）

采样点	监测因子	鉴别标准	样品（2）		样品（3）	
			检测数据	达标情况	检测数据	达标情况
××塑料熔炼厂倾倒山坳固体废物	pH（无量纲）	≥12.5或≤2.0	8.00	达标	7.96	达标
	总铜（mg/L）	100	0.26	达标	0.25	达标
	总锌（mg/L）	100	0.34	达标	0.34	达标
	总镉（mg/L）	1	未检出	达标	未检出	达标
	总铅（mg/L）	5	未检出	达标	未检出	达标
	总铬（mg/L）	15	0.29	达标	未检出	达标
	总汞（mg/L）	0.1	未检出	达标	未检出	达标

续上表

采样点	监测因子	鉴别标准	样品（2）		样品（3）	
			检测数据	达标情况	检测数据	达标情况
××塑料熔炼厂倾倒山坳固体废物	总铍（mg/L）	0.02	未检出	达标	未检出	达标
	总钡（mg/L）	100	0.34	达标	0.44	达标
	总镍（mg/L）	5	未检出	达标	未检出	达标
	总砷（mg/L）	5	7.7×10^{-3}	达标	7.7×10^{-3}	达标
	六价铬（mg/L）	5	未检出	达标	未检出	达标
	氟化物（mg/L）	100	0.10	达标	0.11	达标
	氰化物（mg/L）	5	未检出	达标	0.008	达标

3. 鉴别结论

该厂区采集的1个固体废物样品及该厂倾倒于山坳中采集的2个固体废物样品的浸出液中，总铜、总锌、总镉、总铅、总铬、总汞、总铍、总钡、总镍、总砷、六价铬、氟化物、氰化物质量浓度值均低于《危险废物鉴别标准　浸出毒性鉴别》（GB 5085.3—2007）中浸出毒性鉴别标准值；样品1、样品2、样品3的pH分别为8.16、8.00、7.96，均未超过《危险废物鉴别标准　腐蚀性鉴别》（GB 5085.1—2007）中腐蚀性鉴别值范围（即pH≥12.5或者pH≤2.0）。

鉴定该批次样品为一般性固体废物。

二、电镀污泥属性鉴别

1. 样品采集

采样人员赴开平市××电镀厂对电镀污泥进行危险废物浸出毒性（无机元素）以及腐蚀性（pH）的鉴别。按《危险废物鉴别技术规范》（HJ/T 298－2007）规定，随机在开平市××电镀厂固体废物临时存放仓库采集3个电镀污泥样品。

2. 监测结果

电镀污泥属性监测结果如表10－5所示。

表10－5　危险废物浸出毒性及腐蚀性鉴别监测结果

监测因子	鉴别标准	样品（1）		样品（2）		样品（3）	
		检测数据	达标情况	检测数据	达标情况	检测数据	达标情况
pH（无量纲）	≥12.5或≤2.0	8.35	达标	8.05	达标	8.24	达标

续上表

监测因子	鉴别标准	样品（1）		样品（2）		样品（3）	
		检测数据	达标情况	检测数据	达标情况	检测数据	达标情况
总铜（mg/L）	100	0.77	达标	1.02	达标	0.39	达标
总锌（mg/L）	100	0.02	达标	0.27	达标	未检出	达标
总镉（mg/L）	1	未检出	达标	未检出	达标	未检出	达标
总铅（mg/L）	5	未检出	达标	未检出	达标	未检出	达标
总铬（mg/L）	15	1.62	达标	0.27	达标	3.12	达标
总汞（mg/L）	0.1	2.2×10^{-4}	达标	6.4×10^{-4}	达标	未检出	达标
总铍（mg/L）	0.02	未检出	达标	未检出	达标	未检出	达标
总钡（mg/L）	100	未检出	达标	未检出	达标	未检出	达标
总镍（mg/L）	5	未检出	达标	未检出	达标	未检出	达标
总砷（mg/L）	5	2.4×10^{-3}	达标	未检出	达标	未检出	达标
六价铬（mg/L）	5	0.281	达标	0.284	达标	1.07	达标
氟化物（mg/L）	100	2.72	达标	1.45	达标	2.14	达标
氰化物（mg/L）	5	0.80	达标	0.41	达标	0.096	达标

3. 鉴定结论

该电镀厂固体废物临时存放仓库采集3个固体废物样品的浸出液中，总铜、总锌、总镉、总铅、总铬、总汞、总铍、总钡、总镍、总砷、六价铬、氟化物、氰化物质量浓度值均低于《危险废物鉴别标准　浸出毒性鉴别》（GB 5085.3—2007）中浸出毒性鉴别标准值；pH 范围为 8.05 ～8.35，未超过《危险废物鉴别标准　腐蚀性鉴别》（GB 5085.1—2007）中腐蚀性鉴别值范围（即 pH≥12.5 或者pH≤2.0）。鉴定该批次样品为一般工业固体废物。

三、金属材料加工厂固体废物属性鉴别

1. 样品采集

采样人员赴阳春市对某金属材料公司收集的固废原料进行危险废物浸出毒性（无机元素）、腐蚀性（pH）的鉴别。按《危险废物鉴别技术规范》（HJ/T 298－2007）规定，随机在该企业收集的固体废物堆中采集6个样品（图10－1）。

图 10－1 样品堆放现场

2. 监测结果

金属材料加工长固体废物属性监测结果如表 10－6、表 10－7 所示。

表 10－6 危险废物浸出毒性及腐蚀性鉴别监测结果（1）

监测因子	鉴别标准	样品（1）		样品（2）		样品（3）	
		检测数据	达标情况	检测数据	达标情况	检测数据	达标情况
pH（无量纲）	≥12.5 或 ≤2.0	7.73	达标	7.58	达标	8.73	达标
总铜（mg/L）	100	43.0	达标	100	达标	0.33	达标
总锌（mg/L）	100	1.81	达标	1.49	达标	未检出	达标
总镉（mg/L）	1	未检出	达标	未检出	达标	未检出	达标
总铅（mg/L）	5	未检出	达标	未检出	达标	未检出	达标
总铬（mg/L）	15	未检出	达标	未检出	达标	0.09	达标
总汞（mg/L）	0.1	3.96×10^{-3}	达标	7.34×10^{-3}	达标	未检出	达标
总铍（mg/L）	0.02	未检出	达标	未检出	达标	未检出	达标
总钡（mg/L）	100	未检出	达标	未检出	达标	未检出	达标
总镍（mg/L）	5	23.2	超 3.6 倍	10.5	超 1.1 倍	0.10	达标
总砷（mg/L）	5	未检出	达标	2.2×10^{-3}	达标	7.6×10^{-3}	达标
六价铬（mg/L）	5	未检出	达标	未检出	达标	未检出	达标
氟化物（mg/L）	100	18.4	达标	24.7	达标	36.6	达标
氰化物（mg/L）	5	83.5	超 15.7 倍	121	超 23.2 倍	0.022	达标

表 10－7　危险废物浸出毒性及腐蚀性鉴别监测结果（2）

监测因子	鉴别标准	样品（4）		样品（5）		样品（6）	
		检测数据	达标情况	检测数据	达标情况	检测数据	达标情况
pH（无量纲）	≥12.5 或 ≤2.0	8.95	达标	8.29	8.95	达标	8.29
总铜（mg/L）	100	0.27	达标	1.24	0.27	达标	1.24
总锌（mg/L）	100	未检出	达标	0.42	未检出	达标	0.42
总镉（mg/L）	1	未检出	达标	未检出	未检出	达标	未检出
总铅（mg/L）	5	未检出	达标	未检出	未检出	达标	未检出
总铬（mg/L）	15	未检出	达标	未检出	未检出	达标	未检出
总汞（mg/L）	0.1	未检出	达标	未检出	未检出	达标	未检出
总铍（mg/L）	0.02	未检出	达标	未检出	未检出	达标	未检出
总钡（mg/L）	100	未检出	达标	未检出	未检出	达标	未检出
总镍（mg/L）	5	0.08	达标	0.53	0.08	达标	0.53
总砷（mg/L）	5	3.5×10^{-3}	达标	2.9×10^{-3}	3.5×10^{-3}	达标	2.9×10^{-3}
六价铬（mg/L）	5	未检出	达标	未检出	未检出	达标	未检出
氟化物（mg/L）	100	5.74	达标	13.9	5.74	达标	13.9
氰化物（mg/L）	5	0.016	达标	0.114	0.016	达标	0.114

3. 鉴别结论

由监测结果可知：阳春市××金属材料有限公司车间采集的 6 个固体废物样品中，样品（3）、样品（4）、样品（5）、样品（6）的浸出液中总铜、总锌、总镉、总铅、总铬、总汞、总铍、总钡、总镍、总砷、六价铬、氟化物、氰化物质量浓度值均低于《危险废物鉴别标准　浸出毒性鉴别》（GB 5085.3—2007）中浸出毒性鉴别标准值，pH 范围为 8.29 ～8.95，未超过《危险废物鉴别标准　腐蚀性鉴别》（GB 5085.1—2007）中腐蚀性鉴别值范围（即 pH≥12.5 或者 pH≤2.0）；样品（1）、样品（2）的浸出液中总镍质量浓度分别 23.2 mg/L、10.5 mg/L，超标 3.6 倍和 1.1 倍，氰化物质量浓度分别为 83.5 mg/L、121 mg/L，超标 15.7 倍和 23.2 倍，其他无机元素质量浓度均低于《危险废物鉴别标准　浸出毒性鉴别》（GB 5085.3—2007）中浸出毒性鉴别标准值，pH 范围为 7.58 ～7.73，未超过《危险废物鉴别标准　腐蚀性鉴别》（GB 5085.1 ～2007）中腐蚀性鉴别值范围（即 pH≥12.5 或者 pH≤2.0）。

该公司的 6 个试样中有 2 个试样在浸出毒性无机项目检测中镍和氰化物的结果均超过标准限值，根据《危险废物鉴别技术规范》（HJ/T 298 - 2007）之“7 检测结果判断”规定，可鉴定该批固体废物为具备镍和氰化物毒性的危险废物。

四、环保公司污泥属性鉴别

1．样品采集

采样人员赴江门市某环保技术有限公司收集的固废原料进行危险废物浸出毒性（无机元素）以及腐蚀性（pH）的采样、鉴别。按《危险废物鉴别技术规范》（HJ/T 298 - 2007）规定，随机在该公司固体废物临时存放仓库采集 5 个固体废物样品（图 10 - 2）。

图 10 - 2　采样现场

2．监测结果

环保公司污泥属性监测结果如表 10 - 8、表 10 - 9 所示。

表 10－8　污泥监测结果之一

监测因子	鉴别标准	含镍污泥（1）		含铜污泥（2）		减量化污泥（3）	
		检测数据	达标情况	检测数据	达标情况	检测数据	达标情况
pH（无量纲）	≥12.5 或≤2.0	7.83	达标	8.16	达标	8.57	达标
总铜（mg/L）	100	0.02	达标	0.09	达标	334	超 2.3 倍
总锌（mg/L）	100	未检出	达标	未检出	达标	0.85	达标
总镉（mg/L）	1	未检出	达标	未检出	达标	未检出	达标
总铅（mg/L）	5	未检出	达标	未检出	达标	0.09	达标
总铬（mg/L）	15	未检出	达标	未检出	达标	9.44	达标
总汞（mg/L）	0.1	未检出	达标	未检出	达标	0.0002	达标
总铍（mg/L）	0.02	未检出	达标	未检出	达标	未检出	达标
总钡（mg/L）	100	未检出	达标	未检出	达标	未检出	达标
总镍（mg/L）	5	0.34	达标	0.02	达标	23.9	超 3.8 倍
总砷（mg/L）	5	2.54×10^{-3}	达标	1.77×10^{-3}	达标	3.16×10^{-3}	达标
六价铬（mg/L）	5	未检出	达标	未检出	达标	未检出	达标
氟化物（mg/L）	100	0.516	达标	0.712	达标	89.6	达标
氰化物（mg/L）	5	未检出	达标	未检出	达标	0.017	达标

表 10－9　污泥监测结果之二

监测因子	鉴别标准	减量化污泥（4）		物化污泥（5）	
		检测数据	达标情况	检测数据	达标情况
pH（无量纲）	≥12.5 或≤2.0	7.34	达标	9.68	达标
总铜（mg/L）	100	43.9	达标	25.4	达标
总锌（mg/L）	100	30.5	达标	未检出	达标
总镉（mg/L）	1	0.20	达标	未检出	达标
总铅（mg/L）	5	未检出	达标	未检出	达标
总铬（mg/L）	15	30.6	超 1.0 倍	0.10	达标
总汞（mg/L）	0.1	未检出	达标	未检出	达标

续上表

监测因子	鉴别标准	减量化污泥（4）		物化污泥（5）	
		检测数据	达标情况	检测数据	达标情况
总铍（mg/L）	0.02	未检出	达标	未检出	达标
总钡（mg/L）	100	未检出	达标	未检出	达标
总镍（mg/L）	5	93.8	超17.8倍	3.08	达标
总砷（mg/L）	5	9.82×10^{-3}	达标	2.31×10^{-3}	达标
六价铬（mg/L）	5	未检出	达标	未检出	达标
氟化物（mg/L）	100	104	超0.04倍	11.4	达标
氰化物（mg/L）	5	0.032	达标	0.030	达标

3. 鉴别结论

此次在该公司采集的含镍污泥（1）、含铜污泥（2）、物化污泥（5）的浸出液中总铜、总锌、总镉、总铅、总铬、总汞、总铍、总钡、总镍、总砷、六价铬、氟化物、氰化物质量浓度值均低于《危险废物鉴别标准　浸出毒性鉴别》（GB 5085.3—2007）中浸出毒性鉴别标准值。

减量化污泥（3）总铜的质量浓度为334 mg/L、总镍的质量浓度为23.9 mg/L，分别超标2.3倍、3.8倍，其他无机元素质量浓度均符合标准要求；减量化污泥（4）总铬的质量浓度为30.6 mg/L、总镍的质量浓度为93.8 mg/L、氟化物的质量浓度为104 mg/L，分别超标1.0倍、17.8倍、0.04倍，其他无机元素质量浓度均符合标准要求。

含镍污泥（1）、含铜污泥（2）、减量化污泥（3）、减量化污泥（4）、物化污泥（5）pH范围为7.34～9.68，均未超过《危险废物鉴别标准　腐蚀性鉴别》（GB 5085.1—2007）中腐蚀性鉴别值范围（即pH≥12.5或者pH≤2.0）。

该批次样品5个试样中有2个试样分别有两项、三项浸出毒性无机监测因子超过标准限值，可鉴定该批次试样为具有较高风险的危险废物。

五、废弃物回收处理固体废物属性鉴别

1. 样品采集

采样人员赴珠海市斗门区某废弃物回收综合处理有限公司收集的固废原料进行危险废物浸出毒性（无机元素）以及腐蚀性（pH）的采样、鉴别。随机在该公司含铜减量化污泥临时存放仓库及含镍污泥临时存放仓库各采集2个固体废物样品（图10－3）。

图 10－3　监测取样

2. 监测结果

废弃物中固体废物监测结果如表 10－10、表 10－11 所示。

表 10－10　污泥监测结果之一

监测因子	鉴别标准	含铜减量化污泥（1）		含铜减量化污泥（2）	
		检测数据	达标情况	检测数据	达标情况
pH（无量纲）	≥12.5 或≤2.0	8.22	达标	8.37	达标
总铜（mg/L）	100	3.59	达标	10.6	达标
总锌（mg/L）	100	未检出	达标	未检出	达标
总镉（mg/L）	1	未检出	达标	未检出	达标
总铅（mg/L）	5	未检出	达标	未检出	达标
总铬（mg/L）	15	未检出	达标	未检出	达标
总汞（mg/L）	0.1	未检出	达标	0.00012	达标
总铍（mg/L）	0.02	未检出	达标	未检出	达标
总钡（mg/L）	100	未检出	达标	未检出	达标
总镍（mg/L）	5	13.0	超 1.6 倍	1.17	达标
总砷（mg/L）	5	7.22×10^{-3}	达标	4.14×10^{-3}	达标
六价铬（mg/L）	5	未检出	达标	未检出	达标
氟化物（mg/L）	100	24.3	达标	3.63	达标
氰化物（mg/L）	5	未检出	达标	未检出	达标

表 10-11　污泥监测结果之二

监测因子	鉴别标准	含镍污泥（3）		含镍污泥（4）	
		检测数据	达标情况	检测数据	达标情况
pH（无量纲）	≥12.5 或≤2.0	8.98	达标	9.41	达标
总铜（mg/L）	100	0.05	达标	未检出	达标
总锌（mg/L）	100	未检出	达标	未检出	达标
总镉（mg/L）	1	未检出	达标	未检出	达标
总铅（mg/L）	5	未检出	达标	未检出	达标
总铬（mg/L）	15	0.34	达标	0.12	达标
总汞（mg/L）	0.1	未检出	达标	未检出	达标
总铍（mg/L）	0.02	未检出	达标	未检出	达标
总钡（mg/L）	100	未检出	达标	未检出	达标
总镍（mg/L）	5	0.16	达标	0.07	达标
总砷（mg/L）	5	2.56×10^{-3}	达标	1.78×10^{-3}	达标
六价铬（mg/L）	5	0.316	达标	0.109	达标
氟化物（mg/L）	100	1.65	达标	1.01	达标
氰化物（mg/L）	5	0.007	达标	0.010	达标

3. 鉴别结论

此次在该公司采集的含铜减量化污泥（2）、含镍污泥（3）、含镍污泥（4）的浸出液中，总铜、总锌、总镉、总铅、总铬、总汞、总铍、总钡、总镍、总砷、六价铬、氟化物、氰化物质量浓度值均低于《危险废物鉴别标准　浸出毒性鉴别》（GB 5085.3—2007）中浸出毒性鉴别标准值；pH 范围为 8.37 ～9.41，未超过《危险废物鉴别标准　腐蚀性鉴别》（GB 5085.1—2007）中腐蚀性鉴别值范围（即 pH≥12.5 或者 pH≤2.0）。

含铜减量化污泥（1）的浸出液中，总镍的质量浓度为 13.0 mg/L，超标 1.6 倍，其他无机元素质量浓度均符合标准要求；pH 为 8.22，未超过《危险废物鉴别标准　腐蚀性鉴别》（GB 5085.1—2007）中腐蚀性鉴别值范围（即 pH≥12.5 或者 pH≤2.0）。鉴定该批样品为具有镍毒性的危险废物。

六、电解铝残渣和浸出液属性鉴定

1. 样品采集

采样人员奔赴贵州某 4 家电解铝厂采集阳极残渣和残极浸出液，并对浸出液中的氟化物（不含氟化钙）进行检测，最终鉴定 4 个厂家的阳极残渣危废性质。

2. 监测结果

电解铝残渣浸出液监测结果如表 10－12 所示。

表 10－12　阳极残渣浸出液中氟化物监测结果　（单位：mg/L）

序号	标准限值	样品 1	样品 2	样品 3	样品 4	样品 5	样品 6	样品 7	样品 8
企业 A	100	147	226	108	186	96	95	178	72
企业 B	100	218	136	244	121	115	98	102	104
企业 C	100	179	179	194	153	163	148	190	116
企业 D	100	136	117	121	96	96	134	128	89

3. 鉴别结论

A 企业阳极残渣浸出液中氟化物（不含氟化钙）质量浓度超过《危险废物鉴别标准　浸出毒性鉴别》标准限值的试样数为 5 个，B 企业超标试样数为 7 个，C 企业为 8 个，D 企业为 5 个，4 家电解铝厂阳极残渣均为含氟的高危险废物。

七、EPS 企业污泥属性鉴别

1. 样品采集

采样人员对某 EPS 生产企业收集的污泥进行腐蚀性（pH）的鉴别（见表 10－13）、危险废物浸出毒性（无机元素）（见表 10－14）、急性毒性初筛（见表 10－15）。按《危险废物鉴别技术规范》（HJ/T 298－2007）规定，随机在该企业收集的污泥中采集 8 个样品。

2. 监测结果

初步样品分析表明，该污泥浸出液中有极少量的钡、砷、硒检出，检出值低于相应的浸出毒性鉴别标准值。从原辅料分析，企业使用的原辅料并不含有相关检出重金属。建议不需针对重金属进行浸出毒性检测。通过与实验室空白样品 VOCs TIC 与 SVOCs TIC 谱图对比分析污泥样品中含有的鉴别标准相关污染物主要为邻苯二甲酸酯类。

表 10－13　腐蚀性鉴别检测结果

样品编号	采样点位	检测项目	
		pH（无量纲）	腐蚀性速率（mm/a）
1	2#生化污泥板框压滤机	6.60	0.03
2	3#生化污泥板框压滤机	7.00	0.05
3	2#生化污泥板框压滤机	7.10	0.04

续上表

样品编号	采样点位	检测项目	
		pH（无量纲）	腐蚀性速率（mm/a）
4	2#生化污泥板框压滤机	6.80	0.03
5	3#生化污泥板框压滤机	6.60	0.03
6	3#生化污泥板框压滤机	6.60	0.03
7	2#生化污泥板框压滤机	6.80	0.05
8	3#生化污泥板框压滤机	6.50	0.07
检出限		—	—
标准限值		2～12.5	<6.35

表 10-14　浸出毒性鉴别检测结果

样品编号	采样点位	检测项目（mg/L）					
		苯	甲苯	乙苯	二甲苯	邻苯二甲酸二丁酯	邻苯二甲酸二辛酯
1	2#生化污泥板框压滤机	ND	ND	ND	ND	0.0483	0.0720
2	3#生化污泥板框压滤机	ND	ND	ND	ND	0.0488	0.0677
3	2#生化污泥板框压滤机	ND	ND	ND	ND	0.0587	0.0592
4	2#生化污泥板框压滤机	ND	ND	ND	ND	0.0705	0.0709
5	3#生化污泥板框压滤机	ND	ND	ND	ND	0.0700	0.0413
6	3#生化污泥板框压滤机	ND	ND	ND	ND	0.0582	0.0572
7	2#生化污泥板框压滤机	ND	ND	ND	ND	0.0854	0.0605
8	3#生化污泥板框压滤机	ND	ND	ND	ND	0.0900	0.0481
检出限		5.0×10^{4}	5.0×10^{4}	5.0×10^{4}	5.0×10^{4}	—	—
标准限值		≤1	≤1	≤4	≤4	≤2	≤3
超标样品个数		无	无	无	无	无	无

表 10－15　急性毒性检测结果

样品编号	采样点位	检测项目
		LD_{50}（mg/kg 体重）
1	2#生化污泥板框压滤机	＞5000
2	3#生化污泥板框压滤机	＞5000
3	2#生化污泥板框压滤机	＞5000
4	2#生化污泥板框压滤机	＞5000
5	3#生化污泥板框压滤机	＞5000
6	3#生化污泥板框压滤机	＞5000
7	2#生化污泥板框压滤机	＞5000
8	3#生化污泥板框压滤机	＞5000
标准限值（mg/kg 体重）		≤200

3．鉴别结论

根据鉴别结果分析，8 个生化污泥样品中腐蚀性（pH、腐蚀性速率）、浸出毒性（苯、甲苯、乙苯、二甲苯、邻苯二甲酸二丁酯、邻苯二甲酸二辛酯）、急性毒性初筛（LD_{50}）对照《危险废物鉴别标准》中的鉴别标准，均不具有危险特性，因此，根据现行危险废物鉴别标准体系可以判定本次鉴别的生化污泥不具有危险特性，属于一般工业固体废物。

八、热电公司污泥属性鉴别

1．样品采集

宁波某热电有限公司是一家以煤炭为燃料的热电厂，按《危险废物鉴别技术规范》（HJ/T 298－2007）规定，随机在该企业收集的污泥中采集 5 个样品。

2．监测结果

污泥经炉内高温焚烧，飞灰基本不含有机物农药类、有机化合物和烷基汞等物质，因此判定浸出毒性以无机元素及化合物为主。依据 GB 5085.6—2007，飞灰中毒性物质主要考虑焚烧过程二次产生的二噁英（多氯二苯并对二噁英和多氯二苯并呋喃）。急性毒性检测项目为口服毒性半致死量 LD_{50}、皮肤接触毒性半致死量 LD_{50}和吸入毒性半致死量 LC_{50}。飞灰为燃煤（污泥）燃烧产生的残余物，已不具有易燃性和爆炸性，也不属于废弃氧化剂或有机过氧化物，与水或酸接触不产生易燃、有毒气体（表 10－16，表 10－17）。腐蚀性鉴别主要检测指标为 pH。

表 10－16　毒性物质质量浓度、急性毒性和腐蚀性检测结果

序号	样品编号	毒性物质质量浓度	急性毒性半致死量			腐蚀性
		二噁英检测结果（μg－TEQ/kg）	LD_{50}（大鼠经口）（mg/kg）	LD_{50}（大鼠经皮）（mg/kg）	LD_{50}（大鼠吸入）（mg/L）	pH
1	固废－1（2014. 3. 14）	1.16×10^{-3}	>5000	>2500	>10	12. 3
2	固废－2（2014. 3. 15）	0.51×10^{-3}	>5000	>2500	>10	12. 1
3	固废－2（2014. 3. 16）	0.83×10^{-3}	>5000	>2500	>10	12. 0
4	固废－2（2014. 3. 17）	0.74×10^{-3}	>5000	>2500	>10	11. 9
5	固废－2（2014. 3. 18）	2.07×10^{-2}	>5000	>2500	>10	12. 2
6	判定限值	≥15	≤200	≤1000	≤10	≥12. 5，或≤2. 0

表 10－17　浸出毒性检测结果

（单位：mg/kg）

序号	1	2	3	4	5	6
样品编号	固废－1	固废－2	固废－3	固废－4	固废－5	判定限值
总汞	0.08×10^{-3}	0.15×10^{-3}	0.15×10^{-3}	0.06×10^{-3}	0.09×10^{-3}	0. 1
总铅	0. 0186	0. 0284	0. 0284	0. 0260	0. 0448	5
总镉	<0. 001	<0. 001	<0. 001	<0. 001	<0. 001	1
总铬	0. 0176	0. 0094	0. 0274	0. 0395	0. 0235	15
六价铬	<0. 005	<0. 005	<0. 005	<0. 005	<0. 005	5
总铜	0. 0395	0. 0409	0. 0420	0. 0431	0. 0421	100
总铍	<0. 001	<0. 001	<0. 001	<0. 001	<0. 001	0. 02
总硒	0. 0210	0. 0210	0. 0216	0. 0497	0. 0288	1

续上表

序号	1	2	3	4	5	6
样品编号	固废－1	固废－2	固废－3	固废－4	固废－5	判定限值
总锌	<0.03	<0.03	<0.03	<0.03	<0.03	100
总钡	1.140	0.918	1.730	2.380	1.300	100
总镍	0.0160	0.0245	0.0190	0.0217	0.0198	5
总砷	1.5×10^{-3}	1.2×10^{-3}	2.5×10^{-3}	2.6×10^{-3}	1.2×10^{-3}	5
总银	<0.001	<0.001	<0.001	<0.001	<0.001	5
无机氟化物	4.81	6.67	5.22	5.22	5.90	100
总氰化物	<0.004	<0.004	<0.004	<0.004	<0.004	5

3. 鉴别结论

热电厂掺烧少量印染污泥和生活污泥后，飞灰的毒性物质（二噁英）、急性毒性（口服毒性半致死量 LD_{50}、皮肤接触毒性半致死量 LD_{50} 和吸入毒性半数致死量 LD_{50}）、浸出毒性（无机元素及化合物）和腐蚀性（pH）等均不具备危险固废特性。由此判定，该热电厂在不改变掺烧污泥来源、数量和掺烧工艺的情况下，飞灰不属于危险固废，可按一般固废进行综合利用。

九、pH 出现负值

1. 样品描述

待鉴别样品为深绿色液体。

2. 检测过程

直接测定其 pH，发现均为负值，小于仪器分辨率 0.01，一时无法测定。接着，用 pH 精密试纸检验，试纸呈紫红色，深于比色卡上 pH 为 1 处的颜色，样品均呈强酸性。

3. 鉴别结论

pH 为氢离子质量浓度的常用对数的负值，pH 随着氢离子质量浓度而变化。当氢离子质量浓度在液体中为 1 mol/L 时，pH 为 0；当氢离子质量浓度在液体中大于 1 mol/L 时，pH 为负值。只有很强的酸才能让 pH 出现负值。测试报告最终结果为 pH<1。根据分析结果及《危险废物鉴别标准　腐蚀性鉴别》（GB 5085.1—2007）、《危险废物鉴别技术规范》（HJ/T 298－2007）判断，该批次固体废物样品为具有强腐蚀性的危险废物。

十、样品烘干过程异常无法测定含水率

1. 样品描述

待鉴别样品呈半固态，黑色胶状物质，黏性大，有强烈刺激性气味。

2. 检测过程

固体废物样品在烘干过程发生变化，出现熔化、凝结及黏性增大等现象，无法测定含水率。浸出过程称量100 g样品，直接加入1 L水。若考虑含水率，pH分析结果会更小。测试结果如表10－18。

表10－18　腐蚀性鉴别结果

监测对象	样品编号	（pH，无量纲）
固体废物	0813FW001	0.66
	0821FW001	1.04
	0822FW001	1.13
	0822FW002	1.07
	0822FW003	1.07
	0822FW004	1.07
	0822FW005	1.15
	0822FW006	1.11
	0822FW007	1.18
	0822FW008	1.22
	0822FW009	1.06
	0822FW010	1.06
水样	0821FW001	0.72

3. 鉴别结论

上述样品pH均小于2，该批次固体废物样品为具有腐蚀性的危险废物。

十一、浸出毒性检测浸出过程涨爆

1. 样品描述

待鉴别样品为广州某造纸厂石灰状固体废物。

2. 检测过程

采用《固体废物　浸出毒性浸出方法　硫酸硝酸法》（HJ/T 299－2007）对样品进行消解浸提过程中，瞬时产生大量气体，将聚乙烯材质的浸出瓶涨爆，后改用玻璃浸出瓶重新小心翼翼地浸提。将浸出液按《危险废物鉴别标准　浸出毒性

鉴别》（GB 5085. 3—2007）标准进行浸出毒性分析。

3. 鉴别结论

检测结果显示 Cu，Pb，Zn，Cd，Ni，Cr，Ba，Be，Ag 均未检出，由此可见该批样品为不具备毒性的固体废物。

第三节 鉴别报告案例

通常，一份完整的鉴定报告应依次包含前言、鉴别依据、固体废物鉴别、鉴别因子筛选、样品采集与检测方法、检测结果分析、鉴定结论、附件等内容。附件包括鉴定委托书、检测机构的检验检测机构资质认定证书及固体废物腐蚀性检验检测资质和各项检测报告（腐蚀性检测报告、浸出毒性检测报告、急性毒性检测报告等）。

下面以广州某鉴定机构出具的针对非法倾倒危险废物的鉴定报告为例加以说明，其内容包括：

一、前言（略）

（1）项目背景

（2）项目历程

二、鉴别依据（略）

（1）法律法规及规范性文件

（2）行业标准规范

（3）相关技术资料

三、固体废物鉴别（略）

（1）固体废物定义

（2）固体废物鉴别

四、鉴别因子筛选

（1）危险废物属性初筛

根据《危险废物鉴别标准　通则》（GB 5085. 7—2007），“凡列入《国家危险废物名录》的，属于危险废物，不需要进行危险特性鉴别；未列入《国家危险废物名录》的，应根据 GB 5085. 1 ～ GB 5085. 6 鉴别标准进行鉴别”。根据案件溯源调查取证及审讯结果，废弃物是相关涉案企业利用浓硫酸、废油等物质提炼出润滑油后产生的含酸的有毒有害废酸渣，可能属于《国家危险废物名录》（2016 版）

中的“HW08 废矿物油与含矿物油废物”。但由于现阶段仅掌握了 4 家企业的相关信息，只能对部分废弃物进行溯源，仍有一部分的废弃物来源未明。出于严谨考虑，同时也为司法量刑提供科学依据，故开展危险特性鉴别。

（2）鉴别因子初筛

根据《危险废物鉴别技术规范》，固体废物特性鉴别的检测项目应根据固体废物的产生源特性确定。依据前期案件的相关调查结果，废物系利用浓硫酸、废油等物质提炼出润滑油后产生的含酸的有毒有害废酸渣，同时，在 2017 年 3 ～4 月应急期间，某监测站对倾倒点、涉案企业开展了腐蚀性的相关监测，因此，本次鉴别因子筛选主要依据前期的案件调查结果和相关监测结果，综合前者，初步判断废物可能具有腐蚀性。

（3）鉴别因子确定

根据上述分析，可初步判断本项目的鉴别对象主要为倾倒区域的经酸处理后的含油废物。根据案件调查结果，初步估计该倾倒区填埋约 890 吨废物。由于本次废物倾倒量较大，仅有部分废物明确来源，若开展大量的监测工作，所需经费大，工作周期长，不符合实际情况，且考虑到事件的严重性，本次危险废物鉴别工作的鉴别因子主要依据前期的案件调查结果和应急监测结果，参考《危险废物鉴别技术规范》（HJ/T 298 - 2007）中的检测顺序，综合考虑后续检测成本、处置时间紧迫等因素，确定本次鉴别工作主要针对腐蚀性，鉴别因子为 pH。

五、样品采集与检测方法

（一）样品量确定

根据《危险废物鉴别技术规范》（HJ/T 298 - 2007）的规定，固体废物为历史堆存状态时，应以堆存的固体废物总量为依据，按照表 10 - 19、表 10 - 20 确定需要采集的最小份样数，根据案件调查结果，初步估计该倾倒区填埋约 890 吨废物，由于现场采样与清运工作同步进行，基于保守考虑，份样数取 100 个，以保证满足规范要求。

表 10 - 19　固体废物采样最小份样数

固体废物量 q（t）	最小份样数（个）	固体废物量 q（t）	最小份样数（个）
$q \leqslant 5$	5	$90 < q \leqslant 150$	32
$5 < q \leqslant 25$	8	$150 < q \leqslant 500$	50
$25 < q \leqslant 50$	13	$500 < q \leqslant 1000$	80
$50 < q \leqslant 90$	20	$q > 1000$	100

表 10－20　倾倒点的废物量及份样数

地点	类别	数量（t）	份样数（个）
略	倾倒点	3504.56	100

（二）样品采集

1. 采样时间

本次危险废物鉴别的采样工作与现场的清运工作基本保持同步，采样工作自 2017 年 8 月 7 日开始，9 月 11 日结束。

2. 采样记录

（1）在采集样品的同时，对废物样品的来源、性状、环境、编号、份样量、份样数、采样点、采样日期、采样人员与采样方法依据等进行记录。

（2）每份样都贴上标签，标签编号为点位编号＋样品编号＋位置，例如 WS－1，表示倾倒点第一个样品。

3. 盛样容器及样品保存

为保证样品的有效性、准确性、代表性，采样时应严格按照《工业固体废物采样制样技术规范》（HJ/T 20－98）实施，采集到的样品根据每个检测项目分析方法的要求保存，并按照 GB 5085 中分析方法的要求进行样品的预处理。各检测项目对应的采样量及样品保存方式详见表 5－3。腐蚀性的检测最小样品量为 100 g，采样同时采集 500 g 的备份样。

4. 样品运输

所采集的样品随即避光冷藏并及时运往实验室制备分析。

（三）检测方法

根据《危险废物鉴别技术规范》（HJ/T 298－2007）、《危险废物鉴别标准　腐蚀性鉴别》（GB 5085.1—2007）规定的相关方法和标准进行。详见表 10－21。

表 10－21　样品采样量和检测方法

类别	鉴定因子	检测方法	最少样品量	备份保存量	容器	保存方法	保存期限
腐蚀性	pH	GB/T 15555.12 或 JB/T 7901	100 g	500 g	棕色玻璃瓶	4 ℃冷藏保存	1 个月

六、检测结果分析

（一）腐蚀性鉴别标准

根据《危险废物鉴别标准　腐蚀性鉴别》（GB 5085.1—2007）相关规定，符合下列条件之一的固体废物，属于危险废物。

（1）按照 GB/T 15555.12—1995 的规定制备的浸出液，pH ≥ 12.5，或者 pH≤2.0；

（2）在 55 ℃条件下，对 GB/T 699 中规定的 20 号钢材的腐蚀速率≥6.33mm/a。

（二）危险废物鉴别标准

根据《危险废物鉴别技术规范》（HJ/T 298 - 2007）的规定，在对固体废物样品进行检测后，如果检测结果超过 GB 5085 中相应标准限值的份数大于或者等于下表中的超标份样数下限值，即可判定该固体废物具有该种危险特性。如果采取的固体废物样数与表 10 - 22 中的份样数不符，则按照表 10 - 22 中与实际份样数最接近的较小份样数进行结果的判定。

表 10 - 22　分析结果判定方案

份样数	超标份样数下限	份样数	超标份样数下限
5	1	32	8
8	3	50	11
13	4	80	15
20	6	100	22

（三）检测结果分析

本次危险废物鉴别工作共采集 100 个样品进行腐蚀性鉴别，具体检测结果统计情况如表 10 - 23 所示。监测结果显示，100 个样品中，有 97 个样品的 pH≤2，即 97 个样品具有腐蚀性。根据危险废物鉴别标准，100 个样品超标份样数下限值为 22。因此，可判定该固体废物属于危险废物。

表 10 - 23　检测结果统计表

pH 范围	≤2	> 2	合计
样品数	97	3	100
占比	97%	3%	

七、结论（略）

八、附件（略）

参考文献

［1］王玉超．用危险废物鉴别相关标准判定固废性质的方法与应用实例［J］．化工管理，2016（04）：218．

［2］俞学如，周艳文．危险废物鉴定程序研究与实践［J］．污染防治技术，2016（6）：29－31．

［3］徐浩，傅成诚，徐瑞．电解铝企业阳极残渣、阳极残极浸出毒性鉴别及管理建议［J］．中国环境监测，2015（04）：22－25．

［4］周丽娜，沈莉萍，张瑜，等．EPS生产废水处理生化污泥固废属性鉴别研究［J］．江西化工，2016（3）：57－61．

［5］吴高强，施晓亮，顾红波，等．燃煤热电厂掺烧城镇污泥的飞灰属性鉴别研究［J］．固废处理与处置，2015（2）：113－116．